敏捷软件开发项目管理与实践

——以 Azure DevOps Server 软件开发为例

Agile Software Development Project Management and Practice on Azure DevOps Server

○ 张万军　葛瀛龙　林菲　张海平　方绪健　编著

中国教育出版传媒集团
高等教育出版社·北京

内容提要

本书入选教育部高等学校软件工程专业教学指导委员会组织编写的“软件工程专业系列教材”。全书系统地讲解了Scrum敏捷开发项目管理思想和DevOps实践，共11章，主要内容包括：软件工程概述，Scrum敏捷方法及DevOps简介，软件项目启动及项目计划管理，软件需求及开发积压工作管理，项目冲刺及跟踪管理，软件配置管理，软件构建及持续集成管理，软件测试管理与软件质量保证，软件发布及持续部署，适用于大规模团队的敏捷开发模式，项目总结及持续改进。本书参照微软公司的Azure DevOps Server开展实践，在每章讲解理论知识之后均给出实践指导建议，方便读者利用书中的内容进行软件开发。本书提供微视频、电子讲稿、实验指导、案例文档等配套资源。

本书可作为高校计算机科学与技术、软件工程等专业本科生的软件工程课程教材，也可供软件工程专业硕士及软件开发人员学习参考。本书对计算机大类学术硕士了解敏捷开发理论及DevOps实践也具有参考价值。

图书在版编目（CIP）数据

敏捷软件开发项目管理与实践：以Azure DevOps Server软件开发为例 / 张万军等编著. -- 北京 ：高等教育出版社，2023.12

ISBN 978-7-04-061087-1

Ⅰ. ①敏… Ⅱ. ①张… Ⅲ. ①软件开发-项目管理-高等学校-教材 Ⅳ. ①TP311.52

中国国家版本馆CIP数据核字(2023)第164989号

Minjie Ruanjian Kaifa Xiangmu Guanli yu Shijian

策划编辑 倪文慧　责任编辑 倪文慧　封面设计 张申申 王 洋　版式设计 杨 树

责任绘图 邓 超　责任校对 窦丽娜　责任印制 耿 轩

出版发行 高等教育出版社
社　　址 北京市西城区德外大街4号
邮政编码 100120
印　　刷 山东百润本色印刷有限公司
开　　本 787mm × 1092mm　1/16
印　　张 20.5
字　　数 410千字
购书热线 010-58581118
咨询电话 400-810-0598

网　　址 http://www.hep.edu.cn
　　　　 http://www.hep.com.cn
网上订购 http://www.hepmall.com.cn
　　　　 http://www.hepmall.com
　　　　 http://www.hepmall.cn
版　　次 2023年12月第1版
印　　次 2023年12月第1次印刷
定　　价 42.00元

物 料 号 61087-00

敏捷软件开发项目管理与实践
——以Azure DevOps Server软件开发为例

张万军　葛瀛龙
林　菲　张海平　编　著
方绪健

1　计算机访问http://abooks.hep.com.cn/1866348，或手机扫描二维码，下载并安装Abook应用。
2　注册并登录，进入"我的课程"。
3　输入封底数字课程账号（20位密码，刮开涂层可见），或通过Abook应用扫描封底数字课程账号二维码，完成课程绑定。
4　单击"进入课程"按钮，开始本数字课程的学习。

敏捷软件开发项目管理与实践
——以Azure DevOps Server软件开发为例

张万军　葛瀛龙　林菲　张海平　方绪健　编著

"敏捷软件开发项目管理与实践——以Azure DevOps Server软件开发为例"数字课程与纸质教材紧密配合，为读者提供教学课件、重要内容讲解视频、实践指导等辅助教学内容，丰富了知识的呈现形式，拓展了教材内容，可有效帮助读者提升课程学习的效果，并为读者自主学习提供思维与探索的空间。

课程绑定后一年为数字课程使用有效期。受硬件限制，部分内容无法在手机端显示，请按提示通过计算机访问学习。

如有使用问题，请发邮件至abook@hep.com.cn。

http://abooks.hep.com.cn/1866348

前 言

敏捷开发和 DevOps 都是当前流行的软件开发实践，无论是互联网企业还是传统软件企业，都在越来越多地应用 Scrum 敏捷开发和 DevOps 实践。究其原因，数字化时代的到来，对软件开发及交付带来了巨大的冲击，原来的模式遇到了前所未有的挑战，表现为软件交付的严重滞后，对市场需求的应对灵活性不足。在当前社会发展的背景下，外部环境的不稳定性要求组织的响应更加敏捷；业务发展的不确定性意味着组织需要收集更加系统、全面的信息；业务形态的复杂性要求组织进行自我重构；业务前景的模糊性则需要组织带着开放的心态，对可能的机会进行实验求证。为了实现可持续发展，对组织来说，在管理上要精益敏捷，在支撑平台上要全面数字化。信息技术企业和互联网企业尤其如此。

几年前，我们结合企业的软件开发实践编写了《基于 CMMI 的软件工程及实训指导》教材，用于软件工程实践类课程教学。在该教材的使用过程中，我们收集了大量来自读者的反馈意见。此外，2018 年 SEI 发布了 CMMI 新版本，我们对 CMMI 2.0 做了详细研究且在公司项目中尝试导入，并以 Scrum 敏捷开发模式通过了 CMMI 5 级的复评。在此基础上，我们结合 DevOps，配合当前国内 IT 企业实际开发需求及敏捷开发实践的推行情况，对 Scrum 敏捷开发项目管理、DevOps 及软件工程相关理论、思想进行提炼，组织高校资深教师与软件企业敏捷开发负责人、质量管理负责人共同编写了本书。书中提到的很多工程管理思想不仅适用于软件开发，也适用于其他行业的研发管理，一些具有通用性的思想还可用于精益敏捷企业的打造。

在本书中，我们系统地讲解了 Scrum 敏捷开发项目管理及 DevOps 实践，结合企业软件开发实践给出每个活动及环节的实践建议，力争达到“以理论指导实践，以实践充实理论”之目的。本书以微软公司的 Azure DevOps Server 敏捷开发管理工具作为实训平台，模拟一个规模为 5~10 人的 Scrum 敏捷团队，以此团队开发一个新产品类软件为场景给予实践指导。此外，为方便读者的自主学习，本书还提供配套的知识点与实训讲解视频、电子讲稿、实训参考模板及示例等教学资源，读者可扫描书中二维码观看视频，或到本书配套教学网站下载相关资源。

希望本书能切实解决“计算机相关专业特别是软件工程专业的学生在校期

间学习了各种程序设计语言、编程技术，但到毕业时仍不清楚如何将学到的各种知识综合起来开发一款应用，也不知道如何组织一个团队相互协作完成一款软件的开发，更不知道如何以最小成本保质快速地交付一款适合客户及市场需要的软件产品”等问题，从而对软件开发应用型人才的培养提供一定的帮助。同时，也希望本书可为软件开发组织的从业人员开展敏捷开发或进行敏捷开发转型提供参考，共同推动敏捷开发及敏捷管理思想的实践应用。

使用本书的学生需要具备 UML 系统分析与设计、数据库设计、高级程序设计语言知识，熟悉.NET 平台或 Java 相关开发平台、工具及框架。

对于未学习过“软件工程导论”课程的本科生，建议讲授本书第 1 章~第 7 章、第 8 章中的非自动化测试部分，以及第 11 章。建议学时为 2+4，即每周 2 学时的课堂讲授，4 学时的上机实践，以保证小型实践项目的完成。

对于高年级本科生或工程类硕士研究生，建议讲授本书全部内容，并与软件工程实践或实际项目结合开展实训。其中，第 10 章“适用于大规模团队的敏捷开发模式”可由指导教师担任产品线负责人，带领多个团队完成一个综合解决方案的研发。授课学时可根据学生的基础进行调整。根据对企业人员培训的经验，一个小型项目导入敏捷开发及 DevOps 实践一般约需 3 个月，其中讲授时间为每周 4~6 学时，其他时间用于项目组成员的实践。

本书在编写过程中得到杭州电子科技大学计算机学院、信息工程学院各位老师的大力支持，浙江正元智慧科技股份有限公司技术中心和杭州好安健客科技有限公司易智通事业部的各位同事也提出了宝贵建议。在此深表感谢。

四川大学洪玫教授认真审阅了本书，提出很多有益及中肯的修改建议，在此也向她表示衷心的感谢。

由于作者水平有限，也是初步探索把 CMMI 与 Scrum 敏捷开发项目管理、DevOps 等相关思想结合并应用到企业的系统及软件生命周期过程管理中，书中表述难免会出现偏差，希望各位同行能多给予指导。

作者

2023 年 11 月

目 录

第 1 章　软件工程概述

本章重点：

- 软件工程历史及基本原理。
- 软件质量管理体系。
- 软件生命周期及软件过程模型。
- 软件开发模式发展趋势。

我们日常接触的机械行业及其他制造行业，都已经有了上百年甚至几百年的历史，其产品的生产流程及组织的机构设置和角色分工都有了成熟的模式。相比较而言，软件企业及软件产品的生产历史并不长，加之软件开发本身是智力劳动，具有复杂性、一致性、可变性和不可见性等固有的内在特性，使得软件作为产品的生产流程及其相应的管理活动还远远没有一个成熟的模式。

在软件开发过程中，一个团队如果有统一的规范化过程，大家的行为就会一致，从而可提高团队的整体能力；反之，一个团队如果缺乏规范的过程，在研发生产活动中就会导致混乱。虽然我们不能断定没有规范的软件开发过程，就研发不出可用的产品；但是，规模化的软件研发必须要有规范化的开发过程加以保证，这样才能提高软件研发的成功概率，减少软件研发失败的风险。试想一下，华为公司是怎么保证几千人的团队顺利开发出鸿蒙操作系统，并且可以按规划、有条不紊地进行版本发布及更新，灵活快速地应对市场变化的需要？

在快速发展、竞争加剧的当今时代，一款软件产品的成功，往往需要多领域人员之间相互紧密的协作，并形成一种科学、高效的组织形态和管理模式。此外，从社会发展历史来看，有大量的案例表明，无论是软件行业还是传统行业，只是个人的成功并不能成就一款经久不衰的产品，更无法保证一个组织的基业长青。对软件企业来说，就需要使用软件工程的相关方法来解决该问题。

1.1　软件工程历史及基本原理

20 世纪 60 年代，随着大容量、高速度计算机的出现，计算机的应用范围迅速扩大，软件开发急剧增长。高级编程语言的出现和操作系统的发展引起了计算机应用方式的变化，大量数据处理导致数据库管理系统的诞生。软件系统的规模越来越大，复杂程度越来越高，软件可靠性问题也越来越突出。最初的个人设计、个人使用的方式不再能满足社会的要求，迫切需要改变软件生产方式，提高软件生产率。

1968 年，北大西洋公约组织（NATO）在联邦德国举办的国际学术会议上提出了“软件危机”（software crisis）一词，为了解决软件危机还提出了“软件工程”（software engineering）概念。

当时的软件危机主要表现在以下几方面：

① 软件开发进度难以预测。软件开发进度延期几个月甚至几年的现象并不罕见，这种现象降低了软件开发组织的信誉。

② 软件开发成本难以控制。软件开发投资一再追加，令人难于置信，往往是实际成本比预算成本高出一个数量级。而为了赶进度和节约成本所采取的一些权宜之计又往往损害了软件产品的质量，引起用户的不满。

③ 软件产品功能难以满足用户需求。开发人员和用户之间很难沟通、矛盾很难统一。往往是软件开发人员不能真正了解用户的需求，而用户又不了解计算机求解问题的模式和能力，双方无法用共同熟悉的语言进行交流和描述。在双方互不充分了解的情况下就仓促上阵设计系统，匆忙着手编写程序，这种“闭门造车”的开发方式必然会导致最终产品不符合用户的实际需要。

④ 软件产品质量无法保证。软件是逻辑产品，质量问题很难以统一的标准度量，因而造成质量控制困难。软件产品并不是没有错误，而是盲目检测很难发现错误，而隐藏下来的错误往往是造成重大事故的隐患。

⑤ 软件产品难以维护。软件产品本质上是开发人员的代码化的逻辑思维活动，他人难以替代。除非是开发者本人，否则很难及时检测、排除系统故障；对开发者本人而言，也很难维护历史遗留的系统。为使系统适应新的硬件环境，或根据用户的需要在原系统中增加一些新的功能，又有可能增加系统中的错误。

⑥ 软件缺少适当的文档资料。文档资料是软件必不可少的重要组成部分，可能包含开发组织和用户之间签署的项目合同、系统管理者或总体设计者向开发人员下达的任务书、系统维护人员的技术指导手册、用户的操作说明书等。缺乏必要的文档资料或者文档资料不合格，将会给软件开发和维护带来许多严重的困难和问题。

为了解决软件开发过程中的这些典型问题，在 1968 年正式提出并采用的“软件工程”术语，目的是倡导以工程化的原理、原则和方法进行软件开发，以解决出现的软件危机。软件工程作为一个新兴的工程学科，主要研究软件生产的客观规律，建立与系统化软件生产有关的概念、原则、方法、技术和工具，指导和支持软件系统的生产活动，以期达到降低软件生产成本、改进软件产品质量、提高软件生产率水平的目标。软件工程学从硬件工程和其他人类工程中吸收了许多成功的经验，明确提出了软件生命周期模型，发展了许多软件开发与维护阶段适用的技术和方法，并应用于软件工程实践，取得了良好的效果。

自从提出“软件工程”术语以来，软件工程领域的研究人员陆续提出了100多条关于软件工程的准则或“信条”。著名的软件工程专家波汉姆(Boehm)综合这些准则或“信条”，并总结多年软件开发的经验，于1983年发表的一篇论文中提出了软件工程的7条基本原理。他认为这些原理是确保软件产品质量和开发效率的最小集合。截至目前，人们尚无法用数学方法严格证明它们是一个完备的集合，但事实证明，在此之前已经提出的100多条软件工程原理都可以由这7条原理适当组合后蕴含或派生得到。

软件工程的7条基本原理如下：

① 按照软件生命周期的阶段划分制订计划，严格依据计划进行管理。在软件生命周期中需要完成许多性质各异的工作，应把软件生命周期划分成若干个阶段，并相应地制订出切实可行的计划，然后严格按照计划对软件的开发与维护工作进行管理。不同岗位的人员都必须严格按照计划，各尽其职地管理软件开发与维护工作，绝不能受客户或上级人员的影响而擅自背离或随意修改计划。

② 坚持进行阶段评审。软件质量保证工作不能等到编码阶段结束之后再进行，因为大部分缺陷是在编码之前造成的(统计结果显示：设计阶段注入的缺陷占缺陷总数的63%，而编码阶段注入的缺陷仅占37%)，并且缺陷发现与改正越晚，所需付出的代价就越高。因此，在每个阶段都应进行严格的评审，以便尽早发现在软件开发过程中所犯的错误。

③ 实行严格的产品控制。在软件开发过程中不应随意改变需求，因为改变一项需求往往需要付出较高的代价。但是，在软件开发过程中改变需求又是难免的。由于外部环境的变化，相应地改变需求是一项客观需要，显然不能硬性禁止客户提出需求变更请求，而只能依靠科学的控制技术来顺应这种要求。也就是说，当改变需求时，为了保持软件各个配置项的一致性，必须实行严格的产品控制，其中主要是实行基准配置管理、定义基线、管理和控制基线。基准配置管理也称为变更控制。一切有关修改软件的请求，特别是涉及对基准配置的修改请求，都必须按照严格的规程进行，获得批准以后才能实施修改。绝对不能谁想修改软件(包括尚在开发过程中的软件)，就随意进行修改。

④ 采用现代程序设计技术。从提出软件工程概念至今，人们在研究各种新的程序设计技术方面投入了很多精力，对软件行业的发展也作出很大的贡献。例如，20世纪60年代末提出了结构化程序设计技术，进而发展了面向对象分析技术和编程技术等。软件开发实践表明，采用先进的技术既可以提高软件开发的效率，又可以提高软件维护的效率。

⑤ 结果应能清楚地审查。软件产品不同于一般的物理产品，它是看不见摸不着的逻辑产品。软件开发人员的工作可视性差，难以准确度量，从而使得软件产品的开发过程比一般产品的开发过程更难以评价和管理。为了提高软件开发过程的可视性，更好地进行管理，应根据软件开发项目的目标及完成期限，制定开发组织的责任和产品标准，从而使所得到的结果能够清楚地加以审查。

⑥ 开发小组的人员应少而精。软件开发小组的成员应具备较好的素质，而人数则不宜过多。开发小组成员的素质和数量是影响软件产品质量和开发效率的重要因素。由高素质人员组成的开发小组，其开发效率可能会提高几倍甚至几十倍，且其所开发的软件中的缺陷也会明显减少。此外，人员数量增加也会使开发小组的交流、工作协调等开销急剧增加。因此，组成少而精的开发小组是软件工程的一条基本原理。

⑦ 承认不断改进软件工程实践的必要性。遵循前 6 条基本原理，就能够实现软件的工程化生产。但是，仅有这些原理并不能保证软件开发与维护的过程能赶上时代前进的步伐。因此，应该把承认不断改进软件工程实践的必要性作为软件工程的第 7 条基本原理。按照这条原理，不仅要积极主动地采纳新的软件技术，而且还要注意不断总结经验用于改进软件开发的过程，如收集进度数据、收集缺陷和问题报告数据等。这些数据不仅可以用来评价采用的新软件技术的效果，还可以用来指明必须着重改进的开发管理环节和应该优先应用的管理技术。

时至今日，以上 7 条软件工程基本原理依然有效，只是对每一个软件开发组织而言，应根据这些原理并结合自己的实际情况来管理和改进软件产品的开发和维护过程。

1995 年，Standish Group 研究机构以美国境内 8 000 个软件项目作为样本进行调查。调查结果显示，有 84%的软件开发无法按既定时间、经费完成，超过 30%的项目在开发过程中被取消，项目预算平均超出 189%。时至今日，以上这些表现和问题依旧困扰着大多数的软件开发团队。

在任何时候，为了提高产品质量并获得市场认可，每个组织都希望“更快、更好、更便宜”地开发产品。为了达到该目的，对一个组织来说，既要有适合的技术措施(技术和工具)，又要有必要的组织管理措施(过程、标准和方法)，更要有具备知识、技能和经验的团队成员。这就是我们通常所说的质量管理“铁三角”，如图 1-1 所示。这些要素同样适用于软件行业，即技术、管理和人员是影响软件产品质量的三个主要维度。软件工程正是从管理和技术两方面来研究如何采用工程化的概念、原理和技术方法并加以综合，指导开发人员更好地开发和维护计算机软件的一门新学科。结合多年服务于不同软件企业的经验，我们从软件开发过程管理实践的角度，建议在软件开发组织的管理中遵循如下几点准则：

① 提高团队的整体素质和研发能力，并采用适合于本组织的技术和工具。切忌仅靠一两个“天才”人物的灵感和个人能力来研发软件产品。

② 建立和采用合理的组织架构、绩效体系、持续优化改进的开发过程和方法，以完成软件产品的研发和组织管理。

③ 重视卓越的产品研发管理流程，让组织的商业目标决定采用的开发过程，让开发过程决定软件产品的质量；通过软件开发过程的建立及持续改进，确保让不同的人做好同样的事；保证项目或产品的成功可重复。

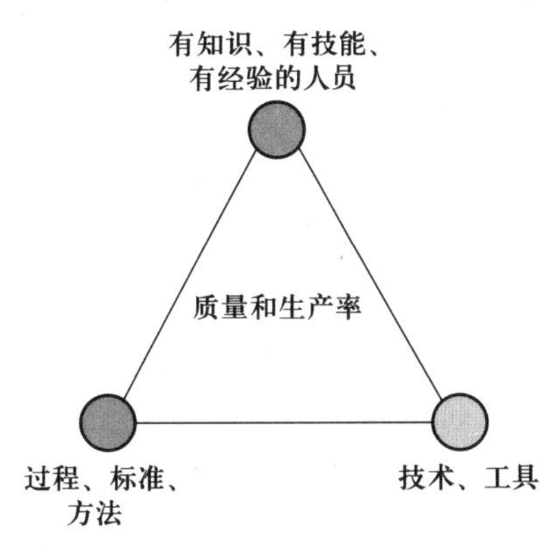

图 1-1 质量管理“铁三角”

1.2 软件质量管理体系

本节简要介绍适用于软件企业的质量管理体系相关模型，以便更好地理解软件工程及敏捷开发的相关理念。

首先明确给出“质量”的定义：产品的一组固有特性满足要求的程度，即产品在使用时能成功地满足用户需求的程度。其中，“要求”包括需求或期望，是明示的、隐含的、必须履行的。人们使用产品，总会对产品质量提出一定的要求，而这些要求往往受时间、地点、使用对象、社会环境和市场竞争等因素的影响。这些因素的变化，会使人们对同一产品提出不同的质量要求。因此，质量不是一个固定不变的概念，它是动态的、变化的和发展的，随时间、地点及使用对象的不同而不同，且随社会发展、技术进步而不断地更新和丰富。

对于软件企业来说，软件产品是其核心竞争力，在软件研发及组织运营管理过程中，为了确保质量并提高竞争力，通常会根据自身的实际情况，采用不同的质量标准体系或模型。常用的质量管理体系或模型有三类，分别为 ISO 9001、CMM/CMMI 和 ISO/IEC 12207，它们之间的关系如图 1-2 所示。

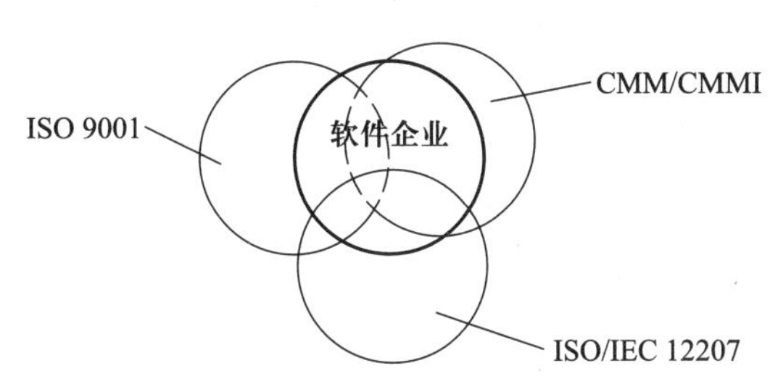

图 1-2 常用质量管理体系或模型关系图

从图 1-2 可以看出，三类质量标准体系或模型之间不存在互相包含或替代的关系，但有很强的关联性，其侧重点各有不同。其中，ISO 9001 并不专门针对软件企业，但可用于软件企业，特别是开发软件产品、集成工程和服务的软件企业；CMM/CMMI、ISO/IEC 12207 则专用于软件企业或软件项目。

1.2.1　ISO 9001 质量管理体系

ISO 9000 是由全球第一个质量管理体系标准 BS 5750（英国标准协会制定）转化而来的，其中的 ISO 9001 是由国际标准化组织（ISO）维护的迄今为止世界上最成熟的质量框架，目前全球有 161 个国家或地区的超过 75 万家组织正在使用这一框架。ISO 9001 不仅为质量管理体系，也为组织整体的运营管理体系设立了标准。它帮助各类组织通过客户满意度的改进、员工积极性的提升及持续改进来获得成功。本节简要介绍质量管理体系 ISO 9001：2015。ISO 9001 规定了组织质量管理体系的基本要求。不论组织提供何种类别的产品，ISO 9001 都是通用的，适用于所有行业或经济领域，但其本身并不规定产品质量的要求。

1. 质量管理原则

为促进质量目标的实现，ISO 9001：2015 明确规定了以下 7 项质量管理原则：

① 以顾客为关注焦点。

② 领导作用。

③ 员工参与。

④ 过程方法。

⑤ 改进。

⑥ 基于证据的决策。

⑦ 关系管理。

2. 建立和实施质量管理体系的步骤

建立和实施质量管理体系，一般应包含下列步骤：

① 确定顾客的需求和期望。

② 建立组织的质量方针和质量目标。

③ 确定实现质量目标所必需的过程和职责。

④ 针对每个过程，实现质量目标的有效性确定测量方法。

⑤ 通过测量，确定每个过程的现行有效性。

⑥ 确定防止不合格项并消除产生原因的措施。

⑦ 寻找提高过程有效性和效率的机会。

⑧ 确定并优先考虑那些能提供最佳结果的改进。

⑨ 为实施已确定的改进，对战略、过程和资源进行策划。

⑩ 实施改进计划。

⑪ 监控改进效果。

⑫ 对照预期效果，评价实际结果。

⑬ 评审改进活动，确定必要的纠正、跟踪措施。

3. 过程方法

任何“得到输入并将其转化为输出”的序列活动，均可视为过程。

为使组织有效运行，必须识别和管理许多内部相互联系的过程。通常，一个过程的输出将直接形成下一个过程的输入。系统识别和管理组织内所使用的过程，特别是这些过程之间的相互作用，称为过程方法。ISO 9001 鼓励采用过程方法建立和实施质量管理体系，并且通过采用 PDCA 循环[①]及基于风险的思维对过程和体系进行整体管理，从而有效利用机遇并防止发生非预期结果。在质量管理体系中应用过程方法能够起到如下作用：

① 理解并持续满足要求。

② 从增值的角度考虑过程。

③ 获得有效的过程绩效。

④ 在评价数据和信息的基础上改进过程。

1.2.2 系统和软件工程—软件生命周期过程（ISO/IEC 12207）

系统和软件工程—软件生命周期过程（ISO/IEC 12207）是由美国电气与电子工程师协会（IEEE）提出，并与国际标准化组织共同维护的，现行版本是 2017 版。

ISO/IEC 12207 为系统和软件从构思到报废的全生命周期过程提供了框架，包含获取软件产品或服务时各阶段所需要的过程、活动及任务。这些阶段包括软件或服务的提供、开发、操作、维护和退役。在软件开发过程中采用“生命周期法”，即从时间角度对软件开发和维护的复杂问题进行分解，把软件生命的漫长周期依次划分为若干个阶段，每个阶段都有相对独立的任务，然后再逐步完成每个阶段的任务。各阶段的任务彼此间尽可能相对独立，同一阶段各项目的性质尽可能相同，从而降低每个阶段任务的复杂性，简化不同阶段之间的联系，有利于软件开发过程的组织和管理。

ISO/IEC 12207 分为系统相关过程和软件特定过程两大类。其中，系统相关过程又分为合同管理过程、组织项目启动过程、项目过程和技术过程 4 个细类。软件特定过程分为软件实现过程、软件支持过程和软件重用过程三个细类。

1. 合同管理过程

合同管理过程定义了在两个组织间建立协议所必需的活动。在标准中有两个子过程，即获取过程和供应过程。获取过程提供控制与产品提供方进行商务约定的方法，明确供应商应在一个项目中为软件或服务提供要开发的各要素；供应过程则提供控制为购买方提供产品或服务项目的方法。

2. 组织项目启动过程

组织项目启动过程管理组织通过启动、支持和控制项目为购买方提供产品和服务的能力，通过提供必需的资源和基础设施支撑项目确保满足组织目标和签订的合同。该过程由如下子过程组成：

---

① 又称戴明环，是由美国质量管理专家戴明（W. Edwards Deming）提出的质量管理通用模型，即按照计划（plan）、执行（do）、检查（check）、处置或调整（action）的顺序进行质量管理，并且循环不止地进行下去。

① 生命周期模型管理过程。

② 基础设施管理过程。

③ 项目投资组合管理过程(包含项目启动、项目投资评估和项目验收三部分内容)。

④ 人力资源管理过程。

⑤ 质量管理过程。

3. 项目过程

项目过程包含项目管理过程和项目支持过程。项目管理过程用来计划、执行、评估和控制项目进展，项目支持过程则用来支持特定管理目标。

项目管理过程包含项目计划过程和项目评估与控制过程两个子过程。项目支持过程包含以下子过程：

① 决策管理过程。

② 风险管理过程。

③ 配置管理过程。

④ 信息管理过程。

⑤ 度量分析过程。

4. 技术过程

技术过程用来定义系统的需求，把需求转换成有效的产品，必要时允许使用该过程支持允许产品的一致再生产，使用产品提供所需的服务，维持这些服务的提供，并在产品退役时处置这些产品。该过程由如下子过程组成：

① 利益相关者需求定义过程。

② 系统需求分析过程。

③ 系统架构设计过程。

④ 实现过程。

⑤ 系统集成过程。

⑥ 系统合格性测试过程。

⑦ 软件安装过程。

⑧ 软件验收支持过程。

⑨ 软件操作过程。

⑩ 软件维护过程。

⑪ 软件退役过程。

5. 软件实现过程

软件实现过程用于产生实现软件时的特定系统元素，相对于系统实现过程来说，该过程提供针对软件产品的开发需要特殊明确的相关活动。该过程由如下子过程组成：

① 软件需求分析过程。

② 软件架构设计过程。

③ 软件详细设计过程。

④ 软件开发过程。

⑤ 软件集成过程。

⑥ 软件合格测试过程。

6. 软件支持过程

软件支持过程提供执行特定软件过程的一些特殊活动，以保证软件项目成功及所开发的软件产品的质量。该过程由如下子过程组成：

① 软件文档管理过程。

② 软件配置管理过程。

③ 软件质量保证过程。

④ 软件验证过程。

⑤ 软件确认过程。

⑥ 软件评审过程。

⑦ 软件审计过程。

⑧ 软件问题解决过程。

7. 软件重用过程

软件重用过程用来支持组织跨项目的软件重用能力，该过程针对软件产品中可重用项的使用及管理进行明确。该过程由如下子过程组成：

① 领域工程过程。

② 重用资产管理过程。

③ 重用程序管理过程。

从 ISO/IEC 12207 标准的相关内容可以看出，该标准与 ISO 9001 的思路完全不同，它明确了系统与软件整个生命周期中各类过程、活动和任务。也就是说，它明确了为确保系统与软件整个生命周期的质量需做哪些事情，以及将会产生哪些输出。

1.2.3 软件能力成熟度模型与软件能力成熟度模型集成(CMM/CMMI)

1984 年，美国国防部计划将其软件发包给其他软件公司开发，并委托卡内基·梅隆大学软件工程研究所(CMU/SEI)进行研究，希望能够建立一套工程制度，用来评估和改善软件公司的开发过程和能力，并协助软件开发人员持续改进过程的成熟度及软件质量，从而提升软件开发项目及公司的管理能力，最终达到软件开发功能正确并确保质量，缩短开发周期、降低开发成本的目标。

由此，CMU/SEI 在 1987 年提出了关于软件的过程成熟度模型框架和成熟度问卷简要描述，并在美国国防项目承包商范围内开始试行软件能力成熟度模型(capability maturity model，CMM) 等级评估。在 CMM 1.0 发布后，美国国防部合同审查委员会提出发包单位可以在招投标程序中规定“投标方要接受基于 CMM 的评估”的条款，发包单位将把评估结果作为选择承包方的重要因素之一。通过在软件开发组织中的应用，CMU/SEI 发现 CMM 评估对软件过程改进确实有明显的促进作用，这使其看到了 CMM 评估的巨大的商业前景，因此从

1990 年以后，CMU/SEI 把基于 CMM 的评估作为商业行为推向市场。

在 CMM 1.0 推出之后，不同应用领域均发展了自己的 CMM 系列，其中包括系统工程能力成熟度模型(systems engineering CMM，SE-CMM)、集成的产品开发能力成熟度模型(integrated product development CMM，IPD-CMM)、人力资源管理能力成熟度模型(people CMM，P-CMM)等应用模型。

这些模型在各自的应用领域内确实发挥了重要的作用，但由于架构和内容的限制，它们之间并不能通用。于是 CMU/SEI 于 2000 年 12 月公布了能力成熟度模型集成(capability maturity model integration，CMMI)，主要整合了软件能力成熟度模型 2.0 版、系统工程能力模型(systems engineering capability model，SECM)和集成的产品开发能力成熟度模型 0.98 版。在随后的发展过程中，本着不断改进的原则，CMMI 产品团队不断评估变更请求并进行相应的变更，逐渐发展到 2018 年发布的 2.0 版本。

CMMI 2.0 引入敏捷开发的相关实践支持，简化了整个模型架构，更便于企业使用；对模型表达方式进行了大幅度调整，通过使用特定背景的方式，增加了针对 Scrum 的敏捷开发指南以及预定义视图的说明；将原来的通用实践(GP)部分纳入新增加的治理(GOV)和实施基础条件(II)实践域，模型结构调整为实践域—实践组—实践—说明性资料这 4 个层次，并将级别由原来的 5 级调整为 0—5 级共 6 个级别。

在 CMMI 2.0 中，最基本的概念是“实践域”。每个实践域分别表示整个过程改进活动中应侧重关注或改进的某个方面的问题。CMMI 2.0 把软件生命周期中的研发阶段划分为若干个过程，如果把这些过程的相关实践都实现了，则认为可以开发出高质量的软件产品。模型的全部描述是将实践域作为基本构件而展开的，即针对每个过程应该做些什么“实践”，但模型并不规定这些实践由谁做、如何做。表 1-1 给出了 CMMI 2.0 针对软件开发的 20 个实践域清单。

表 1-1　CMMI 2.0 针对软件开发的实践域清单①

序号	英文全称	简称	中文名称
1	Causal Analysis and Resolution	CAR	原因分析和解决
2	Configuration Management	CM	配置管理
3	Decision Analysis and Resolution	DAR	决策分析和解决
4	Estimating	EST	估算
5	Governance	GOV	治理
6	Implementation Infrastructure	II	实施基础条件
7	Managing Performance and Measurement	MPM	管理性能与度量
8	Monitor and Control	MC	监视与控制

① 本书中 CMMI 的相关术语，均以 CMMI 研究院 2018 年发布的简体中文版为准。

续表

序号	英文全称	简称	中文名称
9	Organizational Training	OT	组织级培训
10	Peer Reviews	PR	同行评审
11	Planning	PLAN	策划
12	Process Asset Development	PAD	过程资产开发
13	Process Management	PCM	过程管理
14	Process Quality Assurance	PQA	过程质量保证
15	Production Integration	PI	产品集成
16	Requirements Development and Management	RDM	需求开发和管理
17	Risk and Opportunity Management	RSK	风险与机会管理
18	Supplier Agreement Management	SAM	供应商协议管理
19	Technical Solution	TS	技术解决方案
20	Verification and Validation	VV	验证和确认

表 1-2 为不带供应商协议管理(SAM)视图的 CMMI 开发需要使用到的实践域，共计 19 个实践域。在该表中针对不同的级别，在 CMMI 评估时要求，所有预定义域直到并包含所在级别实践的目的都在该级别得到实现。

表 1-2　不带 SAM 视图的 CMMI 开发需要用到的实践域

实践域	第 1 级	第 2 级	第 3 级	第 4 级	第 5 级
原因分析和解决	√	√	√	√	√
决策分析和解决	√	√	√		
风险与机会管理	√	√	√		
组织级培训	√	√	√		
过程管理	√	√	√	√	
过程资产开发	√	√	√		
同行评审	√	√	√		
验证和确认	√	√	√		
技术解决方案	√	√	√		
产品集成	√	√	√		
管理性能与质量	√	√	√	√	√
过程质量保证	√	√	√		
配置管理	√	√			

续表

实践域	第 1 级	第 2 级	第 3 级	第 4 级	第 5 级
监视与控制	√	√	√		
策划	√	√	√	√	
估算	√	√	√		
需求开发和管理	√	√	√		
治理	√	√	√	√	
实施基础条件	√	√	√		

CMMI 2.0 中每个实践域包含的实践使用“级别+编号”的方式表示，其中的“级别”表示该实践需要在对应的成熟度等级中实现。以“策划”实践域为例，该实践域包含的实践如下：

第 1 级
PLAN1.1 确定任务列表
PLAN1.2 将人员分配到任务
第 2 级
PLAN2.1 开发完成工作的方法，并保持更新
PLAN2.2 计划执行工作所需的知识和技能
PLAN2.3 根据记录的估算确定预算和进度，并保持更新
PLAN2.4 计划已识别的利益相关者的参与
PLAN2.5 计划向运营和支持的转移
PLAN2.6 通过协调可用资源和估算的资源确保计划的可行性
PLAN2.7 制订项目计划，确保其元素之间的一致性，并保持更新
PLAN2.8 评审计划并获得受影响利益相关者的承诺
第 3 级
PLAN3.1 使用组织的标准过程集和裁剪指南来开发项目过程，保持更新，并遵循项目过程
PLAN3.2 使用项目过程、组织的过程资产和度量库制订计划，并保持更新
PLAN3.3 识别和协商关键依赖关系
PLAN3.4 根据组织标准计划项目环境，并保持更新
第 4 级
PLAN4.1 使用统计与其他量化技术开发项目过程，并保持更新，以实现质量与过程性能目标

CMMI 的成熟度等级为机构的过程改进提供了一种阶梯式的上升顺序。按照这个顺序实施过程改进，不需要同时处理可能涉及的所有过程，而是将注意力集中于当前最需要改进的一组实践上。前已提及，CMMI 2.0 提供了 6 个成熟度级

别，每个级别都为提升到更高一级奠定基础。每个级别的基本特征描述如下：

① 第 0 级(不完整)：无计划则未知，可能完成或无法完成工作。

② 第 1 级(初步)：不可预测且被动，可能完成工作，但通常会延期且超预算。

③ 第 2 级(管理级)：实施项目管理，项目得到规划、执行、度量和控制。

④ 第 3 级(定义级)：主动而不是被动，组织标准为项目、计划和投资组合提供了指导。

⑤ 第 4 级(量化管理级)：可衡量且可控制，组织以数据为导向提出量化的性能改进目标，这些目标是可预测且一致的，可以满足内部和外部利益相关者的需求。

⑥ 第 5 级(优化级)：稳定且灵活，组织专注于持续改进，并致力于转变和应对机遇与变化。组织的稳定性为敏捷和创新提供了一个平台。

可以看到，CMMI 与 ISO/IEC 12207 有明显的区别：

① CMMI 包含的并非是系统与软件的全生命周期，而是侧重于拿到工作任务书之后的开发过程及确保开发过程中的质量管理等内容。

② CMMI 把在系统与软件开发过程中各过程域的相关实践做了总结，是业内经验的精华所在，也就是说 CMMI 更侧重于具体如何做。

通过对以上质量管理体系或模型的分析可以看出，这些业内的标准或模型与敏捷开发没有任何冲突，敏捷开发同样适用于 CMMI 或 ISO 9001。在实际的开发实践中，作者接触过多家使用 Scrum 开发模式并通过 CMMI 五级认证的企业，这也验证了上述观点。关于敏捷开发及 Scrum 的相关内容，本书在后续章节中将会详细讲解，希望读者正确认识 Scrum 与敏捷开发，以及 CMMI、ISO 9001 等质量管理体系或模型。

1.3 软件生命周期及软件过程模型

软件与自然界中的其他事物一样，都有一个完整的生命周期，也要经历孕育、诞生、成长、成熟、衰亡等阶段。自软件工程概念提出以来，软件开发过程的瀑布模型就在软件生命周期中占据统治地位，特别是在 2000 年之前，软件生命周期通常指的就是瀑布型软件生命周期。图 1-3 为瀑布型软件生命周期示例，该图增加了项目管理的相关过程及实践。当前在国内的软件开发中，采用图 1-3 所示软件生命周期模式的组织也很多。

图 1-3 主要表达了如下的思想：一旦一个新的应用程序(或系统)的设想诞生，许多组织就会做一些合理化探讨，通过立项的方式来明确研发的可行性和必要性。在这个过程中，将讨论现有系统是否能够满足处理需求，或者是否必须开发新系统。如果必须开发一个新的系统，则进入软件开发生命周期并开发系统，然后对其进行测试，并将其部署到运营环境中。在部署到运营环境中时，会把软件从开发团队交接到运维团队，以便运维人员能够维护和完善系

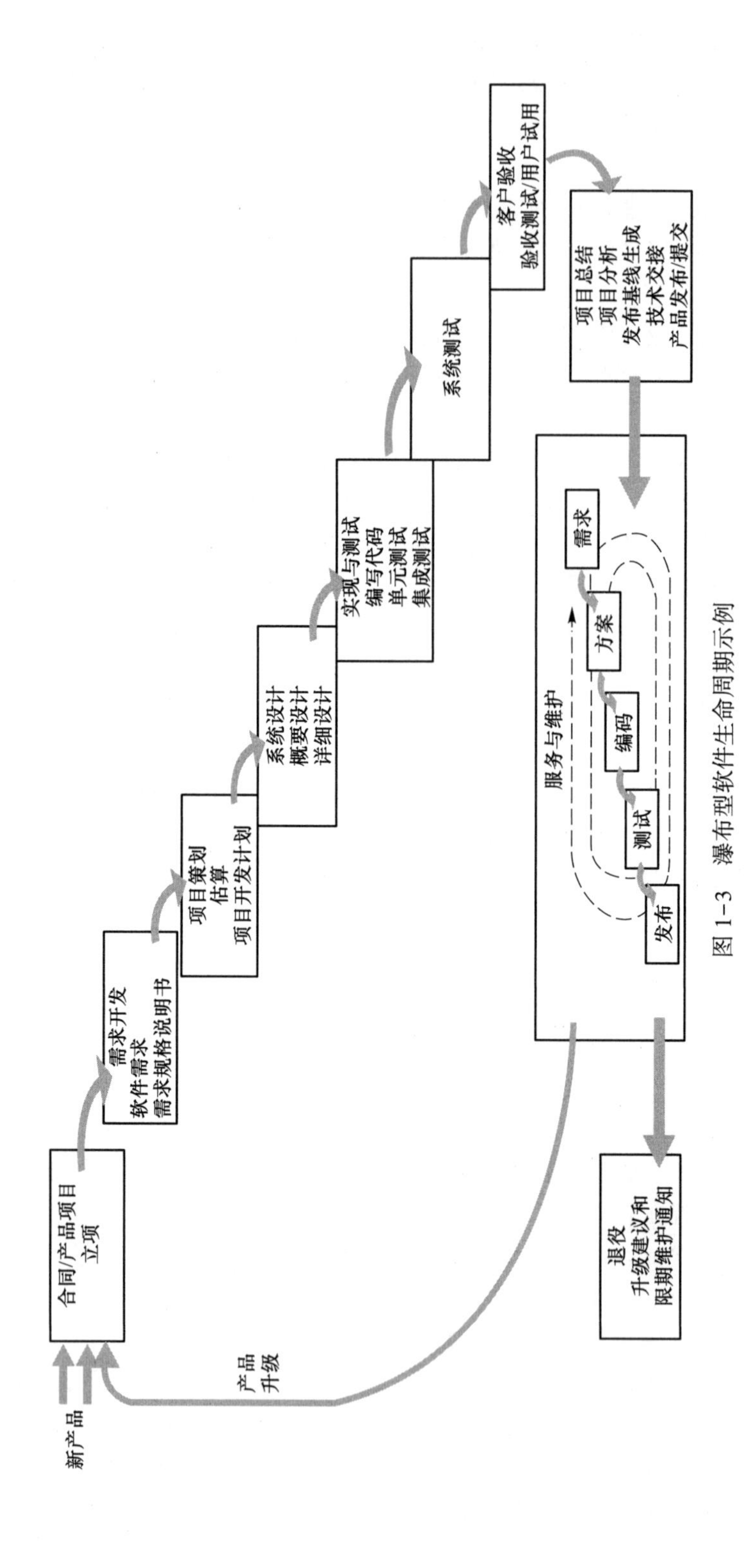

图 1-3　瀑布型软件生命周期示例

统。一旦投入生产，则使用者希望系统提供预期的业务价值，直到退役。在软件运行过程中，系统通常遇到新的需求或发现新的缺陷。在这种情况下，更改请求将被提出。对于每个更改请求，需要对其进行分析，明确改进计划，完成对软件的改进开发，并对改进后的软件进行测试，再部署到生产环境中运营。这样重复下来，多次经历相同的过程，直到该版本不再提供更新维护。受技术发展、维护成本及市场需求的影响，在运营一段时间后，当前版本不再进行更新维护时，则会让用户升级到新的版本或者退役。

典型的瀑布型软件生命周期包含如下几个阶段：

① 问题定义与规划。此阶段由软件开发方与需求方共同讨论，主要确定软件开发的目标及其可行性；通常在项目立项或合同谈判时完成相应工作。

② 需求分析。此阶段在确定软件开发可行的情况下，对软件需要实现的各项功能进行详细分析。需求分析阶段非常重要，这一阶段工作做得好，将为整个软件开发项目的成功打下良好的基础。需求是在整个软件开发过程中不断变化和深入的，因此必须制订需求变更计划来应付这种变化，以确保整个项目的顺利进行。

③ 软件设计。此阶段主要根据需求分析的结果对整个软件系统进行设计，如系统框架设计、数据库设计等。软件设计一般分为总体设计和详细设计。在实际项目中，好的软件设计将为程序代码的编写打下良好的基础。

④ 程序编码。此阶段是将软件设计的结果转换成计算机可运行的程序代码。在程序编码中必须要制定统一的、符合标准的编写规范，以保证程序的可读性及易维护性，提高程序的运行效率。

⑤ 软件测试。在软件设计完成后要经过严密的测试，以发现软件在整个设计过程中存在的问题并加以纠正。整个软件测试过程分为单元测试、集成测试以及系统测试三个阶段进行。测试的方法主要有白盒测试和黑盒测试两种。在测试过程中需要制订详细的测试计划并严格按照测试计划进行测试，以减少测试的随意性。

⑥ 运行维护。此阶段是软件生命周期中持续时间最长的阶段。在软件开发完成并投入使用后，由于多方面的原因，软件不能继续适应用户的要求，要延续软件的使用寿命，就必须对软件进行维护。软件的维护包括纠错性维护和改进性维护两个方面。

由于瀑布模型的特点（以文档为整个过程中各活动衔接的主体），很多问题在软件开发后期才会暴露出来，而要解决这些问题所要承担的风险往往是巨大的。在瀑布模型之后的软件开发实践中，又逐步产生了迭代模型、快速原型模型、增量模型、集成与配置模型等。各种模型都有一定的适用场景，也会产生一定的问题，在软件开发实践中也在逐步演进。其中，瀑布模型软件生命周期的变体在软件开发组织中应用得最为广泛。但无论是哪种软件过程模型，都必须以某种形式包含在如下 4 个最基本的软件工程活动中：

① 软件规格说明：软件的功能以及对于软件运行的约束必须在这里进行

定义。

② 软件开发：必须开发出符合规格说明的软件。

③ 软件确认：软件必须通过确认来确保其所做的是客户所想要的。

④ 软件演化：软件必须通过演化来满足不断变化的客户需要。

这些活动本身也是复杂的活动，还会包括一些子活动，例如需求确认、体系结构设计、单元测试等。就软件过程来说，还会包括其他一些活动，比如配置管理、项目策划、软件质量保证等支持软件生产的活动。

1.4　软件开发模式发展趋势

在实际的开发过程中，软件生命周期的各项活动需要有不同的角色参与，而各种角色之间会形成强大的无形壁垒，如何解决角色之间的冲突，使其相互协作，以提高整个生命周期中各过程的效率，成为当今软件开发实践的探索重点。

综合具体的软件实践来看，要保证一款软件的顺利开发及应用，在软件生命周期中涉及但不限于以下一些角色：

① 利益相关者（或称干系人）[①]。利益相关者通常是受到某项工作决策影响，或对某项工作结果以某种方式负有责任的组织或个人，可能包括项目或者工作组成员、供方、客户、最终用户等。

② 高级管理层。必须有人从商业的角度决定要开始一项开发活动。在对业务需求进行初步分析后，高级管理层决定启动一个项目来开发应用程序或提供预期业务价值的系统。例如，高级管理层必须参与新建议项目的审批程序，包括投资组合的合理化分析，然后才能进行决策。

③ 项目经理。这类角色在立项通过后承担相关工作。理想情况下，这类角色持续领导整个项目，以确保项目管理具有连续性。

④ 产品管理委员会（有些企业会设置项目管理办公室）。新项目可能会改变或扩大组织的投资组合收益，与其他相关项目或产品产生关联，因此需要有这类角色来统一协调不同产品线之间的事务，以确保能提供一致有效的解决方案。

⑤ 需求分析师（产品经理）。在确定立项后，这类角色负责分析各类业务需求，以帮助识别业务问题并提出解决方案。在系统开发的生命周期内，产品经理通常在业务层面与需求方（客户）及服务提供方（开发人员）之间开展协作工作，使两者就开发内容达成一致。

⑥ 架构师。这类角色负责绘制解决方案的初始“蓝图”，供开发人员使用。架构师主要参与解决方案的规划、定义和高级设计，并探索解决方案的备选方案；规划和搭建技术框架，以支持新的业务特性和功能；定义子系统及其接

---

① 本书采用 CMMI 2.0 中对利益相关者（干系人）这一术语的表述。有些图书将其更广义地表述为组织外部环境中多组织决策和行动影响的任何相关者。

口，了解解决方案部署，并传达与解决方案上下文环境交互的需求；为解决方案建立关键非功能需求，并参与定义其他非功能需求；通过适当的设计指导，实现持续交付管理，并积极参与持续探索过程。

⑦ 用户体验设计团队。用户体验设计应该是一个核心的交付内容，在开发实践中，需要在用户体验设计团队和开发团队之间进行密切的合作。最好的解决方案是在整个项目中有一个用户体验设计专家在开发团队中，也可以采用共享用户体验设计团队的方式来开展工作。用户体验设计对于确保用户能够感知到系统的交互体验是很重要的。

⑧ 数据库管理员。几乎每个业务系统或应用程序都以某种方式使用数据库。数据库管理员可以使数据库的运行效率得到很大的提升，并使数据库长时间稳定运行，所以在任何涉及数据库的项目中数据库管理员都是至关重要的。当前有越来越多的项目由开发人员承担数据库管理员的角色，这就要求开发人员具有数据库的专业知识，而不仅仅是专注于编码。

⑨ 开发人员。这类角色使用架构师按需求绘制的体系结构“蓝图”，编写代码来实现系统。同时，当有变更请求时，开发人员需要修改或扩展代码。开发人员不仅要能写代码，还要了解待实现系统的功能，以保证写出正确的代码。

⑩ 测试人员。测试是应该在整个开发过程中持续做的工作。虽然专业的测试人员和测试管理人员有助于确保质量，但不少现代开发实践中也都包含开发人员所做的测试。例如，在测试驱动开发中，开发人员编写的测试代码可以在构建时自动运行，也可以作为嵌入版本控制的一部分。

⑪ 运维人员。当应用程序或系统完成后，将被移交给运维部门。运维人员将接管软件，通常在开发商的帮助下做错误修复和版本升级等工作。这类角色应在开发早期，甚至在考虑初始体系结构时就参与项目，直到整个开发工作完成。

以上介绍的任何角色都不能与其他角色分开行事，因为所有的项目都是协作进行的。如果想要在任何项目上取得成功，对于每个参与者来说，都要有合作的心态，并且在项目的每个阶段都要把给客户带来价值作为主要关注点。

在实际开发过程中，在软件生命周期中有两个明显的鸿沟：一是业务需求和开发之间的鸿沟，需解决业务经理或客户的一线需求与开发团队之间的协作问题，让开发团队既快又准地实现业务需求；二是开发团队和运维团队之间的鸿沟，只有尽快地把开发出来的产品交付给客户，才能体现整个产品的价值。但在实际工作过程中，开发团队和运维团队两者之间存在着固有的冲突。开发团队求快，运维团队求稳。开发团队的驱动力通常是“频繁交付新特性或功能”，而运维团队则更关注信息技术服务的可靠性和成本投入的回报率，并降低风险。两者之间目标的不匹配，将会减缓交付业务的速度。

为了解决上述软件生命周期中两个鸿沟带来的问题，软件工程领域的工作者在进行大量的探索后，提出并开发了一系列软件开发模式及相应的支撑工具。其中，解决业务需求和开发之间的鸿沟问题通常使用敏捷方法。结合敏捷宣言、12 条原则以及包括 Scrum、Kanban 与 XP 在内的众多管理和工程实践，实现开发与业务之间的频繁沟通，快速响应变化。而 DevOps 的出现，则是为了解决开发团队与运维团队之间的鸿沟问题。与传统的方法相比，DevOps 使开发人员和运维人员更接近，不仅体现在思想上，而且还体现在具体的工作中。因为他们都是 DevOps 团队的一部分，相互之间并不是完全割裂开的，团队成员共同努力，通过持续的开发和运维来交付业务价值。DevOps 本身并不是一种开发方法，相反，它使用了在许多工厂企业中得到很好实践的敏捷方法和流程，如看板和 Scrum，可以说是敏捷方法在运维侧的延伸。

在软件工程提出的初期，通常是通过应用瀑布模型及其变体来完成软件开发。但随着乌卡(VUCA)时代[①]的到来，使用瀑布模型应用于软件开发遇到了非常大的挑战：不稳定性要求组织的响应更加敏捷；不确定性意味着组织需要收集更加系统、全面的信息；复杂性要求组织进行重构；而模糊性则需要组织带着开放的心态，对可能的机会进行实验求证。

由此，近年来敏捷方法和 DevOps 在软件工程实践中越来越受欢迎，特别是互联网企业几乎都使用相关实践来开展软件研发及全生命周期管理。在此，关键概念是持续开发，持续集成，持续部署；用小的变化而不是大的发布完成开发；通过自动化过程摆脱人工步骤，并且拥有尽可能接近生产环境的开发和测试环境，提高效率和响应变化。从想法到生产环境越快，我们就能越快地对市场变化和影响做出反应。这对于成功的组织来说是至关重要的。本书后续章节将从理论与实践相结合的角度带领读者走近这一领域，基于 Scrum 敏捷开发和微软公司的 Azure DevOps Server 进行讲解。

课后思考题 1

1. 在 20 世纪 90 年代，一架波音客机由数百万个单独的部件组成，需要上千人组装，但通常都能够按时、按预算交付使用；而微软公司开发的办公软件 Word 大约由 249 000 行源代码组成，比原来的计划延期了 4 年才正式交付使用。请思考并简述软件开发与飞机制造有什么本质的区别，以及出现这种现象的原因。

2. 简述瀑布模型的核心理念，并说明它为什么比较难于满足新时代的需要。

---

① VUCA 时代是一个具有现代概念的词，指我们正处于一个不稳定性(volatility)、不确定性(uncertainty)、复杂性(complexity)和模糊性(ambiguity)的时代。

第 2 章　Scrum 敏捷方法及 DevOps 简介

本章重点：

- 敏捷宣言与 Scrum 敏捷方法。
- Scrum 敏捷开发导入建议。
- DevOps 理念及与敏捷开发的关系。
- DevOps 支撑工具简介。

DevOps 和敏捷方法都是现代软件开发实践，旨在提供框架来生成产品、发布产品或产品的一部分。它们使用不同的方法，涉及不同的岗位和部门，并且以不同的方式构建生产产品。最重要的一点是二者之间不是互斥的，DevOps 可以看作是一种文化，促进软件开发与维护的所有参与者之间的协作。敏捷方法可以被描述为一种开发方法，其目的是在需求不断变化的现实中维持工作效率和驱动发布产品。将 DevOps 和敏捷方法结合使用，将会带来更高的效率和更可靠的结果。

2.1　敏捷宣言与 Scrum 敏捷方法

为了解决软件交付危机，软件工程领域进行了大量实践及理论探索。1986 年，日本学者 Hirotaka Takeuchi 和 Ikujiro Nonaka 受工业界最佳实践尤其是精益原则的影响，在《哈佛商业评论》上发表了题为“The New New Product Development Game”的论文，其中提出了类比橄榄球式的管理方法——Scrum。1993 年，Jeff Sutherland 将 Scrum 用于软件开发，并首次在 Easel 公司定义了用于软件开发行业的流程且开始实施；1995 年，Jeff Sutherland 和 Ken Schwaber 规范了 Scrum 框架，发表了“Scrum Software Development Process”一文，并在美国得克萨斯州奥斯汀举行的面向对象编程国际会议（OOPSLA'95）上完整地介绍了这个框架。2001 年，17 位软件先驱于犹他州雪鸟城联合发表敏捷宣言，宣告敏捷联盟成立；同年，Ken Schwaber 和 Mike Cohn 合著 *Agile Software Development with Scrum* 一书，并详细介绍了 Scrum 方法。2002 年，Ken Schwaber 和 Mike Cohn 又共同创办了 Scrum 联盟，开始发布 Scrum Master 认证体系及其衍生产品。2010 年，Jeff Sutherland、Ken Schwaber 和 Mike Cohn 共同发布《Scrum 指南》，随后对其逐步更新，建立了全球认可的 Scrum 知识体系。2011 年，敏捷联盟发布敏捷实践指南。

时至今日，Scrum 已成为全球最流行与最有效的敏捷项目管理理念与方法之一。有数据显示，世界 500 强企业中约有 70%在开发的项目中采用了敏捷方法。目前 Scrum 已从单团队设计扩展运用到多团队的产品、流程、服务以及系统的创建中，形成了规模化 Scrum，如 Scrum of Scrum、规模化敏捷框架(scaled agile framework，SAFe)、规模化专业 Scrum(scaled professional scrum，SPS)、大规模 Scrum(large scale scrum，LeSS)等。

根据 2020 年度敏捷状态报告，基于对全球范围内 1 100 个信息技术和专业人士的深度调查：在软件开发过程中使用了敏捷方法的团队中，Scrum 仍然是运用最广泛的敏捷方法，单独使用 Scrum 和将其与其他方法混合使用占比超过 75%；SAFe 仍然是首选，从 2018 年的 30%提升到了 2019 年的 35%，市场份额遥遥领先；此外，虽然敏捷方法强调面对面的沟通并建议团队在同一地点办公，但数据表明跨地域的分布式敏捷团队仍然非常普遍。

1. 敏捷开发的价值观

在 2001 年发布的敏捷宣言的主旨如下：

我们一直在实践中探寻更好的软件开发方法，身体力行的同时也帮助他人。由此我们建立了如下价值观：

个体和互动	高于	流程和工具
工作的软件	高于	详尽的文档
客户合作	高于	合同谈判
响应变化	高于	遵循计划

也就是说，尽管上述的右项有其价值，我们更重视左项的价值。

上述价值观强调了敏捷开发方法是一个不断探索的过程和一个没有终点的过程，一旦发现了更好的工作方式就会调整。同时，在实践中有些人可能会将价值观陈述误解为两种选择之间的二元决策，但这不是敏捷宣言的真实含义。价值观描述中的左右两项都有价值，只是从敏捷开发方法的观点来看，左项有更多的价值。敏捷宣言包含了根据上下文平衡价值观的需要。

敏捷宣言中的价值观具体阐述如下：

① 个体和互动高于流程和工具。敏捷流程非常重要，但是流程只是达到目的的手段，应支持个体和互动，并相应地修改流程。在分布式办公环境中，工具对于协助通信和协作至关重要(例如视频会议系统、文本消息、全生命周期管理工具等)，在规模化开发中尤其如此；然而，工具应作为补充而不是取代面对面的交流。

② 工作的软件高于详尽的文档。文档很重要，而且有价值。但是采用可能已过时的治理模型来创建文档，则没有任何价值。治理作为变革项目的一部分，通常体现在文档标准中，需要进行不断更新以反映精益敏捷的工作方式。

与其过早地创建详尽的文档，不如向客户展示工作的软件以获取反馈信息，这样更有价值。

③ 客户合作高于合同谈判。客户是价值的最终决定者，与其紧密合作对开发价值流至关重要。合同通常是必要的，但要认识到，合同可能会过度控制人们做什么以及如何做，不能取代常规的交流、合作和信任。此赢彼输的合同，通常会导致糟糕的经济效益和彼此不信任，使得合同双方建立的是短期关系，而不是长期的商业伙伴关系。相反，合同应该是更倾向于与客户合作的双赢主张。

④ 响应变化高于遵循计划。变化是开发流程必须反映的现实。精益敏捷开发的优势在于它拥抱变化的方式。随着系统的演进，人们对问题和解决方案的理解也在演进。利益相关者的知识会随着时间的推移而增长，客户需求也会随之发生变化。事实上，这些理解上的变化为所开发的系统增加了价值。

宣言中的"高于遵循计划"表明，其实敏捷开发是有计划的。计划是敏捷开发的重要组成部分。敏捷团队的计划更频繁、更持续。当学习了新的知识、获悉了新的信息，以及环境发生变化时，计划就应该相应地进行调整。

在敏捷开发实践过程中逐步形成了支持敏捷宣言价值观的12条重要原则，这些原则使敏捷价值观更进一步明确，并描述了敏捷的含义。具体如下：

① 客户为先。敏捷开发最重要的目标是通过持续不断地及早交付有价值的软件使客户满意。

② 拥抱变化。要欣然面对需求变化(即使在开发后期也一样)。为了客户的竞争优势，敏捷开发过程中应掌控变化。

③ 短迭代交付。经常性地交付可工作的软件(相隔几星期或一两个月，倾向于采用较短的周期)。

④ 业务参与。业务人员和开发人员必须相互合作，项目中的每一天都不例外。

⑤ 以人为本。激发个体的斗志，以其为核心搭建项目，为其提供所需的环境和支援，辅以信任，从而达成目标。

⑥ 面对面沟通。无论团队内外，传递信息的效果最好、效率也最高的方式就是面对面的交谈。

⑦ 成果导向。可工作的软件是进度的首要度量标准。

⑧ 保持节奏。敏捷过程倡导可持续开发，责任人、开发人员和用户要能够共同维持其步调稳定延续。

⑨ 追求卓越。坚持不懈地追求技术卓越和良好设计，敏捷能力由此增强。

⑩ 简单务实。以简洁为本，极力减少不必要的工作量。

⑪ 团队自组织。最好的架构、需求和设计出自自组织的团队。

⑫ 持续改进。团队定期反思如何能提高成效，并依此调整自身的表现。

这些原则大多是不言自明的，宣言中的价值观和这些原则相结合就构成了一个框架，这个框架就是敏捷精髓所在。越来越多的成功案例表明，这种新的思维和工作方式带来了非凡的商业价值和个人价值。

2. Scrum 敏捷开发

人们在工作中通常会有两种思维模式，即预测性导向思维和适应性导向思维。这两种思维模式对应于开发过程中的定义型过程控制和经验型过程控制两种管理方法。在定义型过程控制中强调通过命令来控制过程，根据预测来制订计划，并严格执行计划和控制变更；而经验型过程控制则着重于强调在过程中学习，注重通过检查和调整来应对变化，过程不可预测但透明可视，期待并拥抱变化。当然，这两者都是科学的管理方法，并且都有大量的实践应用。当我们对过程的运作机制充分理解时，通常采用定义型过程控制方法；当过程太复杂时，经验型过程控制方法则是恰当的选择。

Scrum 原意是英式橄榄球的争球(图 2-1)。橄榄球比赛时，参赛方需频繁更换阵容以保障场上的节奏和冲击力。在比赛中，进攻方为了有效向前推进，不仅需要精准地传球和积极跑动，更需要有队员用身体阻挡对方的拦截，或者用身体撞向对方的防线为持球队员开辟前进路线。队员只有依赖相互之间的默契配合和有效地融入团队，才能获得比赛的胜利。比赛场上局面快速多变，队友创造的机会也是稍纵即逝。因此，橄榄球运动要求任何人对于队友几乎是毫无保留的信任，丝毫不亚于血与火战争中的信任和依赖。同样，相互信任、相互帮助、充满自信、协作冲刺的团队精神，正是一个开发团队所必需的，以便能更快、更高效地为客户交付价值，响应市场的变化。

图 2-1　橄榄球比赛中的争球

Scrum 敏捷开发是基于经验型过程控制理念，采用一种迭代和增量的方法来优化对未来的预测和控制风险。Scrum 框架用于开发、交付和持续支持复杂产品，在此框架中人们可以解决复杂的自适应难题，同时也能高效并创造性地交付可能有最高价值的产品。透明、检视(检查)和适应是其三大支柱，支撑起每一个过程的实施：

① 透明。过程中的关键环节对于那些对产出负责的人必须是显而易见的，比如用统一的术语，必须对“完成”有明确的定义并有一致的理解等。

② 检视。经常检视项目和完成目标的进度，以发现差异。

③ 适应。如果检视时发现过程中的一个或多个方面偏离于可接受范围，则须对过程或内容加以适应性调整，并要尽快执行，以保证最小化进一步的偏离。

Scrum 敏捷开发适用于下列情形：

① 具有一定复杂性和创新性的大多数 IT 项目。

② 管理实践有困难的超大型 IT 项目，比如有几千人组成的团队开展新产品研发。

③ 具有一定策略的项目，比如替换一些人喜欢的现有应用程序。

④ 有一定复杂度的应用集成，比如集成一个新应用程序到一个完善的系统。

Scrum 敏捷开发具有如下基本特点：

① 开发中每个冲刺(sprint，即交付周期)长度一般为 2~4 周，成员为 8 人左右，建议为 2±7 人。

② 一旦冲刺计划会议结束，任何需求都不允许添加进来，并由专人(通常为敏捷教练)严格把关，不允许开发团队受到干扰。

③ 用户故事(user story)可以不严格按照优先级别来实现，要考虑实现的业务价值。

④ 软件开发的整个实施过程没有固定的实践模式，要求开发者在上述“三大支柱”的支撑下，通过“自觉保证”来开展工作。

在冲刺中，每一天都会举行项目跟进会议，称为“每日 Scrum 站立会议”或“每日站会”。每一个冲刺完成后，都会召开一次冲刺回顾会议。在开发过程中会产生产品积压工作项列表(指按照优先级排列的需要确定的概要需求)、冲刺积压工作项列表、燃尽图等文档。Scrum 敏捷开发规定了 4 个正式事件用于检视与适应：冲刺计划会议、每日站会、冲刺评审会议和冲刺回顾会议。在一个 Scrum 敏捷开发团队中包含如下三类角色：

① 产品负责人(product owner，PO)。其职责是将开发团队开发的产品价值最大化，负责管理产品积压工作项列表，并对其进行清晰地表达和优先级排序，确保团队对产品积压工作项列表有足够深的了解。

② 开发团队。负责在每个冲刺结束时交付潜在可发布并且“完成”产品的增量。它是自组织的、跨职能的，每个成员可以有特长和专注的领域。

③ 敏捷教练(scrum master，SM)。对团队而言，该角色是服务型领导，负责保证开发人员能顺利进行冲刺，实现价值的最大化，并与其他同类角色一起工作，确保整个组织的敏捷开发实践顺利开展。

Scrum 敏捷开发的标准框架如图 2-2 所示。其中，由产品负责人对产品积压工作项(product backlog，PB)列表(也叫产品订单)进行梳理和管理，通过冲刺计划会议，从中取出优先级别最高的部分，形成冲刺积压工作项(sprint backlog，SB)列表(也叫冲刺订单)。在启动冲刺后，通过每日站会对冲刺积压工作项的完成情况进行检视，在冲刺结束时，形成潜在的可交付的产品增量，通过冲刺回顾会议对本次冲刺进行复盘，找到工作改进点并形成改进安排。通过冲刺评审会议，对潜在的可交付的产品增量进行验收，并确定打包发布的内容。

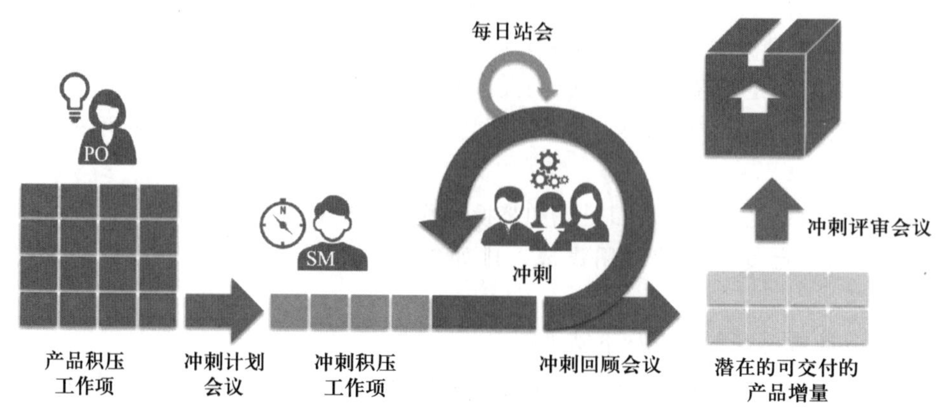

图 2-2　Scrum 敏捷开发框架

需要说明的是，Scrum 敏捷开发不是定义型控制过程，但这不代表不做计划。良好的冲刺计划会让整个冲刺更高效，具体实施时可根据每日站会对计划进行调整，通过看板的方式及时调整工作，可以让冲刺中的工作更透明。此外，Scrum 敏捷开发不仅适用于软件研发，还适用于大多数研发类的项目，其目的在于短时间内创造出高价值的产品。

2.2　Scrum 敏捷开发导入建议

实践表明，在软件组织中建立良好的软件工程文化，对于改进软件开发过程以及控制软件质量具有重要作用。我们认为，健康的软件工程文化具有如下三个主要特征：

① 通过系统地应用有效的软件工程实践，每个开发者都承诺提交高质量的产品。

② 组织中各级负责人都承诺为软件开发创造一个以软件质量为主要成功驱动力的环境，并激励每个开发人员实现共同的目标。

③ 所有团队成员都有责任对自己参与的流程不断进行改进，从而使得产品质量得以不断提高。

在实际经营管理过程中，每个组织都应建立一种健康的软件工程文化。在这种文化氛围下，软件产品质量应该具有最高的优先级，通过软件开发生命周期各阶段的高质量工作自然会实现长期的高生产率。同时，在这种文化氛围下，应该努力争取让同事而不是客户发现缺陷，以提高客户的满足度。在健康的软件工程文化建立过程中，应该争做文化缔造者，而不是文化的破坏者。由此，我们对创建健康的软件工程文化提出以下 12 项建议，供读者在实际应用加以参考：

① 当不同角色对工作认识不一致时，要通过科学数据来说话，而不是由权威做决定。

② 建立鼓励机制很重要，可以使团队成员及时得到认可。

③ 不断学习是每个团队成员的责任，应努力把团队建设成学习型组织。

④ 客户参与是提高软件质量的最重要因素。软件开发切忌闭门造车，将近70%的软件缺陷不是编码等技术原因引起的，而是对客户领域知识不理解及需求建模不准确导致的。

⑤ 软件开发组织最大的挑战是如何对最终产品的愿景与客户达成共识，而建立良好的沟通机制有助于应对这一挑战。

⑥ 一个组织不断改进自己的软件开发过程实践不仅可行，而且很关键。这是提高软件质量的唯一路径。

⑦ 书面的软件开发过程规范有助于建立一个共同的最佳实践文化，文档化组织的相关开发过程规范也是改进的基础。

⑧ 软件产品的质量具有最高优先级。长期生产率的提高是高质量的必然产物；低质量的产品不可能提高组织的生产率，只会让企业失去客户和市场。

⑨ 软件质量的关键在于对所有开发步骤进行多次重复，但编码除外，这项工作应该只做一次。

⑩ 对软件的错误报告和变更请求进行管理，是对软件质量与软件维护进行控制的关键。

⑪ 只有对所做的事情进行度量，才能建立科学管理的基础，从而让我们学会如何做得更好。

⑫ 在软件工程实践过程中应做有意义的事情，不要陷于教条。

根据2020年度敏捷状态报告，在实施敏捷开发时面临的前5项挑战分别是：组织对变革普遍抵制，缺乏领导层的参与，跨团队的流程和实践不一致，组织文化和敏捷价值观相悖离，缺乏管理层的支持和投资。由此可见，Scrum敏捷开发的导入必须很好地应对这些挑战，否则很容易变成为了Scrum而Scrum，无法为组织带来预期的价值，最终导致失败。因此，为了能更好地开展Scrum实践并取得预期成效，有如下几点建议供大家参考：

① 新组建的研发团队，应先组织其成员系统学习Scrum标准，在认真体会Scrum框架的基础上进行Scrum敏捷开发实践，通过最多4个冲刺找到适合本团队的开发模式及管理模式。

② 规模为二三十人的团队，并且已有现成的产品或开发管理模式的，第一，根据开发的功能模式或系统来划分团队，切忌根据技术线来划分团队，每个团队根据承担的工作分为5~12人。第二，明确每个团队相应的角色(产品负责人、开发团队、敏捷教练)；如果各团队之间的功能模式或系统有关联，还需要明确团队之间的协调机制。第三，进行Scrum敏捷开发模式宣讲及开发实践探讨，对原来的开发管理模式进行调整，以符合Scrum敏捷开发的需要。第四，使用新模式实践最多4个冲刺，总结形成符合组织实际情况的敏捷开发

模式。

③ 超过 30 人的研发团队，并且已有现成的产品及开发管理模式的，大多已根据功能模块对团队进行了划分，可从现有的各个小组中选择 2 个进行 Scrum 敏捷开发试点，参照②的方式来做；同时设置过程改进小组及项目管理办公室，用来完成项目组合管理、协调各方的进展及开发过程改进试点经验的总结和推广。在此基础上，根据团队规模及产品线划分，逐步引入规模化敏捷框架。

④ 根据团队的实际情况，选择合适的敏捷开发及 DevOps 支撑工具，以协助团队更好地开展工作。

⑤ 在组织高层的主导或参与下，对组织的管理模式进行调整，使软件全生命周期相关的各个环节都敏捷化，相关团队都逐步建立敏捷文化。

对于有一定规模的团队，要想保证 Scrum 敏捷开发导入取得成效，必须由企业管理层作为发起人，以对整个组织实施敏捷过程改进施加影响，选择有能力的人员管理敏捷过程改进，并通过亲自关注敏捷过程改进进展情况督促工作的开展，同时保证足够的资源投入。在实际导入 Scrum 敏捷开发过程中，有如下一些原因会导致项目失败，建议在实践中加以注意：

① 敏捷过程改进没有与商业目标关联，只是为了改进而改进。如果只是由研发部门来主导敏捷过程改进，很容易产生此类问题。

② 组织高层没有建立持续过程改进的机制。在敏捷过程改进推行一段时间之后，如果不建立一个持续的机制，很快就会被惯性拉回到改进之前的状态。

③ 组织领导没有足够的参与，且重视程度不足，特别是中高层领导没有起到表率作用，成为制度的破坏者。

④ 设定了不切实际、无法验证的改进目标，导致过程改进参与者失去改进的信心和动力；没有明确的方针和目标，缺乏对员工正确的宣介和引导。

⑤ 过程改进资源(人力、时间、费用)投入不足，一味追求过程体系的“完美”、忽略组织实际，过程缺少可操作性。

⑥ 缺少监控措施或监控不到位，做与不做一样；缺乏过程培训或指导，项目成员无所适从。

⑦ 缺少工具支持，特别是敏捷项目管理、持续集成、持续测试、持续部署等工具，使得一段时间之后敏捷开发过程难以推进下去。

2.3　DevOps 理念及与敏捷开发的关系

第 1 章 1.4 节提到，DevOps 的出现是为了解决开发团队与运维团队之间的鸿沟问题。“DevOps”一词是由比利时敏捷实践者 Patrick Debois 在 2008 年多伦多敏捷会议上提出的，是开发(development)和运维(operations)的组合。2009 年，Debois 以社区自发的形式在比利时根特市举办了名为“DevOpsDays”的会议，吸引了不少开发者、系统管理员和软件工具程序员前来参加。会议结束后，Debois 把 DevOpsDays 中的"Days"去掉，正式创建了 DevOps。

近年来 DevOps 已成为信息技术领域的焦点话题之一，特别是当前业务敏捷、开发敏捷、运维侧自动化以及云计算等技术的普及，几乎打穿了从业务到开发再到运维之间的隔阂，实现了广义的端到端 DevOps，已有越来越多的组织在应用实践 DevOps。

在实践过程中，IBM 公司提出了 D2O 和 E2E 两个概念。其中，D2O 即 Dev to Ops，是经典、狭义的 DevOps 概念，解决的是开发到运维的鸿沟问题；E2E 即 End to End，是端到端、广义的 DevOps，是以精益和敏捷为核心的，解决的是从业务到开发再到运维，进而到客户的完整闭环问题。IBM 公司认为 DevOps 是组织必备的持续交付能力，通过软件驱动的创新，确保抓住市场机会，同时减少反馈到客户的时间。在此基础上，结合业内的相关理念及实践，作者所服务的软件企业通过改进使用了如图 2-3 所示的 DevOps 理念。

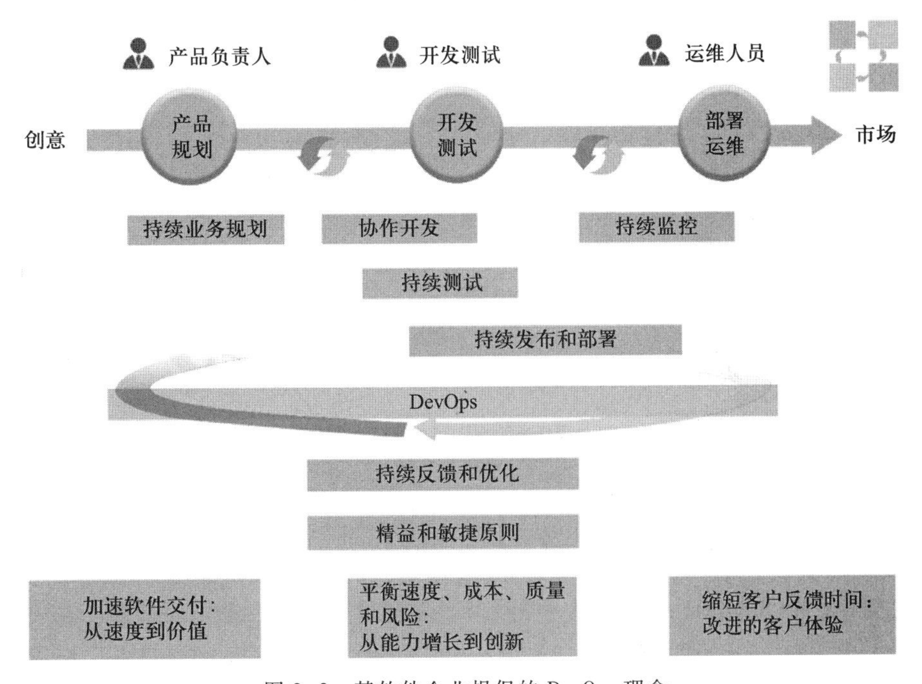

图 2-3　某软件企业提倡的 DevOps 理念

但时至今日，DevOps 仍没有一个明确的定义。从其发展历史来看，DevOps 源自社区，没有什么框架，所以如何定义 DevOps 也是社区中的一个难题。目前 DevOps 理念和实践在行业内得到大量的应用及落地，也有了各种工具的支撑，陆续出现了持续集成、持续交付、持续部署以及持续发布。

根据维基百科的总结，DevOps 是基于以下几个关键驱动力诞生并得到快速应用和发展的：

① 互联网冲击要求业务的敏捷。

② 虚拟化和云计算基础设施日益普遍。

③ 数据中心自动化技术广泛应用。

④ 敏捷开发的普及。

一个普遍认可的 DevOps 核心原则为“CALMS”，具体包含如下内容：

① 文化(culture)：拥抱变革，促进协作和沟通。在 DevOps 中建议使用目标与关键成果法建立文化，在此基础上，以信任、尊重和担当作为文化的核心要素。

② 自动化(automation)：将人为干预的环节从价值链中消除。利用自动化平台编排与管理那些重复、耗时、易出错、经常发生的工作，从而提升交付速度与服务质量。

③ 精益(lean)：通过使用精益原则促使形成高频率循环周期。精益的核心是向客户交付价值，其实是减少浪费。在软件开发过程中会有很多浪费，包括传统的生产过程中的“7+1”浪费(见图 2-4)，也包括开发过程中的低效和浪费，需要根据精益的思想进行解决。

生产过程中的浪费

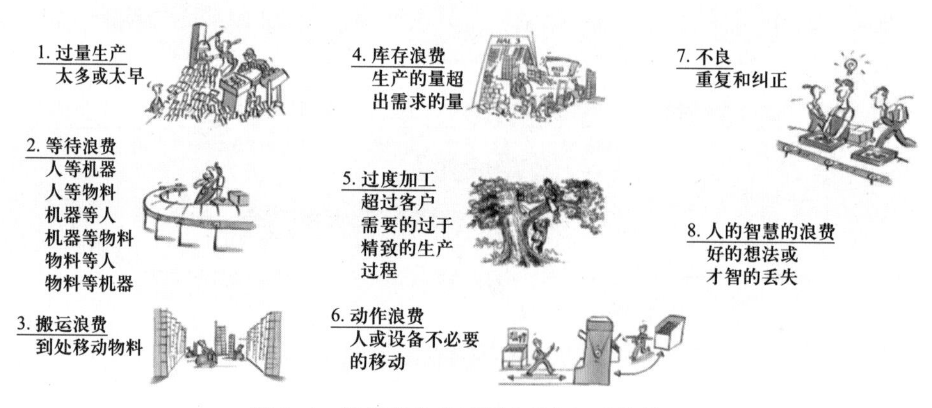

图 2-4　传统的生产过程中的“7+1”浪费

④ 度量(metrics)：衡量每一个环节，并通过数据来改进循环周期。在管理界有一句名言：没有度量就没有管理。管理度量是从整合端到端的客户视角来看，例如交付周期、前置时间等；而技术度量则更多地从信息技术视角进行度量，例如开发速率、缺陷率等指标。度量还能帮助我们实现快速反馈，通过基于数据的反馈，驱动产品或服务的快速改进，帮助组织进行正确的决策。

⑤ 分享(sharing)：与他人分享成功与失败的经验，并在错误中不断学习改进。在 DevOps 中，核心原则是应用敏捷的方法实现企业内部信息的分享。信息分享不应限于组织内部的分享，还应包括与客户进行信息分享，解决信息端到端的共享问题，即及时地收到客户的信息，并反馈内部信息给客户，加强管理的透明度。

DevOps 和敏捷开发的关系可以简单概括为：DevOps 和敏捷开发都提供了可以加速软件交付的结构和框架。开发团队无须在 DevOps 和敏捷开发之间进行选择，而是可以同时使用这两种方法。例如，通过 Scrum 敏捷开发或看板进行研发管理，辅以 DevOps 推动一种更广泛的文化变革，可更快、更可靠地交付软件。

在软件研发过程中，根据项目特点可将项目类型分为个性化定制类项目、产品研发类项目、产品升级类项目、技术服务类项目和软件外包类项目等类别。这几类项目具有如下一些特征：

① 个性化定制类项目中的合同或附件用以明确项目研发的主要内容及验收标准，研发的产品只适合特定的客户应用场景。

② 产品研发类项目又可进一步细分为通用产品研发类项目和运营产品研发类项目。其中，通用产品研发类项目研发的产品可以面向同类客户批量推广和应用，客户或企业购买部署之后用以支持公司业务，产品不做持续更新或定期做阶段性更新，并且在更新时通常会额外支付费用，比如操作系统软件，产品化的财务管理软件或管理信息系统软件等。运营产品研发类项目研发的产品以持续运营服务为目的，根据运营需要进行持续更新，常见的互联网软件大都属于这一类。

③ 产品升级类项目重点考虑的是满足已有产品在市场或用户中的反馈，通常对应于通用产品类研发项目的后续固定版本升级，比如 Windows 大版本升级的研发、某校园一卡通产品从 3.0 版本升级到 3.1 版本的研发等。

④ 技术服务类项目通常是根据客户使用过程中提出的个性化需求或发现的缺陷以研发补丁的方式进行更新，其开发过程相对比较简捷，是对应于个性化定制类项目和通用产品研发类项目的后续服务。

⑤ 软件外包类项目根据外包的类别，可能使用了开发过程的部分阶段，一般是从设计阶段或编码阶段开始工作。对于采用全生命周期外包方式来操作的项目，可以认为是个性化定制类项目。

根据当前行业发展趋势，若不考虑商业因素而仅从技术层面来考虑，以上几类项目都可以采用敏捷开发+DevOps 方式来进行全生命周期管理，并应用持续集成、持续交付技术开展工作，区别仅在于部署到生产环境中或交付给客户的频率和方式不同。

2.4 DevOps 支撑工具简介

自从 DevOps 提出以来，在行业内出现了大量的支撑工具，结合本书使用的实践环境，我们主要对微软公司推出的 Azure DevOps Server 进行简要介绍。

Azure DevOps 是微软公司 2006 年起持续升级的全生命周期管理工具，分为云端服务版和本地部署版。其 2020 版分别改为 Azure DevOps Service（云端服务版）和 Azure DevOps Server（本地部署版）。本书的实训内容就是基于 Azure DevOps Server 2020 来开展的。

Azure DevOps 自推出后，在国内得到逐步应用。软件企业根据其软件研发管理的实际情况，结合 Azure DevOps 提供的功能，可以在其软件研发部门建立覆盖软件需求、软件架构、软件开发及管理、软件测试、软件集成和交付等全生命周期管理的统一有效平台，实现软件研发部门内部的完整、有效、统一化管理。

Azure DevOps 可以与现有的集成开发环境(IDE)或编辑器集成，使跨职能团队能够有效地处理不同规模的项目，并且适用于多种语言和平台。可以使用敏捷工具管理项目和测试计划，使用 Git 对代码进行版本控制，并使用跨平台的持续集成/持续部署(CI/CD)解决方案，同时在整个开发活动中获得全面的可追溯性和可视性。

Azure DevOps 提供了一组通过 Web 浏览器或 IDE 客户端访问的集成功能，包括：

① 用于源代码控制的 Git 存储库以及 TFCV 库。

② 用以支持应用程序的持续集成和持续交付的生成和发布服务。

③ 使用看板和 Scrum 过程支持计划和跟踪工作、代码缺陷和问题的敏捷工具。

④ 测试应用程序的各种工具，包括手动/探索性测试、负载测试和持续测试。

⑤ 用以分享项目进展和趋势的高度可定制的仪表板。

⑥ 内置 Wiki，可与团队共享信息。

Azure DevOps 还提供了添加扩展功能的支持，与其他流行服务(如 Campfire、Slack、Trello、UserVoice 等)集成，并开发自己的自定义扩展功能。Azure DevOps 主要由如下几个可以独立应用的服务组成，其中每个服务都是开放的和可扩展的：

① Azure Boards。该服务用于支持团队计划、跟踪和讨论工作的敏捷工具；使用看板、积压工作项、团队仪表板和自定义报表跟踪工作；通过与源代码管理结合，更好地跟踪工作项与变更集之间的关联。该服务内置了 Basic、Agile、CMMI、Scrum 等开发过程模板，可以自定义工作流、工作项及现有工作项字段。

② Azure Pipelines。该服务支持多种语言、平台或云端的 CI/CD 解决方案进行生成、测试或部署操作，与 Jenkins 等可以很好地集成，生成、测试和部署 Node. js、Python、Java、PHP、Ruby、C/C++、. NET、Android 和 iOS 应用，在 Linux、macOS 和 Windows 上并行运行；轻松生成映像并将其推送到容器注册表，如 Docker 中心和 Azure 容器注册表，将容器部署到各主机或 Kubernetes、VM、Azure Functions、Azure Web 应用或任何云；使用阶段、入口和批准来创建适合的部署策略，并确保每个步骤的质量。

③ Azure Repos。该服务支持 TFVC 和 Git 两种模式，支持多种 Git 客户端，与多种集成开发环境、编辑器或 Git 客户端安全连接，并将代码推送到 Git Repos。支持 Webhook 和 API 集成；支持语义代码搜索；使用分支策略保护代码

质量，通过请求代码评审员签核、成功生成以及在合并拉取请求前通过测试来确保代码的高质量，或者通过自定义分支策略来维持团队的高标准。

④ Azure Test Plans。该服务用于管理测试套件，制订测试计划，对测试结果进行跟踪分析；通过支持跨 Web 和桌面应用测试来执行测试。

⑤ Azure Artifacts。该服务用于任意规模团队创建和共享来自公共和专用源的 Maven、npm、NuGet 和 Python 包源；只需单击一次，即可将完全集成的包管理添加到持续集成/持续交付管道中。

自 2018 版以来，Azure DevOps 提供了一种全新的图形用户界面(GUI)，将所有设置和导航放在窗口左边的导航栏中，通过该导航栏可以访问 Azure DevOps 的每个服务及相应的功能，如图 2-5 所示。

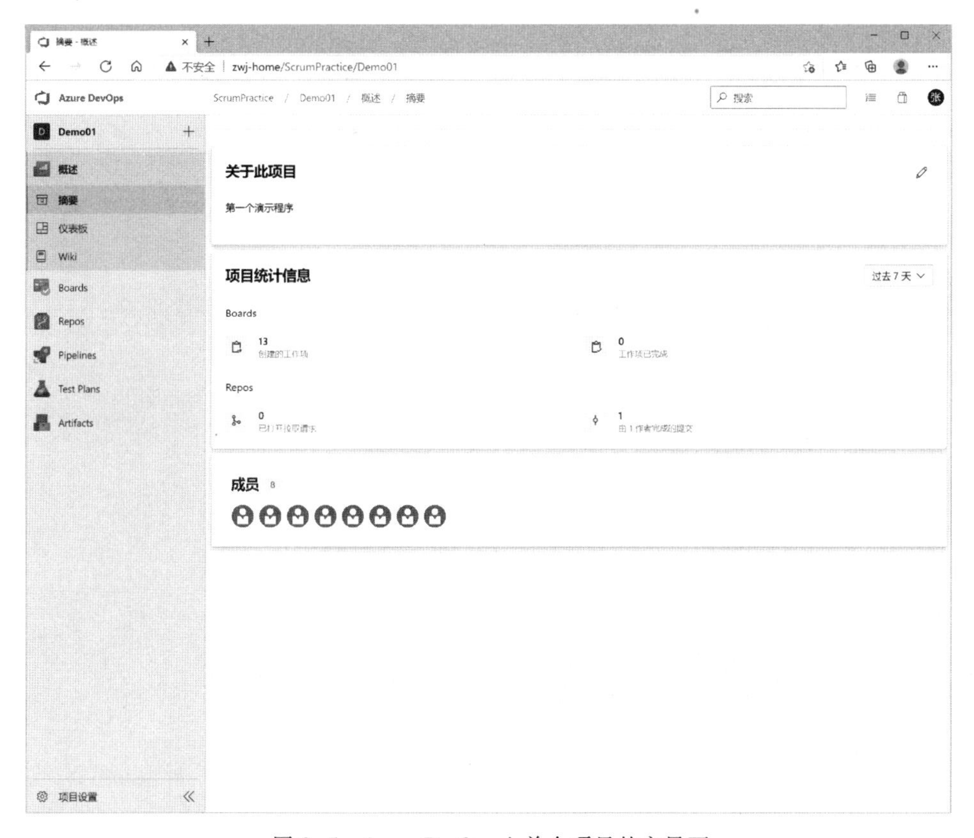

图 2-5 Azure DevOps 上单个项目的主界面

例如，单击窗口左边导航栏的“Boards”服务后可扩展其菜单，显示更多选项，如“版块”和“积压工作(backlog)”等，如图 2-6 所示。

通过单击图 2-6 窗口左下角的“项目设置”，可以对该项目的相关参数进行设置，比如配置团队、安全性、通知、迭代、区域等，还可以关闭使用不到的 Azure DevOps 服务，如图 2-7 所示。

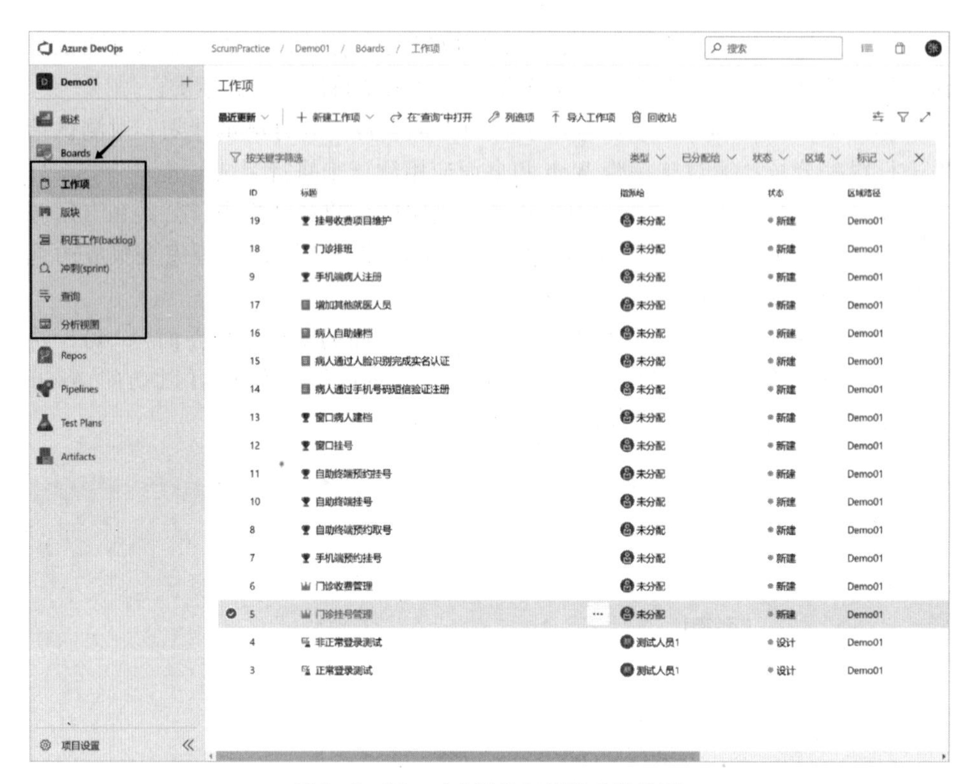

图 2-6　“Boards”服务包括的功能选项

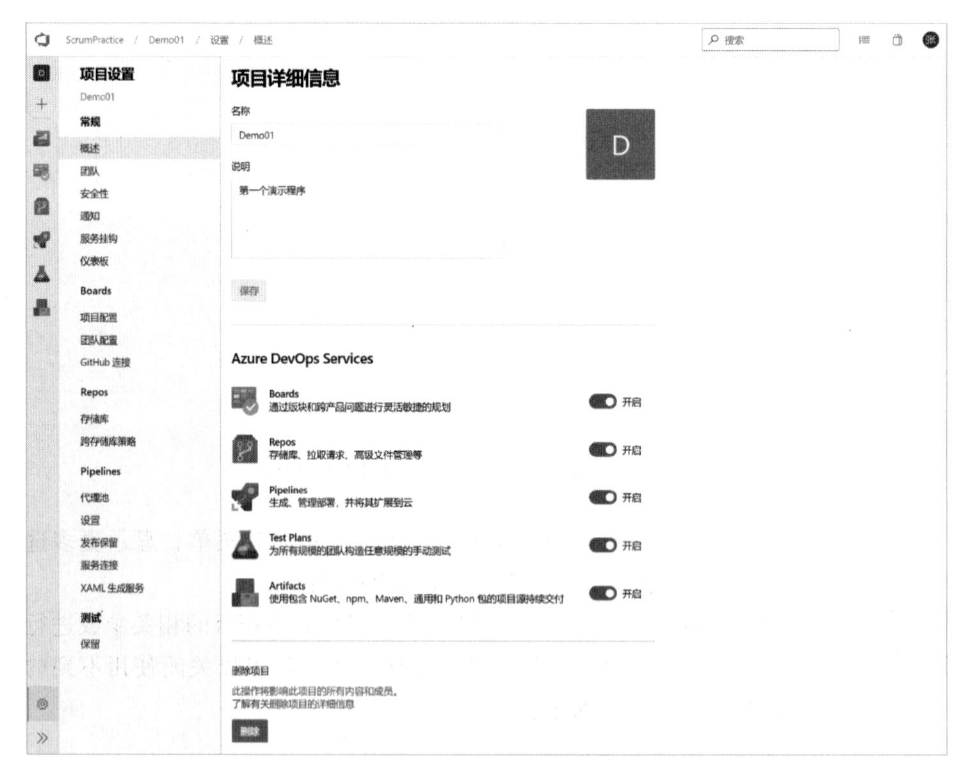

图 2-7　“项目设置”界面

课后思考题 2

1. 敏捷宣言中的 4 个价值观及其支撑的 12 条原则是如何支持适应性导向思维模式的？请给出相应的分析结果。

2. 分析讨论 DevOps 与敏捷开发之间的关系，为什么有企业在软件工程实践中提出 DevOps 是敏捷开发的支撑？试分析如果没有 DevOps 的支撑，软件开发能否敏捷起来。

第 3 章　软件项目启动及项目计划管理

本章重点：

- 软件项目管理简介。
- 项目立项及启动。
- 项目评审及立项评审。
- 项目策划及敏捷项目计划制订。
- Scrum 角色职责及团队组建。
- 使用 Azure DevOps 完成项目组建及总体计划编制。

立项管理在项目管理知识体系（project management body of knowledge，PMBOK）中可以划入项目的启动过程，在敏捷开发中可以划入项目投资组合管理活动。该活动是结合国内 IT 企业实际管理的需要而提出的，需要在软件确定开发之前执行。在 ISO/IEC 12207：2017 版中有与此对应的过程，即合同过程（agreement process，AP），目的是与内部或外部组织签署包括特定需求的合作协议。合同过程包含获取过程和供应过程两部分内容，适合不同的组织使用。对于组织高层或其他部门及客户而言，希望从技术研发部门获取满足需求的软件产品或服务；而对于技术研发部门而言，则是为企业其他部门或客户提供满足约定需求的软件产品或服务。我们把这两者看成是软件生命周期开启阶段必须明确的内容之一，为后续各类活动的顺利开展提供基础。

一个软件项目是否开展需要进行决策，因此需要明确决策的规则。大部分组织是通过评审的方式来完成决策。在整个项目开发过程中，除了用于决策的管理评审之外，还有大量的技术类评审。在 CMMI、ISO/IEC 12207 中均有这方面的实践过程。

为了确保在立项之后能顺利开展工作，需要开展项目策划活动，并形成阶段性的项目计划，明确项目的生命周期、基础设施架构、投资组合配置、人员构成，同时通过项目策划识别项目中的各类活动及初步安排，识别项目风险及明确应对方案。

以上活动即为整个项目启动阶段包含的主要工作。

3.1 软件项目管理简介

软件项目管理概念是在20世纪70年代中期提出的。当时美国国防部专门研究了软件开发不能按时提交、软件项目预算超支和质量未达到用户要求的原因，结果发现约有70%的项目是因为管理不善导致的，而非技术原因。于是软件开发者开始逐渐重视软件开发中的各项管理。到了20世纪90年代中期，软件开发项目管理不善的问题仍然存在。根据美国软件工程实施现状的调查，软件开发的结果仍然很难预测，大约只有10%的项目能够在预定的费用和进度内交付。

软件项目管理和其他行业的项目管理相比有相当的特殊性。首先，软件是纯知识产品，其开发进度和质量很难估计和度量，生产效率也难以预测和保证。其次，软件系统的复杂性也将导致开发过程中各种风险的难以预见和控制。Windows、鸿蒙、微信、支付宝、阿里云等软件系统都有千万行以上的代码，同时有数千个程序员在进行开发，开发团队(小组)都有成百上千个，这样庞大的系统如果没有很好的管理，其软件质量是难以想象的。

根据2012年CHAOS报告，小型项目(人工成本小于百万美元)中成功的约占76%，被质疑(超期超预算)的约占20%，失败的约占4%；大型项目(人工成本大于千万美元)中成功的约占10%，被质疑的约占52%，失败的约占38%。综合来看，软件项目成功与否通常受以下因素影响：

① 高层的支持。最重要的是高层发起人的支持，这一项占的比重达到20%。

② 客户及用户的参与。这是确保交付对用户有价值产品的关键，这一项占的比重达到15%。

③ 代码或技术框架的持续优化。在合适的阶段给出合适的技术框架，确保有适合的技术架构“跑道”来支持项目的快速运转。

④ 拥有专业技能的人员。项目是由人来完成的，对一个项目来说，拥有满足开发需要的跨职能团队是成功的保障。

⑤ 项目管理的支持，或者说过程管理的技能。不论什么情况下，关注项目的进度，推动协调利益相关者和团队的合作都是至关重要的。

⑥ 敏捷过程。该因素包含了精益敏捷的理念，为应对研发类项目中的不确定性、模糊性提供了很好的实践模式。敏捷过程的直接关注在高层支持、客户参与和其他成功交付价值的要素上。

⑦ 清晰的商业目的。该因素让项目的价值流更准确，也便于评估在项目进展过程中的价值流动及价值交付进展。

⑧ 心理成熟度。该因素侧重于环境中各种可能冲突的解决。

⑨ 工具和基础环境。该因素有助于项目成功，但需注意工具只是支持，不要让项目的成功过于依赖工具。

以 CMMI 2.0 为例，采用 Scrum 敏捷开发的软件项目管理要关注的主要软件开发过程(实践域)如下：

1. 估算

估算实践域的目的是估算开发、采购或交付解决方案所需的工作和资源的规模、工作量、周期和成本，为做出承诺、策划和减少不确定性提供依据，该过程有助于尽早采取纠正措施并提高实现目标的可能性。

敏捷团队是在产品积压工作项梳理和冲刺计划期间进行估算的，通常是粗略的数量级估算。一些使用 Scrum 的敏捷团队在发布计划期间编制出针对一组长篇故事的全面估算；针对每个冲刺的估算通常更完善，让团队能够了解其主要任务及实现目标。

在实践应用中，通常使用相对大小来估算规模，使用故事点或某个度量单位作为规模大小的衡量单位。在对规模估算的基础上，估算出任务和工作量；对于估算中讨论和确认的假设，要在冲刺回顾时进行审查，以改进估算。

2. 策划

策划实践域的目的是制订计划，以描述在组织标准和约束条件内完成工作所需的内容，包括：预算、进度、资源需求、能力和可用性、质量、功能需求、风险和机会；要执行的工作、适用的组织级标准过程集、资产和裁剪指南、依赖关系、由谁执行工作、与其他计划的关系、利益相关者及其角色等，从而增加实现项目目标的可能性。

在 Scrum 敏捷开发中，通常由以下 5 点来支撑策划实践域：

① 产品订单(产品积压工作项列表)：代表整个已知故事集的已划分优先级的用户故事；通常未估算，由产品负责人在业务分析师和其他成员的协助下开发。

② 冲刺订单(冲刺积压工作项列表)：为冲刺选择的用户故事，由敏捷团队进行估算并进一步细分为任务，是团队认为可以在冲刺期间完成的内容的预测。

③ 故事责任：团队成员自行认领用户故事，并承诺在冲刺期间完成，通常记录在任务板上并可重新分配，以管理团队的工作量。

④ 进度：每个冲刺都有一个固定的持续时间，冲刺的集合定义了预期的总发布进度。

⑤ 预算：通常坚持一个固定的团队、固定的时间盒模型，在进行总体检查时，有助于识别项目预算的关键因素。

3. 监视与控制

监视与控制实践域的目的是提供对项目进度的掌握，以便在绩效显著偏离计划时采取适当的纠正措施。通过及时采取行动调整显著的绩效偏差，来提高达到目标的可能性。

在敏捷开发的软件项目管理中，需要关注如下内容：

① 任务面板显示正在执行的工作状态，特别是分配给冲刺的任务和积压工

作项列表的状态。

② 发布燃尽图显示每个冲刺中剩余的故事点数，并且表明发布的所有工作通常由几个冲刺组成。

③ 每天更新冲刺燃尽图，指示完成冲刺工作所需的时间。

④ 墙上或数字屏幕上的视觉展示信息，指示团队绩效、文化和任务的当前状态。

⑤ 通过发布计划、产品积压工作项梳理、冲刺计划、冲刺执行(每日站会)、冲刺评审/演示、冲刺回顾等来完成项目的监视与控制。

4. 风险与机会管理

风险与机会管理实践域的目的是识别、记录、分析和管理潜在的风险或机会，缓解不利影响(或充分利用积极影响)来提高实现目标的可能性。

在敏捷开发的软件项目管理中，通常使用风险日志的方式来管理风险，通过每日站会、频繁反馈的短冲刺、与客户或团队的紧密合作来管理风险和机会；把风险与机会管理添加到各个冲刺或选定冲刺的计划、执行和回顾活动中。在进行各项活动时，通常花几分钟时间来更新风险与机会信息。

5. 管理性能与度量

管理性能与度量实践域的目的是使用度量和分析来管理性能，以实现业务目标；将管理和改进工作集中在成本、进度和质量性能上，以最大限度地提高业务的投资回报。

在 Scrum 敏捷开发中会识别业务目标、度量及性能目标、要执行的分析以及要采取的行动，并把这些项分配到发布和冲刺中。管理性能与度量实践域通常在发布计划、产品积压工作项梳理、冲刺计划、冲刺执行、冲刺评审/演示、冲刺回顾等阶段发挥作用。

Scrum 敏捷开发通过以下方式从管理性能与度量实践域中获益：

① 定义并采用明确的目标。

② 阐明并采用度量项的操作性定义。定义速度的计算方式，例如按每个人或每个团队的故事点、是否包含其他开销时间和重大中断等；定义团队中的一组参考事故点(即标准故事点)，作为度量项的操作性定义的一部分。

③ 定义敏捷团队如何收集、分析和记录度量项。

④ 定义应向谁传达度量项和性能数据。

⑤ 根据定义的目标，使用度量项跟踪和改进敏捷团队的性能。

Scrum 敏捷开发中通常设有以下度量项来帮助评估团队性能：

① 发布燃尽图：表示使用一组资源在指定时间范围内燃尽发布中目标数量的故事点。通过发布燃尽图可以了解已交付的故事点，并预测与该发布相关的未来冲刺可交付的成果；度量跟踪剩余的故事点，分析产生的偏差和相关原因。

② 冲刺燃尽图：表示使用一组不变的资源完成冲刺中计划的故事点，提供待交付的剩余故事点。通过冲刺燃尽图提供的可视化指标和每日站会收集的性

能分析，团队可以知道偏差及其原因，并采取相应的行动。比如，进行产品积压工作项梳理、代码重构或清除其他障碍。

6. 配置管理

配置管理实践域的目的是使用配置识别、版本控制、变更控制和审计来管理工作产品的完整性，从而减少工作损失，提高向客户提供正确版本解决方案的可能性。

在 Scrum 敏捷开发的软件项目管理中，下述环节中均要很好地实践配置管理及版本控制：发布计划、产品积压工作项梳理、冲刺计划、冲刺执行、冲刺评审/演示、冲刺回顾等。控制包括版本控制和回顾数据备份、生产环境中系统版本的代码只读访问等。使用配置管理过程来强化基于敏捷的开发实施，以保持工作产品和交付物的完整性。将敏捷过程中的相关工作产品置于选定的配置控制等级下，敏捷团队利用现有的变更管理实践作为其配置管理实施的一部分，例如每次冲刺前管理对产品积压工作项列表的变更等。

7. 过程质量保证

过程质量保证实践域的目的是验证并改进已执行的过程和所产生的工作产品的质量，从而增强过程使用和改进的一致性，以最大限度地提高业务效益和客户满意度。

在 Scrum 敏捷开发的软件项目管理中，客观评价过程和工作产品的机会有：

① 通过产品积压工作项列表评审检查需求。

② 敏捷教练促进 Scrum 敏捷开发过程。

③ 在冲刺评审中获得有关构建项的反馈。

④ 通过回顾活动让团队收集和整理经验教训。

同样，客观评价 Scrum 敏捷开发活动和工作产品的机会有：

① 通过用户故事在产品积压工作项梳理活动中进行检查。

② 敏捷教练在 Scrum 敏捷开发活动期间指导团队。

③ 在冲刺评审中获得有关构建项的反馈。

④ 通过回顾活动探讨团队行为和执行人。

⑤ 管理层或同行使用诸如走动管理等技术观察进行中的 Scrum 敏捷开发活动。

在 CMMI 2.0 中，与 Scrum 敏捷开发的软件项目管理相关的活动还体现在需求开发和管理、验证和确认、同行评审、技术解决方案、产品集成、供应商协议管理、原因分析和解决、决策分析和解决等实践域。同时，通过组织级培训、治理、实施基础条件、过程管理、过程资产开发等实践域，确保更好地支撑精益敏捷企业的各项核心能力的打造。

我们在后续章节中将结合企业软件开发项目管理实践，把相关实践域分散在不同的活动中来详细描述及实现。关于组织级培训、治理、实施基础条件、过程管理、过程资产开发，以及管理性能与度量实践域中的部分实践，在规模化敏捷框架中会有更好的体现，本书仅做简单介绍。详细内容请参考有关资料或作者编写的《规模化敏捷框架(SAFe)讲义——基本 SAFe 框架应用概要》。

3.2 项目立项及启动

从管理的角度来看，项目立项管理属于决策的范畴。在组织运作过程中，不仅有产品研发立项，也有业务立项。比如，市场人员得知某单位有计划购买一套管理信息系统，在客户关系管理中称之为“销售线索”。那么此销售线索是否值得跟踪和做工作，以及如何进一步做工作，使得到这个业务的可能性转为现实，这一系列问题的正确决策并不简单，其中包含有合同能否执行或组织是否有能力执行、合同签订之前的花销等复杂因素。如果忽视其重要性，可能会给市场营销工作带来诸多问题。

在组织的实际操作过程中，个性化定制类项目大都通过招投标或定向竞争性谈判的方式来获得，产品研发类项目通常由内部立项确定。考虑到软件系统在当前社会中的重要性及其形态不同，常见的有如下几种情况：

① 根据需方的要求完成个性化定制类的软件系统。例如特定领域的应用软件大都不是通用的，需要进行定制开发。

② 在组织已有产品的基础上，进行部分个性化开发来满足需方的要求。例如大型的协同办公系统、企业资源计划(ERP)系统等，由于不同组织的管理模式、管理流程不同，可以在通用产品的基础上针对不同组织进行定制开发。

③ 使用组织已有的产品来满足需方的要求。例如操作系统、文字处理等通用软件。

④ 面向组织其他部门应用或组织运营业务需要的软件系统。例如电子商务软件、电子支付软件等，由组织的研发团队完成开发及技术维护，业务部门或运营部门来使用。

对于①②两类软件系统，大都是通过供需双方签订合同来明确相应的需求、范围、约束条件等。在合同签订之后，组织需要通过研发立项来确定具体执行合同的项目组及相应的人员。而对于③④两种形态的软件系统，则通过组织的研发立项活动来达到如下目的：

① 降低项目投入的风险，避免研发项目的随意性。

② 加强项目的目标、成本和进度考核，提高项目的成功比例。

③ 杜绝开展不实际的研发项目，避免企业资源浪费。

为了做出正确的立项决策，在有了研发意向或市场潜在需求时，应拿出一个比较全面的项目陈述，比如“立项报告”“立项可行性分析报告”或商业需求文档等，在其中尽可能全面地考虑各方面的因素，权衡得失。例如：

- 产品在市场上的竞争情况如何、前景如何、是否值得研发。
- 产品研发到底有多大把握。

- 项目是否可行、技术积累如何、现有人力能否调配过来。
- 项目需求是否明确、是否合理。

等等。

如果上述问题都已考虑好，那么下一步工作由谁负责、哪些人去做、如何做，这就需要通过后续的立项管理流程来得到规范。

在具体操作过程中，建议组织对于个性化定制类项目和产品研发类项目均要进行立项管理；对于产品升级功能增强类项目，可以根据产品增强的程度来确定是否要进行立项。对于项目周期比较短或投入比较少的项目可以不立项，而是直接给项目小组下达任务书。对于进行立项管理的产品研发类项目，建议必须有正式的文档提交，并通过正式评审。对于不走立项管理流程的产品升级类项目，也必须有相应的升级工作说明文档，由组织现有的项目组根据这些文档完成产品升级和后续的维护工作。

3.2.1　立项管理流程及活动

在实际工作中，对于不同类型的研发项目，相应的立项流程也有所区别。本节以软件开发企业中的个性化定制类项目、产品研发类项目和产品升级类项目为例，简要介绍不同类型项目的立项管理流程，具体如图 3-1 所示。

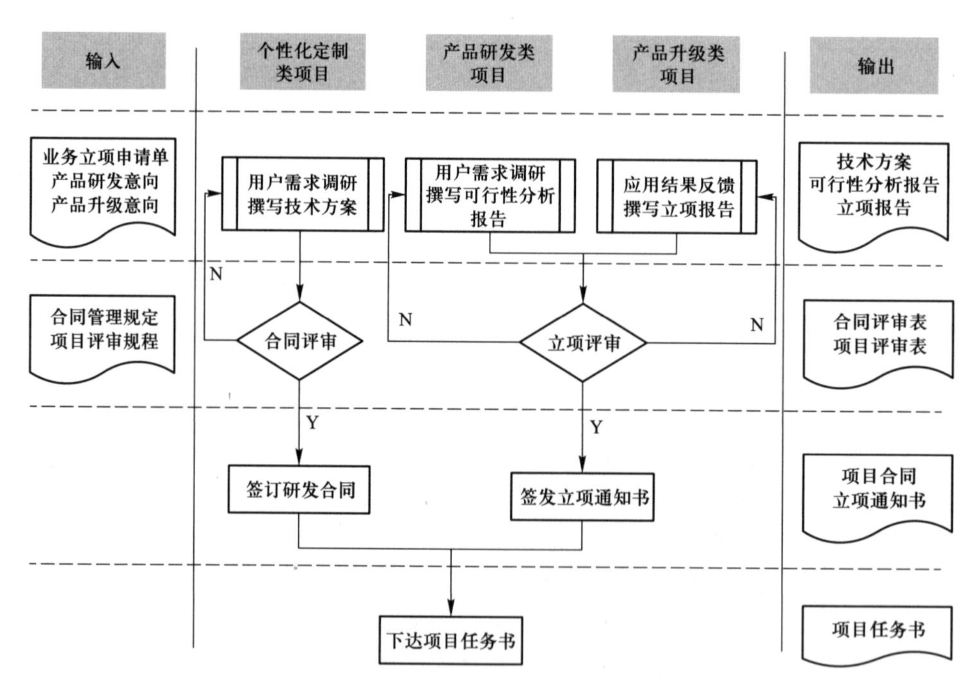

图 3-1　不同类型项目的立项管理流程图

说明：若未通过合同评审或立项评审，将继续重复前一步工作并再次评审，或直接终止立项。

通过图 3-1 可以看出，不同类型的项目在签订合同或提出立项时输入的信息差别也比较大，且主导人员或部门、审批流程等均会有所不同。在软件开发企业中通用的操作描述如下。

1. 谁提出项目立项

(1) 个性化定制类项目

市场营销部门当有定制开发类业务时，可根据企业的相关管理制度提出需要技术部门给予配合的申请，一般需填写“业务立项申请单”，写明将要跟踪的业务基本情况，需要什么样的技术人员配合等内容。然后，由研发部门指定专门的技术人员，配合业务人员做技术方案。

注意：此时选择的技术人员通常会转任该项目的项目经理，因此应考虑该人员的综合能力。

(2) 产品研发类项目

在两种情况下可以提出新产品研发：一是组织对某一产品有研发意向；二是市场部门或业务部门与技术部门通过讨论确定开发新产品。例如，某公司是由“产品规划委员会”根据市场信息分析、企业战略规划、竞争对手信息分析等因素来确定是否开发某一款产品。确定进行产品研发后，需指定专人负责，做立项前的准备工作。注意，此负责人通常会任该产品线的产品经理或该项目的项目经理，所以在指定人选时需考虑其综合能力。

立项前的准备工作主要是通过调研、分析等完成项目可行性分析或商业需求文档编制，并且根据项目的类型确定是否进行技术预研。对于需要用到新技术、新工具及新平台的产品研发，应进行技术预研。

说明：研发意向一般是在组织对市场分析的基础上，形成要开拓某一市场而研发产品的意愿。立项提出的依据可以是会议记录，也可以是相关市场分析报告。

(3) 产品升级类项目

在软件开发企业中，根据市场及用户反馈，由产品经理、研发部经理或高级经理确定是否进行产品的升级研发，指定专人负责，做立项准备工作。例如，某公司由每条产品线的产品经理(小组)来负责产品升级或增强需求的编写，然后由技术研发部门组织人员进行开发和维护。对于持续运营类的产品，比如电子商务平台、支付平台、社交平台、即时通信工具等，则可以由产品经理、运营经理等人员根据市场运营的需要、客户反馈、规划的产品路线图进行迭代式开发及升级，由产品经理负责确定每个迭代要完成的内容。在此情况下，对每次迭代不需要进行立项；考虑到企业目标实现、风险控制等，可以在大的版本升级或技术架构调整时执行立项决策活动。

说明：市场及用户反馈一般来源于企业针对产品已有用户使用情况的调查、对所研发产品及同类产品的市场调研分析，以及运营部门/服务部门从客户方得到的已有产品使用报告或问题(故障)报告等。

2. 怎样提出项目立项

(1) 个性化定制类项目

由企业指定的技术人员参与商务谈判并撰写技术方案，然后按企业合同评审管理流程进行评审。例如，某公司是由“产品规划委员会”指定人员参与大型合同的前期工作；对于低于100万元的个性化定制类项目，则由各对应的产品线指定人员参与合同的前期工作。

（2）产品研发类项目

以立项负责人或产品经理为主撰写"可行性分析报告""立项报告"或商业需求文档。立项负责人或产品经理须协调技术部门、市场部门、财务部门等共同完成资料的编写。对于企业根据其业务领域、管理制度等界定的投资比较大或风险比较大的项目，建议编写"可行性分析报告"。例如，某公司是由每个产品线的产品经理来撰写商业需求文档，然后提交"产品规划委员会"进行评审。

（3）产品升级类项目

以产品经理或立项负责人为主撰写"立项报告"；若升级规模比较小或研发周期比较短，也可以由高级经理直接下达"项目任务书"。例如，某公司是由每个产品线的产品经理（小组）提交产品待升级（增强）的研发说明文档，由项目组完成产品的升级研发；对于大的版本升级，则由产品经理编写商业需求文档，然后提交"产品规划委员会"进行评审。

说明："立项报告"中至少应包含项目范围及目标、验收标准、技术规划、计划进度、成本预算、风险预计、系统需求列表等内容；商业需求文档通常包含产品大体描述、竞争产品分析、商业分析、销售/营销策略等内容。

3. 谁进行立项评审

（1）个性化定制类项目

根据企业制定的"合同评审办法"对个性化定制类项目进行评审。作为企业管理的一个重要环节，合同管理涉及的企业会有比较明确的规定，在签订合同之前，会对合同的技术内容、可能的风险、违约责任、己方履约能力、收款条款等进行评审。例如，某公司对于非标类的合同，在签订前需要组织销售、市场、技术、财务、法务等相关人员进行评审，并且明确约定了相关合同管理的原则，以便各分公司在合同签订时加以注意。

（2）其他项目

立项负责人或产品经理在完成"可行性分析报告"或/和"立项报告"及商业需求文档后，向高级经理或研发部经理提出评审要求，由高级经理或研发部经理确定参加评审的人员，评审前（具体时间可根据项目规模、重要程度及整体周期来确定）立项负责人或产品经理把相关资料交到评审人员手中，然后召开评审会议。

例如，某公司是由产品经理（小组）将相关资料提交"产品规划委员会"进行评审，由"产品规划委员会"来确定具体参加评审的人员。

4. 怎么进行立项评审

（1）个性化定制类项目

按照企业制定的"合同评审办法"评审个性化定制类项目，一旦通过评审，对于研发来说，就认为立项通过，进入下一环节（高级经理根据与客户签订的合同填写并签发“项目任务书”)，确定项目成员并任命项目经理。

(2) 其他类项目

① 参加评审的人员收到相关立项评审资料后，仔细阅读并填写“预审问题清单”，在评审前交给立项负责人。

② 立项负责人根据“预审问题清单”中提出的问题进行修改或准备答辩资料。

③ 召开评审会议(具体规定请参见3.3节)。

说明：“预审问题清单”是为了缩短评审会议、提高评审效率而编写的，目的是让参加评审的人员在召开评审会议之前对要评审的内容进行仔细阅读，并把发现的问题或疑问填写进该清单，由答辩人对这些问题在会议召开前进行修改或准备答辩资料。

5. 谁签发

① 如果立项评审通过，则需要签发“立项通知书”；若未通过，则在“项目评审表”中写明处理方式，一般分为不接受和变更两种情况。

② 对评审中出现的问题，根据“项目评审表”中的内容跟踪修订情况，其中对每个问题的修改情况必须由验证人进行跟踪，并把修改及验证所花的工作量记录进该表。

③ 高级经理编制“项目任务书”，并根据项目规模和费用情况上报公司相关负责人审批。

例如，某公司是由各产品线的产品经理根据立项评审的结果填写“项目任务书”，然后统一由“产品规划委员会”签发。

3.2.2 立项管理要点

在立项过程中，应对可能遇到的情况做充分预计，对项目的工作量、成本和工期进行科学估算，必要时还要提前组织研发人员进行技术预研，切忌使用“拍脑袋”的方式进行决策。对于在项目开展过程中可能遇到的风险也应进行预判，并给出一定的应对方案。

根据项目类别的不同，对工作量、成本、工期的估算方法也应有所区别。在项目管理实践中，以下几点在所有的项目中都应该得到重视：

① 应估算整个项目生命周期中每个阶段、各项活动、各类相关人员必须为该项目投入的工作量和成本，而不是只关注开发阶段的工作量及成本。

② 工作量和成本估计如果涉及多个部门，应由相关部门分别估计，然后由高级经理汇总，不能由一个人说了算，也不能全由研发人员或市场人员说了算，更不能随便估算就交差。

③ 既要估算直接成本和工作量，也要考虑间接成本和工作量，特别是要考虑边界成本、机会成本等，以便为企业决策提供全部的支持。

④ 为项目开发需要而购买的软硬件设备、项目交付后的项目成果可以进一步作为企业的新产品或新版本，或者已经有了初步成果而通过新项目可以节省

产品开发所需的投入等，在这些情况下应妥善分割成本和工作量，将全部成本和工作量完全分摊在一个项目上显然不合理。比如，在项目研发期间需要购买一台服务器，但该服务器在此项目结束之后还可以继续使用，那么把成本全部算到该项目上显然不合理。

⑤ 工作量到成本的折算可以使用整个部门上一个年度的人均开支，也可以使用上一个季度的人均开支，或使用各类人员的人均开支。

⑥ 业务费、项目奖金及其他必需的特殊开支，应计入(工作量之外的)成本。

⑦ 应考虑风险储备，以及项目相关各方沟通协调所需的工作量和成本。

⑧ 要为必然会有的需求变更而引起的工作量增加留出余地。

由于立项是一个比较重要的决策活动，所以在立项期间的风险识别及风险控制是非常重要的。比如，一些房地产商仅看到一时的市场比较好，没有考虑到自身的资金能力、国家政策调整等可能的风险，导致拍到土地之后进行后续开发成了问题，最严重的情况是拍到的土地被回收。在软件产品研发方面也有类似的案例。那么在立项时，对于风险可以按照以下原则来处理：

① 应从思想深处树立风险意识，“风险与机会同时存在，收益和风险始终相伴”。项目风险管理与项目本身的工作同样重要，风险管理是任何项目所必然包含的一项工作内容。

② 不能为躲避风险而错失良机，也不能因漠视风险而使机会变成损失；应该敢于直面风险，“审时度势，权衡取舍，敢于进取，有备无患”。

③ 任何项目，在确定立项之前必须进行风险识别，特别是客户信用评估，针对重要风险制定应对措施，估计风险储备并将其计入项目成本。

④ 在识别的基础上，分析风险，估计风险属性(发生的可能性和后果的严重性)，按企业的具体规定评价风险并排序。

⑤ 针对主要风险(即排在前面的若干项风险，例如前 5 项、前 10 项风险)进行风险策划，确定应对策略，制定应对措施，编制风险管理计划。

⑥ 明确风险跟踪责任，明确责任人、跟踪频率等内容。

3.3　项目评审及立项评审

评审(review)是软件开发过程中最常见的活动之一，在能力成熟度模型集成中有专门的实践域用于评审，在 Scrum 敏捷开发中更是通过频繁的评审来检视已完成的工作产品、开发的进度，发现偏差并采取纠正措施。

从技术层面看，通过评审可以提高项目的生产率，改善软件的质量，并可在早期发现错误，减少返工时间和测试时间。从管理层面看，通过评审可以发现项目组织管理过程中的问题，以便针对这些问题采取纠正措施；同时也可以发现管理中的改进点，提高整个项目组的管理水平。

在 Scrum 敏捷开发中评审相对更频繁，但不应过于频繁而阻碍工作本身。

除了前面提到的投资组合管理进行决策时开展的评审之外，还有阶段发布计划的评审、每个冲刺中的评审等。就单个冲刺来说，就有以下多个点来开展评审：

① 在产品积压工作项(待实现的需求、待修复的缺陷等)梳理之后的评审，让大家就理解达成一致。

② 在冲刺计划会议上针对冲刺积压工作项及工作安排的评审，使整个团队达成一致。

③ 在冲刺中每日站会上对前一天工作的完成情况回顾、当天准备完成工作的明确、工作中存在什么问题等进行的评审。

④ 在冲刺最后针对本次冲刺完成工作产品的评审(冲刺评审会议)，确定哪些积压项可以验收通过，并发布给客户。

⑤ 在冲刺回顾会议上对本次冲刺中做得好的方面和需要改进的方面进行的评审，形成改进计划。

我们在后续章节中会对每个事件的开展进行详细讲解，并指导读者应用到冲刺中。

由此可见，评审是软件开发过程中经常要执行的活动。从评审的目的角度，可以将评审活动分为管理评审、技术评审和过程评审三类。其中：

① 管理评审是为了使整个团队或组织能更好地发展，对原来的发展状况进行回顾，分析并总结存在的问题和改进措施。该活动主要是评价整个组织的管理措施或体系的适宜性、有效性和充分性，通过这种评价活动来总结管理的整体效果，并从当前取得的业绩基础上找出与预期目标的差距，同时还应考虑任何可能改进的机会。通过研究分析，对团队或组织在整个外部环境中所处的地位给予评价，从而找出自身在管理和产品上的改进方向。在 Scrum 敏捷开发中，可以把冲刺回顾会议划到管理评审中，在项目管理中开展的立项评审、里程碑评审、结项评审等，也都可以被划分到管理评审类别。在 ISO 9001 中也有专门的管理评审内容，通常每年要开展一次。

② 技术评审又称同行评审，其目的是对开发过程中产生的各类工作产品进行评审，主要包括以下 4 部分内容：

- 需求评审：对梳理的积压工作项或编写的需求规格进行评审。
- 设计评审：对系统的技术框架、数据库设计、功能设计及用户界面设计等的评审。
- 代码评审：对代码进行走查、对使用工具进行静态检查、对核心代码进行评审等。
- 质量验证评审：对测试方案、测试用例等的评审。

③ 过程评审通常由企业的质量管理部门发起，主要是评估管理流程的质量，并考虑如何处理和解决在评审过程中发现的不符合问题(即未按照企业规定或团队约定做的地方)；总结和共享好的经验，找出需要进一步完善和改进的部分。在 ISO 9001 中这类活动是通过内审来完成的，可以根据组织的需要每

年开展多次。

从评审要求的严格程度角度，可以将评审活动分为正式评审、非正式评审和审核三类。其中：

① 正式评审通常适用于重大的决策，特别是与项目团队外部需要达到共识或一致的事项。要召开正式的评审会议，形成正式的会议记录，并对会议记录中的事项落实情况进行跟踪反馈，比如立项、项目验收、项目里程碑等的评审。

② 非正式评审通常适用于团队内部就一些重要事项达到一致的评审。召开内部日常会议来评审即可，但也需要对会议上确定的事项记录并跟踪反馈完成结果。

③ 审核通常适用于不太重要的事项，由团队内相关人员通过讨论来达成共识，并确定后续的工作内容或措施。

下面以立项评审为例，介绍正式评审会议的召开流程。

① 立项负责人或产品经理把评审资料（“可行性分析报告”“立项报告”或商业需求文档）提交给高级经理，如果已具备评审条件，则可发起评审会议安排。以正式通知的方式告知参加评审的人员，包括待评审资料、评审时间、在评审会议中的角色等内容。

② 评审人员在收到评审资料后进行预审，发现存在的缺陷或问题并整理到“预审问题清单”中。评审人员在评审会议前一个工作日将“预审问题清单”反馈给立项负责人或产品经理。

③ 立项负责人或产品经理根据评审人员反馈的“预审问题清单”，对提交的评审资料进行修改，或准备在评审会议上的答辩资料。

④ 召开评审会议，通常会议时间控制在 2 小时以内。由会议主持人全程控制，立项负责人或产品经理用 5～10 分钟介绍本次评审资料的主要内容，并对预审提出的问题进行讲解，与评审人员一起确定问题和定义问题的严重程度。

⑤ 在会议过程中，安排人员记录各个问题的情况，并由主持人指派相关人员在会后处理待解决的问题；与会者可以针对指出的问题进行讨论，最后形成评审结果，并且确保参会人员就结果达成一致。

⑥ 针对评审中发现的待解决问题，安排相应人员进行修改，并明确修改之后的验证人员；根据评审会议上约定的时间完成修改及验证。

⑦ 在评审通过之后，将产生的相关文档由指定人员（可以为专职的配置管理员，也可以为项目组内成员）统一放到配置管理库中。

说明：预审问题及评审中发现的问题，可以使用 Azure DevOps 等项目管理工具进行记录及跟踪；如果没有使用项目管理工具，建议使用 Excel 做记录，同时做好问题的流转和跟踪。对于非正式评审中发现的问题及形成的会议记录，建议参照正式评审的方式来记录和跟踪。

3.4 项目策划及敏捷项目计划制订

作为项目管理的重要组成部分，项目策划的目的是建立和维护项目（开发）计划，主要原则是先做项目总体计划，然后在要执行的具体事项前对总体计划进行细化，形成阶段计划、发布计划以及冲刺计划。

项目策划的作用主要体现在以下方面：

① 项目策划可以让我们对待开发的项目有科学、全面的预估，并对后续工作过程中可能遇到的各种问题明确各方的承诺。

② 项目策划为项目的各参与方就工作范围、进度和所需资源达成一致提供基础。

③ 通过书面的计划可以有序地指导工作和开展工作。

④ 方便跟踪项目进度及报告项目状态，有对比才有分析。

⑤ 通过严格的项目策划活动，确保关键工作没有被忽视。

在整个项目管理中，科学合理的项目策划是后续项目管理活动的基础。项目策划活动通常包含如下内容：

① 梳理并分解项目需求，标识项目工作产品和活动，编制工作分解结构（WBS）。

② 估算工作产品的规模、活动的工作量、花费的成本和所需的资源。

③ 确定项目的组织结构、人员分工及沟通协调机制。

④ 划分项目阶段并编制工作进度安排。

⑤ 识别并编制项目资料管理计划。

⑥ 识别和分析项目风险，编制风险管理计划。

⑦ 与利益相关者协商相关约定，比如约定需求变更的处理流程、上线或产品发布的相互协作内容等。

⑧ 编写项目开发计划，并与利益相关者就项目计划达成一致，以此作为项目跟踪监督的依据。

项目策划的通用流程如下（Scrum 敏捷开发同样符合该流程）：

① 定义需求，确定待开发系统的要求以及客户的需要。

② 针对已经理解的需求，给出一个概要设计或初步解决方案、解决问题的思路。

③ 如果有可参照的历史数据，在对照历史数据的情况下完成项目规模的估算；如果没有可对照的历史数据，则用工程估算法进行项目规模估算。

④ 采用与③类似的方法进行工作量估算。

⑤ 根据可用资源（含人员）编制项目进度安排。

⑥ 根据编制好的开发计划完成开发，在此过程中收集规模和工作量数据，分析过程进展，形成项目跟踪报告，在结项时（或阶段回顾时）分析相关过程数据，形成团队的历史数据。

在项目管理过程中，采用 Scrum 敏捷开发模式时，每个阶段性发布开始前，需要根据项目的进展情况编制针对该阶段的发布计划，然后再根据每次冲刺形成冲刺计划。由于在实际研发过程中，不可能一次性把项目的估算及详细计划、详细进度安排确定下来；特别是在每个发布或冲刺的产品积压工作项还没有梳理完成之前，在对需求还没有明确的情况下，更不可能把详细计划及任务安排确定下来，但又不能在没有计划或工作安排的情况下进行后续的细化工作，所以在使用 Scrum 敏捷开发模式时，为了保证具有一定规模的项目顺利开展，在开发实践中通常会制订多类计划，分别达成不同的目标。常见的计划有：

① 总体计划/规划：根据长篇故事及利益相关者一起确定的计划，明确包含哪些长篇故事及其特征描述，类似于立项报告。

② 项目计划：确定项目的生命周期(即开发模式)，明确里程碑及项目每个阶段的大体进展安排。该计划需要利益相关者评审通过，可以定期更新。

③ 发布计划：特性级别的计划，它将特性分配给冲刺(一个发布计划包含每个计划冲刺的粗略范围)，并确保团队在承诺的发布日期交付。

④ 冲刺计划，关注当前冲刺的安排及要完成的内容。

下面结合一个具体的企业实践案例进行介绍。该企业使用 Scrum 敏捷开发模式并通过了 CMMI 五级评审。

1. 总体计划/规划

① 识别并让所有的关键项目参与者参与总体规划，最好包括交付负责人、业务分析师、功能分析/架构师、技术架构师/负责人和项目关键发起人。

② 将项目范围划分为广泛的功能域(即将长篇故事分解为多个特性)。功能域分解是识别将在项目期间开发的粗粒度特性的过程。当一个功能域非常大或其内部不同方面具有不同优先级时，最好将功能域分解为多个特性。此外，将功能域分解成更小的部分将提高估算的准确性。

③ 估算开发工作量。开发工作量需要根据商定的范围进行估算，这是通过考虑所有必要因素(如经验水平、复杂性)估算开发天数来完成的。

④ 非工程类及项目活动分解。对项目管理活动中的非工程类活动进行高层级工作量估计，重点是确保所有非工程活动都得到适当的计划，以便符合整个项目计划。项目管理活动包括迭代发布计划、配置管理计划、软件质量保证计划和项目测试计划等。

⑤ 确定优先级。良好的优先顺序是进行总体规划的关键成功因素，几乎所有的优先级安排都会有助于总体规划活动。一个应用比较好的方案是简单的三级优先级方案：A—必须实现；B—非常希望实现，但没有也可以发布；C—如果实现更好。

在编制总体计划时，应让项目发起人和其他关键利益相关者适当参与计划编制与评审。

2. 项目计划

① 初始高层级计划。该计划将总体计划/规划作为一个输入，主要包括识

别和捕获高层级活动，比如需求开发、沟通计划、开发等；识别和捕获项目依赖，比如在进行开发任务前必须有软件许可、项目活动间的依赖等；识别和捕获进度，比如开始及完成日期、时间区间等；明确里程碑，比如拿到客户的签字认可、完成开发时间点等。

② 计划评审。项目计划需要由利益相关者评审一致通过。

③ 执行中的计划维护。项目计划是一个动态文档，需要动态更新。

3. 发布计划

① 敏捷项目的发布计划是一个持续的过程，形成某一个发布的产品订单。尽管如此，许多期望都是由第一个发布计划设定的。因此，准备利用来自总体规划和项目计划的输入，以尽可能开发出最好的初始发布计划，对所有人都有好处。

② 发布计划使用特性估算和团队速率（特性开发速率）估算来预估一个给定发布的实际范围。最初的特性估算将基于对特性（需求）的中等水平理解和实现每个特性的设想。通常，技术负责人和高级工程师会利用团队其他成员的输入一起评估特性。

③ 在敏捷开发中建议定期更新发布计划。发布计划更新活动的合适的时间点是在迭代结束且为下一个迭代选择特性时，或者是在迭代结束后，迭代的结果已知时。

4. 冲刺计划

① 冲刺范围选择（形成冲刺积压工作项列表）。该活动是为团队和客户选择接下来冲刺的需求，包括高层级的工作量估算和速率估算，以确保在冲刺开发时间线中选择的需求可以被实现。客户需要提供被选择需求的输入优先级，并参加会议或至少要审查所选范围。

② 需求走查（评审）。在开发开始之前，需求分析已经达到中等的详细程度，需要更详细的需求规格说明。该活动是为了让团队熟悉冲刺中要交付的需求/用户故事。

③ 工作分解。为了实现每个需求，需要给出一个高层级的方法和设计，以确定开发任务。

④ 任务估算。该活动是让团队分解评审任务并提供任务估算。团队集思广益，根据需要调整方法和任务分解，然后作为一个小组来估算每个任务，对每个需求/用户故事重复这一点。如果团队认为冲刺选择的范围太多或不够，将返回到第一个活动来调整范围，然后按照步骤②~④完成计划活动。冲刺会议结束后，团队成员将选择一个任务开始工作，任务完成后将会再选择一个任务，直到任务全部完成。

在项目开发中，需要遵循如下的冲刺计划实操指南：

① 对给定特性（需求），尽可能减少承担相应任务的人数。

② 记录在计划活动中未包含的问题或风险。

③ 在完成开发任务评估后，可能需要调整冲刺范围。

④ 冲刺计划时间要包含所有的会议时间。

该公司通过以上敏捷开发管理规范，利用相应的敏捷项目管理工具，完全达到了 CMMI 五级中对策划实践域的要求。

3.5 Scrum 敏捷开发角色职责及团队组建

一个 Scrum 敏捷开发团队（简称 Scrum 团队）包含三类固定的角色：一位敏捷教练（或称敏捷专家）、一位产品负责人和由 3~9 人组成的开发团队。Scrum 团队是跨职能的自组织团队，拥有完成工作所需的全部技能，由团队自行决定以何种方式完成工作，而不是由团队之外的人来指导完成。Scrum 团队的设计模式以获得最佳的灵活性、创造力和生产力为目的，实践已证明这种模式越来越有效。此外，Scrum 团队迭代增量式地交付产品，借此可最大化地获得反馈。

1. 产品负责人

产品负责人在有的团队里也称产品经理，但两者之间稍有区别，产品经理可能是多人，而产品负责人通常只有一位。

产品负责人角色具有如下特性：

① 由单人承担，即 Scrum 团队的产品负责人是一个人，而不是一个机构或小组。

② 是产品的最终负责人。

③ 精通业务，有能力代表客户或者产品的最终用户。

④ 处事果断，对需求优先级及异议有决定权。

⑤ 及时回答需求方面的问题，支持团队完成冲刺目标。

产品负责人承担如下职责：

① 建立产品的愿景，并确保团队理解，即完成产品规划，给出产品路线图。

② 负责项目的融资和产品的投资回报率，即该产品是否能立项、客户是否买单、经济可行性如何等是产品负责人的职责。因此，在 Scrum 团队中由产品负责人主导起草“立项报告”，并且在一些大公司中也是由产品经理负责争取资源，以确保自己负责的产品得到企业或其他团队的支持。

③ 管理产品积压工作项（或称产品待办项）。

④ 和开发团队协作支持团队完成冲刺目标。

⑤ 对开发团队的工作结果提供反馈，接受或拒绝工作结果。

⑥ 决定产品发布日期及内容。

由以上描述来看，产品负责人对产品承担最终责任，使开发团队开发的产品的价值最大化。其实现方式根据跨组织、Scrum 团队和团队成员个体的不同而有所不同。

产品负责人是产品积压工作项列表的唯一管理者，负责：

① 清晰地表述产品积压工作项。注意必须使用客户的语言进行描述，且能

让开发团队也能很好地理解。

② 对产品积压工作项列表进行优先级排序，使其最好地实现目标和使命。

③ 优化开发团队所执行工作的价值。

④ 确保产品积压工作项列表对所有人是可见、透明和清晰的，同时显示开发团队下一步要做的工作。

⑤ 确保开发团队对产品积压工作项有足够深入的了解。

产品负责人可以亲自完成上述工作，也可以让开发团队来完成。产品积压工作项列表除了客户需求之外，通常会包含技术性需求，比如架构相关、性能相关、数据安全相关的需求；现有版本的缺陷；探针(spike)项，即探索性需求或技术预研、功能探索等(不会真的发布给客户)；有时还会把系统重构的工作也放进去，一起排序。

2. 敏捷教练

敏捷教练一般由 Scrum 团队中的开发负责人担任，部分能力强且懂技术的产品经理也可担任这个角色。因涉及工作量评估和分派等协调类工作，这类角色最好都是由技术能力较强的人员担任。

敏捷教练角色具有如下特性：

① 不是团队的经理，不能命令团队如何工作；通过协调和激励来促进整个团队工作的开展。

② 是服务型领导，服务于产品负责人、开发团队和组织，解决团队在冲刺中遇到的问题。

③ 具有影响力，通过影响力来引导团队创造更大价值的产品，这是与特性①相关的。

④ 促使团队按照 Scrum 敏捷开发方式运行，为 Scrum 过程负责。

敏捷教练是团队的导师和组织者，与产品负责人紧密合作，及时为团队成员提供帮助，比如进行估算、跟进进度、风险控制、定期总结、计划排定等，从而确保 Scrum 敏捷开发被理解和正确使用，并使收益最大化。其主要职责如下：

① 保证团队资源得到合理利用。

② 保证各个角色及职责能够良好地协作。

③ 移除团队开发中的障碍。

④ 作为团队和团队外部的接口，协调解决沟通中的问题。

⑤ 保证开发过程按计划进行，确保冲刺计划会议、每日站会、冲刺评审、冲刺回顾等活动顺利且正确执行。

敏捷教练作为服务型领导，其工作主要体现在以下几方面：

① 服务于产品负责人，包含：

a. 确保 Scrum 团队中的每个人都尽可能地理解目标、范围和产品域。

b. 指导产品负责人有效管理产品积压工作项列表。

c. 指导产品负责人懂得如何安排产品积压工作项来最大化价值。

d. 理解并实践敏捷，引导 Scrum 敏捷开发事件。

e. 帮助 Scrum 团队理解为何需要清晰且简明的产品积压工作项。

② 服务于开发团队，包含：

a. 在自组织和跨职能方面为开发团队提供指导。

b. 指导开发团队创造高价值的产品。

c. 移除开发团队工作进展中的障碍。

d. 引导 Scrum 敏捷开发事件。

e. 在还未完全采纳和理解 Scrum 敏捷开发的组织环境中，作为教练指导开发团队。

③ 服务于组织，包括：

a. 带领并指导组织采用 Scrum 敏捷开发方法。

b. 在组织范围内规划 Scrum 敏捷开发的实施。

c. 帮助员工和利益相关者理解并实施 Scrum 敏捷开发和经验导向的产品开发。

d. 引导能够提升 Scrum 团队生产率的改变。

e. 与其他敏捷教练一起工作，增强组织中 Scrum 敏捷开发应用的有效性。这一点对于一个组织中有多个 Scrum 团队共同协作来完成一款产品时尤其重要。通常是使用 Scrum of Scrum 的组织形态，由各个组的敏捷教练组成项目管理办公室来协调会议。

3. 开发团队

开发团队包含各种专业人员(如设计人员、编码人员、测试人员等)，负责在每个冲刺结束时交付潜在可发布并且“完成”的产品增量。开发团队由组织组建并得到授权，团队自行组织和管理其工作，由此产生的正面效应能最大化开发团队的整体效率。

开发团队的最佳规模应足够小以便保持敏捷性，同时还应足够大以便在冲刺内完成重要的工作。一般情况下，少于 3 个人的开发团队，成员之间没有足够的互动，因而生产力的增长不会很大；过小的团队在冲刺中可能会受技能的约束，进而导致开发团队无法交付潜在可发布的产品增量；而超过 9 人的团队则需要过多的协调沟通工作。对经验过程而言，大型开发团队会产生太多的复杂性而变得无用。

产品负责人和敏捷教练角色不包含在开发团队人数中，除非他们同时也参与执行冲刺积压工作项列表中的工作。根据实践，通常认为最理想的团队规模是 7 个成员，21 个沟通渠道。

说明：在课程实训中或大多数企业应用 Scrum 敏捷开发时，特别是导入 Scrum 敏捷开发的初期，产品负责人和敏捷教练都会参与执行冲刺积压工作项列表中的工作，所以是可以算入开发团队中的。

开发团队角色具有如下特性：

① 小型团队，最佳团队规模为 6±3 人或者 7±2 人。Scrum 敏捷开发的精髓

在于小团队，具有高度灵活性与适应性。

② 自组织。由团队成员共同管理自身事务，没有“经理”的角色。

③ 平等。在 Scrum 敏捷开发团队中成员是平等的，无论承担何种工作都称其为“开发人员”，此规则无一例外。

④ 跨职能。团队拥有完成项目所需的全部技能，每个成员可以有特长和专注领域，但是责任属于整个开发团队。

⑤ 原子性。Scrum 敏捷开发不认可“子团队”，强调团队功能的整体性；不依赖于外部，即不能将开发团队又分为前端组、后端组之类的子团队。

在组建团队或培养团队成员时，需要注重“T”型团队成员的成长，这既对开发团队有益，又对整个组织及成员个人都是有益的。所谓“T”型人才，就是既有广博的知识面，又在某一个领域有较深入的专业知识的人才。“T”型人才在专注自己领域的同时，也可以和其他领域的人员进行深入交流。就开发团队来说，“T”的一横是指团队成员具有跨职能的知识和技能，例如了解业务、开发语言、SQL 和测试技能等；“T”的一竖是指团队成员精通至少一项技能，例如高阶 Java 程序开发。

在 Scrum 敏捷开发中强调构建自组织团队，其好处主要体现在如下几个方面：

① 快速响应变化。

② 有力地共担责任。

③ 增强协同，提高整个团队的效率和业绩。

④ 加强分享和学习。

⑤ 更好的员工满意度。

在实际 Scrum 敏捷开发中，构建自组织团队是所有实践中最难的一点，特别是从传统的项目经理主导型团队向 Scrum 团队转型的组织，能否真实构建自组织团队，形成敏捷开发文化，是 Scrum 敏捷开发转型成功的一个标志性实践。

3.6　候选实训项目描述

为便于开展实训，本书给出了考试管理系统、门诊挂号收费系统和健康会所经营管理系统三个实训题目供读者选择，具体描述如下：

1. 考试管理系统

(1) 项目背景及要求

某校需要开发完成一个考试管理系统用于某行业职称考试，主要实现考试通知、考试报名、考试安排、成绩管理等功能。根据面向的用户不同，该系统又分为三个子系统：面向考务人员的考务中心系统、面向考生的考试门户网站和面向系统管理员的网站管理系统。

考务中心系统主要实现考试安排及报名管理、考点及场次管理、成绩管理，考试信息发布等功能。考试门户网站主要实现考生注册及实名认证、考试新闻、网上报名、成绩查询等功能。网站管理系统则主要实现新闻发布、考务人员维护及权限管理、系统操作日志管理等功能。

该系统同时在线人数为 3 000 人，操作时的反应速度不得慢于 3 s，并且要考虑到个人信息、成绩等敏感数据的安全性。

(2) 建议实现方案

B/S 结构(考务端、考生端、管理员端)+微信小程序(可选，考生端)。

2. 门诊挂号收费系统

(1) 项目背景及要求

某乡镇卫生院需要开发一个门诊挂号收费系统，面向医保患者及自费患者提供服务。该卫生院现有职工 20 人，其中医师 6 人，护士 5 人，挂号收费人员 2 人，药房管理人员 2 人，医技人员 2 人，后勤及行政人员 3 人。卫生院常年开设普内科门诊、普外科门诊和特色中医门诊，有门诊输液室，无常设病床，可以进行血常规、尿常规、肝功等常规性检查，并可以开展简单的外科日间手术。

系统需要支持的业务流程如下：

① 自费患者在移动端注册建档，或在挂号窗口建档；医保患者首次就医凭医保卡自动建档。

② 患者可在移动端预约挂号，在自助终端或窗口取号；也可直接到窗口或自助终端挂号。自助终端可挂当天号或预约号，窗口只能挂当天号。

③ 患者到医生诊间就医，医生可开具检查单、治疗处方或药品处方。

④ 医保患者可在自助终端或窗口刷卡交费，自费患者除在自助终端和窗口交费外，还可以在移动端交费。

⑤ 患者在交费后，根据交费收据上的提示完成检查、治疗或取药(此业务场景不需要通过系统实现)。

该项目需要有严格的信息安全方案，敏感数据必须加密，并且要考虑到系统的易用性。

(2) 建议实现方案

挂号收费、医生诊间、院长决策、系统管理等院内使用的系统，可以采用 Windows 桌面应用来实现或为 B/S 应用；移动端使用微信小程序；自助终端使用 Android 来实现。

3. 健康会所经营管理系统

(1) 项目背景及要求

健康会所提供健身健体、中医养生、亚健康调理等服务。目前国内除了上规模的连锁机构之外，大部分机构没有专业的信息技术人员，部分会所的经营管理还是采用手工记账方式。由此，某机构计划开发一款基于移动端的 SaaS (软件即服务)应用，各个健康会所可以直接注册之后使用，以实现日常经营管理。该系统主要实现如下功能：

① 机构注册及实名认证，分支机构管理。

② 机构操作人员管理及权限分配。

③ 技师及服务项目管理。

④ 会员管理，包括会员的注册或建档、充值、消费、服务项目预约等。

⑤ 营业收费，包括会员收费与散客收费。

⑥ 经营统计等。

该移动应用支持同一家门店的不同角色登录，可操作的功能不同。比如：收银员不能查看营业统计分析，只能使用会员管理及营业收费功能；技师只能查看自己的服务收入和预约信息；店面经理可以使用所有功能等。在机构注册后，需要上传营业执照供系统运营管理人员审核，审核结果以邮件或短信方式通知机构。

（2）建议实现方案

提供平板电脑和智能手机两种交互样式，系统运营管理人员通过网站来管理整个平台，机构操作人员及其会员使用平板电脑或智能手机使用该应用，项目组可以从 iOS、Android、微信小程序中选择一种方式来实现。

3.7 实训任务1：使用 Azure DevOps 完成项目组建及总体计划编制

本书以通用产品研发类项目为例开展实训。相关技术和方法在裁剪后，可适用于其他类型的项目。本节的实训任务主要由以下几部分组成，读者可根据相应的实训指导完成实训任务：

实训内容1：组建项目团队，完成实训分组，选出项目组长（敏捷教练），讨论小组的角色分工并分配角色，在实训平台上完成团队设置。预计用时：1学时。

实训内容2：选定实训题目，完成对题目的初步调研分析，以竞争产品分析及背景调研为主，在组内讨论之后形成长篇故事。预计用时：1学时。

实训内容3：由项目组长组织，以产品负责人为主，编写“立项报告”。预计用时：2学时。

实训内容4：对编写好的“立项报告”进行评审，由项目组长组织开展正式评审。预计用时：1学时。

实训内容5：由项目组长组织，以产品负责人为主，对长篇故事进行讨论及初步估算，编制项目总体计划。预计用时：1学时。

3.7.1 实训指导1：组建项目团队

考虑到项目规模及项目组长的管控能力，每个实训小组的成员不要超过8人，各类角色分配建议如下：

① 项目组长（敏捷教练），1人。

② 产品负责人，1人。

③ 开发人员(开发团队)，3~4 人。

④ 测试人员(开发团队)，1~2 人。

其中，开发人员和测试人员共同组成 Scrum 敏捷开发团队；项目团队的源代码库、配置库的管理由项目组长承担；需求调研、分析、产品策划由产品负责人主导，测试人员参与完成。

在实训过程中指导教师承担了高级经理、客户代表等角色，由此对指导教师的工程实践经验要求比较高。在分组过程中，项目组长应具有一定的协调能力及亲和力，能通过激励带动项目组达成目标；产品负责人应有比较强的文字表达能力、沟通能力；开发人员应具有一定的编程能力，至少有一位是大家公认的编程高手；测试人员应有一位开发能力稍强。

实训小组不同角色及岗位职责如表 3-1 所示。

表 3-1　实训小组不同角色及岗位职责

角色	岗位职责
项目组长	• 向指导教师汇报工作 • 对项目进行整体规划，监控进度实施并进行风险管理 • 督促小组成员的工作，协助小组成员制订各类具体计划 • 组织组内的各种会议、讨论及项目评审，完成评审报告 • 记录在开发过程中遇到的各类问题，并进行解决与跟踪，从而更好地支持开发工作 • 负责小组源代码库和配置库的管理 • 负责搭建小组实训使用的平台，并设置实训参数
产品负责人	• 调查、分析并定义需求，梳理产品积压工作项，撰写相应的需求文档，尽最大努力使需求文档能够正确无误地反映用户的真实意愿 • 管理需求积压工作项列表的优先级别排序，并对产品进行策划 • 为组员讲解需求及策划的产品功能，确保大家达成一致的理解 • 与项目组长一起，组织团队对积压工作项规模进行估算，共同编制项目计划和发布计划 • 对开发团队完成的冲刺积压工作项进行验收，确定可以发布的功能清单
开发人员	• 对系统使用的技术进行预研，搭建系统开发框架 • 在项目组长和产品负责人的协助下，对每个冲刺的工作任务进行分解和估算，形成具体的任务清单 • 参与积压工作项等文档的梳理，并根据对需求的理解进行技术架构设计、数据库结构设计 • 根据对需求的理解及产品策划，编写软件系统的代码 • 编写单元测试代码，并在功能集成时运行单元测试程序 • 随时测试和检查自己的代码，及时消除代码中的缺陷 • 定期组织代码评审，对核心代码进行评审，并消除代码中的潜在缺陷 • 及时修复测试人员或产品负责人提出的产品缺陷，确保产品质量 • 编写每个冲刺的安装程序或升级程序

续表

角色	岗位职责
测试人员	• 参与需求调研、积压工作项梳理及产品策划，编制积压工作项的验收条件或测试要点，协助产品负责人编写需求文档 • 为项目制订测试计划，并按得到批准的计划开展活动 • 为项目编写集成测试及系统测试用例，并执行软件测试过程 • 进行集成测试、系统测试，参与项目开发各过程工作产品的可测试性审查和验证，及时发现、记录并验证缺陷等 • 项目测试结束后，编写测试报告提交项目组长 • 编写系统使用说明书或用户手册

在选出项目组长之后，召开第一次内部会议，将确定的人员与角色对照表作为会议记录提交到实训教师指定的位置，表格格式如表 3-2 和表 3-3 所示。

表 3-2　实训小组成员基本信息表

小组名称			实训题目		
姓名	学号	性别	角色	联系电话	预计承担的主要工作

说明：小组名称可以用组长的姓名来命名，也可以使用昵称来命名。

表 3-3　实训小组成员考核记录表

日期	组员						
	×××	×××	×××				
3.10	早退	到岗	缺勤				

说明：此表为 Excel 格式，以便项目结束之后进行统计。项目组长负责填写表格，其中的考核记录要在每次上课时登记并存放到实训教师指定的位置。

3.7.2　实训指导 2：在 Azure DevOps 中设置团队参数

微视频：
在Azure DevOps中建团队项目

在使用统一的实训平台时，可由实训指导教师建好团队项目，把项目组长设置为项目管理员。若是项目组自己安装搭建实训环境，则由项目组长负责建团队项目，默认情况下项目组长就是项目管理员，也可以把其他同学添加到项目管理员组中。在 Azure DevOps 中的操作演示请参见二维码。

对于较小的软件开发项目并且可以在短时间内交付的，则建一个 Scrum 敏捷开发团队工作即可。当项目较为复杂时，则需要建多个团队并行开发。具体可分为如下两个场景：

① 当项目上线后，既需要进行新特性(功能)开发，又需要支持产品问题的快速修复，并发布给客户。在这种情况下，同一个人可能会既参与新特性开发，又参与客户问题的修复，对其工作量的分配要能可视化监控；考虑到 Scrum 冲刺的安排，还需要把新特性开发工作与运维支持工作分开。这时就需要建两个团队来开展工作，根据需要分配不同的人员，设置不同的工作区域。

微视频：在Azure DevOps中建多个团队

② 当项目由多个模块或子系统组成时，为了确保项目整体目标的实现，需要按业务功能模块或子系统来划分团队安排冲刺。切忌按技术来划分团队，因为那样会让整个项目组失去对项目业务目标的关注，让模块之间的集成变得非常困难，导致不必要的项目延期。按业务功能模块来划分团队，为每个功能模块建一个团队，每个团队都有自己的产品负责人、敏捷教练、开发人员以及测试人员，然后在根团队下建 1~2 个支持团队用来处理线上系统的运维工作。

在 Azure DevOps 中可建多个团队，在新建团队时使用该团队名创建区域路径，可以把不同的工作项放到不同的区域路径中，以实现把工作事项隔离开的目的。相关操作请参见二维码。

微视频：在Azure DevOps中设置相关参数

门诊挂号收费系统建有三个团队，分别用于门诊挂号功能模块开发、门诊开处方及收费功能模块开发和线上问题处理。团队建好之后，可以看到项目形成了一棵区域树。实际开发中可以根据需要建立新的区域子级，以更细的粒度隔离工作事项。

在 Azure DevOps 中建好团队之后，还需设置相关参数，比如工作模板(即工作的流程)、迭代安排、工作日安排、积压工作导航级别、积压看板、仪表盘、bug 管理模式等。相关操作请参见二维码。

微视频：在Azure DevOps中配置邮件服务器

建议在“积压工作(backlog)导航级别”中选中“长篇故事”，然后选中“Bug 随任务一起管理”，工作天数由每个小组根据自己的安排来选择。在“迭代”处，每个小组选三个迭代，关于迭代的其他设置将在后续实训中完成。

说明：“处理 Bug”的三个选择决定测试时发现的 Bug 显示在积压看板、任务板，或都不显示。更详细的解释可以参考微软官方资料。

在 Azure DevOps 中如果配置邮件服务器，可设置通过邮件通知项目组成员。可在“工作项”创建、更改、删除时通知项目组内成员。在代码拉取请求、发布阶段、生成时发邮件。相关操作请参见二维码。

微视频：在Azure DevOps中设置Wiki

为了更好地支持团队信息的共享，在 Azure DevOps 中提供了 Wiki 功能，通过组织 Wiki 页面，可以把项目中用到的相关知识分享给全体成员。在 Azure DevOps 的 Wiki 页面上，可以直接与 Bug、任务等工作项关联，让团队成员了解工作项的跟踪状态。相关操作请参见二维码。

3.7.3　实训指导 3：编制项目立项文档

在项目立项过程中，主要产生的技术文档为“可行性分析报告”“立项报告”和“项目任务书”。具体内容如下：

① 在了解项目背景的基础上，对项目需求进行调研，明确项目范围，由产品负责人主导，在小组组员的协助下，编写“立项报告”或“可行性分析报告”，并在小组内部进行讨论定稿。

② 由各项目组长组织，对“立项报告”或“可行性分析报告”进行模拟评审（召开正式评审会议）。可以邀请指导教师参加并作为立项评审小组成员。

③ 由项目组长编写“项目任务书”，然后由实训指导教师修改确认后签发。

④ 根据在立项过程对系统需求的理解（此理解来源于对案例范围及需求的描述、立项过程中组员的讨论、组员在形成“可行性分析报告”或“立项报告”时查阅的其他资料等），由产品负责人在 Azure DevOps 平台编写长篇故事。

说明：考虑到当前互联网产品开发通常是写商业需求文档来决定企业是否进入某一领域的市场，并组织研发，在立项过程中指导教师也可以组织学生编写商业需求文档。

例如，某公司要求商业需求文档可以是演示文件（PPT 文件）或报告（Word 文件）。文档中除了对产品进行大体描述之外，还侧重于竞争产品分析、商业分析等内容，与“立项报告”或“可行性分析报告”类似。文档能够描述客户遇到的一个或多个商业问题，并且提出建议的解决方案——通过公司的新产品或对现有产品的改进来解决这些问题。商业需求文档也可能包含一些高级的商业案例，例如收益预测、市场竞争分析和销售/营销策略等。

1. 编写“可行性分析报告”

本文档是否编写由指导教师决定。在编写过程中，可以由项目组长组织、产品负责人主导，其他成员可以参与编写不同的章节，在产品负责人统稿后共同讨论，然后再提交模拟评审。“可行性分析报告”模板请参见二维码。

微文档：可行性分析报告模板

（1）报告封面

报告封面包含的内容如表 3-4 所示。

表 3-4 “可行性分析报告”封面内容

<table>
<tr><td>文档状态</td><td>文档编号</td><td></td></tr>
<tr><td rowspan="4">[ ] Draft
[√] Released
[ ] Modifying</td><td>编　撰</td><td></td></tr>
<tr><td>编撰日期</td><td></td></tr>
<tr><td>保密级别</td><td></td></tr>
<tr><td>文档版本</td><td></td></tr>
</table>

其中：

文档状态：在文档评审之前一直为 Draft（草案）；在评审定稿之后，可以改为 Released（发布）；之后若需要修改，则在修改完成之前均为 Modifying（修订中)，在修改完成并通过评审或确认之后，则又改为 Released。

文档编号：根据技术文档管理规范对文档进行编号，比如“PE-Report-项目编号”。

编　　撰：该文档最后编写人员的姓名。

编撰日期：该文档最后修改的日期。

保密级别：一般分为普通、保密、机密三类，主要是限定文档发布的范围及可阅读范围，防止技术泄密。

文档版本：该文档当前的版本号，一般由三位组成，初始版本为 0.1.0，在每次修改之后，将第三位加一，在第 10 次修改时变成 0.2.0，以此类推。直到定稿提交评审(可能为正式评审，也有可能为非正式评审)时，将版本改为 1.0.0。评审通过之后批准的版本改为 1.0.1。以后再修改该文档，第三位依照前面方式加 1 进行标识。若在修改之后纳入新的基线，则主版本号改为 2.0.0，其他次要修改则不需要更改主版本号。

(2) 修订表

修订表如表 3-5 所示。

表 3-5　修　订　表

编号	版本	修订人	修订章节与内容	修订日期

在每次对文档修改之后均需认真填写此表，以增加可追溯性，清晰地记录整个文档的修改及形成过程。

(3) 审批记录表

审批记录表如表 3-6 所示。

表 3-6　审批记录表

版本	审批人	审批意见	审批日期

每次文档正式发布之前，将发布时的审批人、审批意见及审批日期填写进该表。

说明：所有的文档模板中带有以上三部分内容，其含义均一样，在后面的章节中将不再一一解释。本书中所有的文档模板均作为教材配套资源提供，读者在实训之前应仔细阅读模板中的说明性文档，在理解之后再进行文档的编制。

（4）编写裁剪说明

在实训过程中，未学习过“软件工程导论”课程的本科生不需要编写该文档，可以使用“立项报告”代替。模板中第5节“投资及效益分析”建议采用模拟企业投入方式来计算。例如，员工工资可以采用估算时常用的10 000元人月来计算，收益可以按××万元/套，第一年可卖出多少套，长远市场可卖出多少套等方法来计算。在实际编写过程中，投资及收益可以进行粗略估算，不一定按模板中所写得那么详细。模板中第6节“社会因素方面的可行性”与第7节“其他可供选择的方案”在实训时作为可选内容，根据教师所选择的案例决定是否编写。

2. 编写“立项报告”

本文档在实训时所有项目组都需要编写。在编写过程中，可以由项目组长组织、产品负责人主导，其他成员参与编写不同的章节，在产品负责人统稿后共同讨论，然后再提交模拟评审。“立项报告”模板请参见二维码。

“立项报告”模板

在编写本文档模板中的第2.1节时，如果没有编写“可行性分析报告”，需要在此处添加一些关于市场可行性、技术可行性、资源可行性等方面的内容。模板中第3.3节的预算主要来源于对开发该系统所用资源的估计。比如，根据需要多少人月工作量计算出工资的预算，根据开发过程中需要的软硬件设备计算出设备投入的预算等。在做预算时，不仅要有金额，还要有预算投入及到位的时间。

模板中第3.5节是对立项阶段发现的风险进行分析，并提出控制策略。可以填写风险控制列表，把风险列表作为立项报告附件。对于每个发现的风险，应在此处进行描述，写明风险对项目可能造成的影响，采取怎样的规避措施防止风险转化成问题等。

模板中第4节是从研发的角度为市场推广及工程实施提供建议、方案及帮助。在实训过程中，可由指导教师根据所选项目裁剪编写。

3. 使用 Azure DevOps 编写长篇故事

每个小组针对自己选择的项目，通过调研分析（主要是竞争产品分析）得出系统的大体功能，然后在 Azure DevOps 中设置的项目组建立长篇故事。在调研分析过程中，主要通过网络检索信息或与潜在客户进行交流达到了解相关政策法规、了解客户真实需求以及分析竞争产品的目的。建议每个项目可以找三个竞争产品，对其功能、目标客户、技术架构等进行分析，从而更好地理解本项目组待完成的系统范围。具体的需求调研及收集方法和分析建模方法，我们在后面的章节将进行专门介绍。

长篇故事，顾名思义，就是大的用户故事，其中可以包含多个小的用户故事。用户故事是从用户的角度对系统的某个功能模块所做的简短描述，通常是描述系统中的一项功能，以及这个功能完成之后将会产生什么效果，或者说为客户创造什么价值。

从正式定义的角度来说，长篇故事是指重大业务功能、重大战略举措或重大技术演绎。通过对长篇故事的发现、定义、管理、投资和落地，使得企业的战略投资目标得以实现，获得相应的市场回报或地位。长篇故事通常持续数月，需要多个冲刺才能完成交付。长篇故事的粒度比较大，需要分解为特性，并通过特性继续分解细化为用户故事，即具体的需求，从而完成最终的开发和交付。长篇故事应对所有的开发人员可见，以便让其了解交付的系统所承载的战略举措或重大功能，从而更好地理解工作价值。长篇故事通常和公司或待开发系统的经营情况、竞争力、市场环境紧密相关。以下是常见的长篇故事：

① 市场差异化：用户体验全面超越竞争对手。

② 更好的解决方案：新增支持工业互联网的解决方案。

③ 增加收入：系统需要在下个财年增加 100 万家付费用户。

④ 重大技术方向：系统部署要全部切换为容器部署。

⑤ 重要功能：系统增加网上挂号功能以便更好地服务患者。

通常将与第三方系统的集成也看作是长篇故事。此外，增加系统安全性、系统性能、系统的并发性等非功能需求也可以列为长篇故事。图 3-2 是一个使

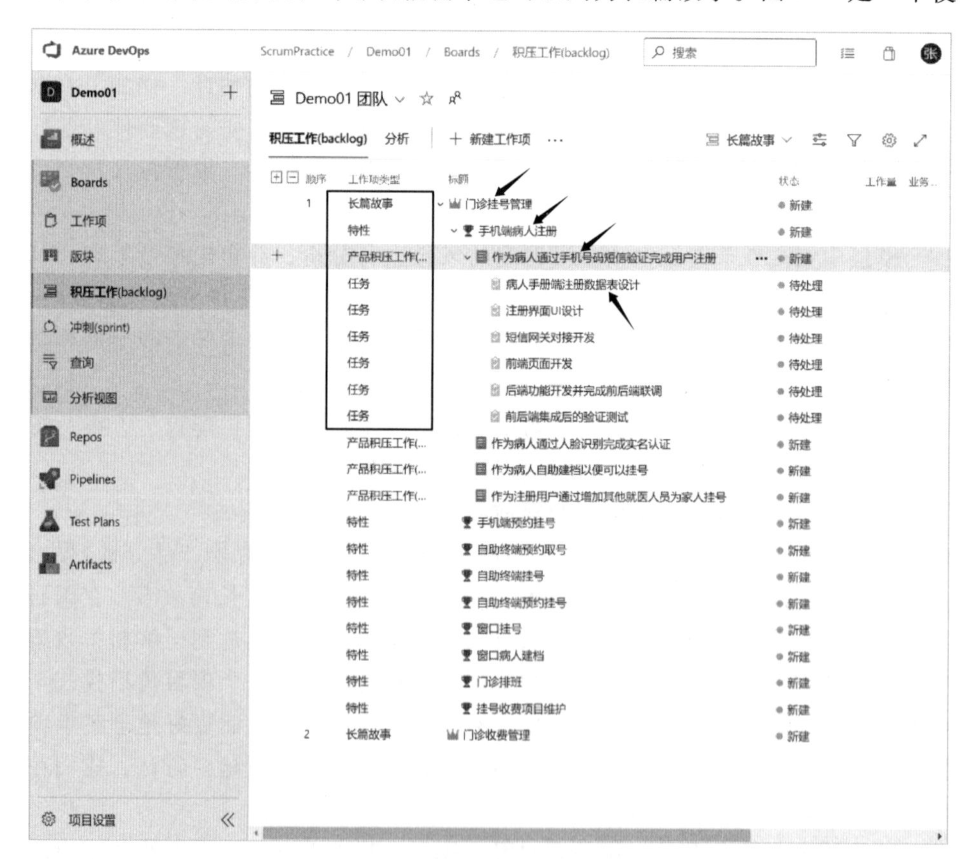

图 3-2　使 Azure DevOps 进行需求规划和管理示例

用 Azure DevOps 进行需求规划和管理的示例，可供读者在当前阶段理解长篇故事的整理，后续章节将会有详细讲解。

在图 3-2 中通过树状结构清晰地表达了需求的层次及对应的任务。一个大的解决方案/系统可以由多个长篇故事组成，每个长篇故事可以分解为多个特性，每个特性可以分解为多个产品积压工作项，每个产品积压工作项又可以分解为多个任务，由不同的开发人员去完成。注意这里使用了“产品积压工作项”而不是“用户故事”，主要是因为在 Azure DevOps 的 Scrum 开发过程模板中，产品积压工作项不仅包含用户故事，还可能包含系统缺陷、不适合通过用户故事描述的非功能需求、探针项等。

如图 3-3 所示，切换到“长篇故事”积压面板，然后单击“新建”下的“新项”，即可新建一个长篇故事。在出现的界面中(图 3-4)先输入标题，然后再通过“说明”对长篇故事进行详细描述。

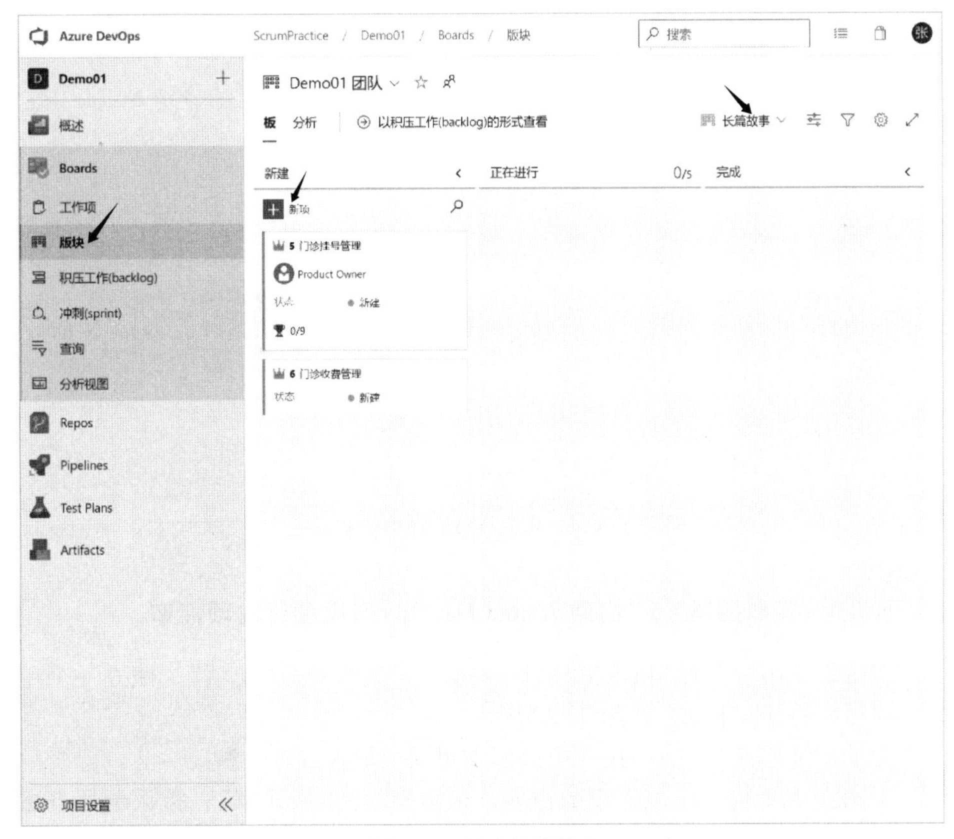

图 3-3　新建长篇故事

在图 3-4 中，如果是关于系统业务功能的需求，则在“价值分类”处选择“业务”；如果是非功能描述，比如安全性、性能、技术要求等，则在这里选择“架构”；长篇故事里的其他内容可以不填写。后续项目成员可以针对这个长篇故事进行讨论，记录在“讨论”处。我们根据对需求的分析及细化，将对该长篇故事进行更进一步的描述及划分。

图 3-4　长篇故事的详细信息

3.7.4　实训指导 4：借助 Azure DevOps 开展项目立项评审

在图 3-3 中切换到“积压工作(backlog)”，然后单击“新项”；建立一个用来立项评审的待办事项，如图 3-5 所示。

为了方便开展工作，在图 3-5 所示的界面中输入时需注意：

① 在标题中输入本次评审的内容，该示例为“立项评审”；指派给评审主持人，该示例为“Product Owner”；通过“添加标记”的方式把该待办事项标记为“项目评审”，同样在项目中的后续其他评审都使用该标记；在“说明”处把评审的内容、安排、要求等写清楚。

② 通过“附件”功能，把待评审的文档上传到该工作项，然后在“保存和关闭”处单击“保存”。

③ 在“讨论”处加入(@)所有需要参会的人员，以便每个组员可以收到电子邮件通知。

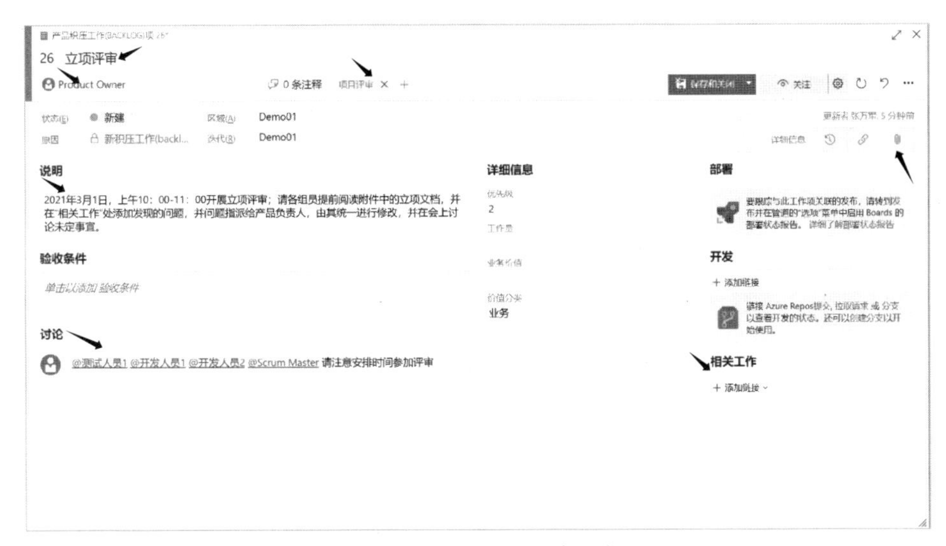

图 3-5　建立项目评审待办事项

每个组员根据收到的邮件通知打开该工作项，或者在图 3-3 所示的“工作项”处查看“提及”找到该积压工作项并打开。在审阅待评审的资料时，对发现的问题，在图 3-5 所示的界面中通过“相关工作”-“添加链接”-“新项”来添加，如图 3-6 所示。注意“链接类型”和“工作项类型”的选择分别为“相关”和“障

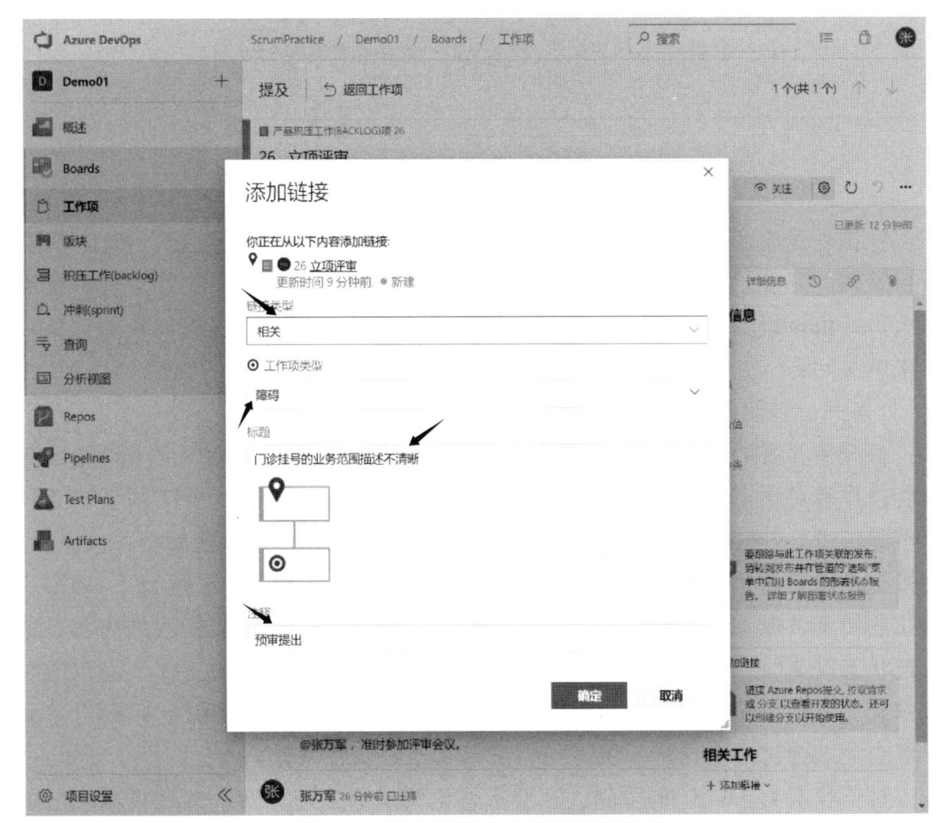

图 3-6　添加评审中发现的问题界面

碍”。建议把项目中遇到的所有问题都以“障碍”工作项来记录。

单击“确定”，再详细填写问题的相关信息，出现图 3-7 所示的障碍填写界面。

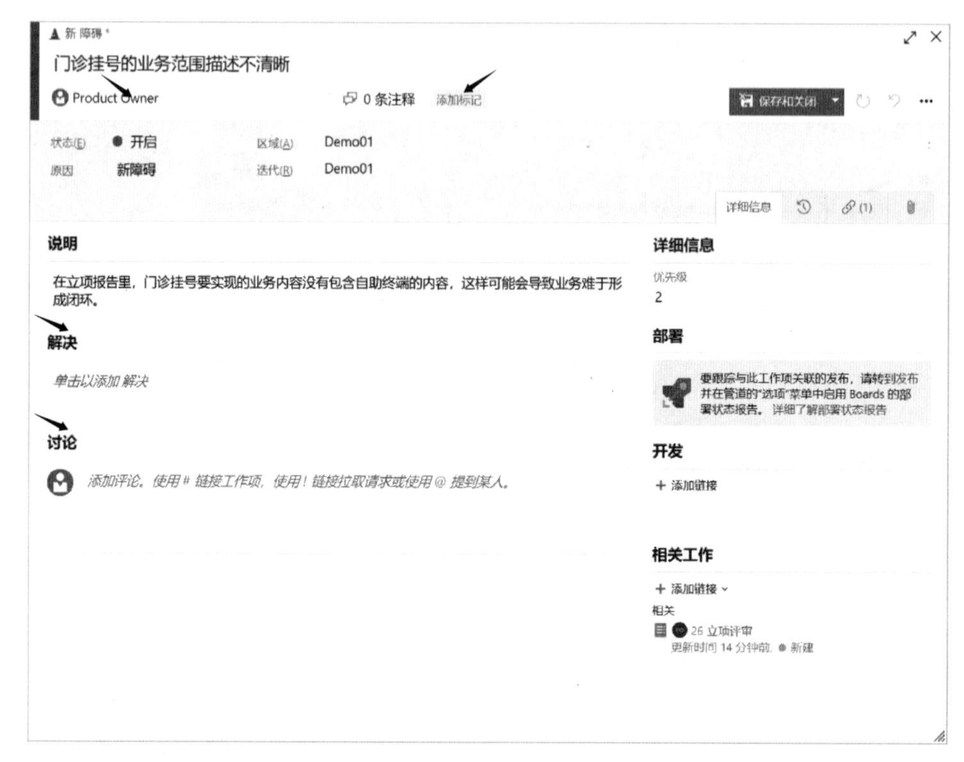

图 3-7　项目中的障碍填写界面

在该处建议通过“添加标记”来区分障碍类型，比如评审问题、技术问题、项目管理、开发工具、项目风险等。把填写好的障碍指派给该次评审资料的编写人员，由该组员在“解决”处填写如何解决该问题，也可以根据评审会议的要求来解决问题，并将解决办法填写在“解决”处。针对该问题的讨论可以在“讨论”处展开，以便形成完整的沟通及交流记录。

打开待开展的评审工作项，可以看到各个提交的与该评审关联的“障碍”，然后由作者对预审问题进行检查。对于重复提的障碍(即同一个问题已由不同组员提出过)或通过作者分析认为不是问题的，按前面的说明填写相关信息后，直接把该障碍的状态改为“已关闭”，并在“解决”处注明“重复提交”；如果有些问题作者可以直接修改，则在完成修改之后在“解决”处标明修改的内容，然后把状态改为“已关闭”，指派给障碍创建者，同时把修改好的工作产品以附件的方式上传到该评审积压工作项中，并做好说明。对于难以把握的问题可拿到评审会上进行讨论，这里仅填写相关信息，不做状态调整。

对于状态为“开启”的障碍，在会上讨论明确的处理方案，然后指派相应的人员进行修改，并在“解决”处记录修改完成日期。会议结束后，主持人整理评审会议记录并填写到“立项评审”积压工作项的“验收条件”处，后续对问题的解决情况进行跟踪处理，直至所有问题都解决关闭。所有的评审结束之后，把“立项评审”积压工作项指派改为指导教师，以便对整个评审进行检查。

项目中所有的评审均走类似的流程，有些可以通过正式会议完成，有些可以通过非正式沟通方式完成，需要做好相关问题的记录、跟踪及反馈，提高整个项目的可控性及效率。

3.7.5 实训指导5：编制项目总体计划

在完成项目立项之后，项目组需要通过对整个项目的调研及分析进一步明确待开发的工作内容，编写项目总体计划，确定项目的生命周期（即开发模式），明确里程碑以及项目每个阶段的大体进展安排，与利益相关者一起评审通过项目计划，并在后续具体执行过程中定期更新。

“项目开发计划书”模板

初步策划阶段，在给定的“项目开发计划书”模板（参见二维码）中主要完成的内容有：引言，软件过程定义（模板中2.1.1），生命周期定义（模板中2.1.2），任务简述（模板中2.1.3），软件规模估计（模板中2.1.4）中需求收集、需求分析相关的估算部分，工作量估算（模板中2.1.5）中需求分析、需求收集、需求评审相关的估算部分，任务分解和进度安排（模板中3.1）中需求分析、需求收集、需求评审相关内容，沟通（模板中3.2），一些专项计划。

1. 软件过程定义

这部分内容描述本项目开发使用的模式，比如 Scrum、CMMI 等；确定在项目中要做哪些活动，比如需求收集、需求分析（积压工作项梳理）、产品策划、冲刺计划、开发等，结合选择的开发模式，明确这些活动之间的关系（图3-8为开发中的活动关系示例）。

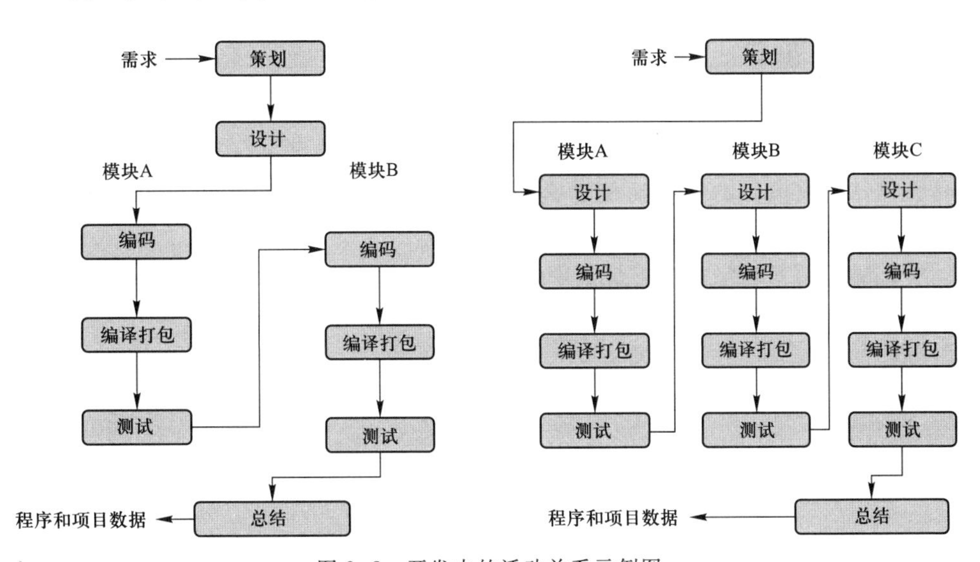

图3-8 开发中的活动关系示例图

2. 生命周期定义

为项目选定软件生命周期模型，明确本产品的生命周期，可以用图表的方式来表达。

3. 软件规模估计

以调查和分析的长篇故事、特性/功能为参照，对项目的初始规模(大小)进行估计。对于熟悉敏捷开发的小组，可以采用故事点来衡量；对于初次接触敏捷开发的小组，建议采用开发用的大致天数来衡量。估算规模时要考虑完成直至交付所有工作内容所用的工作量，包括需求分析、产品策划、用户界面设计、开发、测试、上线等内容。

4. 任务分解和进度安排

按层次将项目开发中各个阶段(如需求分析、产品策划等)或交付阶段所需完成的工作进行分解，指明每项工作的负责人和参加者。列出项目开发各阶段中每项工作的预定起始日期和完成日期、交付期限。规定各项工作任务完成的先后顺序，并说明每项工作完成的标志性事件。

5. 其他填写说明

对于模板中 2.1.8“风险估计”，如果项目组使用 Azure DevOps 的 Scrum 进程模型中的障碍来进行记录，分类标记为“项目风险”，则可以不用填写，以后的风险管理及跟踪全部以风险跟踪列表或 Azure DevOps 为主即可。

对于模板中 3.2“沟通”，需要写明小组内各成员的角色及职责，可以参照本章 3.7.1“实训指导 1：组建项目团队”来设置，也可以由指导教师根据小组成员状况进行调整。如果实训小组与市场、客户等之间没有直接关系，则模板中的 3.3.2 部分可以不用填写；但如果实训项目是需要实际安装到客户端使用的软件项目，则必须在教师的指导下填写该部分内容。

课后思考题 3

1. 与其他领域(比如道路建设、建筑工程、水利建设等)的项目相比较，为什么软件开发项目的失败比例那么高？请大家从软件与硬件区别的角度加以分析。

2. 请认真思考敏捷项目计划中常用的几类计划之间的关系。对于一个大型项目，为什么需要制订这些计划？其分别起到的作用是什么？

第 4 章　软件需求及开发积压工作管理

本章重点：

- 需求收集及管理。
- 需求层次结构及分解。
- 用收集的需求进行产品策划。
- 定义积压层次及积压看板。
- 完成冲刺前的准备及产品积压工作项梳理。

在 IEEE 软件工程标准词汇表（1997 年）中对软件需求的定义如下：

① 用户解决问题或达到目标所需的条件或能力。

② 系统或系统部件要满足合同、标准、规范或其他正式规定文档所需的条件或能力。

③ 一种反映上面①或②所描述的条件或能力的文档说明。

该定义从用户角度（系统的外部行为）和开发者角度（一些内部特性）来阐述需求，其关键的问题是一定要编写需求文档。所以，需求通常是以文档形式来表现。通俗地讲，“需求”就是用户的需要，包括用户要解决的问题、达到的目标，以及实现这些目标所需的条件；它是程序或系统开发工作的说明，表现形式一般为文档。

需求开发及管理的目的是抽取需求，确保利益相关者取得一致理解，并调整需求、计划和工作产品以保证一致性，从而确保客户的需求和期望得到满足。

产品策划的目的是设计和构建客户需求的解决方案，为客户带来价值；同时通过提供高效的设计和解决方案来满足客户需求，减少返工。

4.1　需求收集及管理

为了更好地理解软件需求，我们先就需求工程与系统工程的区别加以介绍。在开发过程中切忌“只见树木，不见森林”。这里的“森林”是系统，而“树木”则是实现系统所需的技术要素（包括软件）。如果在理解系统之前就匆忙构造技术要素，毫无疑问将犯错误并让客户失望。在关注“树木”之前，必须先了解“森林”。

为了了解软件所处的外部系统，必须识别硬件、软件、人员、数据库、流程和其他系统要素的角色，对有效的需求进行提取、分析、说明、建模、确认和管理，这些是系统工程的基础。系统工程是通过和客户、未来用户以及其他利益相关者一起工作来理解系统需求，而需求工程则是帮助软件工程师更好地理解将要解决的问题。需求工程首先定义将要解决的问题范围和性质，然后引导、帮助客户定义需要什么，接下来梳理和精练需求，精确定义和修改基本需求。

在开发实践中，典型的需求类型有客户或业务需求、解决方案需求和接口或系统之间的连接需求。这些需求合在一起满足了利益相关者的需要，包含与各种生命周期阶段和属性相关的需要，也包含约束条件。

所有项目都有需求，需求是开发解决方案的基础。需求开发活动包括：

① 抽取、分析、确认和沟通客户的需求、期望和约束条件。

② 在资源约束下确定客户需求的优先级，以了解什么能够满足利益相关者的需求。

③ 开发解决方案的生命周期需求，比如解决方案上线前的数据初始化，上线后的运维、升级或退役等需求。

④ 开发操作概念和场景，即从用户的角度，使用非技术性语言描述未来产品的特征及其整个生命周期。通常以用户故事或用例的方式表现，并用一组场景来支持对操作概念的描述。

⑤ 开发客户功能和质量属性需求，包括描述、分解和分配需求到功能，形成各类需求与功能之间的对照。

⑥ 制定符合客户需求的初步解决方案，通常输出用户需求说明书等需求描述文档。

在需求分析过程中，还可能识别出以下一些需求：

① 各种类型的约束条件。

② 技术限制。

③ 成本。

④ 时间约束。

⑤ 风险。

⑥ 功能、支持和维护问题。

⑦ 客户暗示但未明确陈述的问题。

⑧ 商业考虑、法规和法律。

需求收集及管理包含的主要内容有：收集用户需求，将用户需求文档化（形式可以多样）；对用户需求进行评审，就用户需求说明书达成一致；对需求进行分析，将分配给软件的系统需求文档化，形成需求规格说明书或产品需求文档（产品策划文档的主要组成内容）；对分析定稿的需求进行评审并建立软件需求基线；管理和控制需求基线及需求变更，保持软件需求和项目计划、工作产品及过程活动的一致性。

在收集需求时，通常会考虑如下一些来源：

① 客户提供的意见、要求，用户招标文件。

② 利益相关者提供的意见、要求。

③ 以前的工作描述或岗位工作标准。

④ 现有的解决方案，对当前系统发现的问题或功能增强报告。

⑤ 业务所在领域参考文献。

⑥ 与业务领域相关的法律和法规、标准。

⑦ 客户的业务政策，比如市场推广政策、销售政策、渠道政策、商务政策等。

⑧ 以前的技术或业务架构设计和原则。

⑨ 业务环境需求(如实验、测试和其他设施、信息技术基础设施)。

⑩ 针对竞争产品的分析。

⑪ 用户任务的内容分析——开发具体的情节或活动顺序，确定用户利用系统需要完成的任务，由此可以获得用户用于处理任务的必要功能需求。

在收集需求时，常用的需求获取技术如下：

① 技术演示、项目评审。

② 问卷调查、访谈、场景(操作、维护和开发)。

③ 演练、与利益相关者进行质量属性抽取研讨。

④ 原型和模型、头脑风暴。

⑤ 市场调查、Beta 测试。

⑥ 从文档、标准或规范等来源中提取。

⑦ 观察现在的解决方案、环境和工作流模式。

⑧ 用例、业务案例分析，用户的招标文件分析。

⑨ 逆向工程(针对旧的解决方案)。

⑩ 客户满意度调查、观点分析。

获取过程的需求通常分为技术性需求和非技术性需求。同时，为了避免需求范围的蠕变，在需求获取时需要制定准则，以指定适当的渠道来接收需求变更。

技术性需求通常包括：

① 在需求调研阶段收集及需求分析阶段确定的功能需求。

② 在设计期间确定的外部接口或连接需求、内部接口或连接需求。

③ 在需求调研阶段及需求分析阶段确定的质量、操作、性能需求。

④ 在需求分析阶段确定的验证、确认、验收准则。

⑤ 在需求调研阶段及需求分析阶段确定的安全性需求。

非技术性需求通常包括：

① 价格和成本。

② 交付的约束条件。

③ 资源的约束条件。

④ 培训、客户互动(例如状态报告、会议)。

在对客户的功能需求进行分析时，可以采取基于用例的需求获取及分析方法，按如下步骤来逐步获取需求的细节：

① 定义项目的视图和范围，可以采用“长篇故事—特性—需求/用户故事/产品积压工作项”三级分解的方式加以明确。

② 确定使用功能的用户类/岗位。

③ 在每个用户类中确定适当的代表。

④ 确定需求决策者及其决策过程。

⑤ 选择所用的需求获取技术。

⑥ 应用需求获取技术对作为系统一部分的应用场景(即用例)进行开发并设置优先级。

⑦ 从用户方收集质量属性、操作要求和其他非功能需求。

⑧ 编写详细的用例描述，使其融合到必要的功能需求中。

⑨ 评审用例的描述和功能需求。

⑩ 如果有必要，开发分析模型(被研究对象的一种抽象，形成对客观事物或现象的一种描述)，用以澄清需求获取的参与者对需求的理解。

⑪ 开发并评估用户界面原型，用以帮助想象还未理解的需求。

⑫ 从用户的角度开发概念测试用例/验收条件/测试要点。

⑬ 用测试用例/验收条件/测试要点来论证用例、功能需求、分析模型和原型。

⑭ 在继续进行设计和构造系统的每一部分之前，重复以上步骤，完成对需求的获取及分析。

在使用基于用例的方法进行需求获取时，可以从如下一些检查点来分析用例，检查用例是否很好地描述了客户的需求：

① 完成该业务或功能时，谁是主要参与者，谁是次要参与者。

② 不同参与者使用该业务或功能的目标是什么。

③ 在什么条件下开展/使用该业务/功能，需要有什么样的输入材料；该业务/功能做完/实现后会产生哪些输出，后续需要完成/实现什么业务/功能。

④ 在开展该业务或使用该功能时，不同参与者完成的主要工作或活动是什么。

⑤ 按照用户故事/业务场景所描述的，还可能需要考虑哪些异常。

⑥ 参与者在交互过程中有哪些可能的变化，比如参与者角色或职责改变、工作位置的改变等。

⑦ 参与者将获得、产生或改变哪些信息。

⑧ 参与者是否必须把外部环境的改变通知给系统。

⑨ 参与者希望从系统获取什么信息。

⑩ 参与者是否希望得知意料之外的改变。

当然，在使用基于用例的方法来获取功能需求时也经常会产生一些问题，需要注意以下几点：

① 应注意合适的抽象级别，并不是所有增、删、改、查都是用例，对于用例的变更，也要基于业务场景来编写用例。比如增加销售订单或修改销售订单，如果基于业务场景来编写，增加销售订单则是“作为客户服务人员，在接到客户订购需求时制作销售订单，以便仓库安排发货”(用例名为“销售接单”)；修改销售订单则是“作为客户服务人员，在接到客户对原来订购需求的变化通知时修改原订单信息，以便通知仓库调整发货安排”(用例名为“订单变更”)。

② 试图把每一个需求与一个用例相关联是不可能的，非功能需求、外部接口需求以及一些不能由用例得到的功能需求，可以使用规格说明的方式进行描述。

③ 用例流程描述中包含数据定义，比如数据类型、长度、格式和合法值等。用户流程以用户场景的操作过程或业务环节的详细描述为主，对于数据的定义可以放到数据字典或专门的章节来描述。

④ 不能通过提炼解决用例冗余，要使用“包含”关系，将公共部分分离出来写到一个单独的用例中。

在Scrum敏捷开发项目中，通常会从业务需求到长篇故事、特性、用户故事(产品积压工作项)、任务、测试和完成的定义的可追溯性等方面进行需求开发和管理；设计和代码通常直接追溯到用户故事，以允许用户故事与工作产品之间进行更高效和准确的一致性检查，还可以提高理解和解决受需求变化影响的能力。

4.2　需求层次结构及分解

需求是多样的，大型项目中的需求繁多，使用列表来管理需求难以理清各个需求项之间的关系，且难以把需求拆分到系统功能或模块中。由此，大多数项目通过需求层次划分对需求进行管理，将产品积压工作项(单个团队待完成的工作内容)与项目组合积压工作项(多个团队形成的项目组合团队待完成的工作)结合起来应用到规划项目解决方案。这样做有助于管理由不同团队支持的特性组合，将积压工作项(需求)分组到发布队列中，并通过将大型功能分解为较小的产品积压工作项将可交付成果的大小可变性降至最低。

下面是关于需求层次结构分解的一个示例。

医院门诊管理系统解决方案包含多个子系统(长篇故事)：门诊挂号管理、门诊缴费管理、医生诊间管理、门诊药房管理等。门诊挂号管理子系统又包含多个特性：网上预约挂号、门诊窗口挂号、自助挂号等。这些特性中的每一个都可能有多个功能需求，比如网上预约挂号特性可能包含网上患者注册、患者实名认证、患者医保绑定、浏览科室介绍、预约就诊科室、网上预约取号、网上预约取消等细分功能。

需求层次结构的最后一级在不同开发模型中的名称不同，在Azure DevOps

的 Scrum 模型中称为产品积压工作项或待办事项，在敏捷模型中称为用户故事（微软官方译为用户情景），而在 CMMI 模型中则称为需求。本书统一称为产品积压工作项或待办事项。

在采用三级需求层次结构的产品中，通常是把长篇故事和特性放在组织级的积压工作层次，这两类工作项可以划分到不同的冲刺、团队来完成；而最后一级的产品积压工作项则只能放在一个团队的某一个冲刺中完成。如果遇到不满足该条件的情况，则需要把最后一级的工作项再进行细分，以满足可以在一个团队的一个冲刺中来完成，并交付给客户。

在开发过程中肯定会发现缺陷（bug），在项目管理时对其如何处理也是需要重点关注的。因为有些 bug 可能会由多人来完成修复，此时适合将其作为产品积压工作项来管理，分解成多个任务由不同开发人员完成；而有些 bug 可能只需要指派一个人来修复即可，此时它又与某个具体的任务很类似。

因此 Azure DevOps 中的项目团队可根据管理需要，通过团队设置把 bug 设置为冲刺的积压工作项或任务。

除以上事项之外，在开发过程中不可避免地会遇到各种各样的问题，开发团队需要对这些问题进行跟踪并确保其及时得到处理，这样才能使项目顺利完成并交付。这些问题可能是技术问题、客户需求问题或开发环境问题等，在 Scrum 模型中将其统称为“障碍”。Azure DevOps 的 Scrum 开发过程模型中就提供了一个名为“障碍”的工作项，用于记录和跟踪各类问题。及时把开发过程中遇到的障碍清除，确保开发团队能全力冲刺，也是敏捷教练重点关注的内容。图 4-1 是 Azure DevOps 中的 Scrum 开发过程模型。

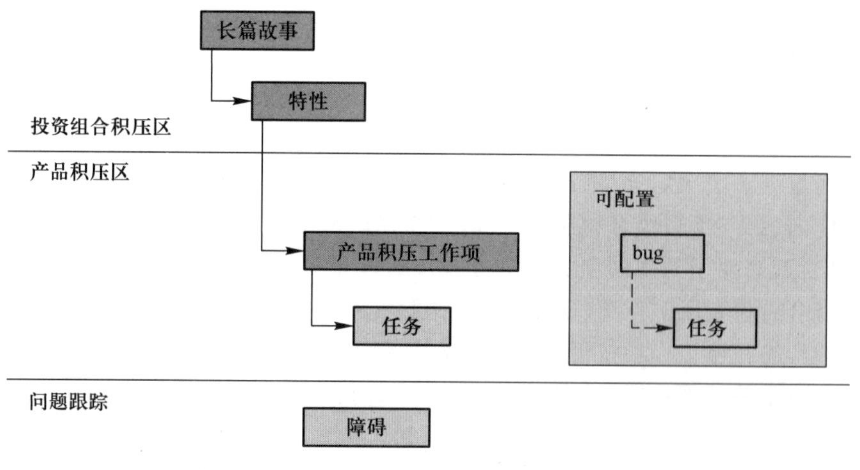

图 4-1　Azure DevOps 中的 Scrum 开发过程模型

在需求的层次结构中，特性通常是代表软件的一个可交付的组件（模块），而长篇故事通常代表要完成的业务计划或方案。

特性作为可以给客户带来价值的产品功能，通常有如下的特点：

① 特性向上承接长篇故事，向下分解为产品积压工作项。

② 特性比长篇故事更具体形象，可以被客户直接感知。通常在产品发布时将特性作为发布说明的一部分发布给客户。

③ 特性通常持续数个星期，需要由多个冲刺完成交付。

特性应该对客户有实际的价值，其描述通常需要说明对客户的价值，与产品的形态、交付模式有关；推荐描述模板：

用户<角色> …希望<结果>…，以便<目的>。

例如：

- 熟练使用手机 App 的患者希望通过网上预约挂号，以便预约就诊时间。
- 老年患者希望通过门诊窗口挂号，以便就诊。
- 患者希望通过自助终端完成预约取号或挂当日号，以便就诊。

需求层次结构的最后一级，即产品积压工作项，是从用户角度对产品需求的详细描述，包含更小粒度的功能。产品积压工作项通常具有如下特点：

① 承接特性，并放入有优先级的产品积压工作区中，持续规划、滚动调整优先级，始终让高优先级的项更早地交付给客户。

② 通常持续数天，并应在一个冲刺内完成交付。

③ 规模(工作量)估算可以使用人时、人日，也可以使用敏捷方法推荐的故事点。

产品积压工作项的描述应符合下述的 INVEST 原则，如果遇到不符合该原则的情况，则需要对需求进行重新梳理及划分。推荐描述模板：

用户<角色>…希望<结果>…，以便<目的>。

例如：

- 患者希望在网上完成注册，以便在网上预约挂号。
- 患者希望在网上完成医保卡绑定，以便在就医时使用医保账户支付费用。
- 患者希望根据自己的病情方便地查找到相关科室，以便预约待就诊的科室。

INVEST 原则主要包含以下内容：

① Independent(独立的)：每个产品积压工作项应该是独立的，可独立交付给客户，要尽量避免产品积压工作项之间的相互依赖。在对产品积压工作项排列优先级或者使用其做计划时，产品积压工作项之间的相互依赖会导致工作量估算变得更加困难。通常可以通过两种方法来减少这种依赖性：一种方法是将相互依赖的产品积压工作项合并成一个大的、独立的产品积压工作项；另一种方法是用多种方式分割产品积压工作项。图 4-2 为产品积压工作项拆分示例，以实现增量开发、集成和测试。

通过拆分的方式构建产品积压工作项可以缩短反馈周期，并允许开发团队使用可工作系统的较小增量，这反过来又促进了持续的集成和测试。这种方法可以帮助开发团队成员更好地理解相应的功能，支持结对开发和对工作系统更频繁的集成。

② Negotiable(可协商的)：不必非常明确地阐述功能，将细节带到开发阶段与程序员、客户共同商议。其作用是提醒开发人员和客户进行关于需求的对

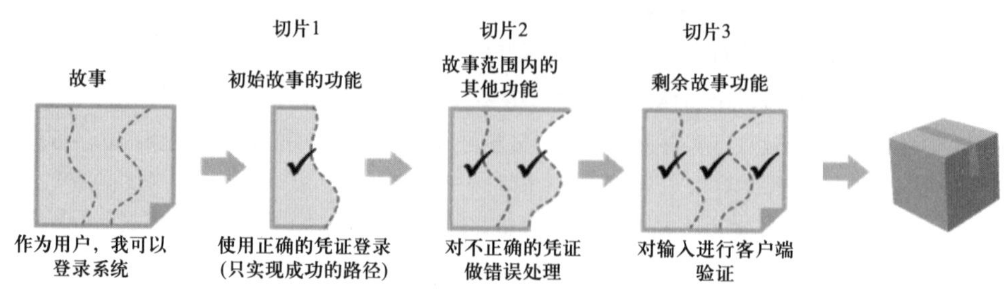

图 4-2　产品积压工作项拆分示例

话，它并不是具体的需求本身。一个产品积压工作项若带有太多细节，将会限制与用户的沟通。

③ Valuable(有价值的)：产品积压工作项应清晰地体现对用户或客户的价值，最好的做法是让客户编写故事。一旦客户意识到这是一个产品积压工作项而不是一个契约，并且可以进行协商时，他们将会积极编写故事。

④ Estimable(可估算的)：能估算出工作量/规模。开发团队需要去估算一个产品积压工作项的工作量/规模，以便确定优先级并安排计划。让开发者难以进行估算的问题来自以下几个方面：开发人员缺少领域知识、开发人员缺少技术知识、产品积压工作项的规模太大等。这些问题是打造敏捷团队时要重点解决的。

⑤ Small(小规模的)：产品积压工作项的规模要小一些，但不是越小越好。理想情况下最好不要超过 10 个人天的工作量，至少也要确保能在一个迭代或冲刺中完成。产品积压工作项的规模越大，在安排计划、工作量估算等方面的风险就会越大。建议落在 1—3 人天的工作量区间里，最好能一天就可以完成。

⑥ Testable(可测试的)：成功通过测试可以证明开发人员正确地完成了产品积压工作项。

4.3　用收集的需求进行产品策划

产品策划是针对客户需求提供解决方案的活动，也是系统设计的一个组成部分。良好的产品策划可以提供高效的设计和解决方案，从而既满足客户需求，又减少返工。产品策划是根据市场和用户的需求，结合企业或项目的战略规划，制定产品业务模式的过程。

4.3.1　产品策划及产品设计

在完成用户需求分析和可行性分析后，我们对要做的产品就有了初步认知，但整体结构化程度还很低，不确定因素也很多。产品策划要做的就是将产品进一步概念化，将关键角色之间的核心业务逻辑和每个角色的利益点梳理出来，然后针对用户的利益诉求策划对应的功能。

通常产品策划要输出的是产品业务模式、关键用户的利益诉求、产品功能结构图。产品业务模式是关键业务角色之间的信息流转，颗粒度比较粗。关键角色可能是用户、供应商、平台等。关键用户的利益诉求很多时候也可以直接在业务模式中呈现，利益诉求并不单指经济利益，还有可能是满足感、喜悦、满足好奇心等，从经济学来讲就是“效用”。产品功能结构图是按某种维度对功能模块进行分组划分，结构是按照产品—功能模块—子功能的方式进行拆分，子功能是最小的颗粒度。例如，网上预约挂号 App 的产品功能结构图如图 4-3 所示。

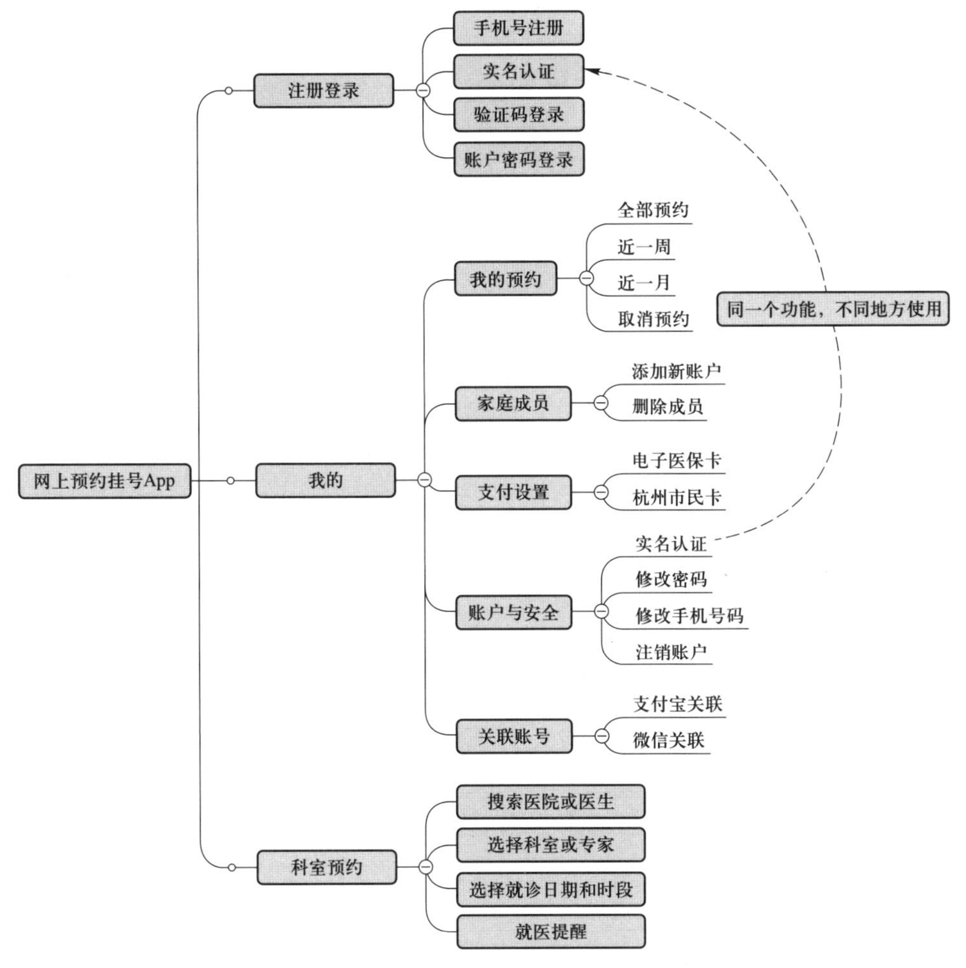

图 4-3 网上预约挂号 App 的产品功能结构图

在做产品策划时需要具备商业思维和技术思维，商业思维是思考利益从哪来、往哪去的问题，技术思维是思考通过什么功能解决问题。产品策划考验的是产品经理的决策判断能力，策划做得好，产品就成功了一半。产品策划方案来自产品经理对行业的思考和自身的经验，产品经理要对行业保持敏感度，当有新的产品推出时，能做到通过现象看本质，多做产品分析，通过剖析他人的产品，学习优秀的方案，形成自己的方案库。

在完成以上工作之后，需要对产品进行设计。产品设计是将产品策划方案更具体地表现出来，就像建筑设计师已经构思了建筑的整体结构，但还需要把更多的细节设计出来一样。产品设计阶段产出的是核心业务流程图、产品原型图和用例描述，这些正是产品需求文档的主要组成部分。

1. 核心业务流程图

核心业务流程图说明了系统将支持哪些业务过程，通过业务过程可以确定完成该过程需要的角色及其要执行的操作。每款产品或每个功能有且仅有一个核心业务流程，该流程可以帮助不了解产品背景的业务人员、研发人员、测试人员、前端人员等快速了解产品的逻辑。例如，某停车场管理系统中的司机报到管理模块实现司机在早出场报到处刷卡签到的功能，流程如下：

① 司机刷员工卡，在报到机上自动显示该司机的姓名、报到时间和迟到时间，以及所驾驶车辆的车牌号、停放区域或泊位、计划出场时间和线路起点方向。

② 在报到机的打印出口打印出包含上述内容的“行车路单”。

③ 将司机报到信息传到停车场调度室。

图 4-4 所示为该核心业务流程图。

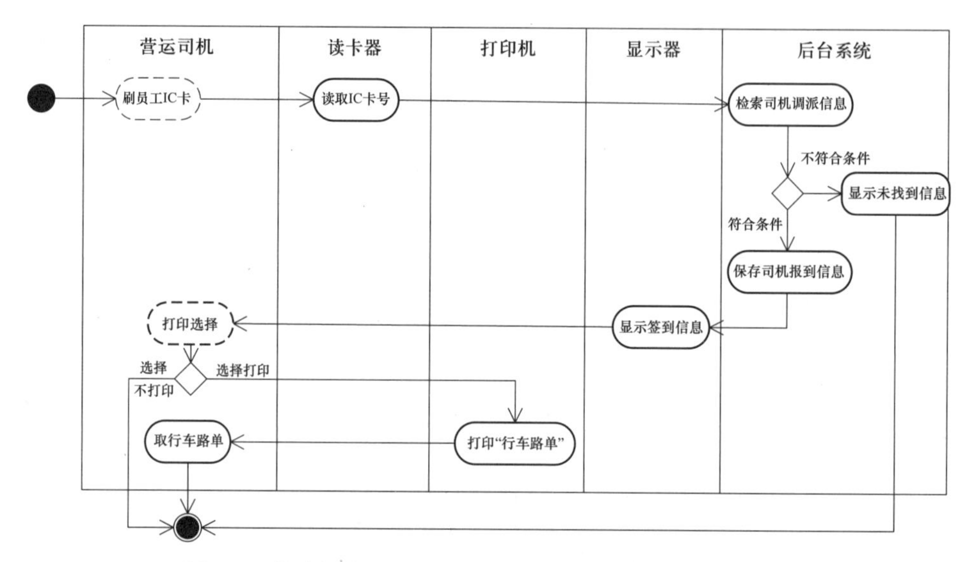

图 4-4　停车场管理系统司机报到管理模块核心业务流程图

图 4-4 中的虚线框表示非系统处理的功能或操作，实线框表示需要系统相关软硬件实现的功能。同时，通过对该核心业务流程图添加简单的说明，让各类人员对业务的理解达成一致。当然，如果是对一个产品画出核心业务流程图，将根据每个功能细分出多个子流程。

该司机报到管理模块的功能具体说明如下：

① 司机在报到机上刷卡签到，报到机根据员工卡号查找司机的调派数据，在屏幕上显示并保存司机的签到信息（包括司机的姓名、报到时间和迟到时间及所驾驶车辆的车牌号、停放区域或泊位、计划出场时间和线路起点方向），然后由司机确定是否打印“行车路单”，如果选择打印，则打印的同时显示出车辆的具体泊位。

② 系统满足 20 分钟处理 200 人报到的峰值。

③ 本系统不考虑非排班司机的考勤。未排班的司机刷卡时，会给出未排班的提示信息。

④“行车路单”的打印功能由司机自己选择，原则上一辆车一天只用一个行车路单。

异常流程描述如下：

① 外聘司机没有员工卡，可以发放一个临时卡(只含考勤功能，由人力资源部来确定此方案是否可行)。

②“两头班”出场司机每次均需在出场前到调度室打印“行车路单”，进场时司机必须按系统规定停放车辆。

③ 营运过程中途维修的车辆，由调度室确认是否需要再次出场。

④ 建议在是否打印“行车路单”时设计可选项，这样“两头班”司机报到后只要打印一次行车路单即可。

2. 产品原型图

原型图是未来产品的模型，用于提升团队对产品的认知。画原型图就是在“建模”。画原型图是一个从整体到细节的过程，整体上要从产品的逻辑结构考虑其功能划分，从物理结构考虑产品页面的布局。细节上要考虑输入/输出的元素和正常/异常的交互。产品经理要建立自己的组件库或使用流行工具提供的组件库，在组件库中应有常用的元件，例如按钮、表单、文字、图片等；还要有一些组合组件，例如Banner、常用表单、新闻列表、导航等；另外还要有一些页面模板，例如注册登录、用户中心、常见首页等。有了组件库，在将产品功能界面化时，可以快速地构建。图4-5和图4-6是某项目中使用墨刀工具画的原型图示例。

图4-5　手机应用原型图示例

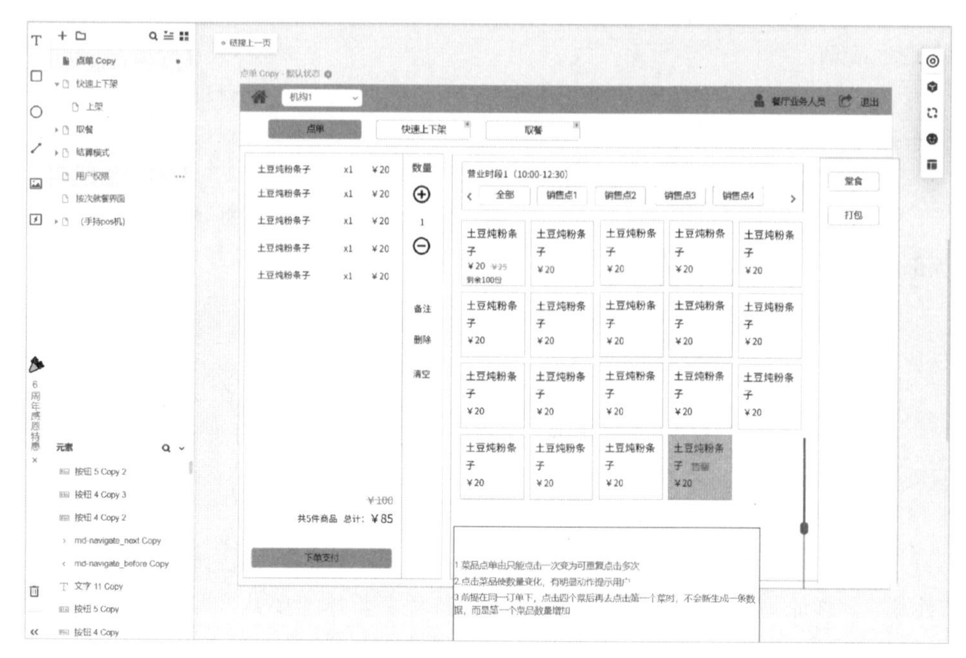

图 4-6　平板电脑应用原型图示例

3. 用例描述

一个产品可以按功能模块拆分为若干个用例。用例是用户和产品的交互，用例描述就是从第三者的角度描述用户和产品的交互过程。在这个过程中，把产品功能看成一个黑盒，用户输入后，产品进行一定处理再输出。用例是对功能的描述。在单个用例描述之前，需要正确地识别用例。图 4-7 中识别出了 19 个用例，每个用例是系统要实现的功能，不同的用例服务于不同的角色。

从图 4-7 可以看到，用例之间有包含、依赖、扩展关系。识别并梳理出用例后，对用例进行描述；一个完整的用例应包含用例名、交互界面(通过原型图来展现)、参与者、前置条件、后置条件、主事件流、备选事件流、业务规则等内容。

① 前置条件和后置条件：如果前置条件不满足，用例将无法启动；后置条件是用例执行后系统内部的某些状态变化，例如库存减少、记录增加等。

② 主事件流：参与者和系统达成目标时发生的一系列活动。主事件流只描述典型的成功路径。

③ 备选事件流：分为可选事件流和错误事件流，可选事件流是一些分支流程，错误事件流包含网络错误、数据异常等。

书写事件流时，应注意尽量使用简单的语法，从第三者的角度描述用户和产品的交互过程；不描述太具体的细节，尤其界面相关的细节；不使用条件语句(有条件语句时，使用备选事件流)。

④ 业务规则：一些限制条件，比如待支付订单的等待时长，派单时可以同时派多少个人等。

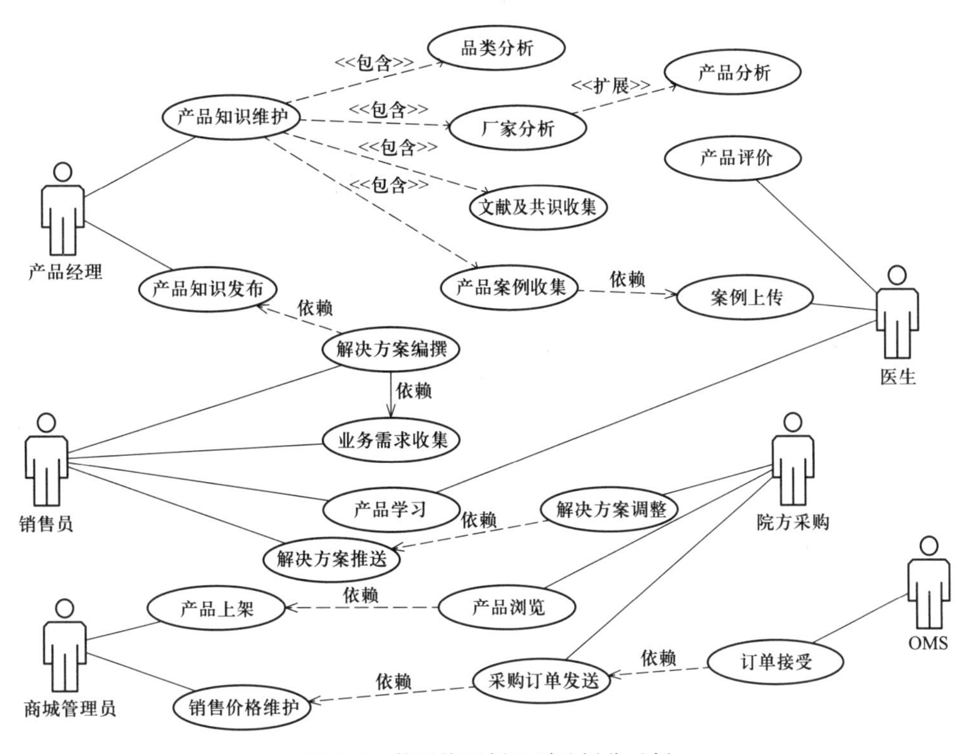

图 4-7 某系统用例识别及划分示例

产品策划和产品设计是一系列过程，将这个过程的产出汇总起来，就是产品需求文档。产品策划更侧重于商业目的，而产品设计则更侧重于用户体验。如果只懂策划不懂设计，则项目不好落地；相反，如果只懂设计不懂策划，则很容易成为“功能经理”。优秀的产品经理，一定是既懂策划又懂设计的复合型人才。

4.3.2 Scrum 敏捷开发中的产品积压工作项梳理

在 Scrum 敏捷开发实践中有一个非常重要的事件，就是产品积压工作项梳理，该事件在成功交付软件中起到非常重要的作用。如果团队不能清楚地理解需求，则无法确定技术解决方案，即无法为客户提供预期的功能。因此，在项目开发迭代期间分配足够的时间来梳理产品积压工作项非常重要。通常由产品负责人组织完成产品积压工作项梳理工作，并确定每个产品积压工作项的优先级别，把需要优先澄清、策划及实现的工作项放在积压工作区的最顶端。

通过产品积压工作项梳理需要达到如下目的：

① 细化产品积压工作项列表中的需求。

② 估算产品积压工作项的规模。

③ 对产品积压工作项列表进行优先级排序。

④ 利益相关者进行提问和讨论。

产品积压工作项梳理活动是在下个冲刺开始前，对可能要纳入冲刺中的用户故事、其他待办事项进行细化、估算和优先级排序。它是一个持续进行的过程，在这个过程中，产品负责人和开发团队就产品积压工作项列表的细节进行协作，共同完成梳理工作。引入产品积压工作项梳理活动后，冲刺计划会议往往能够控制在时间盒(即 Scrum 标准建议的时长)内结束。

产品积压工作项梳理需要以下三类角色参与：

① 产品负责人：负责整理产品积压工作项列表并向团队解释需求，与开发团队合作，确保开发团队准确理解需求。该角色是产品积压工作项列表的唯一负责人。

② 开发团队：拿出一定的时间参与产品积压工作项梳理活动；根据对需求的理解，询问关于产品积压工作项的问题，以便需求更清晰化。

③ 其他利益相关者：向开发团队和产品负责人解释需求，根据开发团队和产品负责人的经验提供建议。

产品积压工作项梳理过程如下：

① 产品负责人和开发团队一起讨论产品积压工作项的背景、业务目标、用户角色、用户场景、业务流程、业务规则，保证开发团队理解充分并且无异议。

② 产品负责人和开发团队一起讨论界面和交互流程。

③ 产品负责人和开发团队一起讨论产品积压工作项的测试要点、技术实现方案、可能存在的技术风险，并须输出测试要点。测试要点通常是作为该产品积压工作项的验收条件来明确。

④ 开发团队估算规模，对于过大的产品积压工作项要进行拆分。

⑤ 产品负责人对产品积压工作项列表排优先级。

需要注意的是，产品积压工作项梳理是一个持续进行的过程，每个冲刺前都会开展此项工作。至于怎么来梳理会对开发团队更有价值，是由 Scrum 团队共同决定的。该梳理活动通常消耗开发团队不超过 10%的总工作量，产品负责人可以根据需要随时更新产品待办事项列表。

在完成产品积压工作项梳理后，通常使用下述 DEEP 原则来衡量一个产品积压工作项是否为“好的”：

- Detailed Appropriately(精细得当)：内容逐步细化与丰富，即产品积压工作项应“远粗近细”，越远实现的需求应越粗略，越近实现的需求则应越细致。
- Emergent(涌现式的)：产品积压工作项列表不是一成不变的，而是涌现式的、动态的、经常变化的。
- Estimated(估算过的)：对每个产品积压工作项有一个规模/工作量估算和技术风险估算。
- Prioritized (排好优先级的)：根据产品积压工作项带来的价值进行优先级排序。

在梳理好产品积压工作项之后，整个团队需要对完成的定义(definition of

done, DoD)有明确的认识，并达成一致。也就是说，在什么情况下才说该产品积压工作项是完成了，对“完成”要有一个明确的定义。在对“完成”定义时需要注意如下几点：

① 当对产品增量进行工作时，“完成”的定义是评估的标准。

② Scrum 团队必须定义符合产品要求的“完成”。

③ 对“完成”的定义应该与交付潜在可交付功能的冲刺目标保持一致。

④ Scrum 团队成员必须对“完成”的定义有共同的理解，以确保透明度。

⑤ 随着团队的成熟，“完成”的定义可进一步完善和扩大。

以下是某团队针对产品积压工作项“完成”的定义。通过这样的定义，可以保证整个团队一致性地开展产品积压工作项的消除工作。

① 开发人员完成代码的编写。

② 代码被另一名开发人员评审过。

③ 单元测试代码已完成，并且在开发人员本地环境上实际代码已经通过单元测试。

④ 本地环境上的冒烟测试已由开发人员完成并通过(冒烟测试用例由测试人员提供)。

⑤ 代码通过了 Sonar 的静态代码分析，达到预设要求。

⑥ 开发人员提交代码到源代码库。

⑦ 持续集成被触发，所有现存代码的最新版被取出自动编译，并被部署到开发服务器环境。

⑧ 全套单元测试被触发并通过。

⑨ 全套现存的自动化测试脚本(通常是冒烟测试)被触发并通过。

⑩ 所有关于已提交代码的测试用例被执行并通过。

⑪ 可选：全套回归测试脚本被触发执行并通过。

在梳理产品积压工作项时还要注意一类工作，就是一些最终对客户有价值的工作，但是目前还不是。例如要对一项新技术改进进行一些研究，该技术在当前迭代中可能无法为客户带来任何价值，但是这项研究可能会有助于将来的迭代中改进产品/项目的某些组件，或者可能会为软件项目引入一项新的具有吸引力的功能，这对客户来说将是有价值的。此类工作即前文提及的探针(spike)项，我们在做产品积压工作项梳理时，也应将此类项目添加到产品积压工作项列表中，使用工作项标记将它们标记为“spike”，以便后续的跟踪与管理。

4.3.3 系统设计概述

系统设计是针对用户需求从系统实现的角度给出解决方案，以便开发人员(程序员)顺利地实现。系统设计环节完成的工作主要有：

① 分析与设计具有预定功能的软件系统体系结构(即模块结构)，确定子系统、功能模块的功能及其之间的关联关系。

② 设计整个系统使用的技术架构，确定系统开发框架。

③ 在给定的技术架构下，逐步细化设计系统各个模块的主要接口、数据结构和算法。

敏捷开发中通常是使用产品策划形成的产品积压工作项描述(含原型图、用例描述)，开发团队编制的数据库结构设计和前后端接口，以及模块之间接口的约定等活动来覆盖整个系统设计的活动，使用轻量级的文档描述+沟通来确保团队内部对待实现系统理解的一致。

在敏捷开发中遵循“最好的架构、需求和设计来源于自组织团队”这个简单理念，避免了大型意向性技术架构设计。这一理念催生了紧急技术架构设计实践，即发现和扩展技术架构的过程，仅在必要时支持一个功能增量所需要的技术架构。应用敏捷开发的大规模团队，通常采用意向性架构和紧急技术架构设计相结合的方式提供技术架构支撑，从而可以创建和维护大规模解决方案。紧急技术架构设计可以实现快速的本团队技术架构支撑，并对不断变化的需求做出适当反应，无须对系统未来技术架构进行过度验证。意向性架构通常是由架构师来维护的。在大规模团队应用敏捷开发实践时，实现紧急技术架构设计和意向性架构设计的适度平衡是有效开发大规模系统的关键。

在每个软件项目的设计阶段，根据用户需求设计系统的整体架构并形成系统体系结构设计文档。对系统设计中的每一项功能进行详细分解，确定具体算法及数据结构(或数据库结构)、操作界面及交互设计、用户界面设计，形成系统设计文档。系统设计文档必须通过利益相关者的审查/评审；可以通过正常的评审活动来保证，也可以采用 Scrum 中的产品积压工作项梳理和冲刺计划的相关活动进行评审。

经过评审确认的系统设计文档的变更应得到控制和管理，一旦发生变更，项目计划、过程活动、工作产品等要随之变更以保持一致。在 Scrum 敏捷开发中，相关的变更可以在冲刺的日常活动中完成，通过开发团队与产品负责人讨论来确定；部分变更可能需要在后续的冲刺实现。

系统设计各个活动中开展的主要工作如下：

(1) 系统体系结构设计(含技术架构设计)

在敏捷开发中虽然强调系统体系结构设计工作，但从降低风险的角度，有条件的团队可以对这部分工作提前做规划和设计，主要包括：

① 用选定的工具和开发计划设定的交付方式及设计方法，结合设计原则，将系统分解为若干子系统、功能模块，并确定子系统、功能模块及其之间的关系。

② 确定子系统、功能模块之间的约束、假设和依赖，如系统运行环境和开发、测试环境等，并考虑系统并发性和分布性要求，设定子系统、功能模块的优先级排序。

③ 结合①②对子系统、功能模块的逻辑实现和集成方法进行设计，减少使软件难以实现、测试和维护的因素，形成高内聚、低耦合的系统体系结构。

④ 定义错误处理和恢复策略，对可能出现的故障进行分解，进行优先级排序并确定处理对策。

（2）数据库设计或数据结构设计

该项工作无论采用何种开发模式都是必不可少的。在开发实践中，使用Scrum敏捷开发的团队对此活动非常重视，这是在轻文档的情况下为了保证开发人员有效沟通及协作，降低返工工作量的重点事项。在Scrum敏捷开发团队中要把此工作作为开始编码必须关注的重点，且对每个冲刺中的数据库设计要做评审，确保大家对数据结构理解一致。在对每个冲刺的数据库设计完成之后，应安排专人编写升级脚本，以确保持续集成和持续发布的自动化。

数据库设计一般要经过逻辑设计、物理设计、安全性设计、优化等步骤，且通常要迭代进行。

① 逻辑设计：分析软件系统模块及各模块之间的数据操作，使用抽象数据类型设计，转换数据对象的属性及其关联、接口等内容；设计并完善数据字典及其约束条件，实现数据的变量封装结构设计。在结构化设计方法中要创建与数据库相关的数据流图或实体关系图；若采用面向对象方法，则分析类信息传递内容并创建类图。

② 物理设计：设计表结构，与实体关系图或类图相结合；对表结构进行规范化处理。

③ 安全性设计：数据库的登录访问限制、用户密码加密、操作访问权限等系统安全性设计。

④ 设计优化：分析并优化数据库的时空（即性能、容量等）效率，尽可能提高处理速度并降低数据占用空间。

（3）接口设计

该项工作主要包括与用户、测试人员交流界面设计需求，明确接口设计规则，如标准控件的使用规则、接口设计原则等。接口包括系统内部各个模块或前后端的接口，也包括系统与外部系统之间的接口。

总体来看，在Scrum敏捷开发中开展系统设计有如下建议：

① 由产品负责人主导，通盘考虑上游顺延下来的进度、技术难度风险及问题，提交确定每个冲刺要实现的产品积压工作项。

② 产品负责人与开发团队一起，结合设计方法、工具、需求文档和软件系统体系结构设计文档，逐步细化设计每个产品积压工作项的主要接口与属性，包括细化每个用户界面；开发人员则重点考虑实现时可能包含的类，并确定对象之间的相互关系。

③ 开发人员细化考虑每个产品积压工作项的数据结构与算法，并提高其效率；确认并完善重用软件及模块单元的算法和处理流程，确保系统一致性；处理数据流程应充分考虑系统限制，逐步完善系统集成方案。在此过程中要注意与产品积压工作项的对应关系，确保产品积压工作项中描述的需求能得到充分设计并在后续编码中得到实现。开发人员考虑产品积压工作项实现时的关注

点，建议通过轻量级的文档或图表加以表达，以确保团队成员对考虑的实现技术相关内容理解保持一致，这些内容在做 Scrum 任务估算时是必须要考虑的，通过冲刺计划会议来实现。

4.4　定义积压层次及积压看板

前已提及，对于具有一定规模的系统，建议按三级层次结构来管理需求。在第 3 章 3.7.2 小节介绍了设置团队的参数，每个团队根据其管理需要设置积压工作导航级别以及对 bug 的管理方式。这两个参数设置之后，直接影响的就是本团队积压看板显示的内容。在 Azure DevOps 中，为了支撑各个团队的管理，直观展示及跟踪团队积压工作项处理的进展情况，可以对团队的看板进行个性化定制。

在 Azure DevOps 的不同开发模型中，对看板上积压工作的处理流程默认定义是不同的。CMMI 开发过程的处理流程为：已建议→活动→已解决→已关闭，而 Scrum 敏捷开发过程的处理流程为：新建→已批准→已提交→完成，如图 4-8 所示。

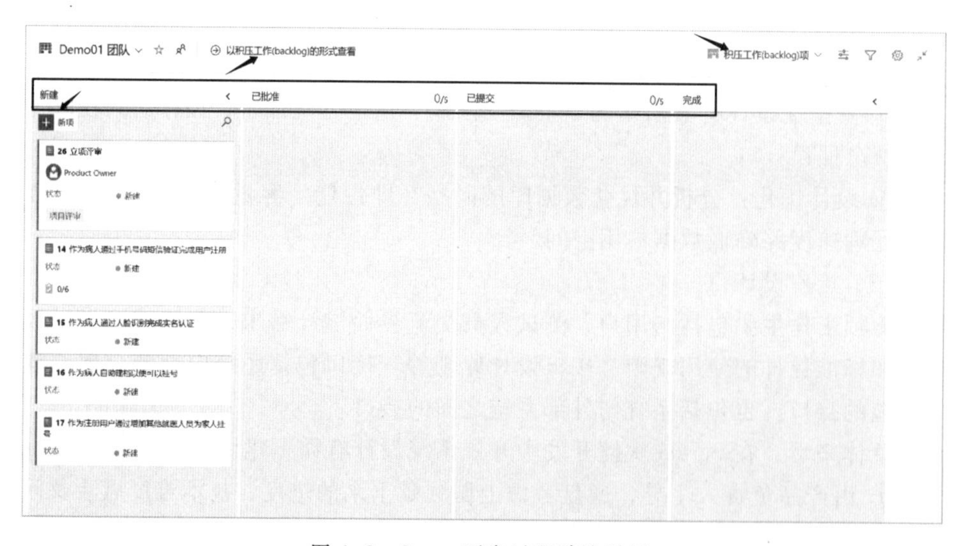

图 4-8　Scrum 开发过程默认看板

根据项目开发的需要，可以定制为如下的流程：新建→开发中→开发完成→联调测试→产品验证→模测部署→生产部署，可在图 4-8 中单击右上角的配置团队设置图标，参照图 4-9 完成设置。在设置时，必须将开始列和结束列设置为“新建”和“完成”状态，然后才能更改中间的列集。对于每一列，必须定义要使用的产品积压工作项的状态。由于 Azure DevOps 可以对工作项添加自定义状态，在此处也可以根据项目的需要使用自定义的工作项状态。

有效团队管理的一个重要方面是，无论遵循什么流程，都要对正在进行的工作进行限制。如果团队有 4 个开发人员，并且每个人都在处理不同的产品积

图 4-9　Scrum 看板定制示例

压工作项，那么这将无助于实现冲刺目标。相反，需要团队从产品积压工作项中选择最重要的项目，并确保在完成后续产品积压工作项之前将其完成。这样做有助于团队尽快将看板中的产品积压工作项从开发流程的一个环节移到下一个环节。同时开展的产品积压工作项太多，可能会使团队在冲刺结束时无法完成任何产品积压工作项。对于冲刺中的任何一个产品积压工作项，即使完成99%的工作，对冲刺目标而言也没有价值，因为它还不能交付给客户，不能带来价值。这也是我们在工作中要把产品积压工作项从开发流程的左边环节尽快移到最右边环节的原因。只有到了最右边的环节，才是 100%完成了产品积压工作项，可以交付给客户。在看板这里，可以为每列设置在制品（work in progress，WIP，即正在进行的工作项）的数量限制，并以红色指示是否已超过该限制。

可以为每个列设置 DoD，以便定义要移到下一列的条件。此外，还可以将看板上的一列分成“正在进行”和“已完成”两个子列。若想快速处理一些产品积压工作项，并且出于某种原因将其赋予了较高的优先级，如线上系统的应急缺陷修复等，在这种情况下，可以使用看板上的“泳道”功能将其引入“紧急工作”泳道。图 4-10 所示就是添加了“紧急工作”泳道的一个示例。

在看板上显示的产品积压工作项称为工作卡片。在图 4-9 中的“字段”处，可以选择定义要将哪些字段显示在看板工作卡片上，还可以设置不同的卡片颜色或文字颜色，以引起团队对所需项的关注。例如，正在开发中的产品积压工作项在某一列上的停留时间若超过 3 天将对团队发出警报，表明可能无法实现冲刺目标；若超过一周则为严重问题，将导致无法交付。由此可以定义两个规

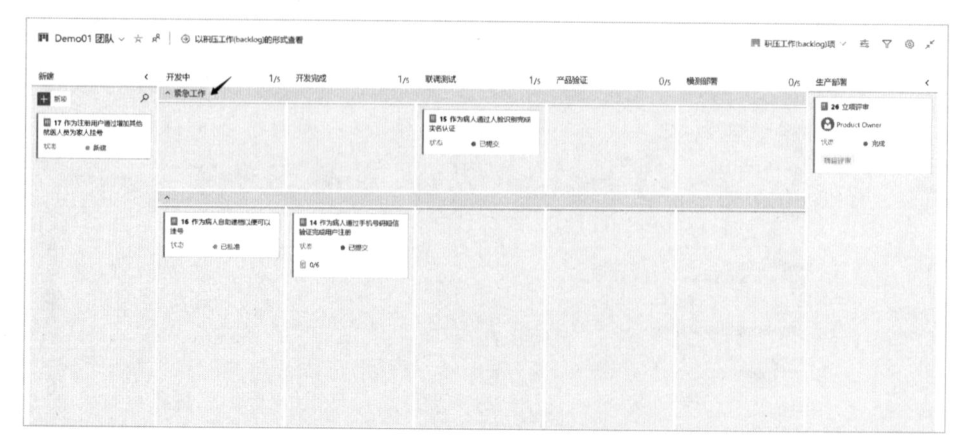

图 4-10　带“紧急工作”泳道的看板示例

则：当产品积压工作项 3 天没有任何更改时，说明当前工作停滞了，看板上对应的卡片会标识为黄色；当产品积压工作项 7 天没有任何更改时，说明当前工作出现了严重问题，看板上对应的卡片会标识为红色。如图 4-11 所示，可通过设置“样式”来添加相应的规则；此外，还可以通过标记颜色来设置不同的标识在卡片上显示不同的颜色，以便管理。

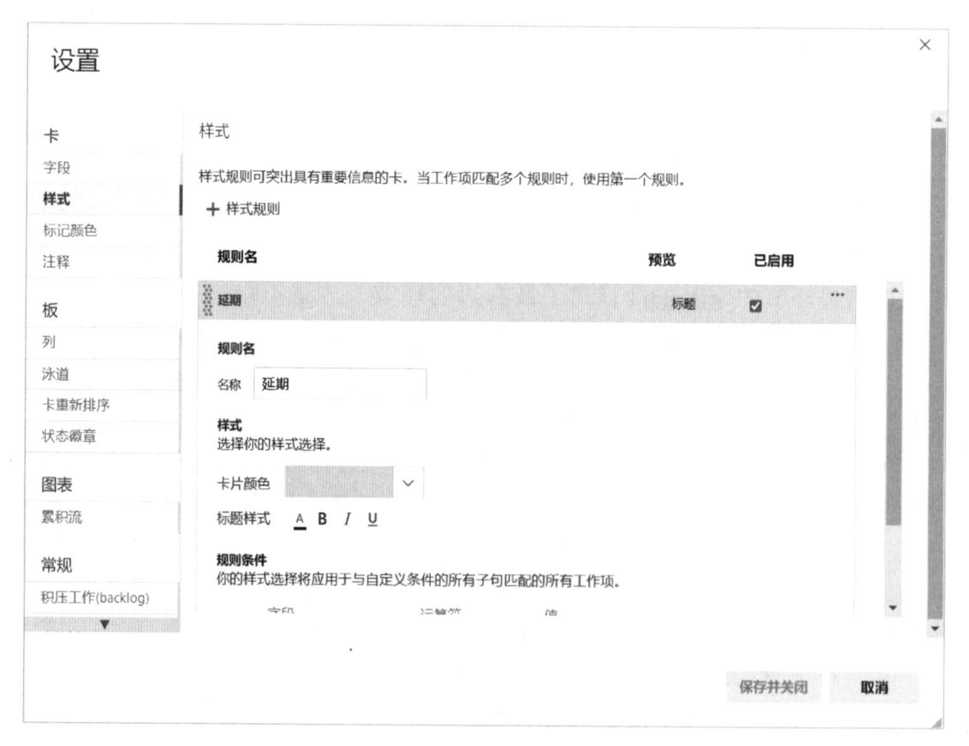

图 4-11　样式规则设计示例

4.5　实训任务2：　完成冲刺前的项目配置及产品积压工作项梳理

本实训中需要完成以下一些工作内容：

实训内容1：组长根据本小组管理的需要，结合实训内容设置本小组的积压层次和积压看板(版块)的相关参数，并与组员讨论，让组员理解该实训的操作方法及含义。预计用时：0.5学时。

实训内容2：产品负责人带领小组完成需求的收集，完善长篇故事并最终形成定稿。预计用时：1学时。

实训内容3：在确定的长篇故事基础上，对需求进行三级分解；以特性为基础，产品负责人组织大家编写用户需求说明书并整理确定特性，形成定稿。对编写的用户需求说明书组织评审，让小组在开始冲刺前对待开发系统有更清晰的认识。预计用时：2.5学时。

实训内容4：产品负责人对第一次冲刺准备完成的产品积压工作项进行梳理，使之更精练；开发团队开始做技术验证，并搭建开发时要使用的技术框架。预计用时：2学时。

4.5.1　实训指导6：　使用Azure DevOps组织需求的层次

为了更好地开展实训，首先把团队的需求层次结构设置为三级，即在设置团队实训参数时，把“积压工作(backlog)导航级别”中的“长篇故事”也勾选上。然后打开团队所在的“Boards”中的“版块”，切换到“长篇故事”(如图4-12所示)，注意这里如果选择的团队不一样，则出现的看板界面也不一样。

图4-12　长篇故事界面

在该界面中单击“新建”，则可以新建一个长篇故事；在某一个长篇故事上单击后出现图 4-13 所示的界面，单击图中的“…”可出现针对该长篇故事的快捷菜单，在其中选择“添加特性”，即可在该长篇故事下添加分解出的特性。如果该长篇故事下已有特性，则通过单击图 4-13 中“0/9”图标也可以添加特性。

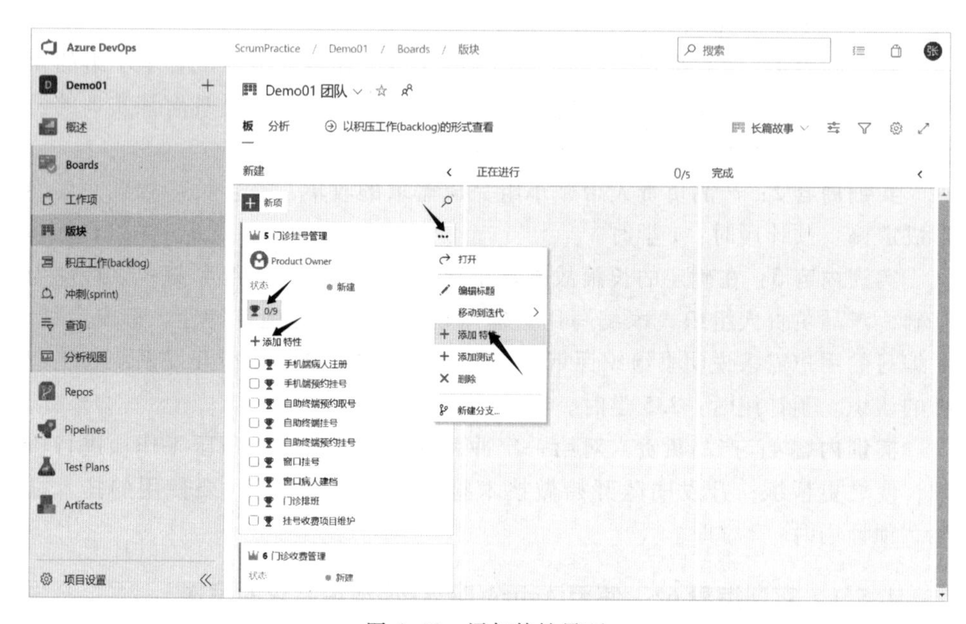

图 4-13　添加特性界面

在输入特性标题之后自动完成添加，然后双击某个特性即可进入该特性的详细信息界面，从而完成对该特性的细化描述及相应的分析，如图 4-14 所示。

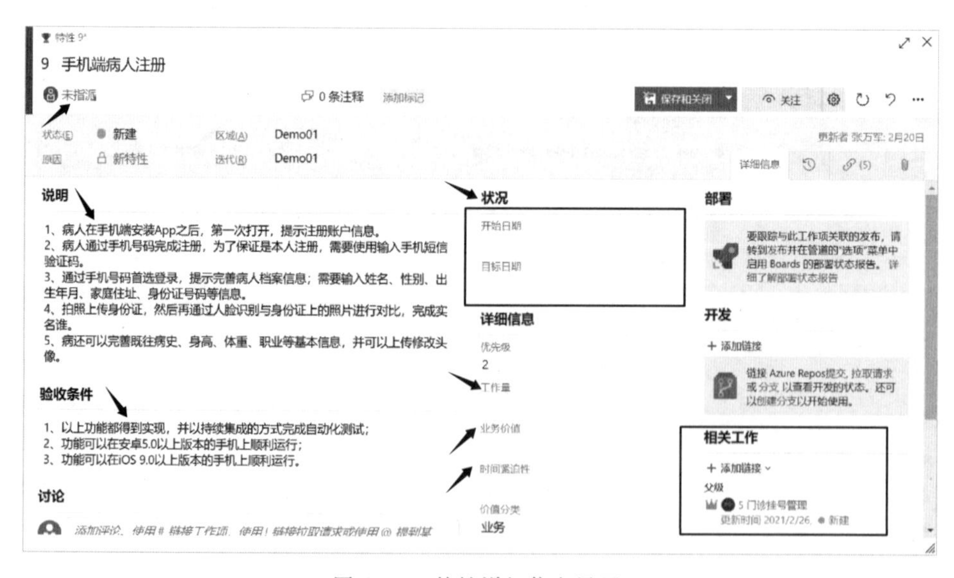

图 4-14　特性详细信息界面

在图 4-14 中，可以在“未指派”处输入负责该特性的人员；在“说明”处填写针对该特性的详细描述；在“状况”处输入该特性预计的开始日期及完成的目标日期；在“工作量”处填写该特性的估计规模，可以使用故事点、人天等度量单位，但要保证在整个项目中度量单位的一致性。具体敏捷估算方法在后面的章节中将会详细介绍。此外，图 4-14 中的“业务价值”是指交付该特性对客户的业务价值，可以按 1—10 来填写，10 代表业务价值最高；“时间紧迫性”可以按 1—5 来填写，5 是指实现业务价值的紧迫性最高；“价值分类”分为“业务”和“架构”两种，对于功能需求应选择“业务”，而对于非功能需求（如性能、并发性、安全性、兼容性等）则选择“架构”。

这里的“验收条件”就是一个功能测试要点。除了图 4-14 中示例外，可以根据不同的特性编写有针对性的验收条件，也可以增加对功能是否满足业务需要的描述。

在图 4-13 中，把看板从“长篇故事”切换到“特性”（图 4-15），就可参照与添加特性类似的方法，把分解的“产品积压工作（backlog）项”添加到“特性”下。

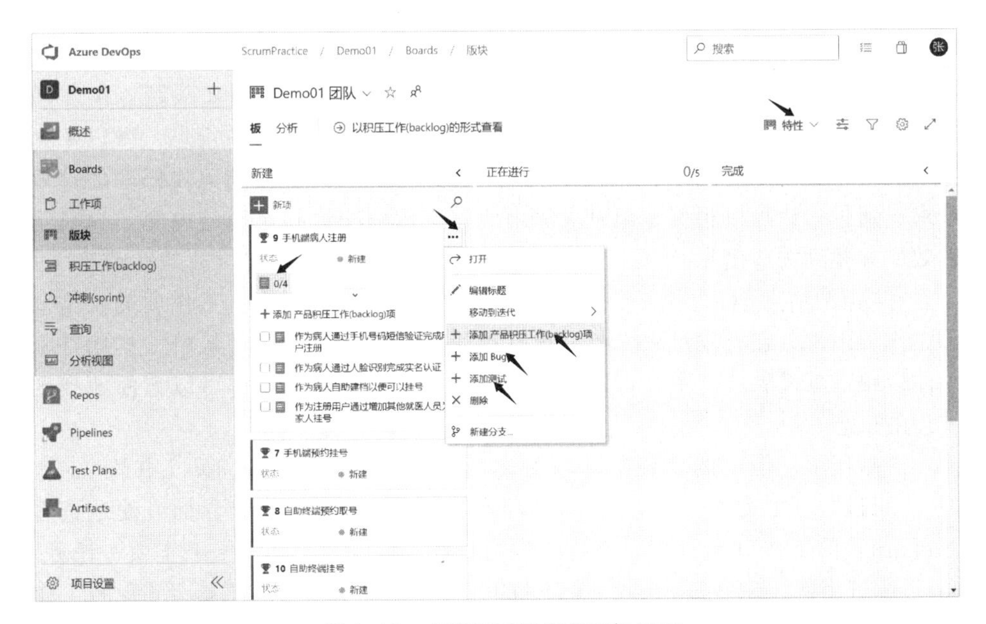

图 4-15　产品积压工作项添加界面

在输入“产品积压工作项”的标题之后，自动完成在该特性下的添加，然后双击某一个产品积压工作项即可进入其详细信息界面，用于完善对产品积压工作项的描述及相关安排、估算，如图 4-16 所示。

在图 4-16 中输入的信息与特性类似，只是要注意此处的“工作量”通常是用故事点来进行估算，不建议使用“人时”来填写。此处的“验收条件”通常是由测试人员在参与产品积压工作项梳理或讨论时编写的，明确该产品积压工作项的测试要点，注意与特性的验收条件不完全一样。

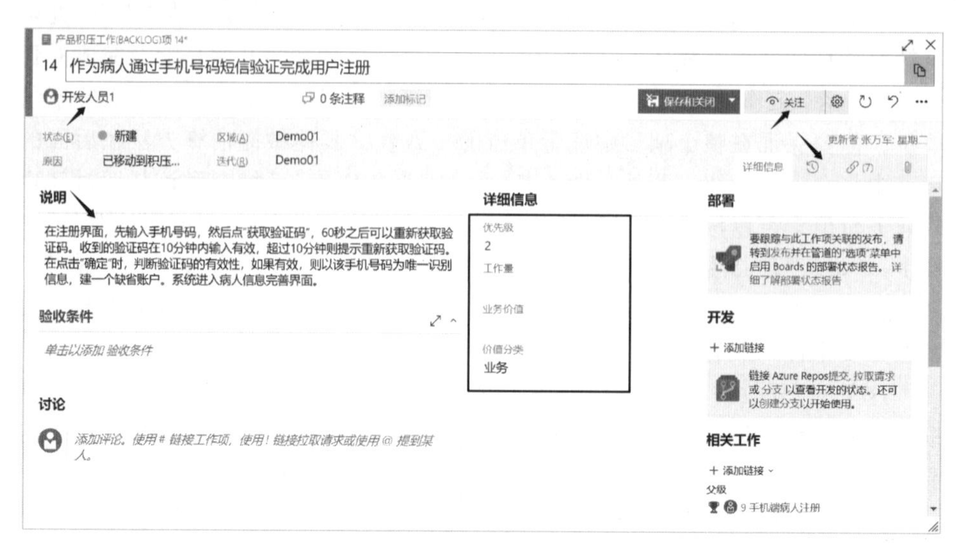

图 4-16　产品积压工作项详细信息界面

在产品积压工作项详细信息界面(图 4-16)和特性详细信息界面(图 4-14)中有几个共同的元素："区域"和"迭代"用来区分所属团队和划分到的具体冲刺；"部署"用来跟踪该工作项与持续发布的关联；"开发"用来跟踪该工作项通过哪些源代码来实现；"讨论"用来记录针对该工作项讨论的信息，可以@到某个成员，也可以使用#关联到某个工作项，使用!可以链接到源代码库的拉取请求。通过讨论可以很好地记录大家围绕该工作项交流和实现的内容，提高沟通效率并找到关联信息。

在"详细信息"右边的三个图标分别用来查看工作项历史、工作项关联信息和工作项附件，在开发过程中也是很有用的功能。如果需要对某个工作项特别关注以跟踪其进展或变更，可以使用图中的"关注"功能，这样可以方便地找到关注的信息。

产品积压工作项的信息，填写好之后，单击图 4-15"Boards"中的"工作项"，可以打开如图 4-17 所示的工作项操作主界面，可以在该界面方便地查看"分配给我的工作"(包括指派给我的长篇故事、特性、产品积压工作项、任务、bug、测试用例、障碍等)；我"关注"的工作项；在讨论区中"提及"我的工作项；"我的活动"是指我建立的还未完成的工作项。通过其中的"新建工作项"可以建立各种类型的工作项，比如长篇故事、特性、产品积压工作项、任务等，只是这些工作项之间的关联关系需要手动添加。除此之外，还可以通过"列选项"来设置在工作项操作主界面上显示的工作项的字段信息；通过筛选图标来筛选工作项；通过双向箭头图标全屏显示该界面。

单击图 4-17 右上角的"…"图标，可以出现如图 4-18 所示的下拉菜单项。

如果需要从某个工作项复制出一个新工作项，可以使用"创建工作项的副本…"，这时会把相关信息复制过去，并自动为两个工作项建立起相关关系，以便后续跟踪。其他功能建议读者在实践中尝试应用，对于改进团队工作效率

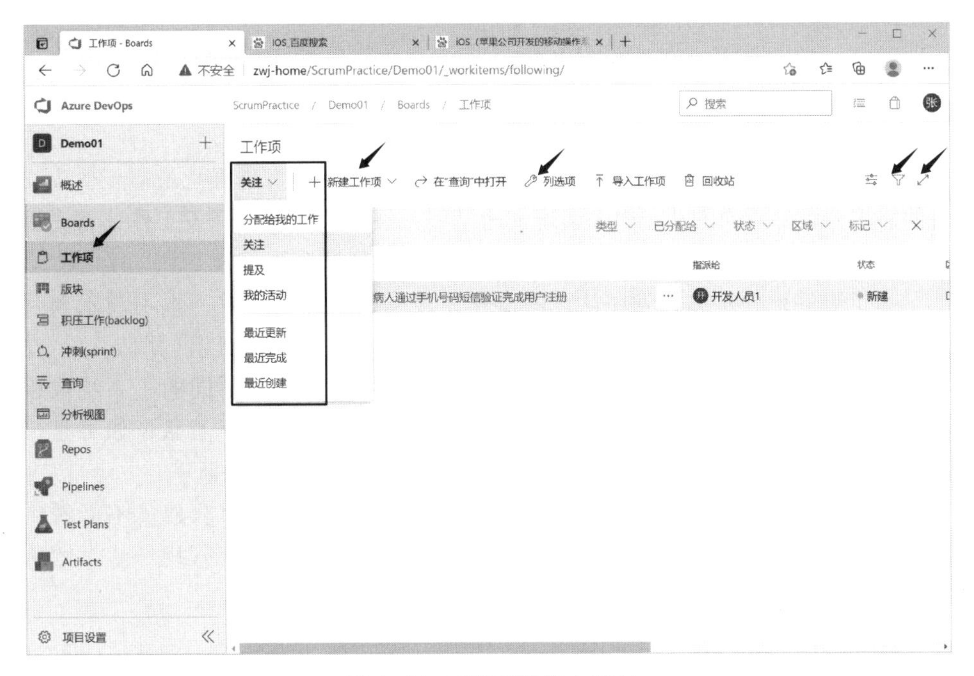

图 4-17　工作项操作主界面

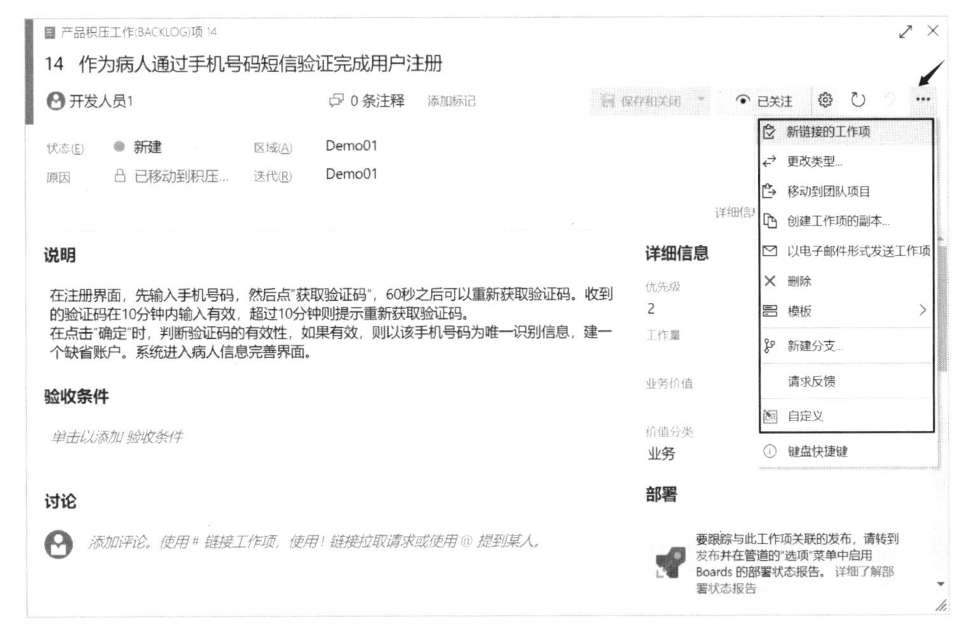

图 4-18　工作项辅助功能操作菜单

有一定的帮助。

以上介绍了组织需求的层次以及在 Azure DevOps 中对工作项的一般操作，这对所有类型的工作项都适用，读者可在实训中灵活应用。工作项的这些功能正是一个团队日常工作中使用的，通过这些功能可以很好地支撑团队的开发工作，提高团队的协作效率。

4.5.2　实训指导 7：使用 Azure DevOps 梳理产品积压工作项并列入冲刺计划

当前所有分解的需求都放在积压区，接下来要根据开发进展把最需要优先交付的需求分解到不同的冲刺中去实现。为了能开展后续的项目开发工作，首先需要对冲刺进行设置，在实训时建议按每 2 周一个冲刺来设置。

为了更好地展示多开发团队之间协作完成一款产品的研发，本书演示项目设置时建立了两个开发团队：门诊挂号组(团队 1)、门诊收费组(团队 2)。在实训时可由指导教师确定项目的设置，如果是每个小组承担不同的子系统或模块，共同协作完成一个大的系统，则可以参照该演示设置多个团队；如果是每个小组各自完成一个独立的系统，则建议每个项目设置一个团队。

一个项目设置为多个团队时，虽然都在一个项目组里，团队成员不必看到其他团队的产品积压工作项，可以做到工作的隔离，避免相互打扰。整个团队的积压工作结构如图 4-19 所示。

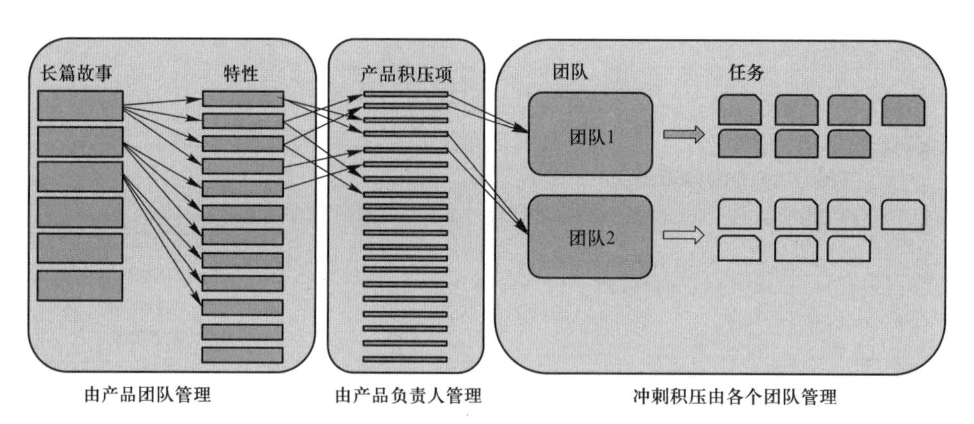

图 4-19　积压工作结构图

由于划分了两个小组，每个小组有自己的产品负责人，由产品团队负责管理长篇故事和特性，然后根据产品积压工作项分解的情况，把产品积压工作项分解给不同的小组去完成，之后由各小组的产品负责人来负责。在实训时，若是多小组协作完成一个大系统，建议产品团队管理的角色由指导教师承担，在编制项目总体计划阶段划分每个小组承担的长篇故事，并约定交付的特性，之后由各个小组开展后续的实训。指导教师承担各小组开发进展的协调及应用系统集成的统一安排。

可以按如下方法来设置项目的冲刺：在 Azure DevOps Server 中，进入项目门户网站，通过“项目设置”→“项目配置”→“迭代”来完成冲刺的设置，如图 4-20 所示。

通过此功能，可以设置冲刺的起止时间，并建立冲刺的子级。比如，一个版本发布可以由多个冲刺组成，则可以这样来设置：对于每个团队，通过图

图 4-20 冲刺(迭代)设置界面

4-20 中的“团队配置”可以选择适当的迭代，根据其准备完成的积压工作项及发布安排来确定。通过这样使用区域和迭代，能够实现支持想要的项目结构。

进入“门诊挂号组”的看板，可以看到还没有任何产品积压工作项，因为原来分解的需求还没有分给门诊挂号组。进入“Demo01”团队的看板，打开需要分配给门诊挂号组开发的特性或产品积压工作项，在区域中选择“门诊挂号组”后保存，就可以把待完成的产品工作项划分到该开发组，如图 4-21 所示。

图 4-21 把工作项分配到承担的开发团队

把需要门诊挂号组完成的工作分配到该团队的区域，然后再打开该团队的看板，就可以看到相关待完成的工作，如图 4-22 所示。

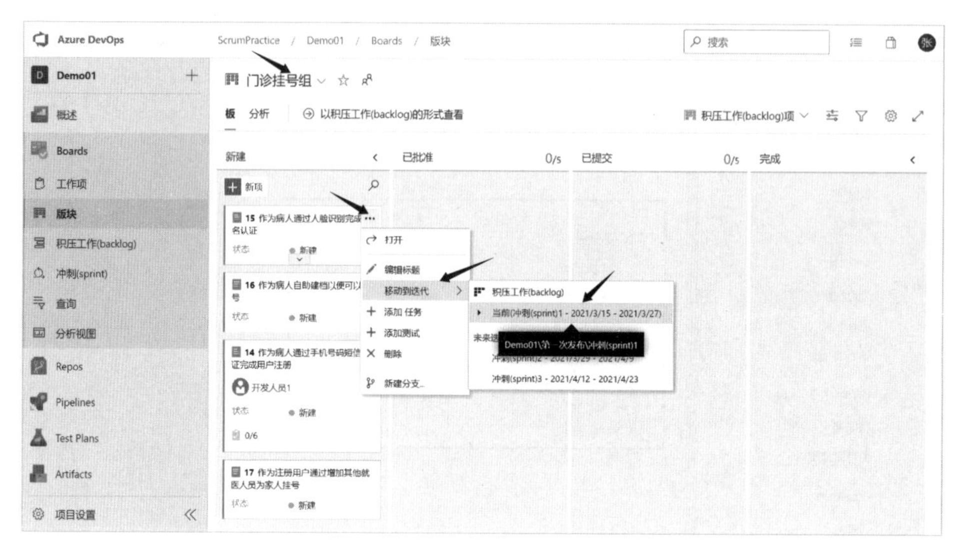

图 4-22　门诊挂号组的工作看板

在图 4-22 中，单击工作项边上的“…”，从弹出的菜单中选择“移动到迭代”，可以把积压工作项移到每个冲刺中。这样操作之后，就可以在“冲刺”看板中看到该待完成的工作。此外，使用本章 4.5.1 小节中工作项操作主界面的方法新建几个通用的任务，比如数据库表结构设计、开发框架的搭建、测试环境准备等与具体产品积压工作项无关的任务，转到“冲刺(sprint)”中的“任务面板”，如图 4-23 所示。

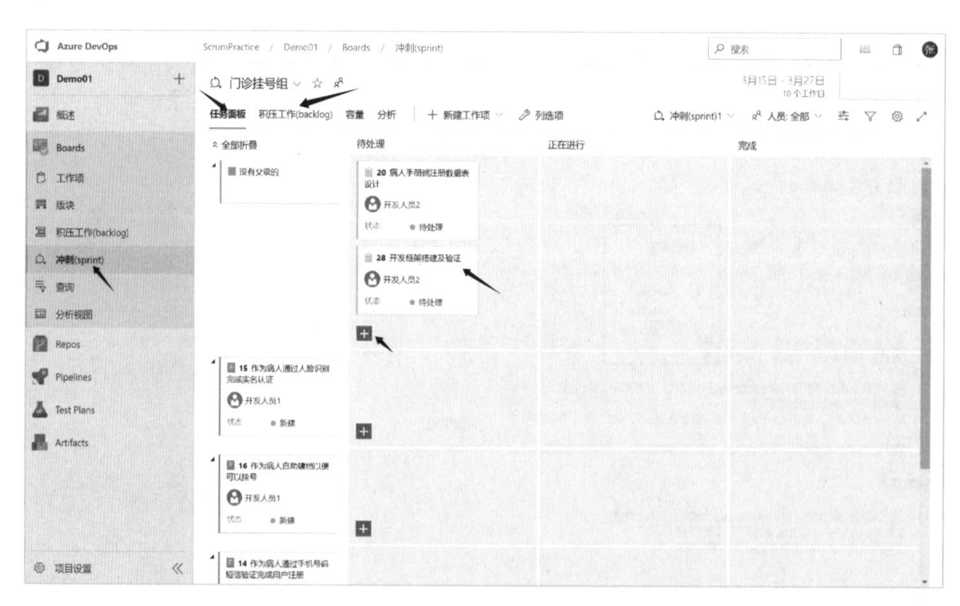

图 4-23　“冲刺(sprint)”的“任务面板”界面

在图4-23中通过单击其中的“+”号，可以添加对应产品积压工作项下的任务，也可以方便地安排冲刺中的任务及工作量设置等，详细内容将在后续章节的实训指导中讲解。

4.5.3　实训指导8：使用Azure DevOps对需求进行跟踪

无论使用哪种开发模型，在分配任务时，除了与需求(产品积压工作项)无关的任务之外，均要在需求的基础上来分配任务。通常技术预研、环境准备、数据库设计、技术框架搭建等任务是与具体需求无关的，但也需要安排人员完成。

在开发过程中，完成任务之后会形成相应的文档、代码等资料，这些资料通过Commit(Git库)或Check in(TFVC库)方式提交到配置库时，需要关联到具体的任务、需求和bug。图4-24所示就是在完成某个文档编写之后进行Check in时，选择对应任务(工作项)的示例。

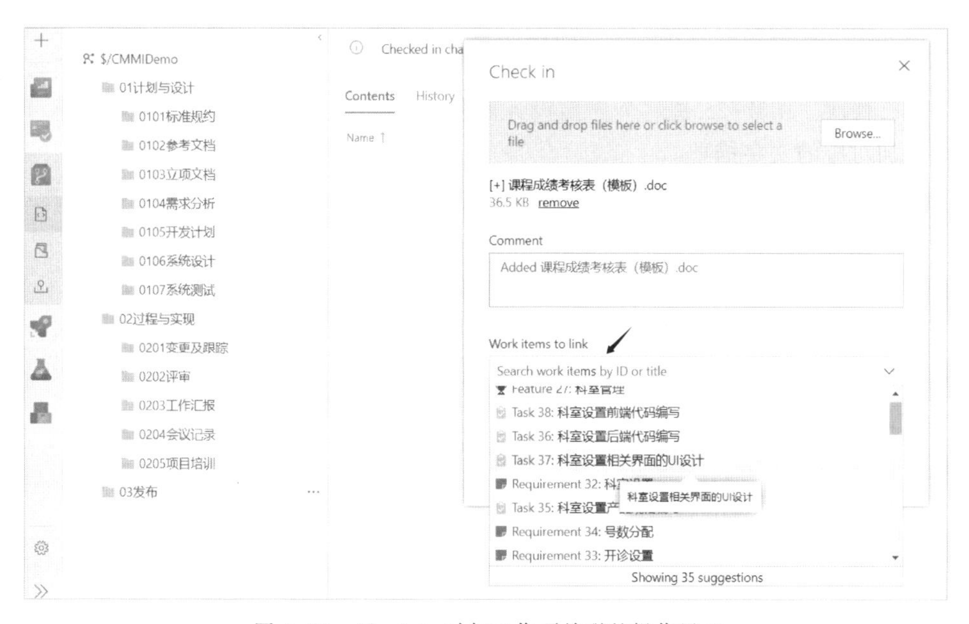

图4-24　Check in时与工作项关联的操作界面

注意：这里可以与多个工作项关联。代码Commit、拉取请求时的操作在后续章节中会讲到，与这里操作方式类似。按这种方式开展日常工作，可以很方便地实现需求的双向跟踪。例如，需求的某个条目是在哪些任务中完成的，完成之后分别提交了哪些文档、什么版本的文档、哪几个模块的代码，编写了哪几个测试用例等。同样，也可以很方便地找到某个文档与哪个需求条目有关，并且是与哪个变更集(提交或拉取请求)关联起来的。

在实际开发时，后续产品迭代过程中肯定会出现需求的变更，通过这种方式就可以很方便地评估变更影响的范围，避免后续工作中功能调整时产生不一致和遗漏的情况。

4.5.4　实训指导 9：使用墨刀与 Azure DevOps 结合进行产品策划

敏捷开发团队是在对产品积压工作项梳理过程中完成产品策划的。这样既对需求做了精练，同时也帮助开发团队从实现需求的角度对产品进行了设计。在产品策划时，通常使用文字描述加原型图的方式完成需求描述。本小节简单介绍如何将原型工具软件墨刀与 Azure DevOps 结合，以支持敏捷团队进行产品积压工作项梳理。当前比较流行的原型工具有很多款，读者可以根据自己的情况进行选择。

墨刀工具现行免费版最多支持 4 个项目，每个项目最多 20 个页面。使用墨刀既可以设计移动端原型，也可以设计平板电脑原型和普通网站的原型。该软件分为个人版和企业版，其中企业版可以很好地支持产品团队的协同。

首先打开墨刀软件，新建一个应用，选择应用类型，输入应用名称“网上订餐微信端”，选择设备类型和应用尺寸，单击“创建”按钮，完成应用创建。新建应用的标题栏会自动显示应用的名称，标题栏文字可以自行修改。制作里布导航栏，从左侧“组件”栏目中找到底部组件，拖入应用之中，大小和样式可以自行修改。图 4-25 是一个界面设计示例，除了可以添加各个组件外，还可以添加对应的文字描述。

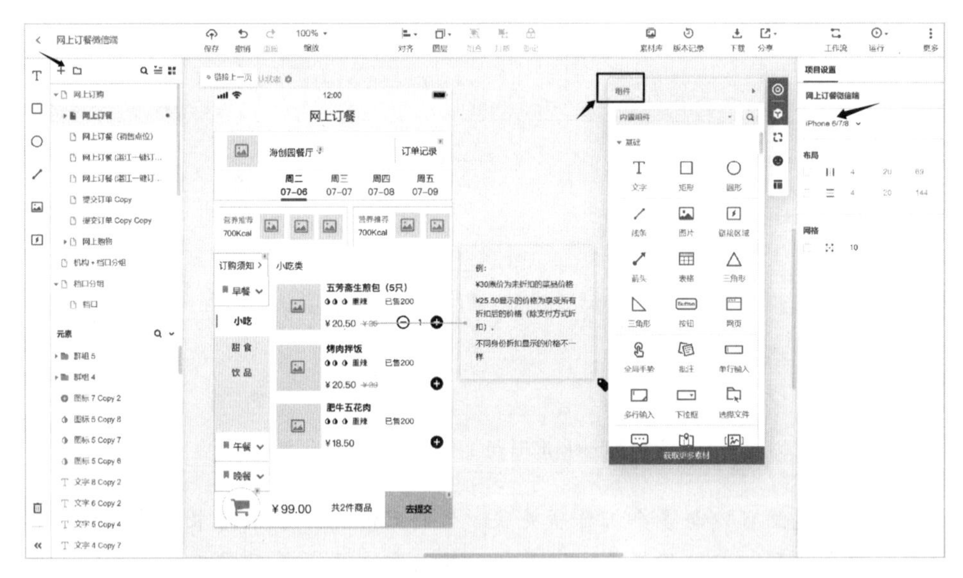

图 4-25　墨刀原型图示例

在设计时，在“组件”栏目中找到搜索组件，拖入 App 页中，在“母版”栏目中找到轮播图模板，拖入应用之中。墨刀中有一些已经做好的组件或母版，可直接拖入使用，加快创建原型的时间。然后回到“组件”栏目，为界面插入图片和文字。图片的调节在界面右侧的设置栏，建议读者直接拖入图片，然后用鼠标调节大小。文字的调节在界面左侧的主题栏目，可调节文字的大小和样式，然后用鼠标调至合适的位置。

墨刀软件的常用功能如下：

① 创建页面。在软件右上角单击“+新页面”即可生成新的页面，每一个页面有复制、删除、添加子页面的功能。在新的页面中添加标题栏，复制首页的底部导航并粘贴至新的页面，注意粘贴时选择粘贴至“原位置”。按此方式制作其他需要的页面即可。

② 页面跳转。这里介绍墨刀软件的一个非常有特点的功能，就是通过连线的方式进行页面之间的跳转。其优点在于操作方便，且比较直观；缺点是如果页面复杂，跳转比较多，会有非常多交叉在一起的线，容易连接出错。利用连线的方式可快速地实现底部导航的切换，设置完成后选择右上角“运行”按钮即可查看实际效果。

③ 添加全局手势。在“组件”栏目找到全局手势组件，拖至应用的任意位置，然后选择要发动手势后跳转的页面，选择手势方式和动画效果即可。

④ 预览。可以直接将原型导到手机上查看，只需要在运行界面单击“分享”，用手机浏览器（或墨刀 App）扫描二维码，即可直接在手机上查看原型。该功能可使演示者更加方便地为团队演示和讲解自己的原型。

对在 Azure DevOps 上分解的产品积压工作项，通过“说明”处的文字描述不能表述清楚的，建议使用墨刀软件来设计原型，以便团队对将要完成的产品积压工作项的理解达成一致。有两种方式把原型图放在产品积压工作项中：一是复制原型图的超链接，此时需要访问者也要有墨刀账号及访问权限；二是把原型图以图片的方式粘贴到工作项的“说明”处。

在开发过程中以及后续产品积压工作项梳理时，若有变更，需要及时更新产品积压工作项的“说明”文字，并通过电子邮件订阅的方式通知团队内相关成员。图4-26是某公司团队使用墨刀软件与 Azure DevOps 的产品积压工作项相

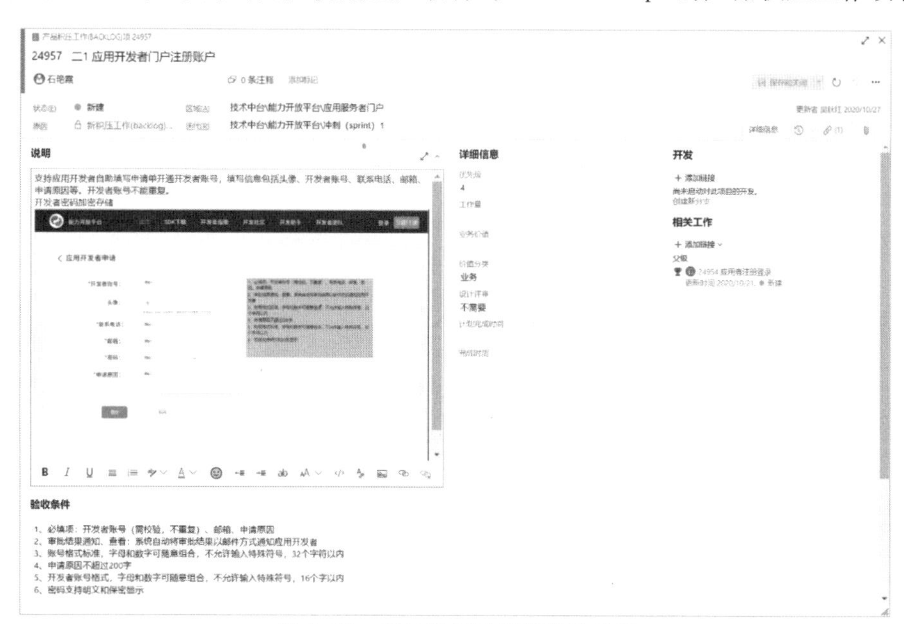

图4-26 产品积压工作项表达示例

配合完成的产品策划，以此为基础在开发团队中加以应用。该示例中团队的验收条件编写得并不是太好，测试要点的表述不够准确。

4.5.5　实训指导 10：在冲刺前确定团队“完成”的定义

本章 4.3.2 小节介绍的完成的定义(DoD)不仅适用于产品积压工作项，也适用于敏捷开发中的多种事务。在敏捷开发实践过程中应用 DoD 时，需要注意以下几点：

① DoD 是完成准则。完成就是不需要再做其他任何事情，可以直接交付了。

② 做到 99%、95%或 90%不能叫完成，只有 100%做完才叫完成。

③ DoD 定义了达成目标的最小活动集，不增值、无用的活动不在此清单上。

④ DoD 是产品的质量活动标准，代表团队为保证交付质量，对质量投入的共识与承诺。

在敏捷开发中，DoD 有如下作用：

① 明确对完成的预期，确保项目内/外部利益相关者对完成的含义理解达成一致。

② 承诺可视化，将隐藏的、内部的质量投入对外暴露出来，增强团队的透明性。

③ 有效避免快而脏的开发模式，确保系统中不留技术债务，不遗留问题给后续冲刺。

④ 作为冲刺策划的前提与约束条件，帮助开发团队合理估算工作量，制订切实可行的计划。

⑤ 聚焦目标，减少不必要的活动，定义完成任务的最小活动集合 。

⑥ 在做计划时判断是否有遗漏的活动。

⑦ 在验收时检查是否有遗漏的活动。

在明确 DoD 时要注意以下几点：

① 团队成员协商一致输出，并确保所有人都可视，不要让领导给出 DoD。

② 不同的活动有不同的完成定义，要区别对待。

③ 随着冲刺的进展逐步完善 DoD，保证其随时间改变，以更好地支持开展工作。

④ 组织的帮助和团队能力的增强可以移除更多障碍，使得更多的活动可以包含到冲刺或特性的 DoD 中。

⑤ 在冲刺回顾会议上讨论对 DoD 的优化修改。

⑥ DoD 越弱，“欠债”越多，后期风险越大。

⑦ 质量投入的活动要包含在 DoD 中，如各种测试、评审、重构活动等。

在敏捷开发中存在多种 DoD 的定义。一开始不需要全部覆盖，可以共同约定适合团队的 DoD，然后在过程中不断完善和修改。以下是常见的 DoD，读者在实训过程中可以根据情况参考使用：

1. 开发任务或产品积压工作项 DoD

① 开发人员完成代码的编写。

② 代码被另一名开发人员评审过。

③ 单元测试代码已完成，并且在开发人员本地环境中实际代码已通过单元测试。

④ 本地环境中的冒烟测试已由开发人员完成并通过，含接口测试、联调测试等(冒烟测试用例由测试人员提供)。

⑤ 代码通过静态检测达到企业规范要求。

⑥ 开发人员提交代码到代码库。

⑦ 持续集成被触发，所有现存代码的最新版被取出自动编译，并被部署到开发测试环境。

⑧ 全套单元测试被触发并通过。

⑨ 全套现存的自动化测试脚本(通常是冒烟测试)被触发并通过。

2. 冲刺 DoD

① 所有完成的冲刺积压工作项得到产品负责人的验证。

② 所有代码得到静态检测，严重问题都已修改，静态检测的规则可在团队的编码规范中明确。

③ 所有新增代码得到代码评审(至少一次，交叉检查、结对编程或团队代码评审都可以)。

④ 所有完成的产品积压工作项都有对应的测试用例，并且都已执行。

3. 发布 DoD

① 完成发布计划所要求的重点内容。

② 至少通过一次全量回归测试。

③ 通过发布的全量测试，回归测试范围是全范围，回归比例不低于50%。

④ 修复所有等级为1、2级的缺陷，3、4级缺陷不超过20个。

这里需要注意发布 DoD 与冲刺 DoD 的区别：由于发布需要达到比冲刺更高的要求，所以一般很难强制规定发布测试所需要的时间长度。也就是说，敏捷开发中常用的时间盒方法不适宜用在发布前的测试上。因为高质量发布是第一要务，如果到了原计划测试结束的时间仍然留有妨碍发布的缺陷，则应在修复后才能发布。而冲刺成果一般是在内部或者可控范围内的展示，相对发布而言要求较低，所以适合使用时间盒方法。当然，冲刺本身就是时间盒，冲刺内的测试本来就有时间限制。采用时间盒来安排冲刺内的测试，可以获得时间盒安排的种种好处。在这样的安排下，回归覆盖率就应当是一个变量，用于观察，而不是一个要求指标。

4. 版本上线 DoD

版本上线 DoD 就是针对每个版本上线前后的一些规则。比如：

① 产品文档(用户手册、部署指南、解决方案等)已全部更新。

② 最新代码已合并到代码管理服务器(分支合并完成)。

③ 运维在验收测试环境中冒烟通过。

④ 原始需求提交人对功能已经验收通过。

⑤ 对运维、市场、客服的新功能培训已完成。

5. 每日 DoD

① 搭建每日构建环境，每日按计划或按需自动触发静态代码检查、编译、部署和自动化测试。

② 当天持续集成、构建环境中的问题，需当天解决。

③ 每日修复前一日构建和测试发现的缺陷和问题。

④ 当日工作结束前必须提交当天编写完成的代码，提交的产品积压工作项要填写清晰。

⑤ 当天的代码必须在当天或者第二天邀请同伴进行代码评审。

⑥ 采用测试驱动开发，凡是提交的功能代码必须要有对应的单元测试(严格采用测试驱动开发)。

6. 产品积压工作项梳理 DoD

① 产品积压工作项最终的描述符合 INVEST 原则。

② 产品积压工作项得到测试用例的对应覆盖，或有确定的验收条件/测试要点。

③ 产品积压工作项得到对应的自动化测试用例。

④ 产品积压工作项通过产品负责人、市场/客户人员的评审并得到初步认可。

7. 每周 DoD

当测试集比较大时，无法在一天之内完成测试，可以开展每周全量回归自动化测试，即每周 DoD。具体如下：

① 上周发现的缺陷已经解决。

② 上周新增功能的自动化测试已经加入每周测试集。

课后思考题 4

1. 讨论 Scrum 敏捷开发中三类角色之间的关系，思考在这样的团队划分下，需求分析及系统设计应当是由什么角色为主来完成的；在 Scrum 敏捷开发中的产品负责人与传统软件开发的“产品经理”有什么不同?

2. 为什么需要对需求进行层次结构划分，需求的层次结构有什么优点？如何管理一个系统的需求，以确保交付的产品与客户的预期一致?

第5章　项目冲刺及跟踪管理

本章重点：

- Scrum 敏捷开发中冲刺的概念。
- 准备和计划一个冲刺。
- 积压工作项估算及冲刺启动会议。
- 任务估计和工作容量规划。
- 项目进度跟踪与监控及变更的管理。
- 冲刺中的日常活动。
- 冲刺评审会议和冲刺回顾会议。
- 准备下一个冲刺。

Scrum 敏捷开发是一个强大的、迭代增量的过程，整个过程通常运转如下：

① 在项目开始时已知的所有需求都聚集在产品积压工作区中，这是 Scrum 敏捷开发的核心概念之一。项目团队审查产品积压工作项，并选择哪些产品积压工作项应该包含在第一次冲刺中，这些选定的需求被添加到冲刺积压工作区中。在冲刺中，为了完成相关产品积压工作项，可将其分解成更详细的项(任务)。很多开发团队使用 Scrum 看板将其工作在冲刺中可视化，可以是电子看板，也可以是带有便签的白板。看板显示了为每个产品积压工作项确定的任务，以及在开发过程中每个任务当前所处的位置(开发、测试等)。

② 团队尽最大努力将冲刺积压工作项转化为最终可运行产品的增量；每日固定时间开展一次检查，在检查期间，小组成员评估彼此的工作和自上次检查以来所进行的活动。如有必要，找到要调整的工作，并执行调整后的安排。冲刺以检查结束，可以确定后续冲刺要做的调整。团队以自我管理的方式进行工作，由团队成员集体决定谁做什么。团队将有用的增量在冲刺结束时呈现给利益相关者，以便其进行检查，如果有必要，团队将根据利益相关者的反馈对积压工作项进行必要的调整。如前所述，冲刺最长持续 30 天，通常把冲刺长度控制在 2~4 周，冲刺的长度取决于具体的项目。

③ 利益相关者的需求调整和反馈被放入产品积压工作区，并再次进行优先排序。然后，团队再次开始这个过程，选择其认为可以在下一次冲刺期间完成的产品积压工作项。这些工作项被放入下一次冲刺的积压区，并被分解为更易

于管理的项。依此类推，直到利益相关者认为已经获得了想要的商业价值并停止项目。

5.1　Scrum 敏捷开发中冲刺的概念

冲刺是 Scrum 敏捷开发的基本组成部分，每个冲刺都是一个标准的固定长度时间段，持续时间不能超过一个月。在这段时间内构建一个完成的、可用的和潜在可发布的产品增量。在整个开发期间，冲刺的长度保持一致；前一个冲刺结束后，后一个冲刺紧接着开始。

Scrum 敏捷开发中的冲刺有如下一些特点：

① 每个冲刺都可以被看作是一个小项目，其目标是完成可发布的产品增量。一旦冲刺开始，它的时长是固定的，不能延长或缩短。

② 冲刺的需求范围是明确的、固定的。在冲刺开始后，不能添加或更改冲刺积压工作项，但产品负责人与开发团队之间对在冲刺范围内要做的事可以进行澄清和重新协商。此外，只有产品负责人有权取消冲刺，即如果某个冲刺对其所在环境来说失去了价值和意义，则应该取消。

③ 冲刺为开发团队提供了定期的，可预测的节奏来产生有价值的系统增量，以及改进先前开发的系统增量。这些较短的时间段有助于团队、产品负责人和其他利益相关者在实际工作的系统中测试技术和业务假设。每次冲刺都会锚定一个集成点、一个“拉动事件”，它可以组合系统的功能、质量、对齐和适用性等，并贯穿于所有团队的工作之中。

④ 冲刺中的事件有冲刺计划会议、每日站会、开发工作、冲刺评审会议、冲刺回顾会议等。会有经过设计的灵活的计划来明确工作内容和最终产品增量，并指导如何开展工作。此外，在冲刺期间不能做出有害于冲刺目标的改变，且不能降低质量目标。

⑤ 冲刺通过确保至少每月一次对达成目标的进度进行检视和适应来实现可预测性。冲刺把风险限制在一个月的成本上，可以灵活应对各种变化和风险。

由于最短可持续交付周期是精益敏捷开发的一个重要目标，敏捷团队会尽快执行冲刺的 PDCA 循环，即计划——冲刺计划，执行——冲刺执行，检查——冲刺评审，调整——冲刺回顾(如图 5-1 所示)。

1. 冲刺计划

冲刺计划是冲刺 PDCA 循环中的“计划”步骤，它使所有团队成员就冲刺目标达成一致，实现认识上的对齐，以确定团队的共同目标，还包括将在冲刺评审和系统演示中演示的成果。

在此活动期间，所有团队成员进行协作，基于团队的可用容量来确定在接下来的冲刺中可以承诺交付的积压工作项。团队还将冲刺计划的输出总结为一组承诺的冲刺目标。根据团队采用的敏捷开发模式不同，计划的细节将有所区别。

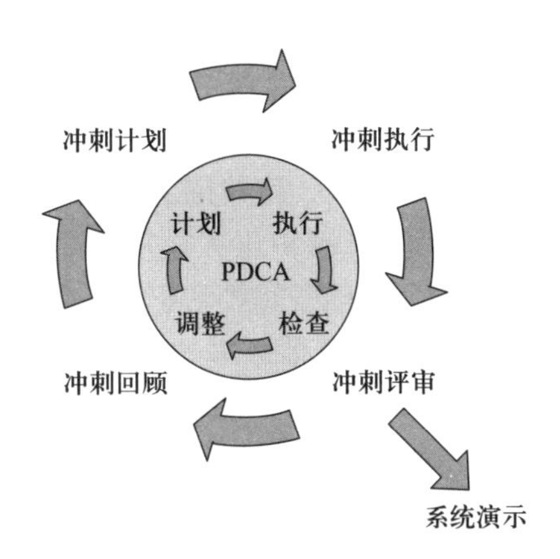

图 5-1 一个冲刺的 PDCA 循环

2. 冲刺执行

冲刺执行是实际完成工作的过程，在冲刺期间，团队通过构建和测试新功能来完成冲刺 PDCA 循环的“执行”部分。团队以增量的方式交付产品积压工作项（包括功能故事、增加团队交付能力的使能故事，以及非功能故事），一旦完成就向产品负责人演示其工作，使团队能够达到冲刺评审就绪条件。

每日站会代表冲刺中较小的 PDCA 循环。团队成员每天都会聚在一起协调对齐他们的活动，分享有关冲刺目标进展的信息，并引起对阻碍进展的问题和依赖关系的关注。

此外，敏捷团队在冲刺过程中花一些时间在下次冲刺计划活动之前参与完成产品积压工作项的梳理，这也是很常见的一种实践。

3. 冲刺评审

冲刺评审是冲刺 PDCA 循环中的“检查”步骤。在这个评审中，团队向产品负责人及其他利益相关者展示经过测试的系统增量，并获得对产品的反馈。冲刺评审提供了评估进度，以及在下一次冲刺之前进行调整的机会。在冲刺过程中，系统增量会根据其系统情景进行持续集成和评估。

4. 冲刺回顾

冲刺回顾在整个冲刺 PDCA 循环中属于“调整”步骤。在此步骤中，团队将评估其流程及来自上一冲刺的任何改进的产品积压工作项。团队成员识别出新问题及其原因、亮点，并创建改进工作项，这些改进工作项将进入下一个冲刺的团队产品积压工作项列表。这种定期反省是确保坚持不懈地改进及发展和提升团队能力的主要方法之一。冲刺回顾还可以立即推动项目的过程改进，或在其他检视和调整活动中推动过程改进。

在下一个冲刺计划开始之前，需要梳理产品积压工作项，以使其包含来自冲刺评审和冲刺回顾活动中的一些决策。产品负责人根据需要重构和重新定义产品积压工作项列表中新旧条目的优先级。在后续章节中，我们将对冲刺中的各个事件进行详细讲解。

5.2　准备和计划一个冲刺

在冲刺之前梳理产品积压工作项，将其记录到 Azure DevOps 之中，由产品负责人把准备在下个冲刺实现的产品积压工作项放到即将开始的冲刺中。然后，通过拖放的方式为其排序，在排序时要基于一些假设，这样就给定了一个初始优先级排序。图 5-2 是一个已经排好序的产品积压工作项示例，在 Azure DevOps 的“门诊挂号组”的“积压工作(Backlog)”下，可通过拖放方式来调整其顺序，也可按住 Alt 键并同时用向上和向下箭头来调整顺序。此时在 Azure DevOps 的产品积压工作区显示团队已计划的工作列表，通常位于顶部的项更有价值(优先级更高)。在最初的冲刺计划和评估之后，会再次更新这个列表。

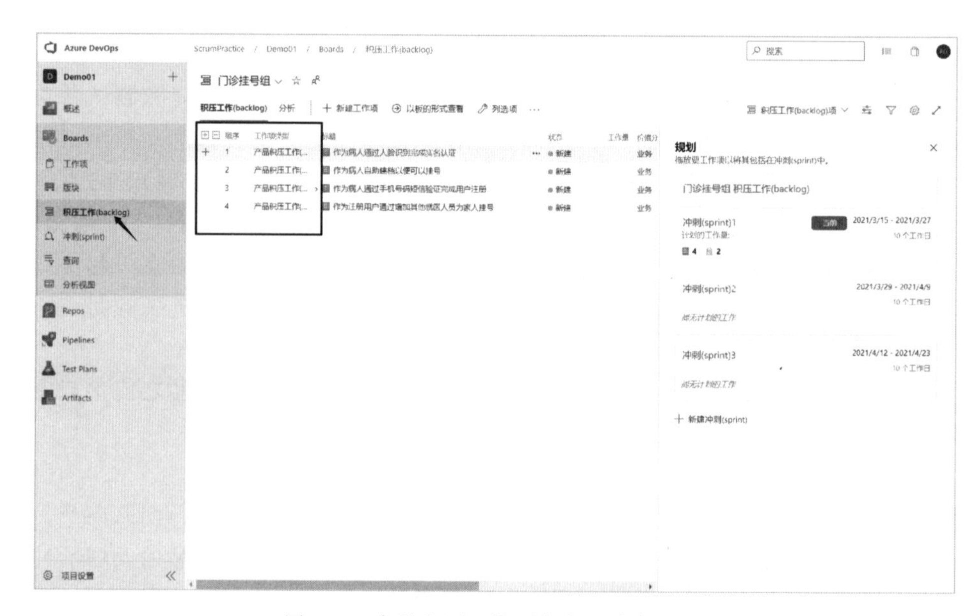

图 5-2　产品积压工作项优先级排序界面

1. WSJF 模型

可以使用加权最短作业优先(weighted shortest job first，WSJF)模型进行排序。WSJF 模型是一种用于排序作业的优先化模型，以产生最大的经济效益。该模型由 Don Reinertsen 提出，要求根据产品开发过程的经济性对工作进行优先排序。其计算公式为

$$\text{WSJF}=\frac{\text{延迟成本}}{\text{作业规模大小(作业持续时间)}}$$

其中：

延迟成本 = 用户商业价值+时间紧迫性+降低风险和/或机会促成价值

① 用户商业价值：用户是否更偏爱这个需求，对商业收入是否有影响；如果延迟发布，是否有潜在的惩罚或其他不良后果。

② 时间紧迫性：用户商业价值如何随时间衰减，是否有固定期限；用户是否会采用我们提供的方案或寻求其他解决方案；是否有关键路径上的里程碑受到这项工作的影响。

③ 降低风险和/或机会促成价值：业务是否还有其他用途；该工作是否降低了当下的风险或未来交付的风险，是否会提供有价值的信息；这些功能是否将开辟新的业务机会等。

WSJF 值较高的作业优先于 WSJF 值较低的作业。此模型有助于产品负责人排定产品积压工作项的优先级，并在处理产品积压工作项时结合经济性进行考虑。表 5-1 所示的示例中显示了产品积压工作项 A 具有最高的 WSJF 值(10)，因此该工作项应该具有最高的优先级。随着规模化敏捷框架在许多组织中的应用，WSJF 模型在敏捷开发实践中变得越来越流行。

表 5-1 WSJF 模型排序示例

产品积压工作项	产品积压工作项规模	延迟成本	WSJF
A	1	10	10
B	3	3	1
C	10	1	0.1

在没有对产品积压工作项规模进行很好的估算的情况下，根据 WSJF 值排序的优先级只能是初步排定。可以根据后续章节中介绍的敏捷估算方法得到相对准确的估计值，并在开发中多次评审、估算和调整产品积压工作项的规模。这样可以使产品积压工作项尽早处于准备就绪状态，以便排进冲刺中，并更好地支持冲刺计划会议召开。

2. 风险评估

在准备和计划冲刺时还需要对风险进行评估。风险评估是 Scrum 敏捷开发工作的一部分，应贯穿于产品的整个生命周期。如果认为一个产品积压工作项的交付有风险，则需要将其在产品积压工作列表中的优先级调至更高的级别，并尽早处理，以免日后出现意外。

进行风险评估有不同的方法，建议选团队最熟悉的方法对风险进行评估。本书采用的风险评估及缓解措施如下：

首先计算风险评估得分，公式为

$$风险评估得分 = 影响严重程度 \times 风险发生概率$$

其中：

① 影响严重程度为 1—5 级，5 级最严重，1 级最不严重。

② 风险发生概率为 1—5 分，5 分表示最有可能发生，1 分表示最不可能发生。

③ 风险评估得分高的风险，则是需要最优先关注的风险。

然后给出风险的缓解措施以及缓解后发生的概率，由此得到缓解后的风险评估得分。可以把风险跟踪制作成一个 Excel 表，以更好地显示风险分析的结果，并把该 Excel 表放到版本控制的源代码库中，使每个人都可以访问到。进行风险分析后，有可能会对产品积压工作项进行调整，这项工作要根据开发进展定期开展。

5.3　积压工作项估算及冲刺计划会议

5.3.1　软件估算及 Scrum 敏捷估算

本小节简要介绍软件估算及 Scrum 敏捷估算。

1. 软件估算

软件估算是指根据软件开发内容、开发工具、开发人员等因素，对需求调研、程序设计、编码及测试等整个开发过程所花费的时间及工作量所做的预测。保证估算准确的考虑点有：

① 基于已完成的类似的项目进行估算。

② 使用简单的“分解技术”进行项目成本及工作量的估算。

③ 使用一个或多个经验模型进行软件成本及工作量的估算。

影响一个团队估算准确性的因素有：估算待开发产品规模的能力；把规模估算转换成人的工作量、时间及成本的能力；项目计划反映项目组能力的程度；产品需求的稳定性及支持软件工程的工作环境。

(1) 软件估算需关注的原则

在做软件估算时还需要关注如下几个原则：

① 估算是一个不确定过程，在产品没有开发出来之前，没有人知道产品规模具体有多大。估算工作开始得越早，知道的信息就越少；同时，估算可能因为商业或其他压力而出现偏差。

② 估算是一个直观的学习过程，可以使用经验和数据改进估算能力；有些人在估算方面会比其他人做得更好。

③ 估算是一项技能，可以通过训练得到提升。但要注意，改进和提升是渐进的，可能永远达不到非常好，在做的过程中需要在高估和低估之间寻求一个相对平衡。

④ 在估算时要用已定义的估算方法，按约定的过程及规则进行估算。

在软件开发过程中，通常要做如下内容的估算：软件工作产品的规模、软件项目的工作量、软件项目的成本、软件项目的进度，以及项目所需要的人员、计算机、工具、其他有关设备等资源。

开发人员在做估算时经常出现的问题就是乐观估计或估计不足，这会对团队造成非常严重的影响。因为估计不足，在开展工作过程中实际花的工作量会比估计的工作量大，在项目组内解决该问题的方法通常是加班，但经常加班会导致团队成员士气低落和身心疲惫，降低工作效率使得工作完成情况无法达到预期，而且往往会让整个项目组进入一个恶性循环。由此，科学正确地估算待开发工作的规模及工作量对一个项目的顺利开展是非常重要的，也是给团队争取到合理资源所必需的。

（2）常用的软件估算方法

常用的软件估算方法有 Delphi 法和 PERT 法：

① Delphi 法是一种专家估算技术，可在没有历史数据的情况下使用。这种方法对于决定其他估算模型的输入特别有用，但专家“专”的程度及对待估算事物理解的程度是工作中的难点。

② PERT 法是计划评审技术，可在没有历史数据的情况下使用。该方法针对每个任务单元的工期有三种估计：乐观值（O）、可能值（M）和悲观值（P），估算的结果为 $E=(O+4M+P)/6$，标准差为 $\sigma=(P-O)/6$，根据正态分布就可以得到一个标准差的概率，从而可以计算得到估算完成工期的概率。

如果有可以参照的历史数据，比如同类项目的规模、工作量等，这时可以使用基于类比的估算方法。

在做估算时，规模估算常见的有代码行（LOC）估算、功能点（FPA）估算、用例点（UCP）估算和故事点（UP）估算等；工作量估算可以使用 COCOMOII 模型。通常认为，如果一个估算模型的 75%估计值与实现值只有 25%的误差，那么这个模型就是可以接受的。

2. Scrum 敏捷估算

在 Scrum 敏捷开发中通常使用故事点来估算待完成积压工作的规模。在开发过程中由团队共同承担责任，并集体承诺完成一个冲刺的工作，因此对待完成的产品积压工作项的估算也是由集体来决定的（通常使用 Delphi 法估算）。

Scrum 敏捷估算是由一组类似斐波那契数列的数字组成：0、0.5、1、2、3、5、8、13、20、40、100、?、∞，可以使用敏捷估算扑克或类似工具来支持完成估算。需要重点强调的是：Scrum 敏捷估算是估算大小，即规模，而不是时间；Scrum 敏捷估算使用相对估算，而不是绝对估算。在开发过程中，需记录每个冲刺的团队速度，为以后计划做参考（此处使用了基于类比的估算方法，即借鉴历史数据）。

（1）确定标准规模

在 Scrum 敏捷估算中很重要的一步就是确定标准规模，然后在这个标准规模的基础上开展相对估算。可以按如下步骤来确定团队的标准规模：

① 开始做估算之前，从待实现的产品积压工作项列表中选择一个初步认为规模不是最大又不是最小的项。

② 由产品经理（或需求分析人员、产品负责人）对这个工作项进行讲解，使团队成员理解该需求的业务逻辑，若团队成员有疑问，产品经理进行解答，直到大家都没有问题为止。

③ 团队拆分任务，并预估每部分工作的用时；任务拆分时要考虑到前端开发、后端开发、系统设计、单元测试、联调测试、系统测试等各部分工作。

④ 得到完成该产品积压工作项的整体用时，并确保整个小组对用时达成一致。

⑤ 把这个产品积压工作项的大小定义为标准规模，通常以 3 故事点来计。

估算其他产品积压工作项时，可以与形成标准规模的产品积压工作项进行对比，从类斐波那契数列中选择一个离这个规模靠近的值，得到该工作项相对估算的故事点数。

由此可见，针对一个产品积压工作项的任务分解对于预估规模影响非常大，不能遗漏工作内容。下面是我们在实际项目中做任务拆分的一个示例。

产品积压工作项：作为企业员工，当有需要申请办理的事项时，填写审批申请单提交给主管进行审批。

拆分步骤如下：

① 考虑详细设计及数据结构设计，如果是与其他系统对接来完成该功能，还需要考虑与其他系统对接的设计。

② 前端开发可以根据页面来拆解子任务。

③ 后端开发根据前端开发的页面提供对应的增、删、改、查等接口。

④ 考虑前后端联调测试、集成测试及系统测试，如果有单元测试则还要考虑单元测试的工作量；有些团队会做接口自动化测试，也要一并考虑进去。

由此得到如图 5-3 所示的工作拆分图，在此基础上来估算规模。

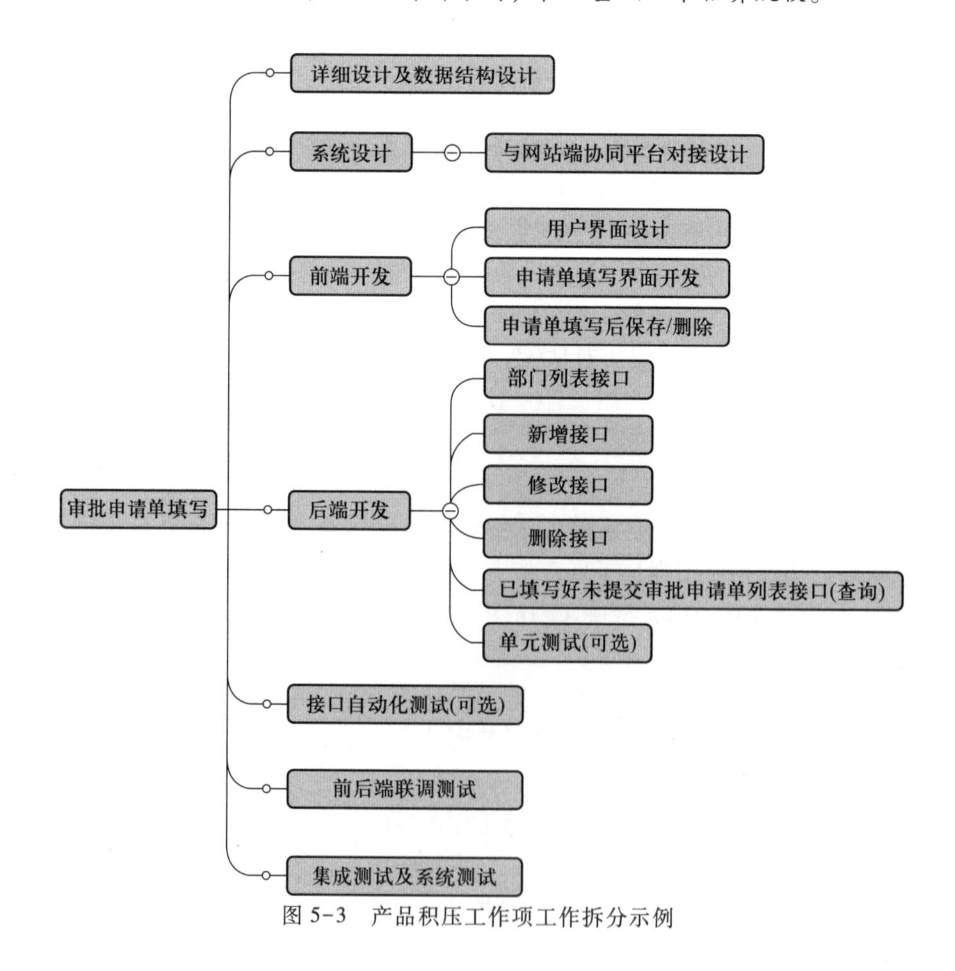

图 5-3　产品积压工作项工作拆分示例

图 5-4 是某公司不同项目组定义好的标准故事点示例，在开发过程中每个团队根据自己的业务类型及团队能力来进行定义，这是团队后续开展工作的基础。

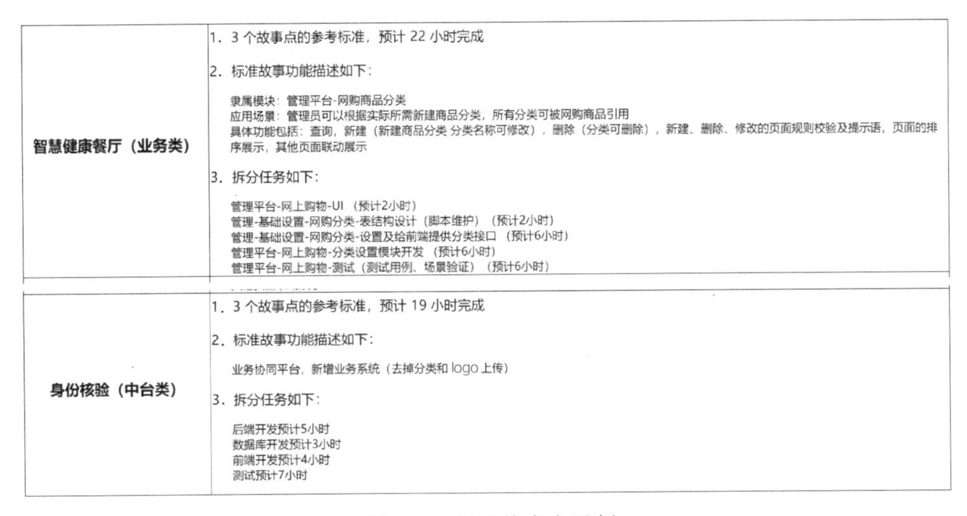

<table>
<tr><td>智慧健康餐厅（业务类）</td><td>1．3 个故事点的参考标准，预计 22 小时完成
2．标准故事功能描述如下：
隶属模块：管理平台-网购商品分类
应用场景：管理员可以根据实际所需新建商品分类，所有分类可被网购商品引用
具体功能包括：查询，新建（新建商品分类 分类名称可修改），删除（分类可删除），新建、删除、修改的页面规则校验及提示语，页面的排序展示，其他页面联动展示
3．拆分任务如下：
管理平台-网上购物-UI （预计2小时）
管理-基础设置-网购分类-表结构设计（脚本维护）（预计2小时）
管理-基础设置-网购分类-设置及给前端提供分类接口 （预计6小时）
管理平台-网上购物-分类设置模块开发 （预计6小时）
管理平台-网上购物-测试（测试用例、场景验证）（预计6小时）</td></tr>
<tr><td>身份核验（中台类）</td><td>1．3 个故事点的参考标准，预计 19 小时完成
2．标准故事功能描述如下：
业务协同平台，新增业务系统（去掉分类和 logo 上传）
3．拆分任务如下：
后端开发预计5小时
数据库开发预计3小时
前端开发预计4小时
测试预计7小时</td></tr>
</table>

图 5-4　标准故事点示例

（2）常用的 Scrum 敏捷估算方法

在得到团队的标准规模之后，可以借助敏捷估算扑克法或三角估算法估算其他产品积压工作项的规模。

敏捷估算扑克是一种类似扑克牌的估算辅助工具。典型的敏捷估算扑克如图 5-5 所示（可网上购买），共由 4 种颜色扑克牌组成，每种颜色 13 张牌，分别代表数字 0、0.5、1、2、3、5、8、13、20、40、100 和符号？、∞。其中，符号？表示对该估算项存有疑问，需再解释澄清后才能给出估算结果；∞ 表示太累了需要休息（不想继续估算了）。当开发团队人数多于 4 人时，可以购买两副敏捷估算扑克。

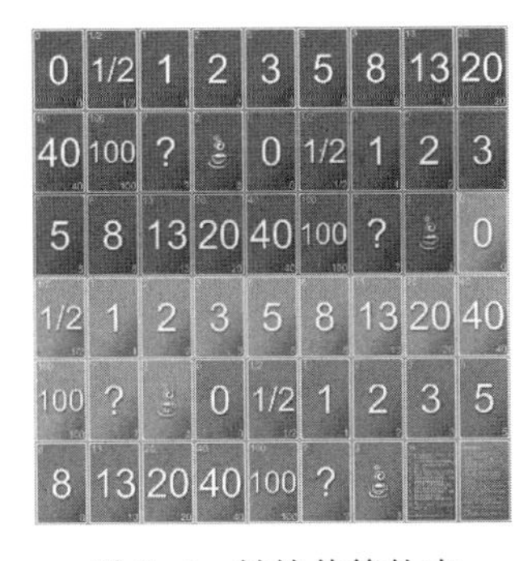

图 5-5　敏捷估算扑克

在开始估算时每个团队成员（产品负责人除外）拿到一组卡片，然后按如下步骤对每个产品积压工作项进行估算：

① 产品负责人从产品积压工作区中取出第一个产品积压工作项(需求)进行讲解，并询问大家是否有疑问，直到没有疑问为止。

② 开发团队针对这个工作项进行讨论，产品负责人在此过程中澄清疑问。

③ 当开发团队成员都充分了解这个工作项后，每个团队成员参照团队定义的标准规模，按照自己的预估给出估算结果，并选择相应的扑克出牌，估算结果不能告诉其他人，出牌时数字朝下扣在桌子上。

④ 所有人都给出结果后，一起亮出估算数字。

⑤ 如果大家给出的结果不一样，则出牌为最大值和最小值的人给出详细的估算考虑说明。此过程主要为了明确团队成员是否想法一致、是否存在分歧、是否有未考虑到的问题等。讨论之后再重新出牌估算，最终团队达成一致。

⑥ 产品负责人选择一个产品积压工作项，重复以上步骤，直到产品积压工作区中的所有工作项估算完成。估算结果填写到对应的产品积压工作项的“规模”处。

说明：对估算结果通过讨论也不能达成一致时，建议使用规模大的估算来确定，因为这样团队在工作安排时不会出现不一致的认识。

使用三角估算法估算产品积压工作项的规模时，可按如下步骤开展：

① 把确定标准规模的产品积压工作项标识为 A，放在白板上，规模标识为 3。

② 从产品积压工作区的最上面取出一个产品积压工作项 B，团队进行讨论，就其规模和 A 进行对比：如果比 A 大，放在 A 的右边；如果比 A 小，放在 A 的左边；如果和 A 差不多大小，放在 A 的下面。

③ 继续从产品积压工作区中取出下一个产品积压工作项 C，重复步骤②，分别和工作项 A、工作项 B 进行比较，直到为 C 找到合适的位置。

④ 重复步骤②和③，直到所有的产品积压工作项都完成放置。

⑤ 比较 A 左边的产品积压工作项，估算其值为 2 还是 1，把左边的所有工作项估算值设置为 2 或 1，同样把 A 右边的工作项按列标明估算值。

通过估算，可得到如图 5-6 所示的结果，据此把估算结果填写到对应的产品积压工作项的“规模”处。

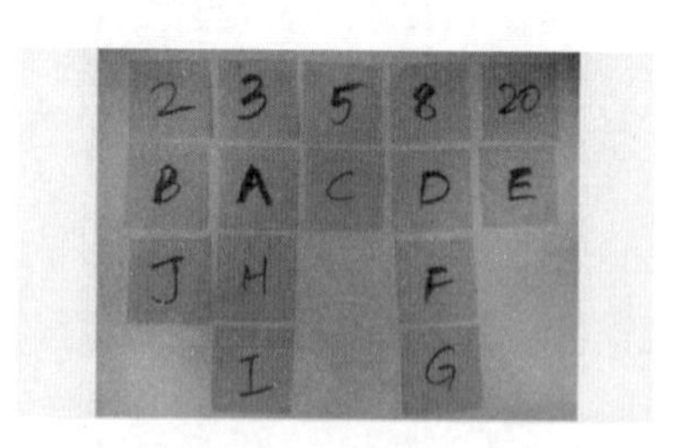

图 5-6　三角估算法示例

在 Scrum 敏捷开发实践时，以上这两种方法可以单独使用，也可以互为补充。无论采用哪些估算方法，团队成员对待估算的产品积压工作项都应充分讨论，从理解上达成共识。

5.3.2 冲刺计划会议

冲刺计划会议是Scrum敏捷开发中主要的事件之一，在冲刺开始的第一天召开，由产品负责人、敏捷教练和开发团队参加。会议的结果为确定冲刺目标，产生冲刺积压工作项列表(冲刺订单)，团队承诺完成冲刺目标。

在冲刺计划会议上团队共同协作，重点讨论确定两件事情：这次冲刺能做什么，以及如何完成所选的工作。

1. 这次冲刺能做什么

产品负责人讲解冲刺的目标，以及达成该目标所需完成的产品积压工作项；整个Scrum敏捷开发团队理解冲刺的工作；开发团队预测在这次冲刺中开发的功能。

冲刺计划会议的输入是产品积压工作项列表、最新的产品增量、开发团队在这次冲刺中能力的预测，以及开发团队的以往表现。开发团队自行决定选择产品积压工作项的数量。只有开发团队可以评估接下来的冲刺可以完成什么工作。

在冲刺计划会议中，开发团队还需确定冲刺目标。冲刺目标是在本次冲刺中通过实现产品积压工作项列表要达到的目的，同时它也为开发团队提供指引，使开发团队明确待开发的增量。

2. 如何完成所选的工作

在设定了冲刺目标并选出本次冲刺要完成的冲刺订单之后，开发团队将决定如何在冲刺中把这些功能构建成“完成”的产品增量。开发团队通常考虑从设计整个系统开始，到如何将冲刺订单转换成可用的产品增量所需要的工作。

在冲刺计划会议的最后，开发团队规划出在冲刺最初几天内所要做的工作，通常以一天或更少时间为一个单位。开发团队自组织地领取冲刺订单中的工作，领取工作在冲刺计划会议和冲刺期间按需进行。在冲刺计划会议结束时，开发团队应该能够向产品负责人和敏捷教练解释他们将如何以自组织团队的形式完成冲刺目标并开发出预期的产品增量。

敏捷教练确保冲刺会议顺利召开，并且每个参会者都能理解会议的目的。此外，还要教导团队遵守时间盒的规则，即冲刺计划会议时长控制在(2×冲刺时长)个小时内，比如冲刺时长固定为2周，则冲刺计划会议时长不得超过4个小时。

产品负责人要能够解释清楚所选定的产品积压工作项，并在冲刺计划会议中做出权衡。如果开发团队认为工作过多或过少，可以与产品负责人重新协商所选的产品积压工作项。此外，开发团队也可以邀请其他人员参加会议，以获得技术或领域知识方面的建议。

5.4 任务估计和工作容量规划

冲刺订单中的每一项都需要由开发团队成员去实现和测试。通常一个产品积压工作项会由多个成员来共同完成，这就需要基于产品积压工作项分解任务。完成每个任务都需要有预估的时间，即对工作量需要进行估算。在一个冲刺内，开发团队所有成员可供用来工作的时间总和称为工作容量。那么在冲刺计划会议上就需要估算待完成的产品积压工作项包含的所有任务的工作量之和是否在开发团队的工作容量之内，如果超出了工作容量，则需要与产品负责人协商调整冲刺订单。

1. 任务估计方法

对任务所花费的工作量有多种估计方法，可以使用 Delphi 方法等来估计每个任务所花费的工时。考虑到在 Scrum 敏捷开发模式中强调当一个产品积压工作项包含的所有任务都 100%完成时，该工作项才算完成，因此可以使用较为简单的方式来估算工作量，即将产品积压工作项的规模除以完成该产品积压工作项的任务数，在此基础上为每个任务分配一个原始估算值和剩余工时值，作为工时的估算结果。

这种任务估计法可以完全自动化。可以创建一个简单的 PowerShell 脚本来调用 Azure DevOps 的 REST API，并自动计算任务估算工时值，然后通过脚本将自动计算的任务工作量分配给每个任务的“原始估计”和“剩余工作”字段。可以每天晚上使用计划的任务来运行此脚本(也可以让它每 2 小时左右运行一次以获得更高的准确性)，根据任务数量和当前冲刺中每个产品积压工作项的可用估计值来重新计算任务估算；还可以通过把处于“关闭”状态的任务的“剩余工作”值设置为零，将此脚本进行增强。该方法是一个针对人数不太多的开发团队的经过实践检验的有效经验，其优点在于易于理解和实施，而且在产品积压工作项规模估算之后，团队不必再浪费时间来估算任务的工时。该方法结合脚本来自动执行工作量值的计算和分配，效果会更好。团队成员只需关闭各自完成的任务即可，即使在冲刺中向产品积压工作项中添加新任务也不需要手动计算，因为脚本会自动处理并为其分配重新计算的工作量。

2. 计算可用时间和规划工作容量

在应用 Scrum 敏捷开发框架的团队中，通常一项任务应在一天之内完成，对于定义不够明确或含糊不清的任务可能会扩展到一天以上。如果为任务定义了清晰的完成标准和技术实施细节，且产品积压工作项的大小得到适当整理和调整，则该任务应在一天内完成。必须确保开发团队了解这一事实，并将任务分解为可实现的精细级别。

团队在开始工作之前，尚无法确定自己的冲刺速度，通常是通过初始冲刺计划会议(也叫预冲刺计划会议)来确定。初始冲刺计划会议与冲刺计划会议完全相同，只是在冲刺之前执行。在计算团队冲刺速度之前，需要计算开发人员的可用时间并设置在冲刺期间的可用工作容量。可按如下方法来计算可用时间：

① 明确一个冲刺需用多长时间，建议按两周来确定。

② 计算一个冲刺有多少工作日，企业通常按每周 5 个工作日来计算。

③ 计算每个团队成员在冲刺期间可工作的时间，要去除假期或其他休息日、计划参加的会议占用的时间等。

考虑到团队是新成立的，肯定会有磨合时间以及未知活动导致的一些拖延，如果没有历史数据则建议分配 25%的拖延时间。这样计算下来，如果每天是 8 小时，则团队有效工作时间为每天 6 小时，其中还包含有 10%的时间用于参加产品积压工作项梳理。

具体规划工作容量并得到团队初始速度的方法如下：

完成迭代设置后，在 Azure DevOps 中打开“Boards”→“冲刺(sprint)”，单击所出现界面上的“容量”，在这里可以添加用户，并设置用户参与的“需求”“正在测试”“开发”“设计”等活动的工作容量，也可以设置休息日。如图 5-7 所示。

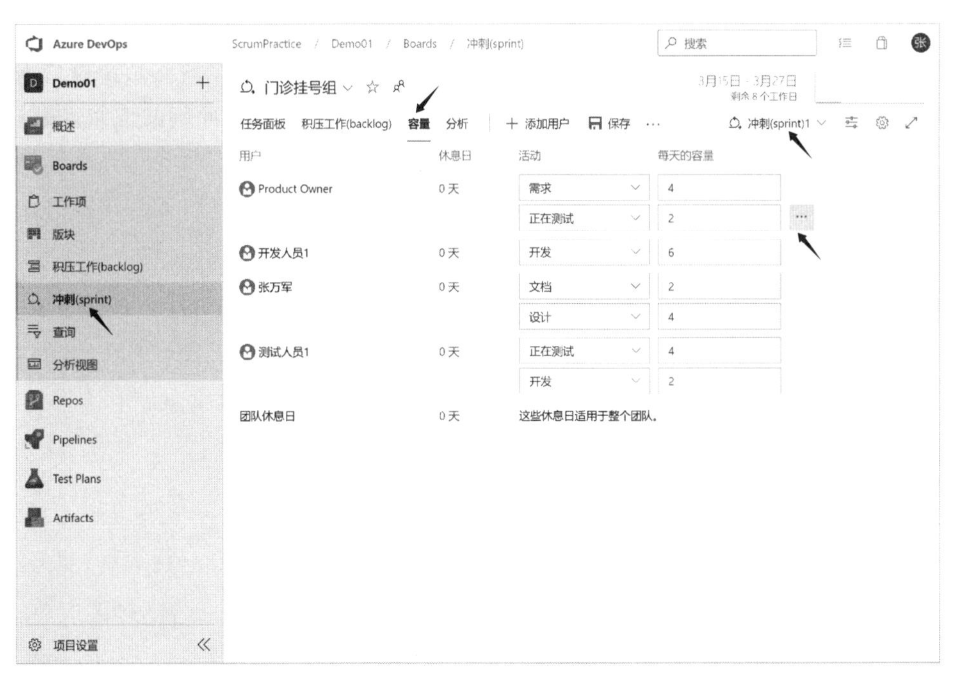

图 5-7 设置某个冲刺的工作容量

在此处要注意，每个冲刺的容量是不同的，要单独进行设置。当然也可以从原来的冲刺中复制过来，以减少设置的工作量。通过单击“每天的容量”列右边的“…”，可以给一个组员添加不同的活动。在图 5-7 中安排产品负责人除了整理需求之外，还要参与一些测试工作，单击“保存”之后，就可以看到每个成员在冲刺期间的可用容量，如图 5-8 所示。

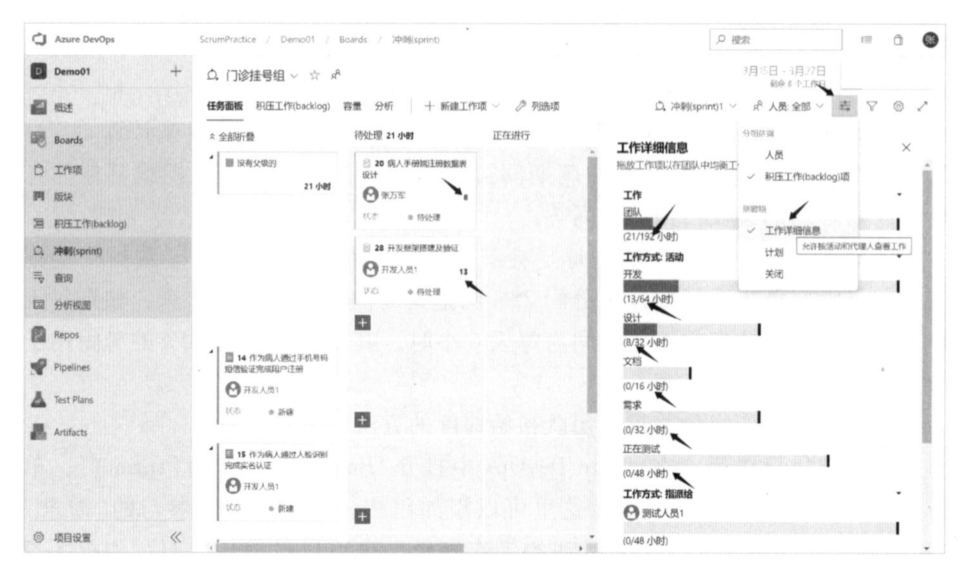

图 5-8　通用任务面板安排工作

可以看到，整个团队在这个冲刺中总共有 192 小时的工作容量，其中计划的开发容量为 64 小时，设计容量为 32 小时，文档容量为 16 小时，需求容量为 32 小时，测试容量为 48 小时；也可以看到每个团队成员参与冲刺的工作容量。

在安排任务之后，就会更改每个人的可用工时数。打开“任务”的详细页（图 5-9），可以选择该任务对应的活动，并输入完成该任务的剩余工作，以工时来表示。

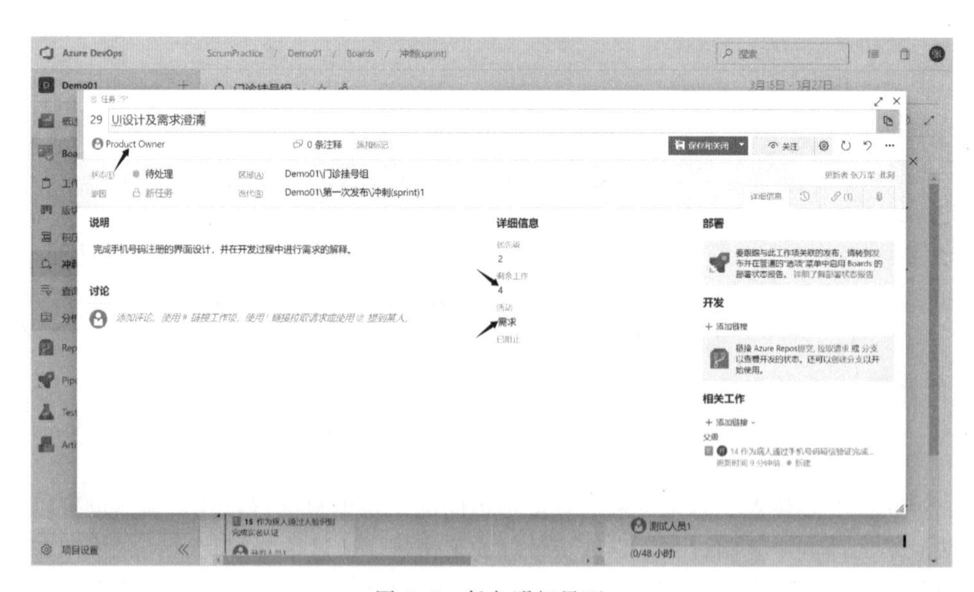

图 5-9　任务明细界面

通过这样的方式来分解及安排任务后，右边的工作详细信息会实时更改，如果超容量安排工作，则会显示成红色。

由此可以帮助一个新团队计算初始速度。具体方法为：

① 详细估计第一个产品积压工作项。

② 分解团队需要做的任务来发布该产品积压工作项。

③ 估计每项活动的时间并进行总计。

④ 从团队在冲刺的可用容量中扣除完成该产品积压工作项的时间总计。

⑤ 获取一个新的产品积压工作项，重复该过程，直到团队没有剩余容量。

⑥ 对该冲刺中包含的产品积压工作项规模（故事点数）求和得到的值，即为团队的初始冲刺速度。

注意：这里会有一些与产品积压工作项无关，但又是本冲刺必须开展的工作，也需要计算进去，例如当前冲刺中要用到的数据库设计工作。当然也会有一些工作是所有冲刺都会用到的，在进行初始速度估计时需要去掉，例如“开发框架搭建及验证”就属于该类工作。此外，还有一类前面介绍的探针项，完成该项所花的时间也无须计算到容量中来。

下面是一个在项目中的示例：

① 从产品积压工作区中取出第一个产品积压工作项：“作为一个员工，在有需要时填写审批事项申请，并提交给主管领导审批。”

② 使用前面介绍的规模估算方法，对该需求项的规模估计出来是5个故事点。可以把它分成多个小任务：

a. 创建审批申请单开发（含前后端开发及联调测试）。

b. 删除审批申请单开发（同上）。

c. 修改审批申请单开发（同上）。

③ 与团队成员一起讨论评审各个小任务的工作量（以小时计）。除此之外，还要考虑其他任务的开支，比如：

a. 用户接口界面设计。

b. 验收条件或测试要点的编写。

c. 数据库结构设计。

d. 用户手册编写和更新。

④ 完成这个产品积压工作项的工作量估计为60小时，在180小时的可用时间内，还有120小时的冲刺时间。这意味着有更多的工作容量，因此将继续讨论产品积压工作区的下一个产品积压工作项。

重复以上步骤，直到余下的工作容量不足以完成某一个产品积压工作项时，考虑到是新团队，可以把余下的工作容量作为冲刺中的缓冲（新团队、新冲刺不要安排得太满）。这时得到的累计产品积压工作项（规模）就是团队的初始速度。在正式冲刺时，应参照该速度来做冲刺计划。

授课安排建议：讲完本节后可以讲解第6章的内容，以便为冲刺做好配置库/源代码库的准备，让学生有配置管理、源代码库的相关概念，可以通过开发环境连接到源代码库。

5.5　实训任务 3：召开冲刺计划会议

在开始正式冲刺之前，前面已经做了产品积压工作项梳理以及估算工作，从而为冲刺的顺利开展做好准备。本实训中需要完成如下内容。

实训内容 1：由产品负责人主导，对计划在第一个冲刺实现交付的产品积压工作项进行梳理和精练，在精练的基础上使用敏捷估算扑克法对规模进行估算。预计用时：4 学时。

实训内容 2：在完成产品积压工作项规模估算的前提下，由敏捷教练对团队的容量进行规划，在此基础上完成团队初始速度的估计。预计用时：2 学时。

实训内容 3：由敏捷教练负责，根据估算的初始速度及计划在第一个冲刺中完成的产品积压工作项召开冲刺计划会议，明确第一个冲刺的目标、具体工作安排等事宜。预计用时：2 学时。

实训内容 4：由产品负责人主导，对整个项目待交付的产品积压工作项进行规模预估，并在此基础上制订产品发布计划。预计用时：2 学时。

5.5.1　实训指导 11：借助 Azure DevOps 完成敏捷扑克估算

针对产品积压工作区中的所有工作项，使用 5.3.1 小节中讲的估算方法，完成每个产品积压工作项规模的估算，并把估算结果填写在 Azure DevOps 中对应产品积压工作项的“工作量”处。使用同样的方法，可以完成“特性”的规模估算。

除使用敏捷估算扑克之外，团队成员也可以使用微软开发的 Estimate 免费插件，针对选择的产品积压工作项进行估算。

可以通过在 Visual Studio 的 Marketplace 中搜索 ms-devlabs. estimate 找到该插件，然后选择 Get it free，即可安装在本地的 Azure DevOps Server 中。打开本地服务器扩展，地址为 http：//xxx/_gallery/manage（其中的 xxx 是实训用的服务器，在本书演示中为 zwj-home），出现如图 5-10 所示的界面，从该界面上单击“Estimate”，即可转到 http：//xxx/_gallery/ items? itemName = ms - dev-labs. estimate 页面，在此界面下通过“免费获取”，即可把从微软官方市场上下载的 Estimate 插件安装到对应的团队集合中，之后该团队集合里的所有项目均可以使用该插件。

除此之外，在 Visual Studio 的市场中还有很多插件，可以满足开发过程中的各种应用场景。如图 5-10 所示，本书演示环境中安装了 Code Search、Delivery Plans（发布计划）、Wiki Search、Work Item Search（工作项搜索）等插件。

在团队集合中安装了相应插件之后，该团队集合下的各个团队项目就会具备插件对应的功能，菜单项也会有所变化。本书实训中安装了 Estimate 和 De-

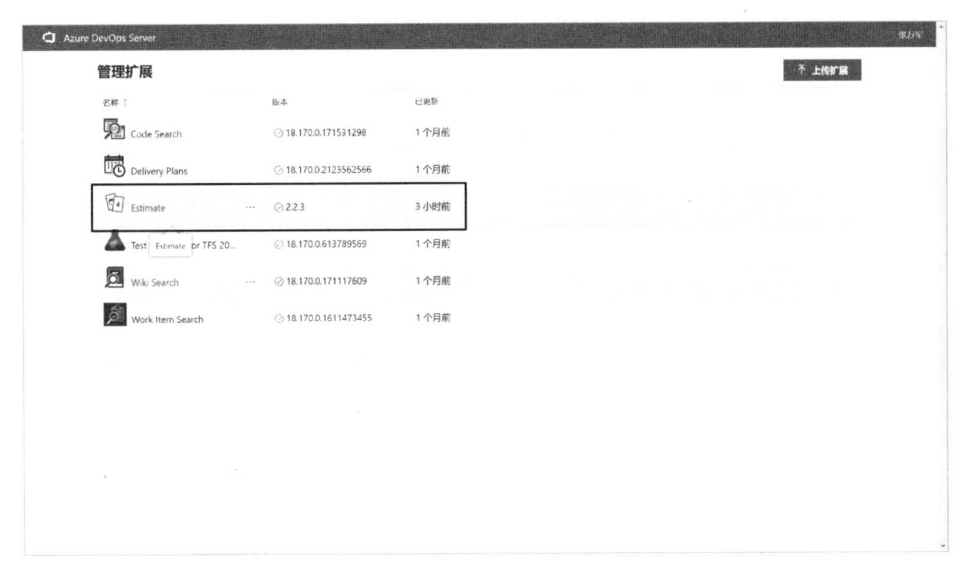

图 5-10　Azure DevOps Server 中扩展管理示例

livery Plan 两个插件，打开项目组的左边栏菜单，可显示如图 5-11 所示的内容。

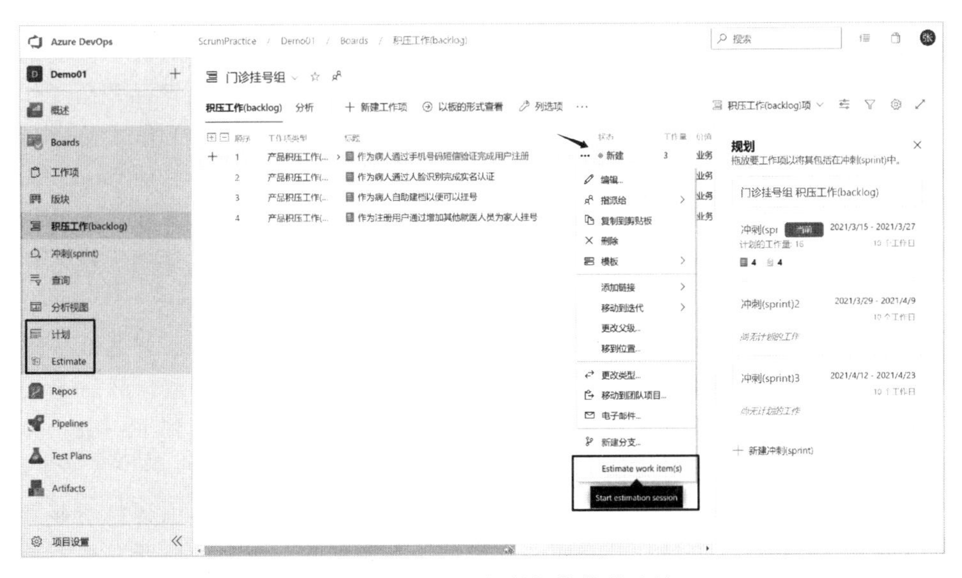

图 5-11　Estimate 插件操作菜单示例

打开“积压工作(backlog)”，通过单击产品积压工作项边上的“…”，可以看到在出现的快捷菜单中增加了“Estimate work item(s)”项。通过产品积压工作项上的快捷菜单或项目组左边栏的“Estimate”可以新建一个估算 Session，如图5-12 所示，输入 Session 的标题，其他组员可以根据标题名称加入该估算活动。

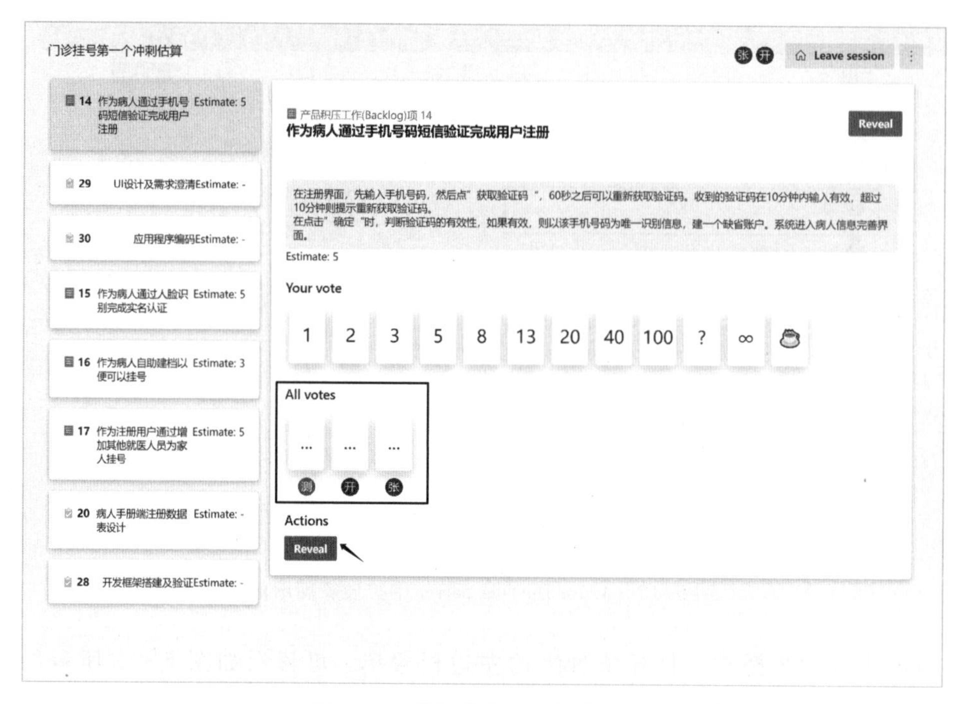

图 5-12　使用估算工具操作界面

在实训时，输入标题后，选择 Online(在线)估算模式。在针对某个冲刺的产品积压工作项估算时，在“Work items”处选择 Sprint；在对所有产品积压工作项估算时，可以定义一个查询，把当前所有未估算的产品积压工作项检索出来，然后在“Work items”处选择该查询。除此之外，该插件支持三种 Card，面向的是不同的估算方法，小组可以根据自己的需要进行选择。通常在对产品积压工作项、特性的规模估算时选择第一种或第三种，在对长篇故事的规模估算时选择第二种。

小组在看到估算结果后，可以采用敏捷估算扑克法进行讨论，并达成一致的估算结果。在估算界面中选择某个值或输入达成一致的结果值，然后单击“Save”，就完成了该产品积压工作项规模的估算，之后会自动移到下一条产品积压工作项，使用同样的方法完成估算即可。

无论采用什么辅助工具，在估算时都会遇到对产品积压工作项解释不够清晰的问题。此类问题在敏捷开发团队中也是经常遇到的，因为敏捷开发并不是强调非常全面且细致的文档表达，而是强调团队的共同理解。实际上，即使有全面且细致的文档，也不能保证大家理解一致。为了解决该问题，某公司采用了如下估算方法，并取得了较好的效果。具体步骤如下：

① 由产品负责人对产品积压工作项进行详细讲解。

② 随机选定一位开发团队成员讲解对该产品积压工作项的理解。

③ 开发团队对两者理解不一致的地方进行讨论，确定需求要做成什么样子，直到团队成员都没有异议。

④ 开发团队中的测试人员讲解该产品积压工作项的验收条件或测试要点，并与其他成员达成一致。

5.5.2 实训指导12：使用 Azure DevOps 召开冲刺计划会议

通过召开冲刺计划会议，确定冲刺具体要完成的产品积压工作项清单后，形成了当前的冲刺订单。对于未列入当前冲刺的产品积压工作项，采用实训指导7的操作方法移回到产品积压工作区。

冲刺计划会议是由敏捷教练组织，产品负责人和开发团队参加的，在2学时内完成。在冲刺计划会议上，开发团队与产品负责人一起，从冲刺积压工作项列表的顶部选择产品积压工作项，将其分解为任务，然后以小时为单位估计任务。

按每两周一个冲刺开展实训，每周至少两次安排实训活动(课内、课外各一次)；在冲刺计划会议召开之前，完成实训指导7和实训指导11的内容，对产品积压工作项进行梳理、优先级排序和规模估算；产品负责人把第一个冲刺待完成的产品积压工作项移到冲刺积压工作区。

冲刺计划会议的主要工作是澄清理解待实现的产品积压工作项，在充分理解的基础上将产品积压工作项分解为任务，并估计每个任务的时间；团队成员领取任务，并协商确定任务的开展计划。在“冲刺”的任务板处完成任务的分解及安排。进入冲刺计划会议安排的主操作界面(图5-13)，完成冲刺中任务分解、任务认领、任务用时估算等工作。

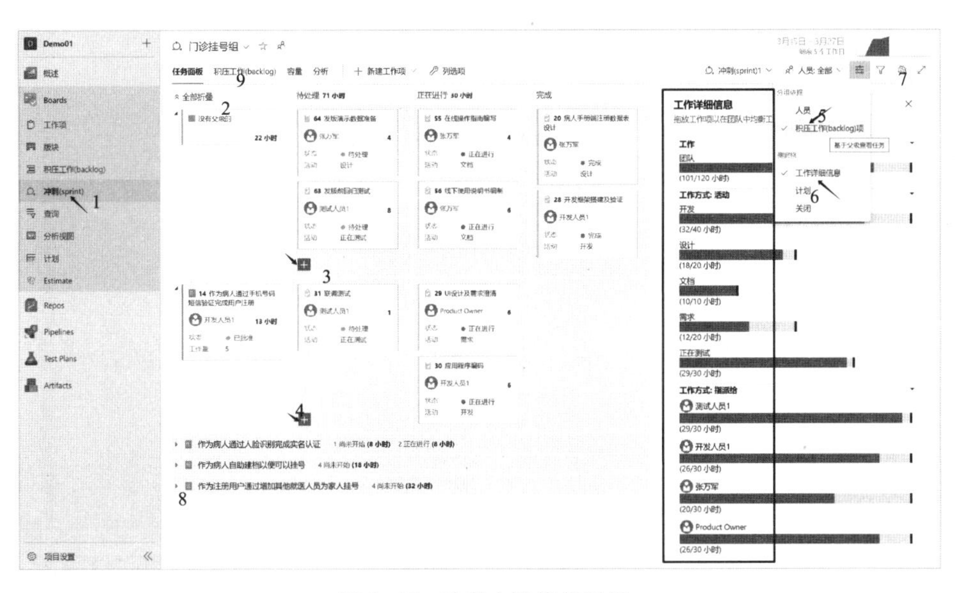

图5-13 冲刺会议任务面板

为了确保冲刺中价值的流动性和产品积压工作项逐个完成，在实训时要注意不同组员领任务时的先后顺序，要确保同一个产品积压工作项的任务能同步完成，这样也可以更好地支持持续测试和持续发布等敏捷开发实践。在图5-13

中的 3 和 4 处的“+”号可以添加任务，并设置任务的工时；在图中的每个任务卡片上人员姓名右边的空白处可输入工时。在项目组参数设置时，如果把 bug 作为任务管理，则 4 处还可以新增与该产品积压工作项相关的 bug。在 5 处可以查看项目组成员的容量、各类活动的容量等。单击 6 处的“计划”可以查看当前冲刺的积压工作项总数及任务总数等。单击 2 处的“全部折叠”可折叠任务面板，以便查看冲刺整体进展情况。

在图 5-13 中单击“新建工作项”，可以新建产品积压工作项或 bug（项目中 bug 是按需求来管理的，如果 bug 按任务来管理，则此处只能建产品积压工作项），只是这样就与特性无法自动关联，需要手动设置关联关系。

说明：虽然系统提供了在此处“新建工作项”的功能，在本书实训时要严格按照实训任务的先后开展，不要在此处添加产品积压工作项。

在冲刺计划会议上可以选择立即分配任务，也可以等到冲刺的所有任务工时都已估算完毕再分配到具体人。在分解好任务之后，必须填写任务的描述，描述内容由团队讨论决定，以便大家对任务完成的准则理解一致。

在 Azure DevOps 中，对于产品积压工作项、任务、bug 等工作项，可以添加与之相关的链接，比如与任务相关的需求（产品积压工作项）、bug、障碍、存储库提交等。可以根据项目管理的需要来设置各个工作项之间的链接关系，以便更好地做项目管理跟踪。在 Azure DevOps 上使用该功能，可以实现需求管理中的双向跟踪。

单击工作项的“添加链接”功能（图 5-14），在出现的菜单中选择“现有的

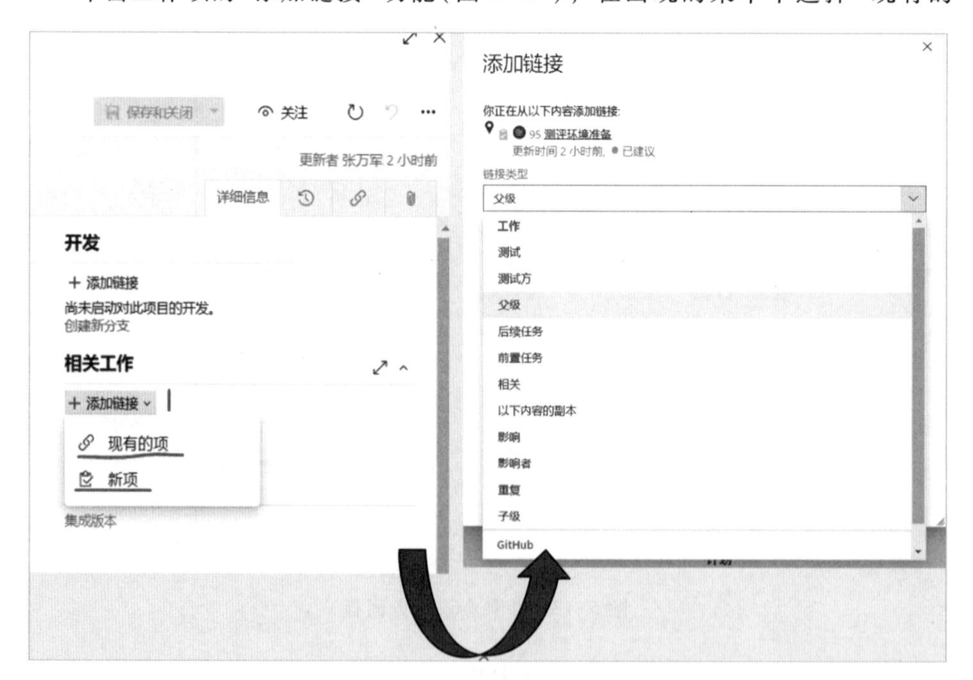

图 5-14　工作项之间链接的添加

项”或“新项”，则出现“添加链接”界面。两个选项的区别为：“现有的项”是选择已经存在的工作项，而“新项”是选择工作项类型并输入标题。图5-15演示的是选择“现有的项”之后的操作界面。

图5-15　从现有项中添加链接

注意： 在添加链接时，可以在“注释”处输入方便工作跟踪的记录信息；如果新建的工作项没有保存过，则不能添加链接。

Azure DevOps的Scrum敏捷开发过程中的各种工作项都有“部署”“开发”和“相关工作”通用选项卡，如图5-16所示。

通过“开发”选项卡可以创建新分支，也可以添加链接。添加链接时，可以选择TFVC或Git相关的库变更集、提交、拉取请求、分支等，以便跟踪该工作项对应的开发信息。

通过“部署”选项卡可以与管道中的发布关联起来，以便跟踪该产品积压工作项或任务是在哪一次发布中完成了发布；如果在发布中设置了发布阶段，比如测试、预发布、生产环境等阶段，则在这里可以实时标识出当前工作项处于哪个发布阶段，发布的哪个阶段已经通过、哪个阶段没有通过。要想与发布关联起来，需要在发布管道的“选项”菜单中启用Boards部署状态报告。

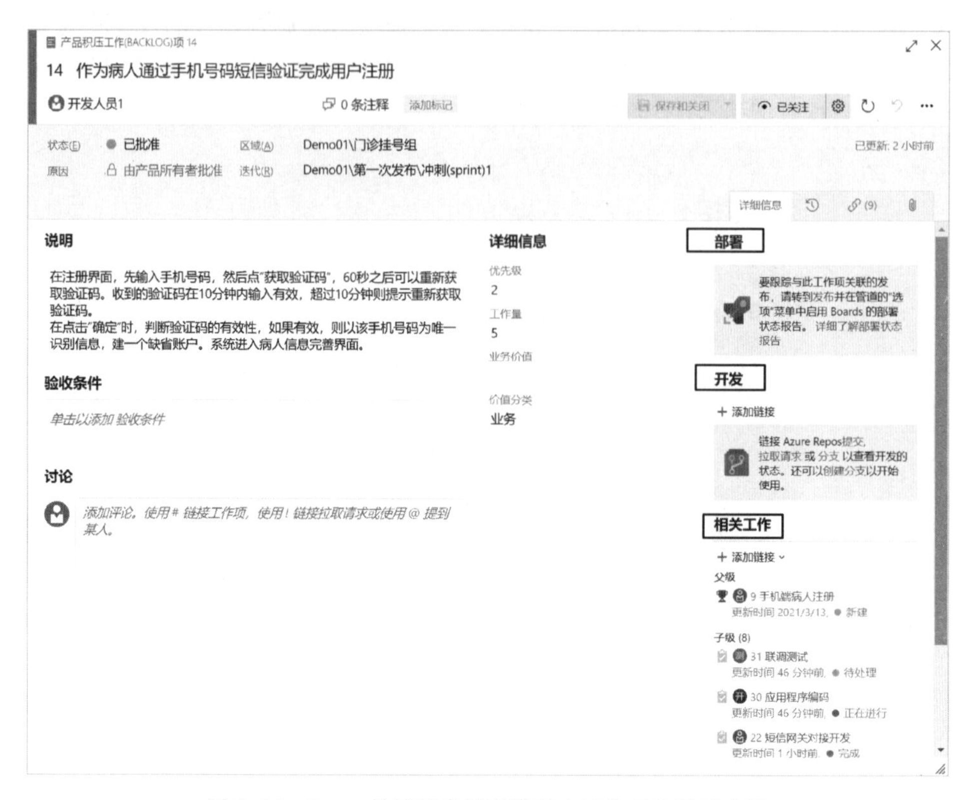

图 5-16　Scrum 敏捷开发过程模板中工作项的通用功能

5.5.3　实训指导 13：借助 Azure DevOps 制订发布计划

在前面的实训中，团队对整个项目需要完成的产品积压工作项的规模进行了初步估算，确定了团队的初始冲刺速度。依据 DEEP 原则，只对近期冲刺计划实现的产品积压工作项进行详细的梳理和需求描述，其他产品积压工作项需在后续冲刺过程中逐步梳理和澄清需求。打开"积压工作(backlog)"，则可以看到如图 5-17 所示的界面。

通过图 5-17 可以看到，第一个冲刺中门诊挂号组安排完成 4 个产品积压工作项(迭代路径为 Demo01 \ 第一次发布 \ 冲刺(sprint) 1)，共计 20 个任务；还有 15 个产品积压工作项位于产品积压工作区(迭代路径为 Demo01)，待后面的冲刺中来完成。

说明：在图 5-17 中，若发现有的产品积压工作项的"工作量"处无数字，说明该产品积压工作项的规模没有按照前述的内容进行估算，需要敏捷教练(组长)先组织团队使用敏捷扑克法开展规模估算，并填写到产品积压工作项的"工作量"处。此外，产品负责人还必须完成产品积压工作项的优先级排序。若未完成前两个实训，则无法完成编制发布计划的实训。

发布计划分为两种情况：一个团队开发一款产品和多个团队共同开发一款产品。对于只有一个团队的情况，直接使用 Azure DevOps 上的预测功能即

图 5-17 第一次冲刺计划会议之后的积压工作项列表

可以看到；而对于有多个团队的情况，则需要使用 Visual Studio 的插件给予辅助。

对于只有一个团队的项目组，在图 5-17 中的 1 处打开“预测”功能，则可以给出基于团队初始冲刺速度的预测结果(图 5-18)，在此基础上来编制发布

图 5-18 发布计划预测示例

计划即可。其中的速度预测会根据冲刺的进展进行调整，这样就可以在每个冲刺结束之后更新整个产品的发布计划，也可以通过调整冲刺速度来确保产品的交付日期。

对于多个团队协同发布计划的制订，需借助微软提供的 Delivery Plans 插件。在扩展管理处对需要用到多团队的项目团队集合启用该插件（参见实训指导 11），启用后则在 Boards 菜单里多了一个“计划”项，进入功能之后可以添加计划，如图 5-19 所示。

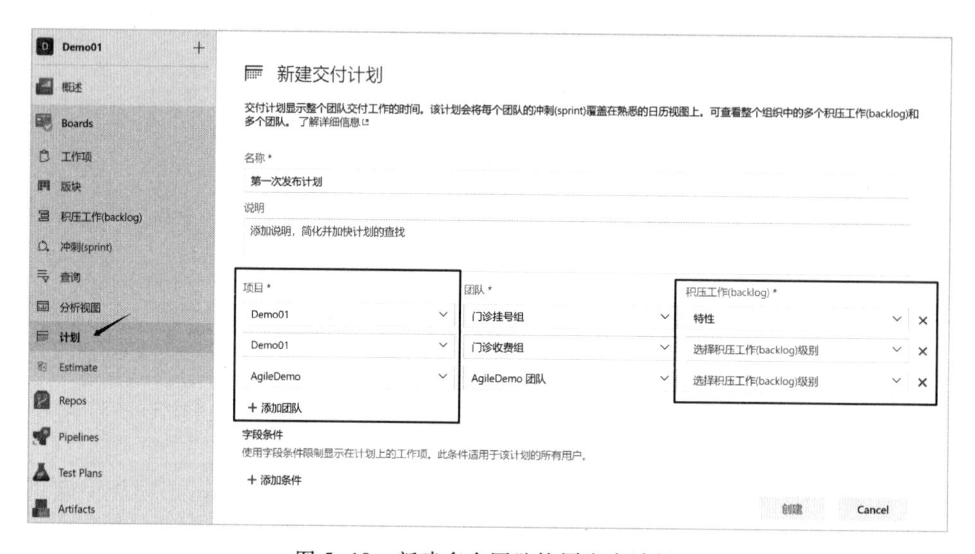

图 5-19　新建多个团队协同发布计划

在这里可以选择不同项目的不同团队，也可以选择不同团队的积压工作项级别，然后在出现的跨团队发布计划板上可以拖动待发布的工作项，以便统一协调和安排（图 5-20）。

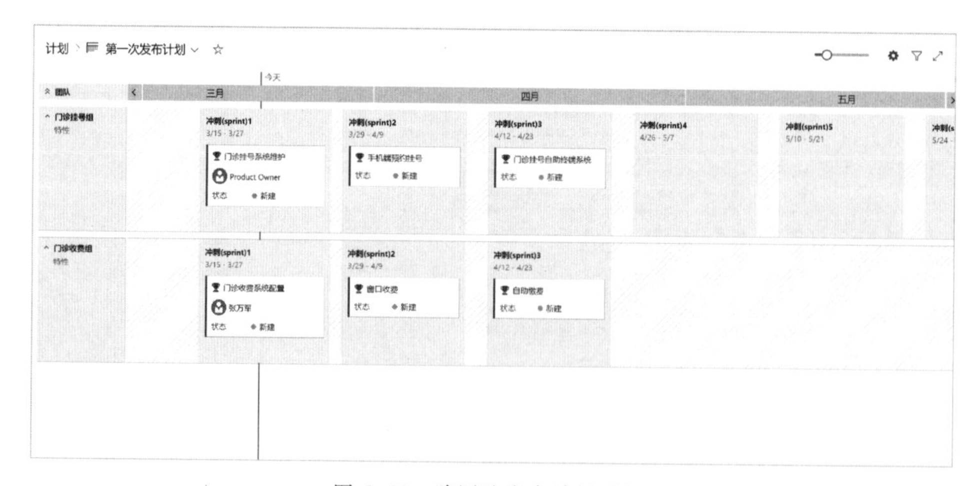

图 5-20　跨团队发布计划看板

借助 Delivery Plans 插件，可以对跨团队协同研发的产品发布计划进行统一安排，并根据工作进展情况及时更新和调整产品发布计划。

5.5.4 实训指导14：开展数据库设计

在冲刺计划会议之后、开始编写代码之前，首先要做的就是进行数据结构设计/数据库设计，并进行评审。在每次冲刺开始编写代码之前都要明确本次冲刺中数据结构的变化，并调整相应的设计。数据结构设计/数据库设计是系统设计的重要组成部分。本实训指导以 SQL Server 为例，简要介绍如何开展数据库设计。

数据库是大部分软件系统的基础，它会影响软件生命周期的下游活动，特别是对编码、测试的影响非常大，对系统实施上线、运维也有一定的影响。在设计数据库时，需要计划将要存储的事物信息及其相关信息，并且还要确定这些事物之间的相互关系。

在做数据库设计时，经常会遇到“实体”和“关系”两个术语。实体是数据库要存储其相关信息的可识别的对象或事物（名词），关系则是用来表达实体间的关联（动词）。在数据库中，一个实体对应一个名词，通常是从用例描述的相关名词列表中选择出来。可识别的对象，例如员工、销售订单、部门和产品等，都是实体的示例；在数据库中用表代表各个实体。置入数据库的实体都源于用例描述中执行的活动，例如跟踪销售订单和维护员工信息等。

每个实体都包含一些属性，也称特性。例如，在员工（Employee）实体中，需要存储员工号（Employee Number）、名字（First Name）、姓氏（Last Name）、地址（Address），以及与一个特定员工相关的其他信息，这些信息即为“员工”实体的属性。实体用一个矩形框表示，在矩形框内部列出与该实体相关联的属性，如图5-21所示。

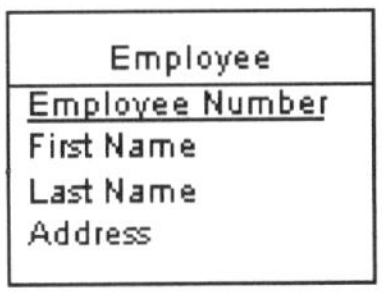

Employee
Employee Number
First Name
Last Name
Address

图5-21　实体属性示例

在数据库中，实体之间的一个关系对应一个动词，例如一个员工属于一个部门，或者一个销售订单属于一个客户。数据库中的关系可能表现为表间的外键关系，也可能自身就成为独立的表。

1. 数据库设计的主要步骤

在软件开发过程中，开发团队要在需求分析或产品积压工作项梳理的基础上开展数据库设计，包含以下5个主要步骤。

（1）确定实体和关系

主要包含以下任务：

① 确定高级别的活动：来源于用例描述或产品积压工作项描述，确定要使用该数据库执行的一般活动。例如，可能要用它来跟踪有关员工的信息。

② 确定实体：来源于用例描述或产品积压工作项描述中的名词、原型图上的表单等。对于①中确定的活动，需要明确维护有关哪些类别对象的信息，这些对象将成为实体。例如，聘用员工、将员工分配到某个部门、确定其技能级别等。

③ 确定关系：对用例描述或产品积压工作项描述、原型图交互界面中的关系分析，然后确定实体间会有哪些关系。例如，产品和仓库之间的关系，需定义两个实体来描述其中的关系。

④ 分解活动：来源于用例描述或产品积压工作项描述、原型图交互说明。确定高级别的活动后，需要进一步分析这些活动，确定是否可以将其中一些活动分解为较低级别的活动。例如，高级别活动"维护员工信息"可以分解为较低级别的活动"添加新员工""更改现有员工信息""删除已离职员工"等。

⑤ 确定业务规则：从用例描述或产品积压工作项描述中抽取。对业务说明进行分析，确定应遵守哪些规则。例如，"一个部门有且仅有一个经理"就可以作为一条业务规则。确定好的这些规则将被置入数据库的结构中。

（2）确定所需数据

通过用例中的详细描述或产品积压工作项描述及原型图，确定支持的数据。列出所有需要跟踪的数据，为每个实体设置数据。列出每个实体的可用数据，描述实体（对象）的数据可以回答的问题，如涉及何人、何事、何处、何时以及何故；列出每个关系（动词）需要的所有数据，以及适用于每个关系的数据（如果有）。

注意：确定支持数据时，一定要参考前面确定的活动，以了解将如何访问这些数据。

例如，在某些情况下可能需要按员工的名字列出员工，而在另一些情况下可能需要按姓氏列出。要满足这两种需要，应创建一个 First Name 属性和一个 Last Name 属性，而不应创建一个既包含名字又包含姓氏的属性。将姓氏和名字分开之后可以创建两个索引，分别适用于这两项任务。

注意：选择并使用一致的名称可以使数据库便于维护，并且便于阅读报告和输出窗口。

例如，如果一个属性使用了缩略名称，如 Emp_status，则另一个属性不应使用完整名称，如 Employee_ID，应使名称保持一致，即 Emp_status 和 Emp_ID。

在本阶段，数据是否与正确的实体相关联并不太重要，可以根据自己的判断进行设计。在步骤（3）中将对设计进行测试，检查本阶段的判断是否正确。

（3）规范化数据

列出数据库中的数据，这些数据来源于用例描述中的数据字典、详细描述文本或产品积压工作项描述及原型图。为每个实体至少确定一个标识符，即主键，然后确定实体之间关系对应的键。检查支持数据列表中是否有计算数据（这类数据通常不存储在关系数据库中），然后使用范式来测试，在该过程中进一步规范化数据。具体步骤如下：

① 第一范式测试：如果一个属性在同一个条目上可以有几个不同的值，则删除这些重复的值；用删除的数据创建一个或多个实体或关系。

② 第二范式测试：找出带有多个键的实体和关系，删除只依赖于键的一部分数据；用删除的数据创建一个或多个实体或关系。

③ 第三范式测试：删除依赖于实体或关系中其他数据但不依赖于键的数据，用删除的数据创建一个或多个实体或关系。

（4）解析关系

执行完规范化过程后，设计几乎就完成了，还需要做的工作就是生成与概念数据模型相对应的物理数据模型。这个过程也称作解析关系，因为其中涉及的大量工作就是将概念模型中的关系转换为相应的表和外键关系。

（5）验证设计

实施设计之前，需要确保该设计能够满足需要，即检查在设计过程之初确定的活动，并确保可以访问这些活动所需要的数据，此后就可以实现数据库设计了。

2. 数据库设计的技巧和注意事项

常用的数据库设计工具有 Microsoft Visio、Star UML、Power Design 等，读者可以根据自己学习和掌握的知识选择合适的工具。这里以 SQL Server 为例，介绍日常设计和使用数据库时的一些技巧和注意事项。

（1）谨慎使用游标

游标提供了对特定集合中逐行扫描的手段。使用游标可以通过逐行遍历数据，根据取出的数据的不同条件进行不同的操作。但是，对多表和大表等大数据集合定义的游标，处理的循环语句很容易使程序进入一个漫长的等待，或因内存消耗太大而出现死机现象。针对此种应用场景，建议根据不同的条件改用不同的 UPDATE 语句，以便较好地提高效率。对于有些必须使用游标的场景，建议考虑将符合条件的数据行转入临时表中，再对临时表定义游标进行操作，这样可使性能得到明显提高。

（2）索引的使用原则

添加任何一种索引均能提高按索引列查询的速度，但会降低插入、更新、删除操作的性能，尤其是当填充因子较大时。虽然采用较小的非零填充因子值可减少因索引增长而拆分页的需求，但是索引将需要更多的存储空间，并且会降低读取性能。即使对于面向许多插入和更新操作的应用程序，数据库的读取次数一般也会超过数据库写入次数的 5~10 倍。因此，指定一个不同于默认值的填充因子会降低数据库的读取性能，而降低量与填充因子设置的值成反比。例如，当填充因子的值为 50 时，数据库的读取性能会降低到原来的 1/3。这是因为索引包含较多的页，增加了检索数据所需的磁盘 I/O 操作。

此外，不要随便使用聚合索引，比如把聚合索引默认用在主键上。一个表只能有一个聚合索引，符合下列条件之一时可以考虑使用聚合索引：

① 结果集很大。

② 检索条件中有“范围”条件，即<、>、between 等条件。

③ 需要结果集 group by 和/或 order by；另一方面，如果某个列的变动很频繁，则不宜在该列上建聚合索引。

④ 对于 like '%xxx%'的查询，普通的索引起不了作用，可以使用全文检索的方案。

（3）数据的一致性和完整性

为了保证数据库数据的一致性和完整性，设计人员往往会设计过多的表间关联，以尽可能降低数据的冗余。表间关联是一种强制性措施，建立关联后，对父表和子表的插入、更新、删除操作均要占用系统的开销。如果数据冗余低，数据的完整性容易得到保证，但会增加表间连接查询的操作。因此，为了提高系统的响应时间，合理的数据冗余也是必要的。

设计人员也常使用规则和约束来防止系统操作人员误输入造成数据错误，但是不必要的规则和约束也会占用系统的开销。需要注意的是，约束对数据的有效性验证要比规则快。设计人员在设计阶段应根据系统操作的类型、频度加以均衡考虑。

（4）数据库性能调优

在计算机硬件配置和网络设计确定的情况下，影响到应用系统性能的因素不外乎为数据库性能和客户端程序设计。数据库逻辑设计能够去除冗余数据，提高数据吞吐量，保证数据的完整性，并清楚地表达数据元素之间的关系。由于对多表之间的关联查询（尤其是大数据表）将会降低数据库的性能并提高客户端程序的编程难度，因此数据库的物理设计需折中考虑。根据业务规则，确定对关联表的数据量大小、数据项的访问频度，对此类数据表频繁的关联查询应适当提高数据冗余设计。

（5）数据类型的选择

数据类型的合理选择对于数据库的性能和操作具有很大的影响。以 SQL Server 为例，数据类型的选择需注意以下细节：

① Identity 字段不要作为表的主键与其他表关联，否则将会影响到该表的数据迁移。

② Text 和 Image 字段属于指针型数据，主要用来存放二进制对象。这类数据的操作相比其他数据类型较慢，因此要避开使用。

③ 日期型字段的优点是有丰富的日期函数支持，因此在日期的大小比较、加减操作上非常简单。但是，在将日期作为条件的查询操作中也要用到函数，

相比其他数据类型来说其速度就会慢许多。因为用函数作为查询条件时，服务器无法用先进的性能策略来优化查询，而只能进行表扫描逐行遍历。

④ 字段最好都有默认值，除非那些自动增长型字段、主键或外键。字符型字段都默认为空字符串，数值型字段都默认为0，日期型字段都默认为系统日期。这样做的好处是减少了程序不必要的代码，从而降低程序出错的可能。比如一个表包含20个字段，在将某一行的数据读出到相应的控件中时，就需要判断其是否为null。如果不采用默认值，将会增加相应的判断语句，程序的长度就可能增加多行。

⑤ 字段长度设计要考虑到将来变化的需要，一般要比需求分析的长度长两个单位。

⑥ 在数据长度比较固定的情况下，一般要尽量使用定长数据类型；而对于长度变化不定的字符字段，则最好采用自动伸缩型。这样更能节省用户磁盘空间。

⑦ 在对数据库保留字不太了解的情况下，在对字段、存储过程、表等进行命名时，除了要具有一定的描述性外，最好加上特定的前缀。比如，在SQL Server中name是保留关键字，如果将其用作字段名，会导致程序出错而不易查找原因。

(6) 数据库容量估计

以SQL Server为例，估计数据库容量的步骤如下：

① 指定表中的行数：

表中的记录行数=Num_Rows。

② 如果在表的定义中有固定长度和可变长度列，则计算数据行中这两组列中每一组所占用的空间。列的大小取决于数据类型和长度说明。

- 列数=Num_Cols。
- 所有固定长度列中的字节总和=Fixed_Data_Size。
- 可变长度列数=Num_Variable_Cols。
- 所有可变长度列的最大值=Max_Var_Size。

③ 如果表中有固定长度列，行的一部分(称为空位图)将保留，以管理列的可为空性。计算空位图大小：

Null_Bitmap=2+(Num_Cols+7)/8

④ 如果表中有可变长度列，则确定在行中存储这些列需使用的空间，可变长度列的总大小：

Variable_Data_Size=2+(Num_Variable_Cols×2)+Max_Var_Size

如果没有可变长度列，则把Variable_Data_Size设置为0。

⑤ 计算行的总大小：

Row_Size=Fixed_Data_Size+Variable_Data_Size+Null_Bitmap+4

其中4表示数据行首结构。

⑥ 计算每页的行数(每页总字节数8 096 B)：

Rows_ Per_ Page =8 096/(Row_ Size+2)

因为行不跨页，所以每页的行数应向下舍入最接近的整数。

⑦ 如果要在表上创建聚集索引，那么要根据指定的填充因子计算每页保留的可用行数。如果不创建聚集索引，则将 Fill_ Factor 指定为 100。每页的可用行数：

Free_ Rows_ Per_ Page=8 096×((100-Fill_ Factor)/100)/ (Row_ Size+2)

因为行不跨页，所以每页的行数应向下舍入最接近的整数。填充因子增大时，每页将存储更多的数据，因此页数将减少。

⑧ 计算存储所有行所需的页数：

Num_ Pages=Num_ Rows/(Rows_ Per_ Page-Free_ Rows_ Per_ Page)

⑨ 计算存储表中的数据所需的空间量(每页总字节数 8 192 B)：

表大小=8 192×Num_ Pages(字节)

⑩ 存储过程——很小，视图——很小，用户函数——很小。

⑪ 日志文件的空间另计，因为该空间是与数据操作有关的，与数据内容的大小基本无关。

⑫ 如果有图像等大数据类型，须另外增加空间。

5.6　项目进度跟踪与监控及变更的管理

在项目管理实践中有一句俗语：一张完美的图纸不等于一幢坚实的大厦。软件开发的项目管理也是如此，精心制订的发布计划、冲刺计划并不等于符合客户预期的软件。相对于传统领域的项目管理，受软件不可见性、易变性等固有特性的限制，软件开发项目的进度跟踪与监控更具有挑战性和复杂性。建议按如下方式开展软件项目的跟踪与监控：

① 在构建好团队的情况下，根据进展的实际情况逐步优化调整计划。

② 在执行计划时做到充分授权、合理分工、明确职责。

③ 做到及时沟通，根据需要调配资源，并关注执行过程中风险的把控。

在项目管理实践中，受需求变更、进度异常、估算不准、团队配合度不高、资源未及时到位等因素的影响，制订好的计划肯定会发生变化，这是必须面对并解决的问题。

项目跟踪与监控作为项目管理的核心内容之一，其目的就是了解项目的进展，以便在性能显著偏离计划时采取适当的纠正措施。具体如下：

① 通过跟踪与监测，及时了解项目计划的实际执行情况(包括工作量、成本、进度、缺陷、承诺以及风险等)，评价项目状态，为项目负责人以及各级管理者提供项目当前真实情况的可视性，并用以判断项目是否沿计划所期望的轨道健康地取得了进展。

② 当项目状态偏离期望的轨道时，应采取纠正措施，使项目的规模、工作量、进度、成本、缺陷以及风险得到有效控制；必要时调整项目计划，最终将

项目调整到计划所期望的轨道上。

项目计划是管理项目的总体计划，是监督项目活动、沟通状态和采取纠正措施的基础。它可以是独立的文档，也可以分布在多个文档中；可以是一份计划，也可以是每阶段都制订的多份计划。项目管理就是需要提供一种方法来跟踪和沟通进展，并确定是否需要纠正。在项目执行过程中，定期比较实际值与计划值(或估算值)之间的差距，有助于管理客户和利益相关者的期望，通常包括：

① 规模、工作量、成本、进度。

② 复杂性、质量、里程碑。

③ 知识和技能、资源。

④ 利益相关者参与度、承诺。

⑤ 迁移到运营和支持。

当实际值显著偏离预期值时，可采取如下一些纠正措施，并对纠正措施跟踪直到关闭：

① 修改完成工作的策略。

② 更新目标、修改估算、修改计划。

③ 建立或修改协议和承诺，更新风险管理活动和工作产品。

在 Scrum 敏捷开发中，项目跟踪与监控贯穿于整个敏捷开发过程，体现在如下环节：

① 发布计划。制订每次版本发布的计划，需要对整个项目已开展的情况进行检查回顾。

② 产品积压工作项梳理。需要考虑到已完成工作的情况。

③ 冲刺计划。在制订冲刺计划时会根据项目实际进展修正发布计划及具体完成的内容。

④ 冲刺执行(每日站会)。该环节对工作执行情况进行讨论并给出后续的承诺。

⑤ 冲刺评审/演示。该环节对本冲刺完成的产品增量进行展示并得到反馈。

⑥ 冲刺回顾。对本冲刺活动进行回顾，找出亮点和待改进点，并及时做纠正或调整。

在 Scrum 敏捷开发中对项目跟踪与监控，通常会产生以下信息：

① 任务面板显示的正在执行的工作状态，特别是分配给冲刺的任务和产品积压工作项。注意：在 Azure DevOps 中是通过任务面板和积压工作看板两种方式来呈现的。

② 发布燃尽图显示的每个冲刺中剩余的故事点数，并且表明发布的所有工作通常由几个冲刺组成。注意：Azure DevOps 的默认 Scrum 模型中，冲刺燃尽图显示的是任务“剩余工时”，可以通过其中的“分析”功能查看基于规模(工作量)的燃尽图或者工作项数量的燃尽图等，开发团队可根据需要自行查看和设置。

③ 每天更新的冲刺燃尽图，指示完成冲刺工作所需的时间(通常是在每日

站会前完成更新)。

④ 墙上和/或数字屏幕上的视觉信息，指示团队绩效、文化和任务的当前状态。可使用 Azure DevOps 的仪表板来实现。

当实际结果相较于计划存在显著差异时，应采取纠正措施并设法完成工作(变更计划或提升性能)。管理纠正措施可以增加实现目标的可能性，纠正措施可以是自动化或手动执行，也可以两者结合。典型的纠正措施可能包括：

① 调整资源以提高性能或防止产生性能问题。

② 重新平衡资源之间的工作量。

③ 改进过程，以提高生产力、效率和有效性。

④ 改进设计，以提高生产力、效率和有效性。

⑤ 增强能力和可用性，如增加人员或其他资源。

⑥ 通过调整来优化和提高能力或性能。

⑦ 调整需求。

⑧ 通过需求管理技术来改进资源的使用情况。

在具体实践时，建议先从评估和其他过程的执行来收集问题，然后分析问题以确定是否需要采取纠正措施。对已确定的问题采取纠正措施，并进行管理直至结束。在此过程中，需要得到利益相关者的同意，并就内外部承诺变更达到一致。

在 Scrum 敏捷开发中，针对项目过程中的变更有如下建议，供大家在软件开发实践中参考。

在软件开发中，不可预见的事件可能会在任何时候发生。例如，在当前冲刺中发现一个错误，该错误需要团队回到需求收集时(即从头开始)思考；团队在冲刺几乎快要结束时，发现一个严重的、无法修复的错误；产品负责人/客户可能会要求将新的产品积压工作项纳入冲刺。无论这些类型的事件如何产生，团队都必须以一种从容的方式进行处理，与技术领导者和决策者进行必要的讨论是成功管理这些变更的关键。例如，如果必须将一个新的产品积压工作项纳入当前冲刺中，可以与产品负责人协商从冲刺积压工作区的底部取出一个或多个冲刺积压工作项，以便团队可以完成即将传入的新工作项。确保与团队讨论该问题并获得其技术意见，以便可以与包括产品负责人在内的利益相关者进行建设性沟通，并达成每个人都愿意接受的协议。

某些情况可能会导致当前的冲刺工作价值无效。此时，在产品负责人的同意下，可以放弃该冲刺，当前冲刺所有剩余的工作应退回到产品积压工作区，并在开始下一个冲刺之前进行梳理、估算大小和排定优先级。

5.7　冲刺中的日常活动

进入冲刺之后，整个团队应专注于冲刺积压工作区的顶部工作项，并自上而下进行工作。选择特定的产品积压工作项第一项任务的团队成员要激活该工作项，即把该任务关联的产品积压工作项状态改为“已批准”，或在“版块”(即积压工作项看板，可以按迭代进行筛选)处把对应的产品积压工作项从“新建”泳道移动到“开发中”泳道。一旦团队成员开始处理任务，就必须将其设置为“正在进行”状态，或通过冲刺任务面板将该任务拖到“正在进行”泳道。

团队成员完成任务后，应将任务更改为“完成”状态，或在任务面板上将其从“正在进行”泳道拖到“完成”泳道，此时该任务的“剩余工作”会自动设置为空，这样做系统会自动更新正在开展工作的燃尽数据。

产品积压工作项对应的所有开发任务完成后，应将其移至“已提交”状态，或表示开发已完成且测试已开始的任何其他自定义状态。可以在看板上设置一组自定义列，用来准确显示产品积压工作项当前部署到的环境，以及该批次是否按预期工作；也可以引入自定义状态来表示相同类型的阶段。图 5-22 所示的示例中，增加了“产品验证”列，重定义了“联调中”列。

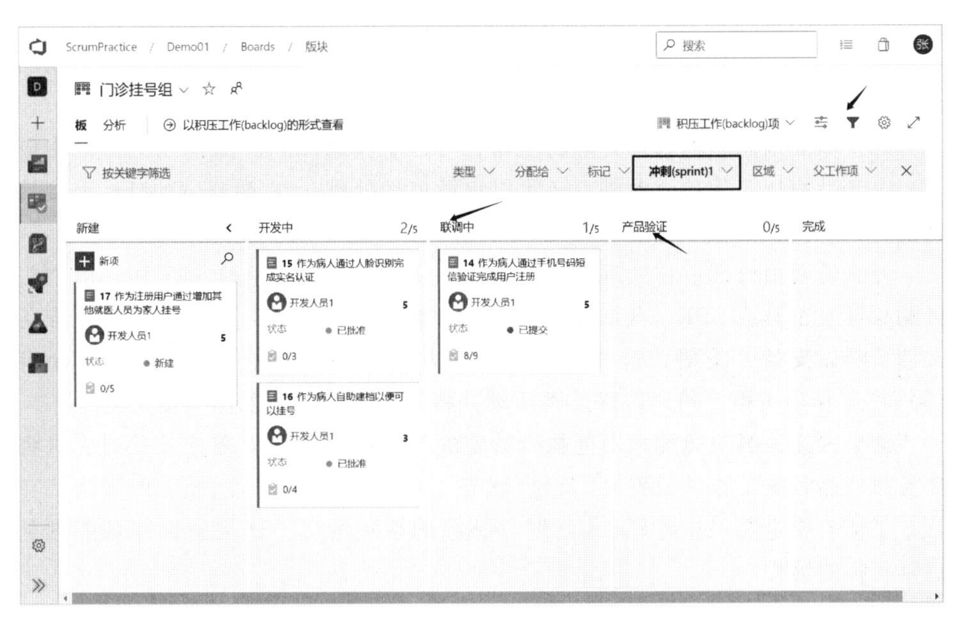

图 5-22 冲刺中产品积压看板

注意：在图 5-22 中对产品积压工作项按迭代进行了筛选，把“冲刺(sprint)1”的产品积压工作项显示在看板上。

在任何冲刺中，完成前几个产品积压工作项并将其转移到测试阶段都需要花费一定的时间。因此，在最初的几天里，团队的测试人员需为本冲刺订单中的产品积压工作项编写测试用例并添加到当前冲刺中，以帮助开发人员为实施测试自动化做准备。同时，测试人员也可以帮助团队梳理产品积压工作项。

在 Scrum 敏捷开发实践中，建议开发团队在冲刺过程中要尽可能多地把开发出的软件部署到测试环境，并实现自动化测试，以便尽早、更频繁地验证开发成果。这要求团队具有适当的自动化部署方案，以稳定地支持频繁部署。

在测试新开发的产品积压工作项时可能会发现错误，团队必须在冲刺中修复这些错误，这是团队在该冲刺中必须完成的工作内容。在测试中发现的所有缺陷被修复之前，不应将相关的产品积压工作项视为已准备好用于生产，也就是说产品积压工作项不能改为“完成”状态。

此外，应确保整个团队在产品负责人的主导下参与定期的产品积压工作项梳理工作。开发团队成员应花 10%的时间参与并协助产品负责人对产品积压工作项进行梳理，以便为后续的冲刺提前做好准备。

在冲刺的日常活动中，有如下工作需要开展：

1. 跟踪和解决障碍及其他支持工作

在开发过程中，有些任务是用于支持其他产品积压工作项实现的，比如准备测试环境、实现构建发布管道或移除团队遇到的任何其他障碍（或问题/风险）等。这些工作有些可能会在每日站会上得到报告，有些可能是在项目开始之前就已经识别出来了。

障碍（或问题/风险等）可能需要一些外部支持才能得到解决，而产品积压工作项的其他支持工作则大部分由团队来处理。

对于需要由团队内部来处理的工作，可以将其添加到产品积压工作区中成为一个产品积压工作项。此外，还可以更简单地处理：在 Azure DevOps 上直接建任务，该任务面板中会显示为无产品积压工作项关联的任务卡。

对于需要由外部协作处理的工作以及不需要跟踪团队活动的工作，例如跟进购买开发工具或 SDK、获取服务器环境、修复有故障的开发机器，甚至准备文档资料以支持开发等，这些应在某个地方进行跟踪。在 Azure DevOps 上有“障碍”工作项类型，可以跟踪此类活动并将其与产品积压工作项相关。

如果因无法解决障碍而不能执行特定的产品积压工作项或任务，则可以将任务或产品积压工作项设置回“新建”状态，并添加与该工作项相关的障碍。在日常工作中要定期关注障碍（或问题/风险）的解决情况，这是确保冲刺能顺利达到目标的前提。

2. 代码管理及测试工作

在日常开发过程中，严格按照团队确定的源代码管理规范、分支策略或标准完成代码分支、代码评审、拉取请求、Tag 标识等，并且要与相关的工作项关联起来。此外，团队还可以借助 SonarQube 和 Veracode 之类的工具来创建高质量和安全的代码。

测试是软件开发的一个关键环节，应彻底进行测试，以确保团队交付高质量的产品。在日常开发中要关注如下两点建议：

① 在开发程序时完成单元测试代码的编写，该测试将提供代码覆盖。团队可以将单元测试与持续构建集成在一起，以自动化流程并帮助团队查看代码的覆盖率。

② 对于无法开展自动化测试的团队，要在冲刺开始的前期编写测试用例，从这些用例中找出回归测试需要的最小用例库，确保关键业务可以完成回归测

试；须尽早开展回归测试，切忌放到版本发布前再进行回归测试，那样会把严重缺陷发现时间拖延到发布前，往往会导致发布或交付延期。

3. 进度监控

在冲刺的日常活动中，团队要监控工作的进展，找出实现冲刺目标的风险并消除这些风险。尽快发现问题并采取纠正措施，以便完成积压工作区中的产品积压工作项。可以通过如下的一些图表来协助开展监控工作：

① 燃尽图。燃尽图(图 5-23)通过显示随着冲刺的进行而减少的剩余工作量，来展示团队是如何进行工作的。建议工作量使用故事点数(规模)，可以更有效地指示当前冲刺中的总故事点以及团队如何完成它们。如果由于冲刺中发现错误而添加了越来越多的故事点，或者由于前期冲刺计划时考虑不周，在冲刺过程中添加了其他产品积压工作项，那么将发生燃耗而不是燃尽。

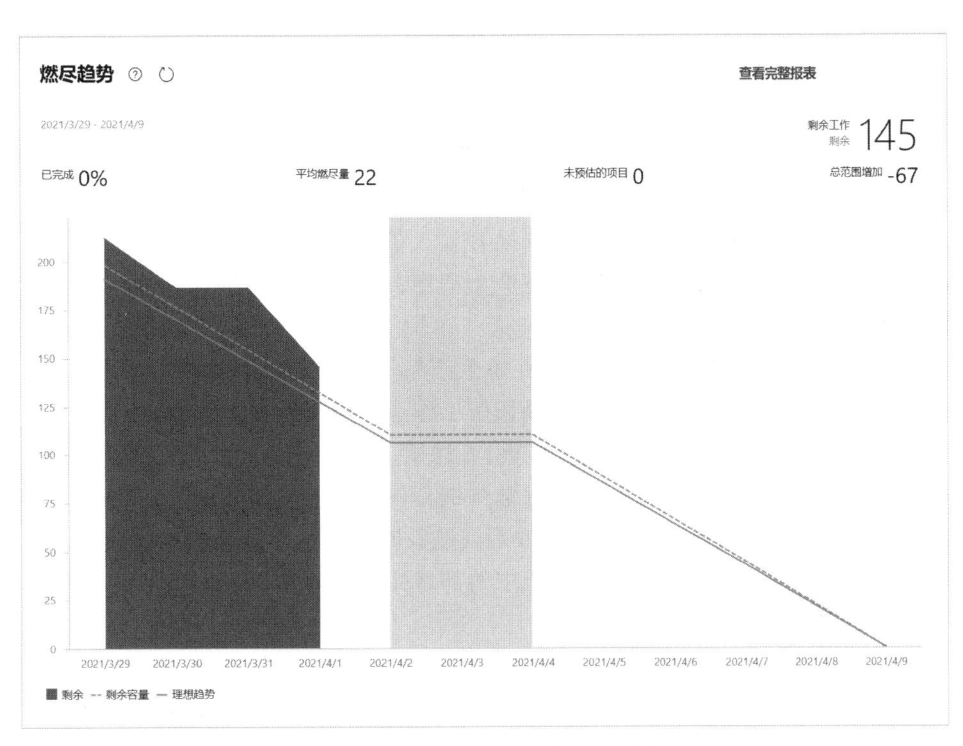

图 5-23　某冲刺中的燃尽图示例

② 速度图。速度图有助于说明团队实现产品积压工作项的能力。在开展几次冲刺之后就可以确定团队的平均速度，这些信息有助于团队预测未来的工作。

③ 累积流图。累积流图从所有冲刺的角度显示了从定义的时间段到当前的进度，还指示进行中的工作以及完成工作项的速度与将项目添加到团队项目的速度。

在 Azure DevOps 中，可以从多个维度来得到以上这些图表信息，通过“版块”(看板)处的“分析”功能，可以查看团队的累积流图；也可以查看工作量(规模)、工作项计数、剩余工作、业务价值等维度的速度。不同团队可以根据进度监控的需要查看相应的图表。

通过“冲刺(sprint)”处的“分析”功能，可以查看多个维度的燃尽趋势图，主要有任务、产品积压工作项、bug 类的工作项等，以及工作项计数燃尽、工作量总和燃尽、剩余工作总和燃尽、业务价值总和燃尽等。不同团队可以根据自己进度监控的需要查看相应的燃尽图。

4. 减少缺陷的产生

软件中存在缺陷会带来高昂的代价，严重时会影响团队在客户中的声誉。解决缺陷的成本会随着它到达软件交付生命周期中的阶段而增加，解决在生产环境中发现的 bug 可能会耗费非常高的成本。为了减少缺陷的产生，开发过程中可以参考以下实践：

① 团队对产品积压工作项进行详细梳理并认真评审；在冲刺开始之前就准备好测试用例或确定测试要点、验收条件。

② 代码评审是团队可以遵循的一种良好实践，特别是对核心代码、重要业务处理的代码、用到新技术的代码等，应坚持开展代码评审。

③ 实践并应用结对编程。通常测试人员在冲刺开始时处于闲置状态，并有一些时间可以帮助开发人员。可以通过将测试人员与开发人员进行配对测试的形式来开展工作。在冲刺过程中，如果开发人员准备展示开发成果，测试人员就可以坐在开发人员的机器旁边验证应用程序；这样团队可以在到达测试阶段之前解决很多问题。

④ 引入持续集成和持续测试。在每个产品积压工作项完成编程之后就集成到系统中进行测试，不要把所有产品积压工作项都做完了再进行测试。

⑤ 尽早开展回归测试。团队可以引入测试自动化以减少回归测试所需的工作量。建议在解决方案上运行每日冒烟测试套件，并每晚部署到测试环境。

⑥ 尽早开展负载和性能测试，发现问题及时修复。团队还应确保模拟测试环境或过渡环境的每次部署都与生产中的部署完全相同。

5. 应急情况处理

在开发过程中，团队可能会遇到的另一个挑战是处理应急事件或灾难情况。这些事件可能有多种形式，比如关键团队成员可能会在关键时刻生病；开发或测试环境硬件可能会突然失效；自然灾害可能会干扰团队成员履行职责的能力；团队可能会发现项目中的技术方案失败，必须进行彻底检查并重构等。

无论是什么类型的灾难，推进所有利益相关者之间的协作和建设性讨论是解决的根本之道。只有团队成员相互信任和协作才能使团队度过灾难。

此外，对团队成员行为和责任心的可视性也是团队建设的重要方面。Azure DevOps 对团队的所有操作都提供可视性，允许检视团队成员的行为，并促使成员对其行为负责。作为整个团队工作的推动者，敏捷教练应始终帮助团队成员纠正所犯的错误，而不是指责。

6. 每日站会

每日站会是 Scrum 敏捷开发中频率最高的活动，执行频率为每天一次，每次15分钟，且每次都在同一时间、同一地点召开，以便降低复杂性。

在每日站会上，开发团队为接下来的一天工作制订计划，通过检视上一次每日站会以来的工作和预测即将到来的冲刺工作来优化团队协作和效能，还需检视冲刺积压工作项列表完成的进度趋势。

敏捷教练确保开发团队的每日站会如期举行，教导开发团队将每日站会控制在15分钟之内，具体会议由开发团队自己负责召开。如果有开发团队之外的人出席会议，敏捷教练要确保他们不会干扰会议。敏捷教练发现团队每日站会不符合Scrum敏捷开发标准时，可与开发团队探讨敏捷实践方法，以确保其符合Scrum敏捷开发标准。

按Scrum敏捷开发标准要求，在每日站会中每个人需要回答如下三个问题：

① 昨天，我做了什么。

② 今天，我要做什么。

③ 我遇到了什么问题。

为了确保每日站会有效，要避免从个人目标的角度来开展对问题的讨论，而是要立足于实现团队的目标来开展讨论。如果把对一天的行动路线快速讨论变成关于个人的最新情况讨论，那么每个团队成员只会担心个人任务的完成情况以及其肩上的任务数量，而不会将精力集中在完成产品积压工作项或互相帮助完成团队目标上。个人工作完成情况固然重要，但使团队成员之间相互协作、相互支持，以尽快完成产品积压工作项，才是项目成功的关键。

在每日站会实践中，还要注意不要在站会结束之后再对产品积压工作项和任务的状态进行更新，要在每日站会前或过程中完成。此外，要特别关注某些团队成员经常帮助他人而自己承担的工作却没有进展的情况，避免此类团队成员对团队目标的达成产生不利影响。

5.8　实训任务4：开展冲刺并做好项目跟踪及监控

在召开冲刺计划会议之后即开始为期两周的冲刺实训。为了保证全过程实践Scrum敏捷开发，每个项目组需至少完成2个冲刺。在执行冲刺时，产品负责人要做好下一个冲刺的产品积压工作项的梳理，并对当前冲刺的产品积压工作项的实现情况进行跟踪与监控，及时与开发人员讨论产品积压工作项以澄清需求。在冲刺过程中，敏捷教练（组长）要确保每日站会的召开，每周至少安排两次集中实训并召开每日站会。敏捷教练在集中实训时，根据工作进展督促组员对产品积压工作项、任务状态及时进行更新，跟踪整个项目的进展，发现问题或风险时登记为障碍工作项，协助开发团队解决冲刺中遇到的各类障碍，并做好跟踪记录。指导教师随机参加各个小组冲刺中的活动，并指导各小组顺利开展Scrum敏捷开发实践。

5.8.1　实训指导15：使用Azure DevOps进行项目跟踪

团队的每个成员可以通过“冲刺（sprint）”→“任务面板”→“@我”来查看当

前自己负责的任务，根据每日站会开展任务中的工作。在每日工作结束时，如果该任务已经完成，则将其拖到“完成”泳道，如果该任务还没有完成，则在任务的“剩余工作”处填写完成该工作预计还需花费的工时。

敏捷教练(组长)通过“任务面板”查看任务完成情况，发现进度异常时及时协调解决。敏捷教练通过“版块”(看板)对当前冲刺的产品积压工作项进展情况进行跟踪，当发现“开发中”或“联调中”列的在制品数量出现红色时，需对当前项目组的工作进行协调，集中力量完成在制品，减少启动新产品积压工作项的开发。

此外，在 Azure DevOps 中每个团队可以配置用于对工作进展情况进行监控的仪表板，使得所有团队成员都可以了解当前整个项目的进展；也可以针对不同角色的团队成员设置不同的仪表板，比如测试人员关注的是测试相关数据、生成及发布的相关数据，而开发人员关注的是生成相关数据、代码提交的相关数据、任务完成进展数据等。

在仪表板主页左边栏的菜单中打开“概述”→“仪表板”，可以看到系统默认的几个仪表板(图 5-24)。系统会为每个团队建一个名为“概述”的仪表板，只是当前仪表板的内容还是空的，需要团队根据自己的需要来配置要放置的信息。

图 5-24　仪表板主页

通过“新建仪表板”可以为团队建立新的仪表板。在本示例中，使用门诊挂号组的概述仪表板完成相应的配置(图 5-25)。

在图 5-25 中显示的内容是根据团队的需要添加的部件，通过单击图中 2 处的“编辑”功能可以添加、删除和修改相应的显示部件，出现如图 5-26 所示的界面。可选择需要在仪表板上显示的组件，然后再通过每个组件的“设置”功

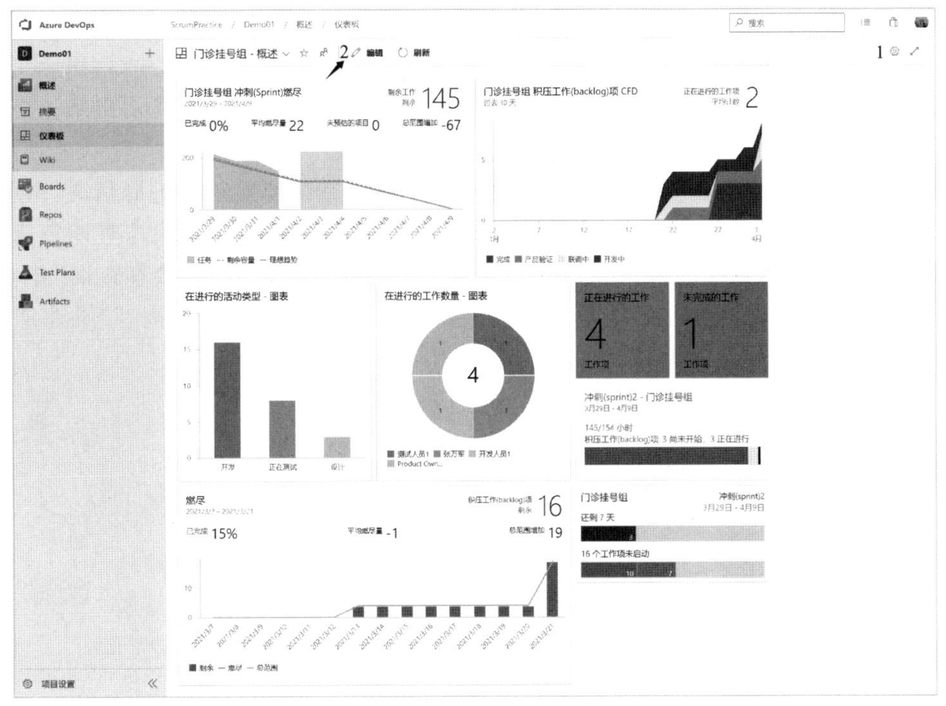

图 5-25 定制好的“门诊挂号组”的概述仪表板

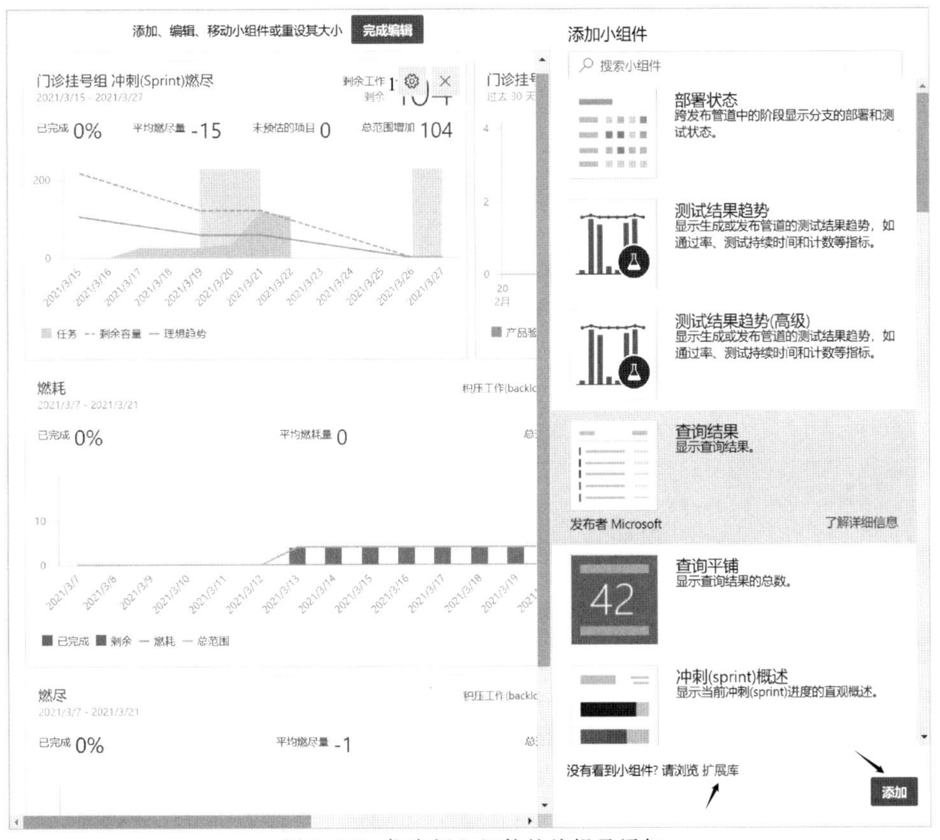

图 5-26 仪表板上组件的编辑及添加

能配置组件显示的大小、内容等参数。

通过设置项目的仪表板，可以把项目组的速度、任务燃尽图、产品积压工作项燃尽图、累积流图、积压容量视图、构建部署和测试结果等显示出来，以便对整个小组的工作进展情况进行监控。

在 Azure DevOps 中，还可以通过定义灵活的查询来监控工作进展情况。创建项目时，系统默认带了一些常用的查询(图 5-27)。如果希望快速查找特定查询，可以将查询添加到“我的查询”或整个团队都可以访问的“共享查询”中。“我的查询”列表中保存的是自己创建但不想与其他人共享的查询。“共享查询”列表中保存的是对整个团队使用的查询。

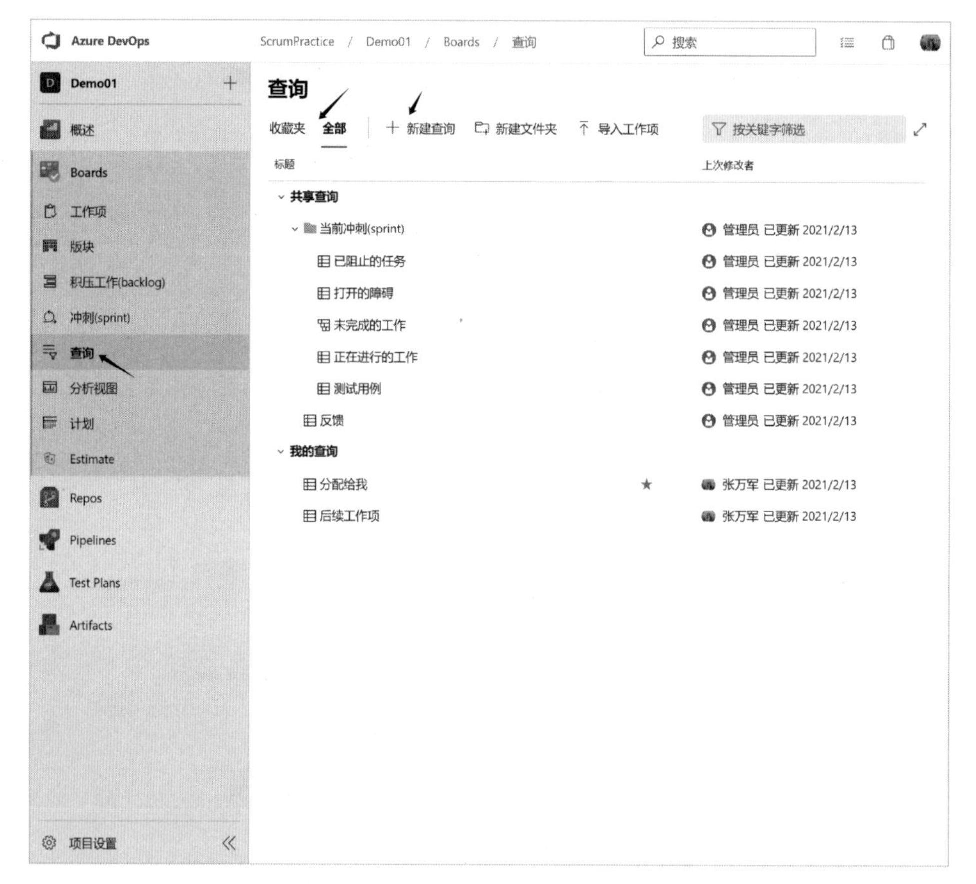

图 5-27　Azure DevOps 上的默认查询

运行查询会生成一个包含受查询影响的工作项列表，图 5-28 显示了“正在进行的工作”查询运行结果。如果要进入查询并对其进行编辑，可以单击“编辑器”链接进行编辑。这样，就可以修改查询或创建新查询。

产品负责人可以使用查询功能从 Azure DevOps 中检索有关项目和项目运行状况的状态信息；团队成员也可以快速找到与之相关的工作项，以便跟踪正在开展的工作。

使用图 5-28 中的“新建”功能，可以建新查询、各类工作项。界面的左侧

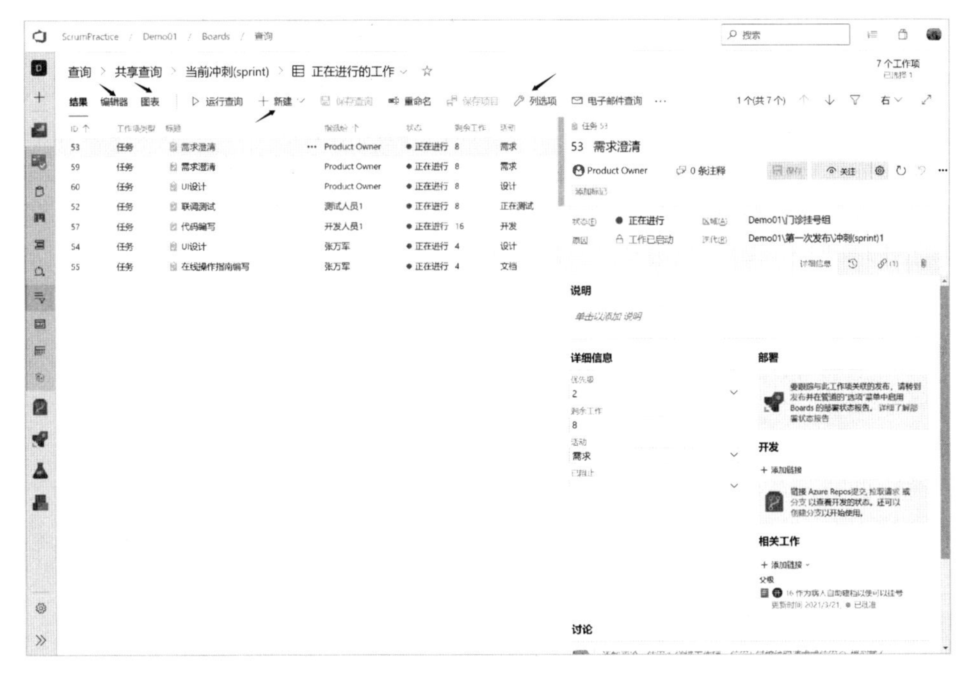

图 5-28 查询运行结果

是查询出工作项的列表，右侧是当前工作项的明细信息。在查询编辑器里可以设置各种查询条件、查询类型，还支持跨项目查询。使用其中的“图表”功能，可定义各种类型的图表展示查询结果(图 5-29)。

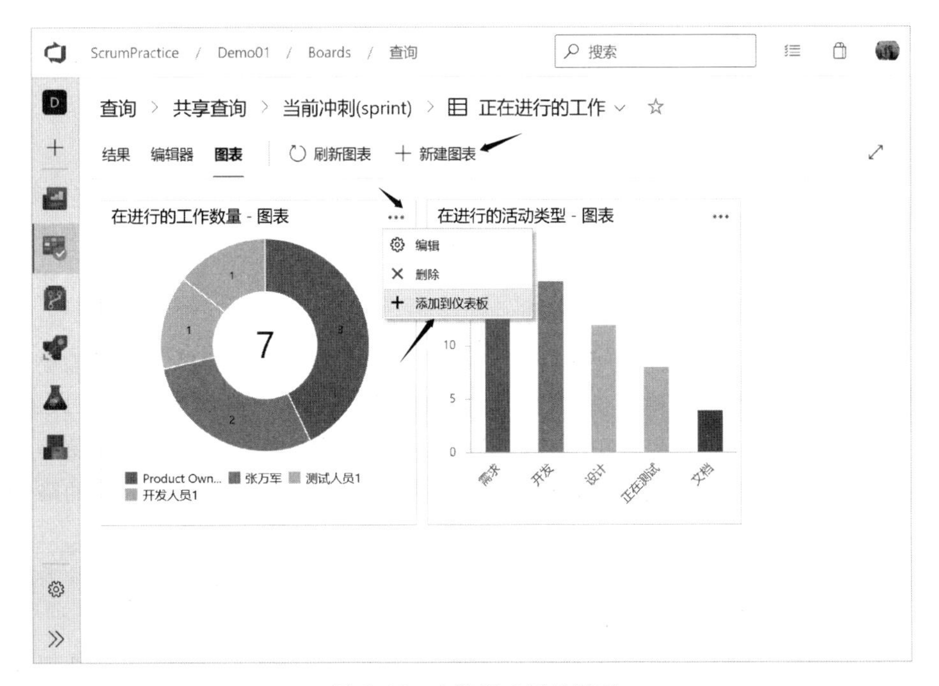

图 5-29 查询图表展示界面

5.8.2　实训指导 16：借助 Azure DevOps 召开每日站会

每天固定时间召开每日站会，各小组可以由组长组织完成每日站会。团队成员站在一起，在一台可以展示工作看板的电脑前围成一个圈，完成每日站会活动。安排组员轮流发言，组长或指定某位团队成员操作看板；负责召集每日站会的成员提前把当前在做的产品积压工作项打开，并折叠未开始做的产品积压工作项(图 5-30)，以方便站会时大家更聚焦于讨论的问题。

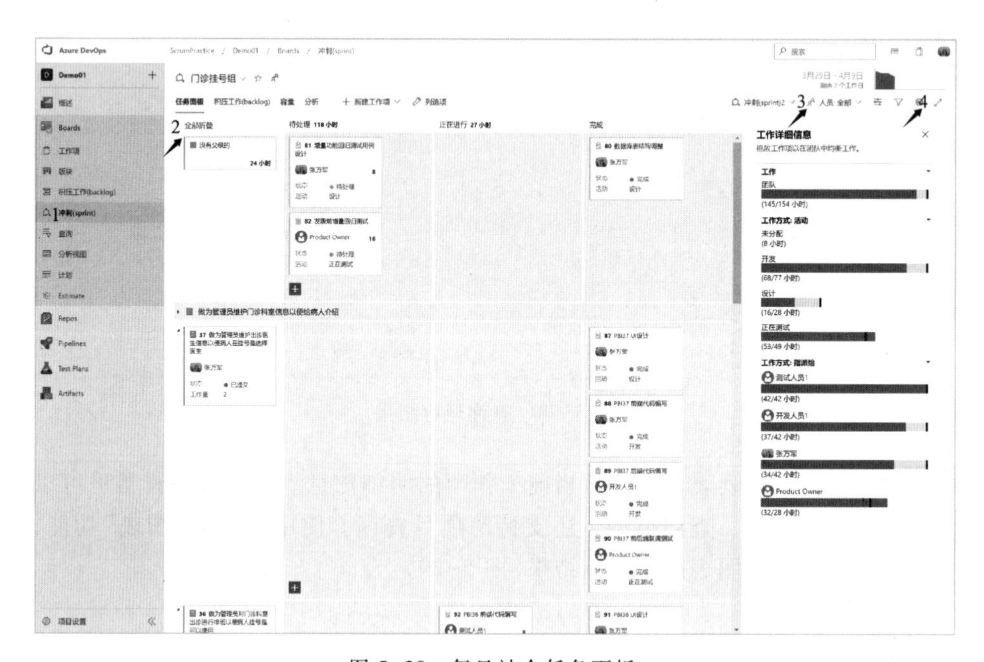

图 5-30　每日站会任务面板

轮到发言的团队成员按如下内容完成汇报：

① 自己昨天完成了什么工作。负责操作看板的人员根据其汇报拖动任务，把已完成的任务拖到“完成”列；对于未完成的工作，汇报的团队成员需描述该任务预计还需要多长时间完成，操作看板的人员在该任务上对“工时”做相应修改。

② 自己在工作中存在什么问题。如果该问题需要做重点跟踪，组长需要在每日站会结束后马上新建一个障碍。在每日站会上不要对问题做过多的讨论，以便控制会议时长。可以采用“会后会”的方式对问题进行专项交流，在每日站会结束之后，由组长召集与问题相关的组员进行沟通，并及时更新对应的障碍工作项。

③ 今天自己准备完成什么工作。如果有今天新启动的任务，负责操作看板的人员把任务拖到“正在进行”列。

在围绕图 5-30 所示的任务面板开展工作讨论时，有以下几点需要加以注意：

① 可以根据任务当前的完成情况拖动到不同的泳道，也可以根据待完成的工作优先级上下拖动产品积压工作项，排在最上面的工作项代表需要最先完成(图 5-30 中“2”处)。

② 可以切换成按人员来浏览任务安排情况(图 5-30 中“3”处)。

③ 可以参照前述章节设置“样式规则”，以针对不同的任务显示不同的颜色，比如“活动”状态超过 3 天显示为黄色，超过 5 天显示为红色(图 5-30 中“4”处)。

根据以上内容，所有团队成员汇报完成之后，负责操作看板的人员把界面切换到“版块”(图 5-31)，然后组长与所有组员对当前产品积压工作项进展情况做信息同步，此时可以对任务完成的先后顺序进行讨论并调整。根据团队工作进展，在图 5-31 中把产品积压工作项拖动到对应的泳道，并更新其描述。如参会人员对团队的产品积压工作项进展情况没有异议，则结束每日站会。

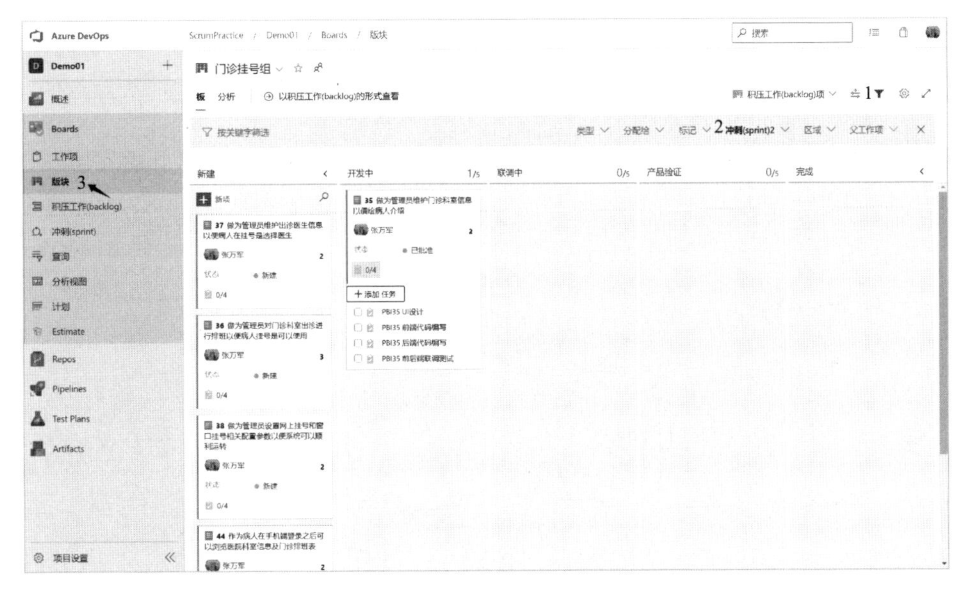

图 5-31 产品积压工作看板

产品负责人无论是否参加每日站会，都需要每天关注产品积压工作项的完成情况。可以通过与团队成员沟通进行了解。

在 Scrum 敏捷开发实践中，每日站会可能存在如下一些问题：

① 流于形式，应付了事。大家只是知道每天需要在固定时间、固定地点参与一个活动，对活动内容及达到的效果并不关心。

② 不关心团队整体目标。每个人只是介绍个人的工作完成情况，并不清楚也没有意识去了解团队整体的进度或存在的问题。

③ 不能了解冲刺进展。每日站会的汇报只是流水账式讲述，没有突出所承担产品积压工作项的进展状况，特别是没有突出需要团队成员之间相互配合事务的进展，从而对团队目前的冲刺进展情况不能形成明确的认知。

④ 失去每日站会的意义。无法在每天唯一的一个团队活动中发现存在的问题，也无法在最短时间内对问题进行改进和处理。

针对这些问题，可以通过每日站会的调整组织形式、发言规则及增加冲刺目标共识环节等方法入手加以改进。具体如下：

① 调整每日站会的发言规则以提升成员的关注度。为了提高团队成员的关注度（对他人的关注、对团队的关注，以及对每日站会的关注），可准备一个如图 5-32 的小道具，并对每日站会的汇报规则做如下调整：

图 5-32　Scrum 每日站会中使用的一种道具

a. 团队成员围成一个圆圈（图 5-33），从某一个成员拿着道具开始发言。

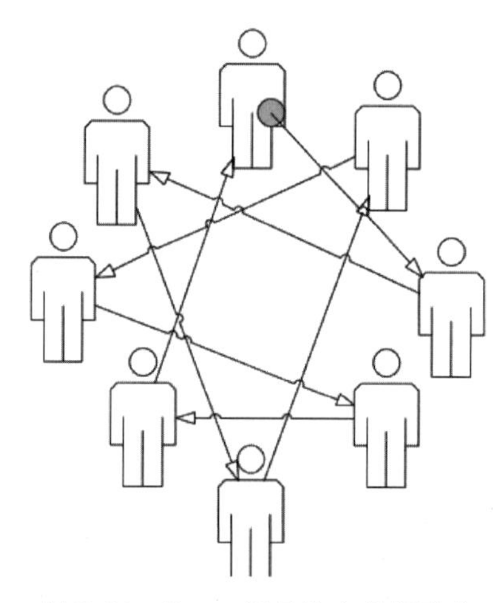

图 5-33　Scrum 每日站会组织形式

b. 当发言完成后，将道具“丢”给下一个团队成员，下一个团队成员与当前发言成员之间的间距需要大于或等于 1 个人。

c. 如果道具没有丢到下一个成员，那么丢道具的成员需要完成一项“让大家满意的”活动，如文体娱乐活动。

通过上述组织形式可使每日站会不再显得那么乏味。在提升趣味性的同时，由于大家需要随时关注自己是否会成为下一个接受道具的人，因此就会特别关注当前发言的组员，从而提升大家对于团队中其他成员的关注度。

② 调整每日站会上发言的模板。敏捷开发中的交付都是基于可用价值的，

并且默认大家的冲刺积压工作项已符合INVEST原则，如果只是告诉大家做了什么并不能将一个产品积压工作项进行完成交付，因此可以调整每日站会的发言模板为按顺序汇报如下3个问题：

a. 昨天，我交付了什么。

b. 今天，我将会交付什么。

c. 我遇到了什么问题。

“做了什么”和“交付什么”是两个完全不同的概念，做的事情不一定产生价值，但是交付的内容一定是有价值的，这样就变相遵循了价值的理念。采用这种方式也可以很好地检视对于产品积压工作项的拆分是否合理。如果一个成员很多天都没有交付内容，那么也就意味着他所负责的产品积压工作项可能拆分不合理。

③ 增加冲刺目标共识环节。每日站会上所有团队成员发言完成后就各自散开，此时团队成员虽然对于各自的工作有了一定的了解，但是对于团队当前冲刺的目标可能都有不同的想法。可以在全体团队成员发言后，由敏捷教练（组长）组织共识表决，对于当前冲刺目标认为能否完成，团队每个成员通过或者的手势进行表决。如果大多数成员表示通过则可以初步认为冲刺的目标不会存在风险，会后敏捷教练可以针对少部分表示不通过的成员进行沟通。如果大多数表示不通过，那么意味着团队在当前冲刺中需要及时调整以便满足冲刺目标，或者调整冲刺目标。通过这种方式，每个成员对于团队整体的冲刺目标完成进度就有了一个统一的认知，也会根据目前完成的情况及时调整各自的工作方式，从而尽量协助完成冲刺目标。

利用好敏捷开发中活动频率最高的每日站会，可以帮助团队更好地去实现冲刺的目标；而一个效率更高、效果更好的每日站会需要团队每个成员全身心的投入。道具只能增加每日站会的趣味性以及团队成员的参与度，只是一个载体，实质上更需要每个人都认可敏捷的理念，提升主观能动性，最终通过的自组织的方式帮助团队实现冲刺的目标（团队以及个人的目标）。

5.8.3　实训指导17：使用Azure DevOps完成敏捷风险管理

在开发过程中不可避免地会遇到各类障碍，其中有一类障碍发生的概率不确定，但只要发生肯定会影响冲刺目标的实现。这一类障碍称为“风险”。作为合格的Scrum敏捷开发团队，除了及时处理已经出现的问题外，还要对可能出现的风险进行跟踪，以防止其对交付带来不利影响。

敏捷教练（组长）负责对风险进行跟踪管理。在冲刺计划会议上，对可能会影响冲刺目标实现的问题加以讨论，然后把发生可能性比较高且对冲刺目标影响比较大的问题罗列出来，由敏捷教练（组长）以障碍工作项的方式登记到Azure DevOps对应的冲刺中（图5-34）。

在图5-34中，除了填写风险的描述之外，还需要在“解决”处填写对该风险的处理意见，然后定期对该风险进行监控，以确保及时消除该风险。对可能

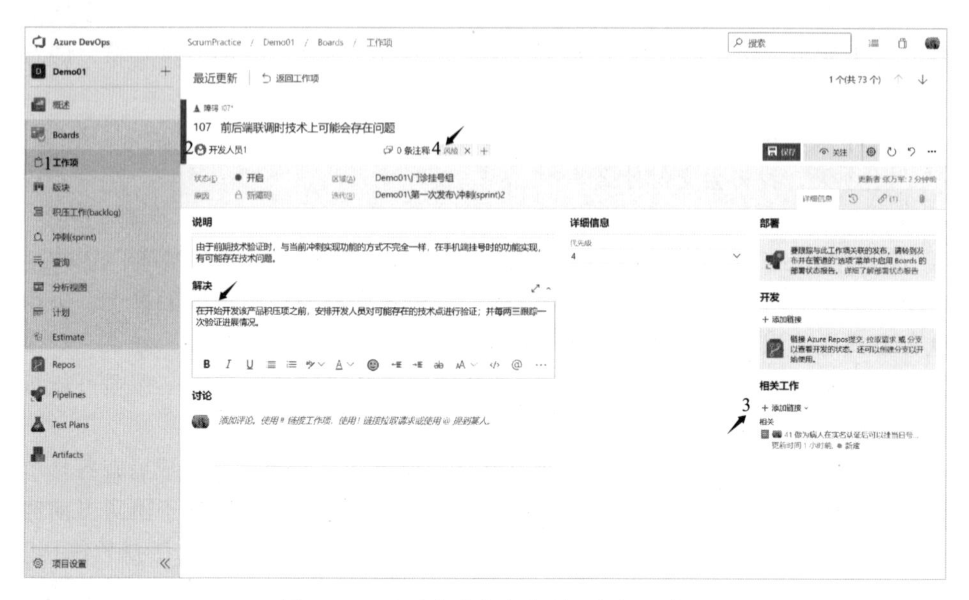

图 5-34　通过障碍来完成项目中的风险

遇到的风险可以安排开发人员进行技术验证，以避免做到该功能时技术上阻碍冲刺的进展。

由于 Azure DevOps 的 Scrum 开发模型没有专门的风险工作项，实训时要在图 5-34 的“4”处添加“风险”标记，用来区别风险、问题或其他障碍。如果该风险与某个产品积压工作项相关，则可以通过“3”处添加链接。

为了方便对风险进行跟踪，可以使用系统的自定义查询功能新建一个查询，用以监控整个项目的风险或当前冲刺中的风险。进入“查询”界面，单击“新建查询”(图 5-35)，设置相应的查询条件，然后单击“保存查询”，把该查询命名为“风险跟踪列表”。后续定期对该列表进行检查和更新，对于已经消除的风险，在该工作项的“讨论”区写上相应的说明，然后把状态改为“已关闭”。

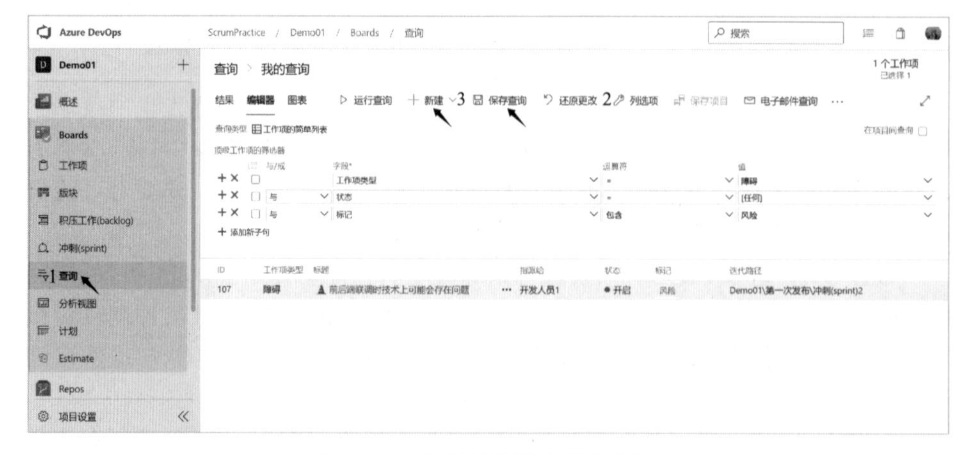

图 5-35　定制风险跟踪列表查询

5.9　冲刺评审会议和冲刺回顾会议

本节主要介绍冲刺评审会议和冲刺回顾会议这两个重要的活动。

1. 冲刺评审会议

冲刺评审会议是在冲刺的最后一天召开的一个会议，要求产品负责人和开发团队必须参加，敏捷教练和用户代表可根据项目情况决定是否参加。对于为期两周的冲刺，该会议一般不超过4小时，其目的是检视完成的产品增量是否符合用户的预期，收集反馈以便完成后续的冲刺。

冲刺评审会议的议程如下：

① 产品负责人总结陈述当前冲刺的完成情况，说明哪些产品积压工作项已完成和哪些产品积压工作项没有完成。

② 开发团队演示已完成的功能并解答产品负责人或用户提出的问题。

③ 用户或产品负责人提出反馈，并讨论后续对产品积压工作项的调整。

④ 有时也可讨论产品发布到生产环境中的日期。

在会议结束时要完成产品积压工作项列表的修订，并明确可能进入下个冲刺的产品积压工作项。

注意：冲刺评审会议是一个非正式会议，通过演示增量以获取反馈并促进合作，不应把其理解成进度汇报会。敏捷教练要确保会议举行，并且让每个参会者都明白会议的目的。

所有的参会人就下一步工作进行探讨，这样冲刺评审会议就能够为接下来的冲刺计划会议提供有价值的输入信息。通过该会议，可以明确后续预期产品功能或产品版本的发布时间；也可以结合产品市场潜力和市场机会，对产品积压工作项列表进行全局性调整。

在Scrum敏捷开发实践中要确保任何可工作软件都经过演示，并且必须由开发团队成员执行演示；产品负责人或用户代表在已演示通过的产品积压工作项上签名，以确定演示验收通过。

2. 冲刺回顾会议

冲刺回顾会议通常在冲刺评审会议之后召开。对于为期两周的冲刺，冲刺回顾时长一般不超过1小时。其目的是团队检视冲刺中的管理事宜，并得到改进团队工作过程的机会和新想法。在冲刺回顾会议中，团队成员会看到在冲刺中什么做得好，什么做得不好。团队要交付高质量的软件和业务价值，持续的回顾和调整是必不可少的，冲刺回顾会议提供了团队改进和调整的机会。

冲刺回顾会议的议程如下：

① 团队回顾冲刺的过程，找出做得好的方面和需要改进的方面。

② 对需要改进的方面进行优先级排序。

③ 选择优先级高的事项，制订工作改进计划。

会议由敏捷教练组织召开，开发团队成员必须参加，产品负责人可以根据项目情况选择参加。会议的结果是形成工作改进计划。通常面向白板或使用一张大的白纸，用记号笔将其分割来执行冲刺回顾，分割线左侧是好的方面(以a+为标志)，右侧是不好的方面(以 a-为标志)。然后团队成员提出意见，敏捷教练将其记录在对应的位置。有时团队成员会提出一些非常实际的问题，例如在提交代码时编写更好的注释；也可能提出一些比较温和的问题，例如改进团队内部的沟通等。

也可以通过回答三个问题的方式召开冲刺回顾会议：

① 我们应该停止做什么。

② 我们开始做什么以改进。

③ 我们应该继续做什么。

这些问题的答案将为团队持续的开发过程改进提供极大的帮助。根据答案和回顾的结果，敏捷教练和团队从做得不好的方面选择一些问题并进行改进。对需要关注并改进的事项，可以在 Azure DevOps 中记录为任务或障碍，以便团队可以进行跟踪，并将其分配给负责处理的团队成员。

敏捷教练鼓励团队在 Scrum 的过程框架内改进开发过程和实践，使得团队能在下个冲刺中更高效。在每个冲刺回顾会议中，在不与产品或组织标准冲突的前提下，团队可以通过改进工作过程或调整完成的定义提高产品质量。在冲刺回顾会议结束时，团队应该明确接下来的冲刺中需要实施的改进计划。作为 Scrum 敏捷开发的核心理念之一，持续的回顾和调整是必不可少的，以便团队交付高质量的软件给客户带来价值。因此，很好地召开冲刺回顾会议对于团队能力的持续提升是至关重要的。

3. 案例

下面是某公司的 Scrum 敏捷团队举行的冲刺评审会议和冲刺回顾会议的案例，可供读者参考。

该公司的敏捷团队是从标准瀑布开发模式转为 Scrum 开发模式的，在项目组长的带领下，通过 3 个月的 Scrum 敏捷开发实践，使其交付效率有了明显提升。

(1) 冲刺评审会议

具体过程如下：

① 冲刺结束后由团队中的开发人员给产品经理演示系统，由产品经理确认是否满足冲刺订单的要求或预期。如果达到了预期要求，则在产品积压工作看板打上“通过验收”标记。

② 在评审会议讨论形成了演示规则，即冲刺评审由开发人员给产品经理演示，在多个冲刺之后形成的预发布系统由产品经理给公司领导及其他部门演示，以确定这个版本是否达到公司预期。

Scrum 敏捷顾问针对此次评审会议给出了如下的建议，这也是敏捷转型团队常会遇到的问题：

① 在演示时团队成员专注度不高的情况要加以注意。

② 在演示过程中，产品经理如果有异议需要及时提出并做记录。

③ 在演示过程中，针对产品经理提到的新需求，如果没有异议可以记下来，如果有异议要进行讨论。

④ 在演示时，可以由开发者进行演示或者由团队成员自愿演示。

⑤ 在演示过程中，可以就冲刺中有哪些波折或误操作向产品经理进行讲述。

⑥ 每个冲刺都能形成可上线使用的版本，对于采用一个发布由多个冲刺组成的情况，要确保冲刺形成的增量是可用的，否则团队无法按发布计划完成上线。

（2）冲刺回顾会议

该团队在结束冲刺评审会议之后，休息了 15 分钟，接下来进行冲刺回顾会议。

由于该团队刚导入 Scrum 敏捷开发，冲刺评审会议用时比较短，1 个小时左右就完成了演示及产品积压工作项的验收。但在冲刺回顾会议上花的时间比较长，讨论得也比较激烈，提出了很多问题。具体会议过程如下：

① 敏捷教练重申回顾会议目标，即怎么才能在下次冲刺中做得更好，聚焦会议主题。该团队对于好、可以做得更好及改进分别做了如下约定：

a. 好：如果我们可以重做同一个冲刺，哪些做法可以保持。

b. 可以做得更好：如果我们可以重做同一个冲刺，哪些做法需要改变。

c. 改进：将来如何改进的具体想法。

② 敏捷教练回顾上个冲刺收集到的意见在本冲刺的改进情况，并发表对改进的评价。

③ 每个团队成员轮流发言，表达怎么做才能在下次冲刺中做得更好，并且写在便签纸上贴在公共区域。

④ 采用投票方式，对于认为做得不好、急需改进之处每人投 3 项，获取票数最高的前 5 项改进点作为下次冲刺内团队准备调整的内容。

通过长达半个多小时的讨论，明确了本冲刺在如下方面做得不错，团队成员就改进效果达成一致：

① 产品经理与研发坐在一起，交流起来更好。

② 产品经理增加了原型的版本，可以支持产品经理与开发并行工作的要求；当前是每个冲刺给一个单独的包，产品经理自己做调整和修改不在这个包里，如果必须在这个包里进行修改，需要提前进行沟通。

接下来，敏捷教练从刚才投票获得票数量最高的 5 项中拿出 3 项，形成议题组织团队讨论，以确定下个冲刺改进的具体计划：

① 团队标准故事点模糊，需讨论确定取得一致意见。

② 团队产品积压工作项不符合完成定义，需讨论并取得一致意见。

③ 工作看板应如何结合冲刺，以便团队在下一次冲刺中做得更好。

前两项议题是在冲刺中发现的问题，敏捷教练提前编写了相应的标准，并与开发团队的骨干人员进行过单独沟通，所以很快就达成一致，形成整个团队后续冲刺中遵循的标准。

第三项议题有些大，讨论花费了比较长的时间。先是团队轮流发言，把自己发现的问题及建议、后续怎么做提出来，然后由负责记录的成员马上整理出来贴在白板上。每个成员轮流发言完成之后，总共整理出来 10 项后续怎么做的改进点。团队针对每一项进行讨论，通过投票确定下个冲刺执行的 5 个改进点，形成改进计划并明确了负责人。

说明：从 Scrum 敏捷开发实践建议角度，这个团队的改进点有些多，建议每次聚焦 2~3 个改进点即可，并在冲刺回顾会议上针对上次确定的改进点执行效果进行分析。

5.10　准备下一个冲刺

在冲刺回顾结束之后，要马上开始下一个冲刺。在 Scrum 敏捷开发实践中，在持续开展了多个以实现软件功能为主的冲刺或执行完阶段发布计划之后，通常要安排一个创新与计划冲刺(也叫 IP 冲刺)。该冲刺主要包含如下一些内容：

① 在专注于功能交付的冲刺之外，进行创新和探索。

② 处理技术架构、工具和其他阻碍交付的工作。

③ 开展持续学习和管理过程改进的教育活动。

④ 交叉培训以培养新领域、开发语言和系统的技能。

⑤ 检查和调整上一阶段各个冲刺中积累的问题，梳理产品积压工作项并确定后续几个冲刺的发布计划。

无论下个冲刺是以交付功能为主还是以创新与计划工作为主，为了更好地开展冲刺，对于当前冲刺只部分完成的产品积压工作项需要按如下方法进行处理，然后再确定下个冲刺的工作内容：

① 由于只部分完成的产品积压工作项无法应用到生产环境中并为客户业务创造价值，所以在冲刺结束时对于没有 100%完成的产品积压工作项，不能包含在冲刺结束时交付的增量中。

② 对于这些产品积压工作项的完成部分应保留在刚刚结束的冲刺中，正在进行中的任务和尚未开始的任务都应退回产品积压工作区。

③ 根据冲刺评审收集的反馈和冲刺回顾确定的改进计划，在下个冲刺开始时，项目中的产品积压工作项的优先级可能已更改，与上一次冲刺中未完成的产品积压工作项相比，现在可能需要给其他产品积压工作项更高的优先级。所以要避免把部分完成的产品积压工作项直接移到下一个冲刺。正确的做法是：在下一次冲刺开始之前对包含部分完成在内的产品积压工作项进行评估，重新估算和排定优先级，然后再确定下个冲刺待完成的产品积压工

作项。

可参照如图 5-36 所示的方法，将产品积压工作项或 bug 工作项移至产品积压工作区，即将其迭代路径更改为积压工作(backlog)路径。这样会把与其关联的所有正在进行的或新的子任务移至积压工作路径。已完成的任务保留在当前冲刺的迭代路径中，因为其工作已在该冲刺中完成。

未完成的产品积压工作项一旦移至积压工作区，应在评估剩余工作量后重新估算产品积压工作项或 bug 工作项规模，有时可能还需要重新确定这些工作项的验收条件或测试要点。在下一个冲刺的计划会议中，根据这些工作项的优先级和产品积压工作项的优先级讨论将哪些纳入冲刺订单。

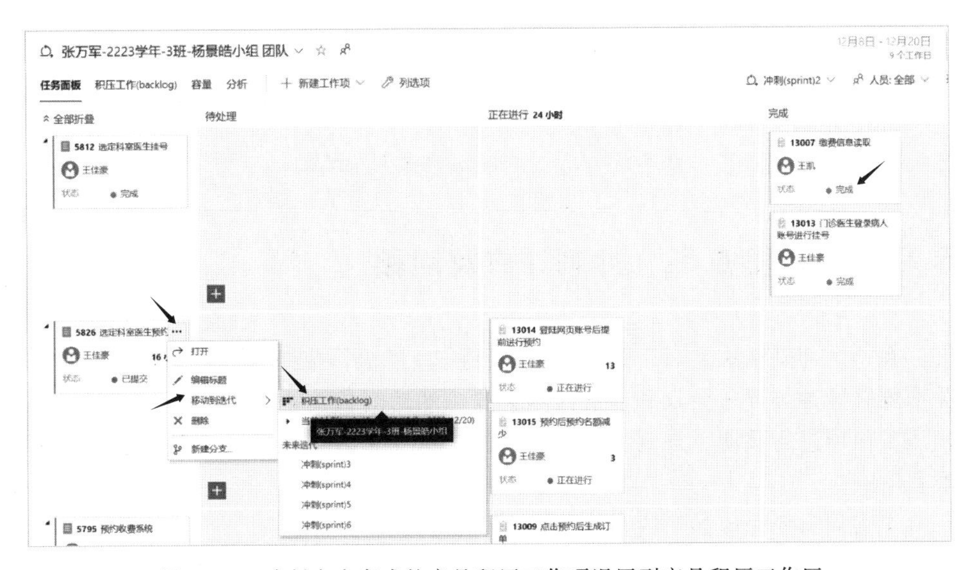

图 5-36 冲刺中未完成的产品积压工作项退回到产品积压工作区

在召开冲刺计划会议之前，可以使用预测工具来了解完成产品积压工作项所需的冲刺数量，或者了解团队在给定的冲刺中可以完成多少工作。基于平均速度的预测提供了有关团队在下一次冲刺中应获得多少产品积压工作项的提示信息，团队可以按照此提示或自行决定选择在冲刺计划会议上讨论多少个产品积压工作项。

另外，在冲刺的“容量”处，单击“从上一个冲刺(sprint)中复制”功能，可以复制冲刺容量计划(图 5-37)。将容量复制到当前冲刺后，根据当前冲刺人员及工作日的实际情况做调整，得到冲刺容量。完成以上工作之后，就可以召开冲刺计划会议，安排下一个冲刺的具体工作。

图 5-37　下一个冲刺容量复制及设置

5.11　实训任务 5：冲刺评审及回顾

在一个冲刺结束之后，由敏捷教练(组长)组织，按照 Scrum 敏捷开发的相关准则召开冲刺评审会议和冲刺回顾会议，然后对接下来的冲刺待完成的产品积压工作项进行预测，规划下一个冲刺的工作安排，为召开冲刺计划会议做好准备。

本实训需要完成如下内容。

实训内容 1：由组长组织全体组员参加，召开冲刺评审会议，确定本冲刺可以验收通过的产品积压工作项。预计用时：1 学时。

实训内容 2：由组长组织全体组员参加，召开冲刺回顾会议，对上次冲刺回顾确定的改进工作进行分析，并明确下次冲刺的改进内容，形成冲刺回顾会议记录。预计用时：1 学时。

实训内容 3：由产品负责人牵头，根据冲刺评审结果完成当前冲刺的收尾工作，并开始规划下一个冲刺。预计用时：1 学时。

5.11.1　实训指导 18：借助 Azure DevOps 召开冲刺评审会议

在冲刺评审会议上，开发团队针对本冲刺完成的产品积压工作项逐个给产品负责人演示，然后由产品负责人对该产品积压工作项进行验收，并探讨相关问题。实训时，可以每次安排不同的开发团队成员演示，演示人员可以在冲刺开始时就确定。

在召开冲刺评审会议前，负责演示的开发人员准备好演示环境及演示使用的数据，确保是在上次冲刺完成的功能及相关功能的数据基础之上开展演示验收，并根据开发团队编写的操作手册做预演示。在准备演示环境时，要与开发人员联调测试环境分开。

在冲刺评审会议上，根据系统业务功能的顺序从产品积压工作项中逐个选择演示。产品负责人根据每个产品积压工作项中的“验收条件”进行验收，并可以打断演示进行提问。在积压看板处(图5-38)，对验收通过的产品积压工作项打上“验收通过”标记，对开发团队完成的功能有异议的则打上“验收未通过”标记。对于验收通过的，从“产品验证”泳道移到“完成”泳道，未通过的继续保留在“产品验证”泳道，并在该产品积压工作项的“讨论”区详细写明演示过程中的问题及后续的处理建议。

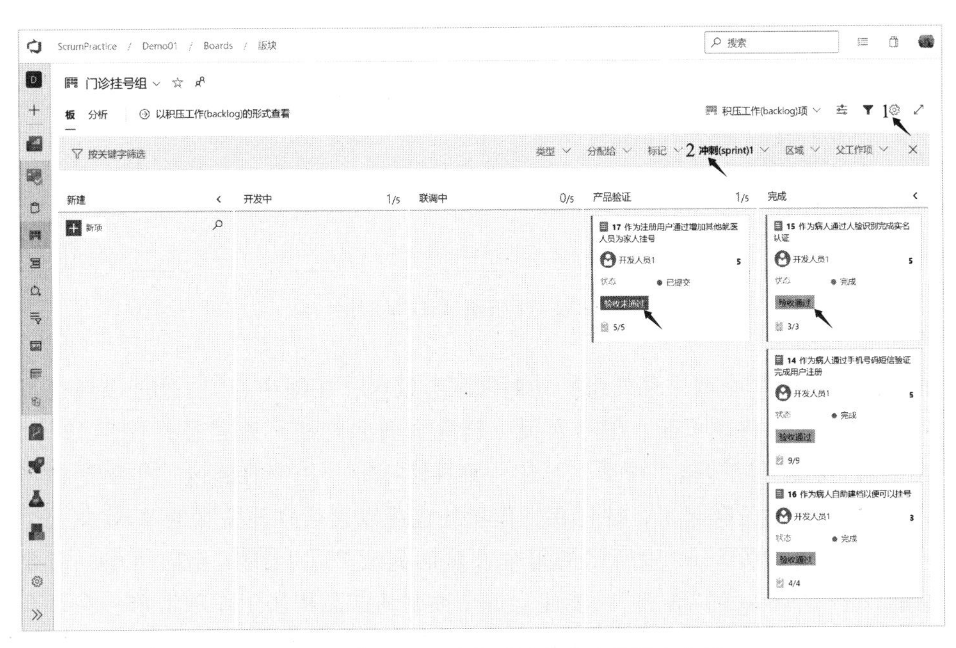

图5-38 使用积压工作看板完成冲刺评审会议

使用图5-38中“1”处的功能可以设置标记颜色，在此示例中把验收通过标记为绿色，验收未通过标记为红色。在召开冲刺评审会议之前，使用图5-38中“2”处选择冲刺。对于验收未通过或任务未完成的产品积压工作项，需要将其移到产品积压工作区，通过重新评估并在后续冲刺中加以实现。

5.11.2 实训指导19：借助Azure DevOps做好冲刺回顾

本节主要讲解使用Azure DevOps中的Wiki对冲刺回顾会议中确定的改进项进行跟踪和管理，以确保每次冲刺回顾会议上约定的事项能得到落实与执行。

在Azure DevOps中每个项目组有一个Wiki，默认情况下该Wiki没有页面。项目组可以根据自己的需要建立Wiki库和组织Wiki页面，并且可以与工作项、开发组成员、查询结果关联，还可以插入文件、视频等内容。可以使用该功能来支持团队的日常通知及会议记录、知识分享等，也可以形成知识库。图5-39是一个示例Wiki库。

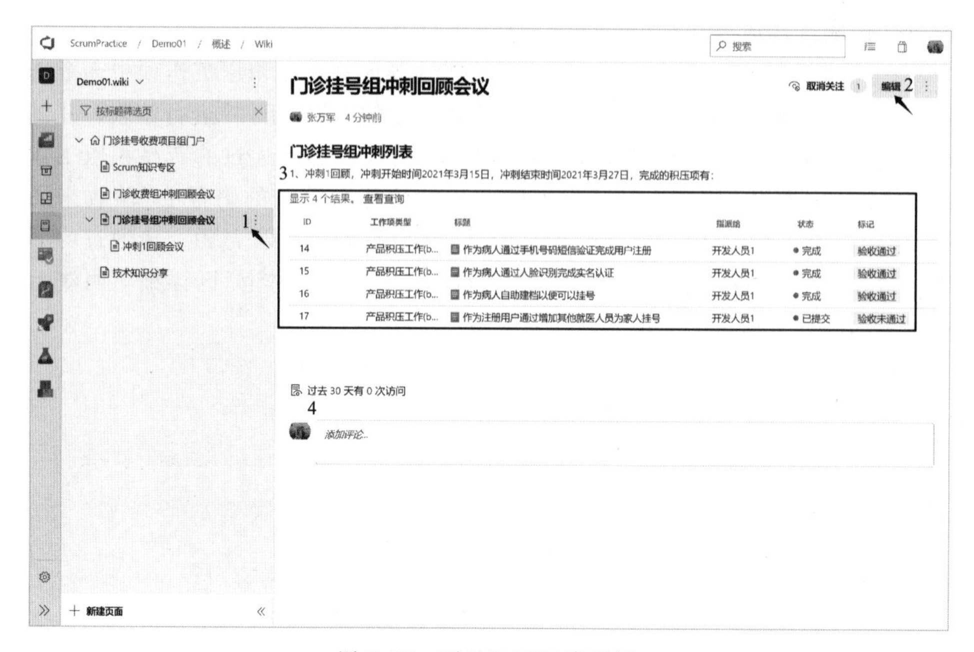

图 5-39　项目组 Wiki 库示例

在图 5-39 中有两个开发组的冲刺回顾会议区，在图中的“1”处可以新建页面的子页，可以移动页面、编辑页面、删除页面和复制页面路径；使用“2”处的“编辑”功能可以链接工作项，打印、查看修订等，其中的链接工作项是把当前页面与工作项关联起来，这样在工作项处也可以直接打开关联的 Wiki 页面。

为了实现如图 5-39 中所示的每个冲刺的完成产品积压工作项清单，需要使用 Azure DevOps 的“查询”功能建立每个冲刺的产品积压工作项清单。在召开冲刺回顾会议时，指定一位组员做好会议记录，通过对会议记录的整理形成 Wiki 页面，对后续执行情况进行跟踪。形成的会议记录如图 5-40 所示。

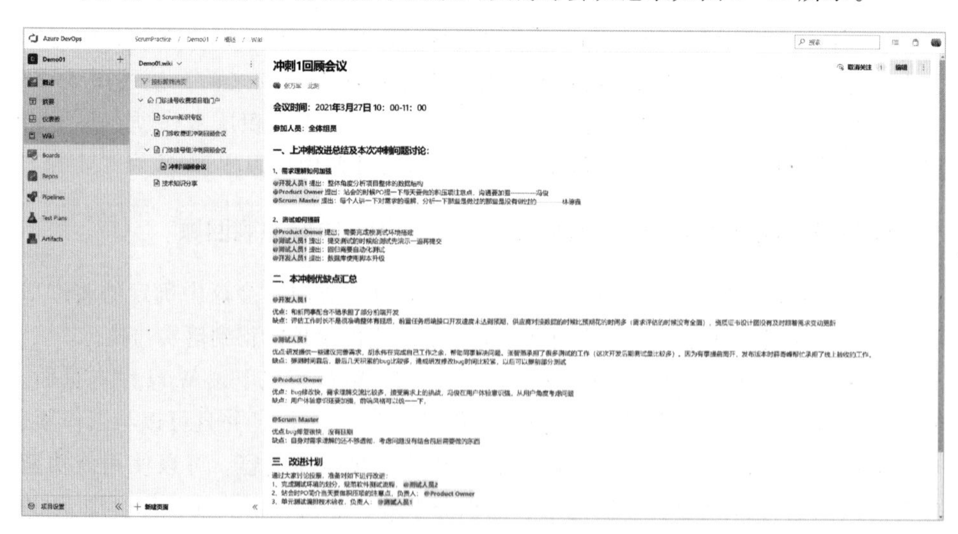

图 5-40　冲刺回顾会议记录的 Wiki 页面

课后思考题 5

1. 通过两次冲刺实践，讨论在开展冲刺时是怎么支持 PDCA 循环的。通过 PDCA 循环，本人及小组取得了哪些改进及能力提升？

2. 在冲刺过程中，为了确保冲刺中各个事件的顺利执行，提高冲刺交付可运行增量的可能性，针对每个冲刺事件（冲刺计划、每日站会、冲刺评审、冲刺回顾），小组应采用什么方法？这些方法在两个冲刺中是否一样，对冲刺的目标的实现是否有效？

3. 为了让团队成员就冲刺中待完成的产品积压工作项达成一致，小组采用了什么方法？除了产品负责人外，团队成员是怎么来参与产品积压工作项梳理的？

4. 团队和个人如何检视冲刺进度？在减少缺陷产生方面，团队采用了哪些具体措施，这些措施实现了什么样的效果？

第6章　软件配置管理

本章重点：

- 软件配置管理基本概念。
- 使用 Azure DevOps 进行软件配置管理。
- Git 分支策略及代码评审。
- 用于持续发布的 Git 分支模型。
- 使用 Azure DevOps Git 管理和存储大文件。

软件配置管理（software configuration management，SCM）是 ISO 9001 和 CMMI 中的重要概念之一。它在软件产品开发的生命周期中提供了结构化、有序化、产品化的软件管理工程方法，是软件开发和维护的基础。

软件配置管理是指通过技术及管理手段对软件产品及其开发过程和生命周期进行控制、规范的一系列措施和过程。它通过控制、记录、追踪对软件的修改和每个修改生成的软件组成部件，实现对软件产品的管理。使用软件配置管理及版本控制的相关方法协调软件开发，可以让开发过程的混乱减到最小。这些方法主要是对软件开发过程中产生的各种资料进行标识、组织和控制修改，使错误达到最小并有效地提高生产效率。

软件配置管理使软件产品是受控的和可预见的，其管理的工作产品（称为配置项）包括：发送给用户的软件产品，如软件需求、数据结构设计、源代码；供内部使用的软件工作产品，如项目过程资料、项目评审记录；用于创建工作产品的工具，如操作系统、数据库、开发工具等，以及用于构建和描述这些工作产品的其他项。

软件配置管理还用于建立和维护软件工作产品基线。基线是由配置项及相关实体组成的，包括软件产品的相关版本需求、设计、代码、用户文档等。基线代表已批准的工作产品版本，为后续使用此工作产品提供清晰和准确的理解。在配置管理系统中建立基线之后，可以添加新的基线，系统地监控对基线和工作产品的变更。

规范地实施软件配置管理，将会使开发团队、组织、客户等取得良好的收益，有助于规范团队各个角色的行为，同时又为各个角色之间的任务传递和交流提供无缝衔接，使其更好地了解项目的进度、开发人员的负荷、工作效率和产品质量状况、交付日期等信息。

6.1 软件配置管理基本概念

在工程领域实践中，无论是软件还是硬件，都需要有一个清晰、一致的产品配置清单，以保证产品可以按预期设计进行组装和运行。在产品开发过程中要始终保证这个清单的一致性、完整性，并清晰可存取。

20 世纪 60 年代末～70 年代初，加利福尼亚大学圣巴巴拉分校的 Leon Presser 教授在承担美国海军航空发动机研制项目期间，在总结该项目管理经验的基础上，撰写了一篇名为“Change and Configuration Control”(变更和配置控制)的论文，提出了控制变更和配置的概念。

从 20 世纪 70 年代开始，为了更好地在软件项目中实践配置管理，行业内涌现出大量的软件配置管理工具。这些工具从管理模式上主要分为两大类：一类是中央控制式模式的工具，如 SVN、TFVC、VSS 等，即在服务器端保留包括所有配置项的一份完整备份，客户端在需要时签出对应的配置项。这类工具适用于大型项目代码库、权限管控比较严格的项目，以及存储比较难于合并的文件类型(比如二进制文件等)。另一类是分布式模式的工具，如 Azure DevOps 的 Git、GitHub、GitLab 等，这种管理模式即每个开发人员在本地克隆包括所有配置项的一个完整备份，通过服务器端完成团队的协同工作。这类工具适用于小型或模块级的项目、基于开源代码的项目、分布式团队、跨平台工作的团队及新领域的代码库等。根据谷歌趋势统计的数据，从 2012 年起分布式模式工具的使用已超过了中央控制式模式工具的使用；近几年来两者之间的差距越来越大，分布式模式工具逐步占据主导地位，其应用于大型项目的实践及辅助工具也越来越成熟。

软件配置管理的目的是通过配置项标识、版本控制、变更控制和配置审计等活动，建立和维护工作产品的完整性，增强向客户提供正确版本解决方案的能力。其内容包含版本控制、工作空间管理、并行开发控制、过程管理、权限管理、变更管理等。

从软件开发实践的角度来看，没有配置管理，就谈不上软件开发管理，更谈不上软件质量。借助配置管理系统的配置控制、变更管理和配置审计功能，基线变更和工作产品发布可得到监督和控制。软件配置管理是建立和维护项目产品完整性的重要活动，贯穿于整个软件生命周期。它主要确保：

① 各项工作是有计划进行的。

② 被选择的配置项得到识别、控制并且可以被相关人员获取。

③ 已识别出的配置项的更改得到控制。

④ 相关组和个人可及时了解软件基准的状态和内容。

下面介绍在软件配置管理中常见的一些概念。

1. 配置库

存储配置项的存储库统称为配置库。在软件开发实践中，配置库结构的组织形式是配置管理活动的重要基础，将会影响开发活动的开展。常用的配置库结构组织形式有两种：按配置项类型建库和按开发任务建库。

① 按配置项类型建库是最常用的一种库结构形式，适用于通用的应用软件开发项目。这类项目开发的产品继承性较强，开发工具比较统一，对并行开发有一定的需求。使用这样的库结构有利于对配置项的统一管理和控制，同时也能提高开发和发布的效率。但由于这样的库结构并不是面向各个开发团队的开发任务，所以可能会造成开发人员的工作目录结构过于复杂，带来一些不必要的麻烦。

② 按开发任务建库适用于专业软件的研发项目。这类项目使用的开发工具种类繁多，开发模式以线性为主，不需要把配置项严格地分类存储，人为增加目录的复杂性。因此，对于研究性的软件项目来说，采用这种设置策略比较灵活。

在开发过程中的配置库管理是一些事务性的工作，主要保证配置库的安全性及可用性，包括配置库的定期备份、无用文件和版本的清除、配置库性能的检测及改进等。

2. 基线

基线由一个或若干个通过（正式）评审并得到确认的配置项组成，是项目进入下一个生命周期阶段或在敏捷开发中进入下一个冲刺的出发点（或基准点）。基线是软件文档、源代码或其他产出物的一个稳定版本，也是进一步开发的基础，只有经过授权后才能变更。建立一个初始基线后每次对其进行的变更都将记录为一个差值，直到建成下一个基线。项目组在完成配置项的标识之后，应按照研发管理要求，结合项目具体情况定义项目基线，并详细说明每个基线的配置项组成。基线中的配置项是随项目进展而逐步增加的，组成基线的任何一个配置项的变更都会引起基线的变更。因此，跟踪、控制基线变更，确保基线的完整性是配置管理的主要活动之一。

基线的一个例子是经过批准的产品发布，包括内部一致的需求版本、需求可追溯矩阵、设计、源代码、特定学科的项以及安装文档、最终用户操作文档。

在软件开发实践中，基线通常有如下作用：

① 确保重现性，比如及时重新生成软件系统的给定发布版本、重新生成开发环境。

② 确保工作产品的可追踪性，建立项目工作产品之间的继承关系；确保设计满足要求、代码满足设计及使用正确的代码编译系统。

③ 提供基线报告。此报告来源于基线之间内容的比较，有助于调试并生成发布说明。

④ 为开发工作提供一个定点和快照。对于基于原有项目开始的新项目，可以从基线提供的定点开始工作。通常是拉出一个单独分支，以便将新项目与随后对原始项目所做的变更进行隔离。同样，开发人员也可以将建有基线的工作

产品作为在自己私有工作区中进行更新的基础。

⑤ 当团队认为更新的版本不稳定或不可信时，基线为团队提供一种取消变更的方法，方便完成版本发布的回滚。

3. 工作空间

工作空间为开发人员提供独立的工作环境，用来避免用户之间的相互干扰。为了确保开发工作的有序开展，在软件开发实践中对工作空间建立如下约定：

① 开发人员在项目结束后在本地计算机中删除所有项目资料。

② 严格按照开发环境的描述安装相关软件，搭建自己的工作平台。

③ 及时备份工作内容，在开始修改配置项之后检查当前配置项状态或版本号。

④ 不随意安装未经过批准的软件。

4. 配置审计

配置审计可以维护配置基线、变更和配置管理系统内容的完整性，其目的是确保客户收到正确版本的工作产品和解决方案，以提高客户满意度和利益相关者的接受程度。通常执行以下活动来确保配置审计的有效性：

① 评估基线的完整性并生成工作项，以解决已确定的问题。

② 确认配置管理记录的完整性。

③ 审查配置管理系统中的库结构和配置项的完整性。

④ 记录问题工作项并对其进行跟踪直到关闭。

5. 软件变更控制

对于大型软件开发项目，无控制的变更将迅速引起项目混乱，导致整个项目无法顺利进行下去而失败。软件变更控制就是通过将人为规程与自动化工具相结合来提供一种变化控制的机制，变更控制的对象主要是配置库中各基线的配置项。软件变更控制的一般流程如下：

① 项目团队成员或利益相关者提出软件变更请求。

② 软件变更控制小组或项目经理审核并决定是否批准该变更请求。

③ 项目团队执行相应的软件变更并形成可追溯的记录。

在软件工程实践中，为了降低软件变更产生的成本和对进度的影响，会严格控制变更的授权，只有通过授权的变更才能执行。

由项目经理组织相应人员讨论或专门设置变更控制小组对变更请求进行分析，以确定对相关工作产品、成本和进度的影响，然后与利益相关者沟通，确定是否批准变更。在软件工程实践中变更控制常执行以下的活动：

① 启动并记录变更请求(如需求变更、工作产品的故障和缺陷，描述对工作产品和解决方案的影响)。

② 分析变更请求的影响(进度、技术、项目需求、发布计划等)。

③ 对变更请求进行分析和优先级排序。

④ 与受影响的利益相关者达成一致并形成记录。

⑤ 跟踪变更请求直到关闭。

⑥ 以保持完整性的方式整合变更（修改是经过授权的，更新配置项、工作产品的版本等）。

⑦ 执行审查或测试，以确保变更没有造成意外的影响；记录对配置项的变更及其理由。

相应地，在软件变更管理活动中通常会产生如下工作产品：

① 变更请求，包括变更的描述、类型、优先级、状态、造成的影响、预计实施时间、实际实施时间等。

② 变更影响分析结果及变更审核记录。

③ 配置项的修订历史记录。

④ 意外影响的审查或测试结果。

⑤ 修订后的工作产品和基线。

这些内容可以借助配置管理系统很好地给予支持，以减少由于变更导致的工作量；也可以恢复到先前版本，以了解已经或将要进行的变更。

在 Scrum 敏捷开发实践中，通过使用配置管理过程以保持工作产品和交付物的完整性。其中，交付物的 DoD（完成的定义）对保证交付正确版本非常重要，所以在冲刺计划时明确 DoD、确定验收条件并就其理解达成一致，是 Scrum 敏捷开发配置管理关注的重点。在 Scrum 敏捷开发中产生的工作产品如下：

① 敏捷过程的定义或描述。

② 产品积压工作项列表。

③ 冲刺积压工作项列表及发布计划。

④ 设计过程及结果。

⑤ 任务板、燃尽图。

⑥ 源代码和可执行程序。

⑦ 测试计划、测试用例和测试结果。

⑧ 回顾性数据。

在 Scrum 敏捷开发配置管理活动中，需要把这些常见的工作产品放到配置库中，然后实施变更控制并形成记录。比如，每次冲刺前管理对产品积压工作项的变更，使用配置管理过程跟踪各产品积压工作项版本和对设计信息、代码、测试用例和测试结果的影响效应。针对变更的审批及执行，通过发布计划、冲刺计划、产品积压工作项梳理等过程，采用灵活的方式进行标识，确定在哪个冲刺或版本中实现。版本之间的差异可以使用冲刺积压工作项列表的差异来标识，其中产品积压工作项的历史记录可以用来做差异分析。

6.2　使用 Azure DevOps 进行软件配置管理

Azure DevOps 支持两种软件配置管理模式，一种是中央控制式模式 TFVC，另一种是分布式模式，即 Git 模式。每个项目可以建一个 TFVC 配置库、多个 Git 配置库(存储库)，简称 TFVC 库及 Git 库。系统支持把 TFVC 库迁移到 Git 库，但不支持从 Git 库迁移到 TFVC 库。使用系统自带的“导入存储库”功能可从 TFVC 库和 Git 库导入版本历史记录，其中 TFVC 库只支持 180 天的版本历史记录。使用微软下载中心提供的 git-tf 命令行工具，可以把 TFVC 库的完整历史记录迁移到本地 Git 库(图 6-1)，然后将本地库 Git 库发布到 Azure DevOps 的新 Git 库。也可从 GitHub 导入一个 Git 库到 Azure DevOps，导入过程如果是异步的，在完成之后会通过邮件通知。

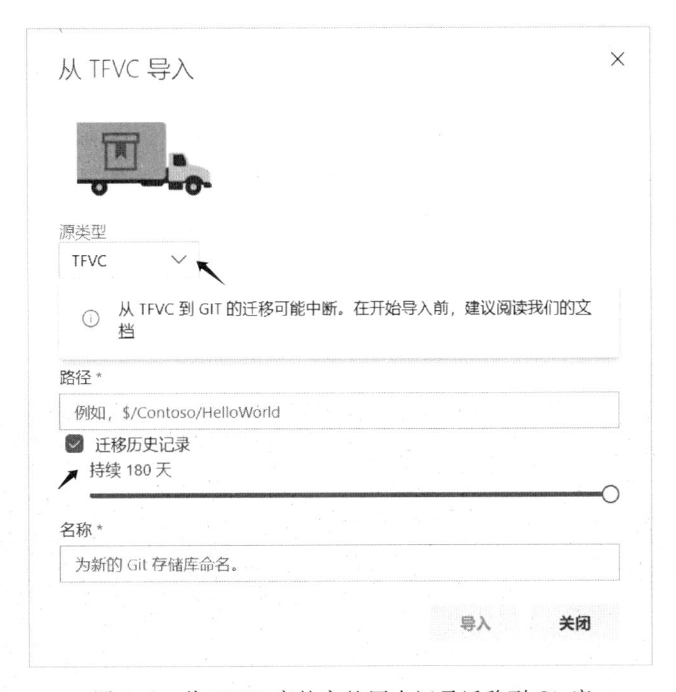

图 6-1　将 TFVC 库的完整历史记录迁移到 Git 库

Azure DevOps 支持采用如下三种方式连接到 Git 库(前两种方式通过 HTTPS 协议完成访问，第三种方式通过 SSH 协议完成访问)：

① Git 凭据管理器(默认选项)。这种方式允许使用与 Azure DevOps 门户网站相同的凭据，并且支持多重身份验证。开发环境如果基于活动目录搭建，可使用该方式认证并连接到 Git 库。

② 个人访问令牌(personal access tokens，PAT)。

③ SSH(secure shell，安全外壳)密钥。

当使用 Git 凭据管理器方式连接到 Git 库时，经过身份认证后，系统将创建并缓存个人访问令牌，以便将来连接到库。在令牌过期或被 Azure DevOps 吊销之前，通过此账户连接使用 Git 命令时都不会提示输入用户凭据。

通过 Visual Studio 的团队资源管理器、Visual Studio Code、IntelliJ IDEA、Android Studio，都可以访问 Azure DevOps 的存储库。如果使用的开发环境没有

用于连接 Azure DevOps 的 Git 库的集成插件，可以配置 IDE，通过个人访问令牌方式或 SSH 密钥方式进行连接。

当从命令行工具、生成管道中的任务或使用 REST API 进行身份认证时，推荐使用个人访问令牌方式。个人访问令牌是以安全方式使用正常身份认证创建的备用密码，并支持到期日期和访问范围的设置。为了不在访问脚本中硬编码该密码，可以将其放到 Windows 操作系统的环境变量中。

对于未使用 Windows 操作系统的开发环境，可通过 SSH 密钥方式进行身份认证。SSH 密钥能安全地访问托管在 Azure DevOps 中的 Git 库，无须输入密码。SSH 密钥可以跨平台工作，即可以使用一个 SSH 密钥连接多个系统，如 Azure DevOps Server、Azure DevOps Service、GitHub 及其他支持 SSH 密钥访问的系统。

在 Windows 操作系统中使用 SSH 协议访问 Azure DevOps 时，需先安装 Git for Windows。安装完成之后，在开始菜单中即添加了 Git Bash 快捷方式。当生成 SSH 密钥时，它们存储在计算机的默认文件夹中。运行 bash 并使用 ssh-keygen 命令（图 6-2），将产生 SSH 认证中需要的私钥（id_rsa）和公钥（id_rsa.pub）。需注意运行此命令将会覆盖任何已经存在的默认密钥。

```
MINGW64:/c/Users/张万军

张万军@ZWJ-Home MINGW64 ~
$ ssh-keygen -C "张万军@ZWJ-Home"
Generating public/private rsa key pair.
Enter file in which to save the key (/c/Users/张万军/.ssh/id_rsa):
/c/Users/张万军/.ssh/id_rsa already exists.
Overwrite (y/n)? y
Enter passphrase (empty for no passphrase):
Enter same passphrase again:
Your identification has been saved in /c/Users/张万军/.ssh/id_rsa
Your public key has been saved in /c/Users/张万军/.ssh/id_rsa.pub
The key fingerprint is:
SHA256:6ZcBsidSfqq82YQ3e1zak1d/21OPbwNLMRYFFxMlARo 张万军@ZWJ-Home
The key's randomart image is:
+---[RSA 3072]----+
|          E .o=B=|
|           o ....|
|   . o . .     . |
|    o o o   +    |
|   . + S . . o   |
|    o *   .o o. .|
|   . =..+o...ooo|
|  . * o+.+ ...o*|
|    =.o.   o   +B|
+----[SHA256]-----+

张万军@ZWJ-Home MINGW64 ~
$ |
```

图 6-2　使用 ssh-keygen 命令产生 SSH 密钥

将 SSH 公钥添加到 Azure DevOps 的用户 ID 中，步骤如下：在 Azure DevOps 的门户网站中打开当前登录的账户资料的“安全性”，选择“SSH 公钥”（图 6-3），再单击“添加”，把 .ssh 目录下 id_rsa.pub 文件里的内容复制进来，然后单击“保存”。

现在就可以使用新的 SSH 密钥克隆 Git 库到本地了。导航到示例团队项目

图 6-3　添加 SSH 公钥

的代码中心(即打开 Repos 库)，单击“克隆”命令，出现如图 6-4 所示的界面，其中有 HTTPS 和 SSH 两种克隆 URL 方式，选择 SSH 然后复制 URL。

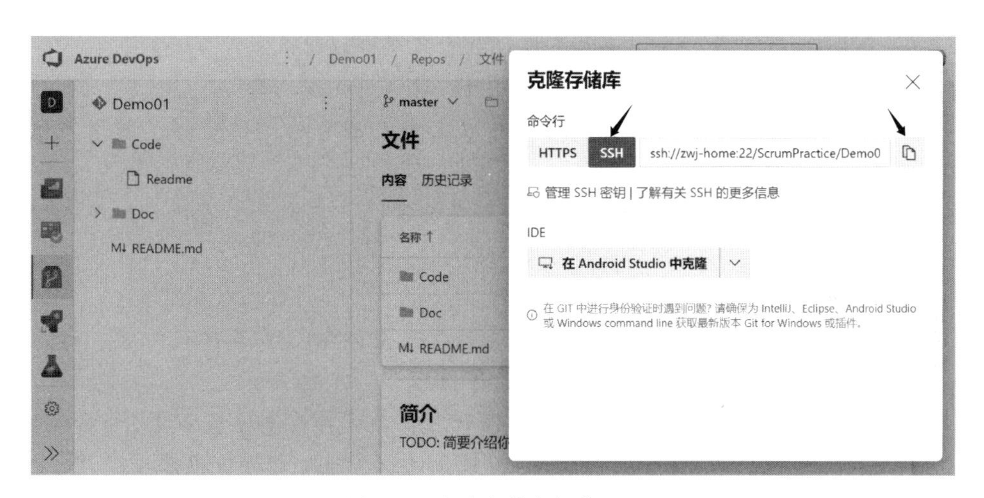

图 6-4　克隆存储库操作界面

在命令行中运行 git clone，使用 SSH 来完成对 Git 库的克隆。在本书的示例中使用的命令为：

git clone ssh://zwj-home:22/ScrumPractice/Demo01/_git/Demo01

这时就可以在本地计算机的目录下看到一个名为“Demo01”的 Git 库。

6.3　实训任务6：建立配置库并访问源代码库

在开始编写代码前，每个小组必须规划及建立自己的配置库目录。在 Azure DevOps 中建立相应的目录，并确保每位组员都能连接到该配置库，熟悉通过配置库协同开展工作。在实训时，建议项目配置库的目录结构如下：

01 计划与设计

0101 标准规约，用来存放系统开发过程中需要遵守的行业标准及约定，包括编码规范及代码约定

0102 参考文档，用来存放开发过程使用到的参考资料

0103 立项文档，用来存放立项阶段产生的各类资料，包含市场调研分析资料

0104 需求分析，用来存放需求分析阶段产生的各类资料

0105 开发计划，用来存放编写开发计划的各类资料

0106 系统设计，用来存放系统设计过程中产生的各类资料

0107 系统测试，用来存放系统测试过程中产生的各类资料

02 过程与实现(若使用 Wiki 来记录过程资料，则不需要该目录及下面的子目录)

0201 变更及跟踪，用来存放开发过程中各类变更申请及后续的跟踪资料

0202 评审，用来存放开发过程中各类评审的记录，包括代码评审的相关内容

0203 工作汇报，用来存放工作周报、里程碑报告、阶段报告等汇报性资料

0204 会议记录，用来存放开发过程中各类会议记录

0205 项目培训，用来存放培训记录、培训讲义等内容

0206 项目结项，用来存放每个版本发布之后的总结性资料、知识产权资料等内容

03 发布，用来存放各类发布程序包及发布文档，在客户发布的三级版本增长时使用

04 运维支持

0401 平台运维，用来存放整个平台的配置方案、部署升级方案、运维方案、运维记录、问题记录等内容

0402 客户部署，用来存放需求调研、实施方案(含对接方案)和计划、实施联系单(含问题反馈)、服务记录、验收资料等内容

05 Codes，源代码库，在开发过程中项目组围绕该库来进行编码

本实训需要完成如下内容。

实训内容 1：每个组员本地安装 Git for Windows，并通过本地 Git GUI 或命令行连接到 Azure DevOps 上的配置库，熟练使用 git clone、git commit、git push、git pull 等常用命令。预计用时：1 学时。

实训内容 2：每个组员本地安装 Visual Studio Code 或 IntelliJ IDEA 等支持项目开发的集成开发环境，练习通过 IDE 开发环境访问 Azure DevOps 上的 Git 库。预计用时：1 学时。

实训内容 3：项目组长负责在 Azure DevOps 上建立本项目组的 Git 库，并组织全体组员练习通过 Git GUI、Git 命令或 IDE 开发环境克隆、拉取、提交代码和文档。通过练习，让项目组成员熟练掌握协同开发的源代码版本控制及管

理。预计用时：2 学时。

6.3.1 实训指导 20：使用 Git for Windows 建立配置库

该工作以项目组长为主完成，其他组员可以在项目下建立不同的配置库进行练习。开发时，全组使用的正式配置库必须由组长在项目创建时建立的默认 Repos 中统一建目录，并设置后续实训的相关参数。其他组员不要在默认 Git 库上做练习类的操作，可通过新建 Git 库进行练习。

如图 6-5 所示，在图中单击“新建存储库”后，在出现的界面上可以根据练习需要选择存储库类型：Git 库或 TFVC 库。需注意一个项目只能建一个 TFVC 库，可以建多个 Git 库。建好用于练习的 Git 库之后，组员就可以使用图 6-4 中的克隆操作，把该存储库的 HTTPS 访问 URL 复制出来供连接到远程 Git 库使用。

图 6-5 创建新的 Git 库

1. 建立项目组的配置库

组员在本地安装好 Git for Windows 之后，用管理员权限运行 Git Bash，输入命令：

git config --system --unset credential. helper

然后在命令行中使用 git config --global user. email 设置邮箱，使用 git config --global user. name 设置用户标识。

组长在 Git GUI 工具中选择“Create New Repository”，然后选择本地存放配置库的文件夹。

在图 6-6 中，单击“Remote”菜单项，选择“Add…”，在出现的界面(图 6-7)中“Name”和“Location”处输入相应文本，其中的“Location”就是刚才克隆库的 HTTPS 地址。单击“Add”按钮，在之后出现的对话框中会提示输入登录到服务器端 Git 的用户名和密码。正确输入实训平台分配的账号及密码后，则成功连接到远程 Git 库。把小组规划好的源代码目录、文档目录(含文档)复制到本地 Git 库所在的目录，Git GUI 会自动检测到本地库的更改。在图 6-8 中，单击

"Rescan"可以看到刚才添加的文档及目录，再单击"Stage Changed"暂存这些变更，然后在"Commit Message"框输入提交说明，单击"Commit"把更改提交到本地 Git 库。

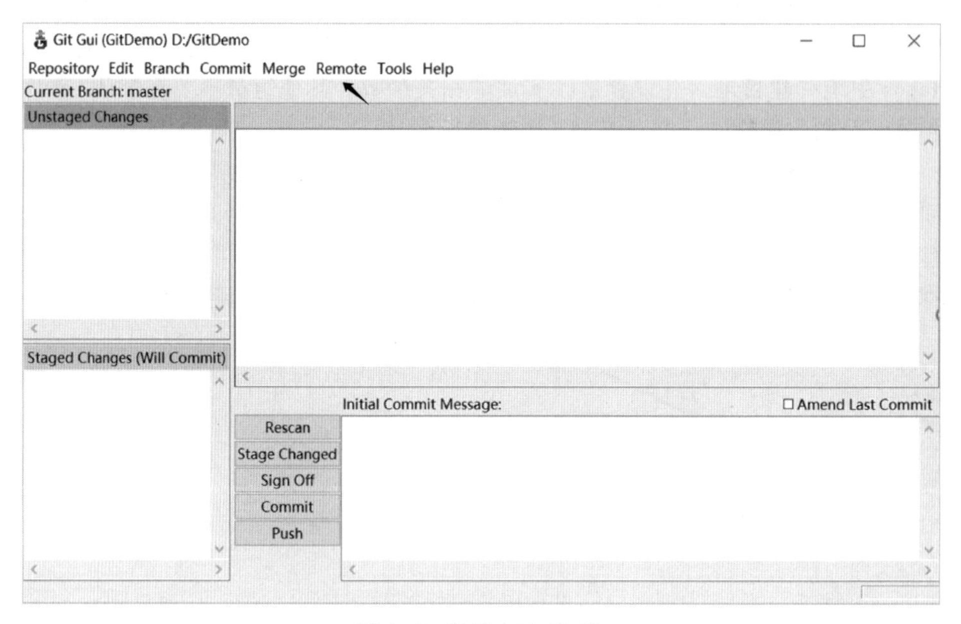

图 6-6　创建本地 Git 库

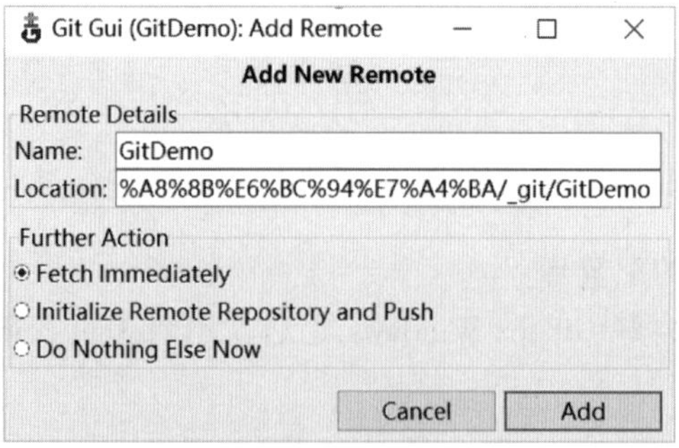

图 6-7　给本地存储库添加远程存储库链接

在以上操作中，为了确保每个目录均能提交到本地 Git 库，对于当前还没有文档的空目录，需要建一个 Readme. txt 文件。

最后，单击图 6-8 中的"Push"把源代码推送到远程库。在出现的界面中选择"Force overwrite existing branch"，以便将本地库的内容推送到远端库，并强制覆盖远端服务器上 Git 库的内容。

在完成将新建的配置库往远端推送之后，转到 Azure DevOps 的项目门户网站，打开"Repos"→"文件"，可以看到目录与组长在本地建的配置库目录一致，并且把目录中的 Readme 文件也一并提交上来。单击"推送"，可以看到如图 6-9 所示的信息。该示例显示了本地一个标识为 zhangwanjun 的组员推送到服务

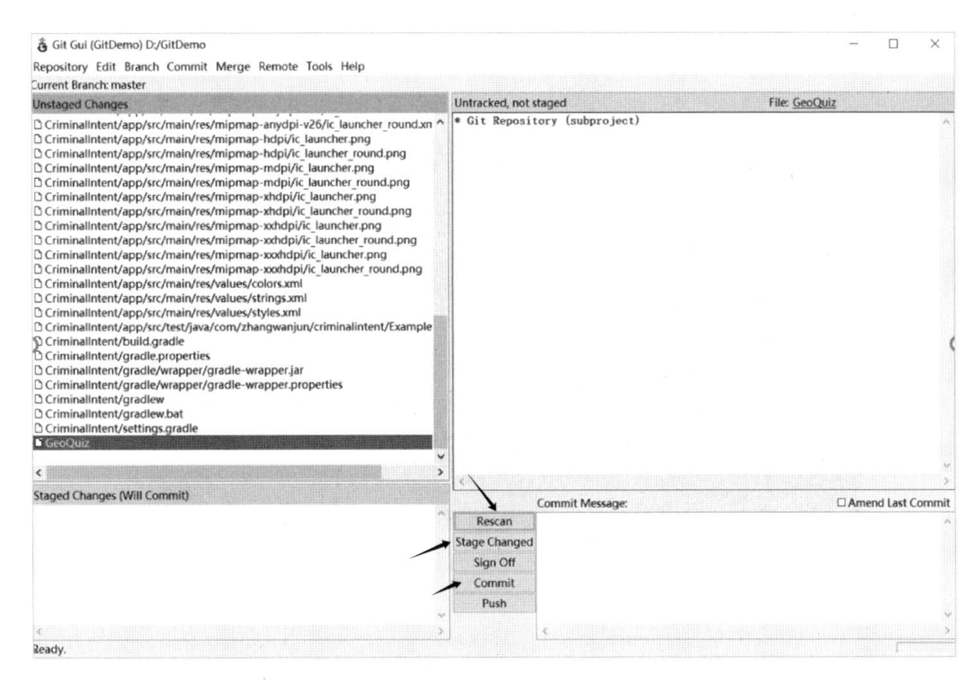

图 6-8　使用本地建好的目录及文件建立远程配置库

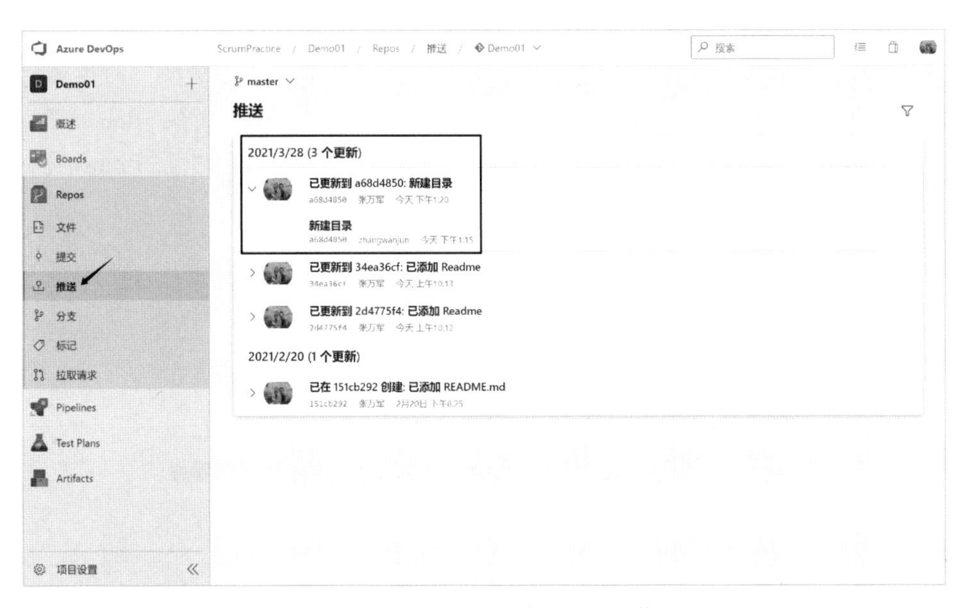

图 6-9　服务器端 Git 库中的推送信息

器端的更改。在实训时，每个组员在开发用的计算机上使用 git config--global user. name 设置用户标识时，要与实训平台分配的账户名称保持一致。

2. 克隆 Git 库到本地

在完成建立项目组配置库后，其他组员通过 Git Bash 克隆 Git 库到本地，然后在本地完成开发及修改即可。在本地计算机上新建目录，在该目录下右击打开 Git Bash Here，使用 git clone 命令完成克隆(图 6-10)，根据提示输入实训平台分配的用户名及密码完成操作。

图 6-10　把远端配置库克隆到本地存储库

使用 Git GUI 中的“Open Existing Repository”命令打开该 Git 库，按与组长相同的方式完成代码或文档的提交(组员在提交时不要选择“Force overwrite existing branch”)。

在项目组设置了分支策略时，使用 Git GUI 实训操作会有一定的区别。此时，组长需要确保按一定的规则来建立分支，并且组员要非常清楚当前任务需使用的分支。在远端服务器 Git 库上建好分支，通过 Git GUI 中的“Remote”→“Fetch From”命令，可以把远端的分支取到本地，然后再使用“Branch”→“Create Branch”命令在本地也建立相应的分支(图 6-11)。

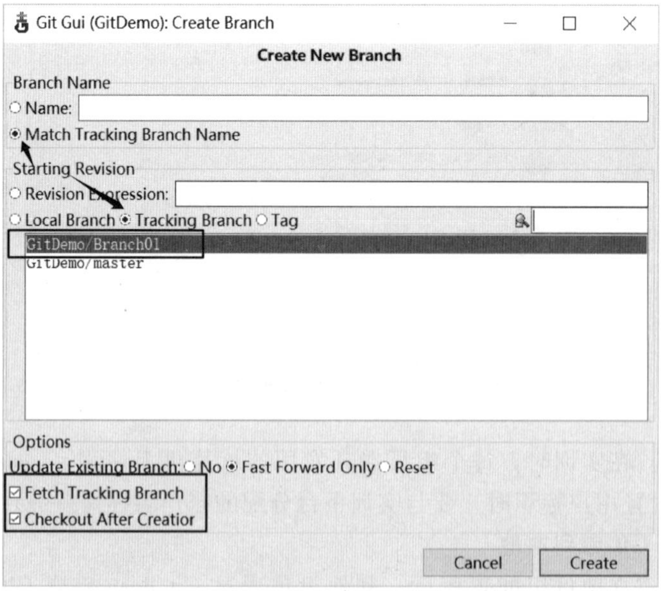

图 6-11　使用远端配置库分支创建本地库分支

在本地新建的分支上完成相应的代码及文档编写，然后按与组长操作 Git 库相同的方式完成提交和推送。需注意在推送到远端 Git 库时，必须正确选择对应的分支以确保操作成功(图 6-12)。

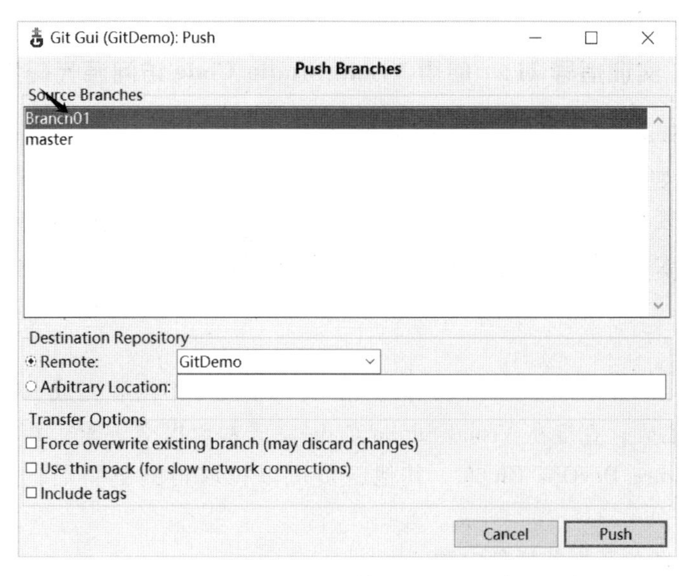

图 6-12　把本地分支的修改推送到远端配置库

在完成对应分支的推送操作后，转到实训平台的 Repos 库处，可以看到本地提交的当前分支上的变更，然后通过“创建拉取请求”可以把分支的更改合并到 master 分支上(图 6-13)，后续操作按 6.6 节的实训指导完成。

图 6-13　本地库分支修改推送到远端库之后的图面

通过 Git for Windows 开展实训时，若遇到相关问题，可以访问官方网站来查找相应的操作方法。通常使用该工具可以支持无法通过 IDE 环境直接连接到 Azure DevOps Git 库的源代码管理或文档管理场景。使用 Git GUI 开展实训时，无法在代码或文档提交时与产品积压工作项、bug、任务等工作项关联，只能在实训平台的网页端 Git 库处发起拉取请求，再选择关联的工作项。因此，对于不使用分支策略开展实训的小组，使用 Git GUI 进行配置管理实训时，较难建立更改与对应产品积压工作项之间的关系，也就很难借助 Azure DevOps 实现对软件需求的双向跟踪。

6.3.2　实训指导 21：使用 Visual Studio Code 访问源代码库

Visual Studio Code 是一个跨平台的开源代码编辑器，可为上百种编程语言提供支持，如 Java、C#、Python、C++、PHP、Swift、JSON、HTML 等。该编辑器集成了现代编辑器的特性，包括语法高亮、可定制的热键绑定、括号匹配及代码片段收集等功能，还提供了对 Git 库操作的内在支持，并将代码编辑器的简捷性与开发人员完成“编码—构建(编译)—调试”周期所需的功能结合在一起。

使用 Visual Studio Code 开发的组员，可以使用本节内容完成 IDE 开发环境与 Git 库的集成，直接在 Visual Studio Code 完成本地提交更改，并将更改推送到远端的 Azure DevOps Git 库。其他组员可以拉取得到更新后的远端 Git 库内容。

1. 环境准备及相关插件安装

① 在开发用的计算机上，从微软官方网站下载安装最新版的 Visual Studio Code。

② 在 Visual Studio 市场搜索 Visual Studio Code Extensions，安装 C#、Git Lens、Git History 三个插件，以及 Chinese (Simplified) Language Pack for Visual Studio Code。

③ 在开发用的计算机上，从官方网站下载安装 Git for Windows 最新版。

说明：每个小组可以根据选择的开发语言安装相应的插件。

2. 将本地建好的源程序添加到远程 Git 库

本实训以 ASP. NET Core 的一个小程序为例，演示把本地建好的源程序添加到远程 Git 库中。

实训中已建立了 05Codes 目录用来存放源代码，在该目录下再建一个 PreCode 目录用来存放演示或技术预研的源代码，然后使用命令行工具转到该目录，通过 dotnet new MVC 命令新建一个简单的 MVC 网页程序(图 6-14)。

使用 Visual Studio Code 打开这个目录，此时 Visual Studio Code 会自动检测到该本地 Git 库目录下的文件变化，并显示在左边栏上(图 6-15)。

图 6-15 中，左边栏上箭头指的带有数字“67”的图标表示在当前 Git 库目录下发现有 67 项更改。通过单击图中的“1”处图标，可以打开 Visual Studio Code 能使用的插件市场，根据项目开发的需要检索安装相应的插件。在“3”处，可以通过“Changes to pull from origin”命令从远端把其他组员提交的更改拉取到本地 Git 库。单击图中“4”处的“√”号，将提示是否在没有暂存的情况下对提交做了更改，然后在出现的输入框中输入 commit，把刚才扫描到的更改提

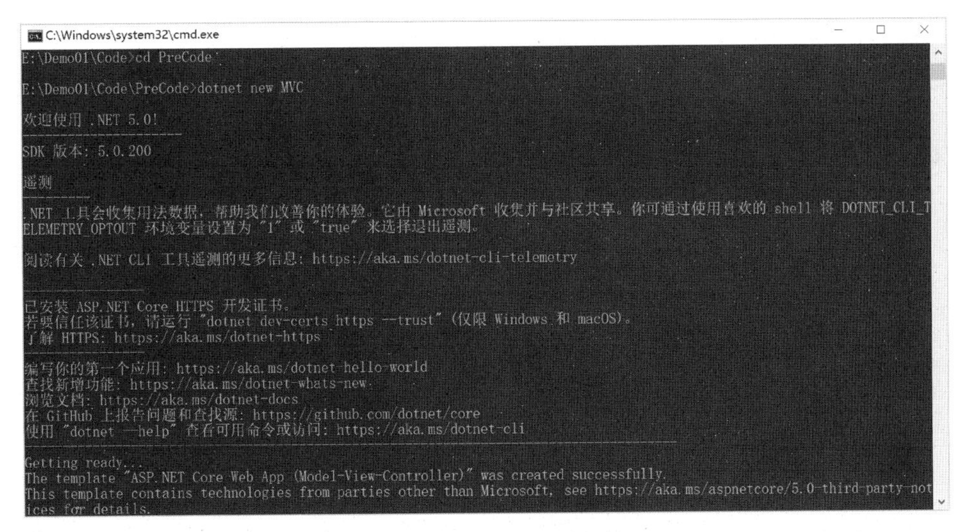

图 6-14　新建一个演示程序

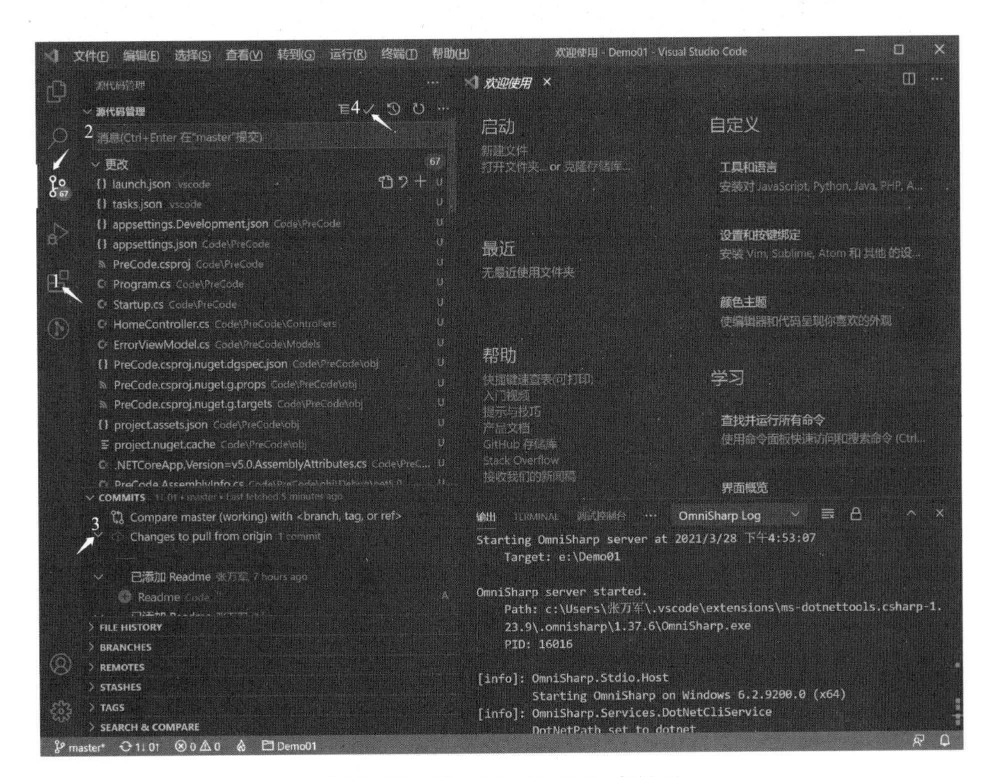

图 6-15　Visual Studio Code 主界面

交到本地 Git。在提交成功之后，就会看到 67 个更改消失了，但“3”处的“Changes to push to origin”颜色变绿了，并且提示有一个 commit。然后单击旁边的推送箭头，回车或者选择不同的推送方式，即可完成把本地 Git 库的提交推送到远端 Git 库(图 6-16)。

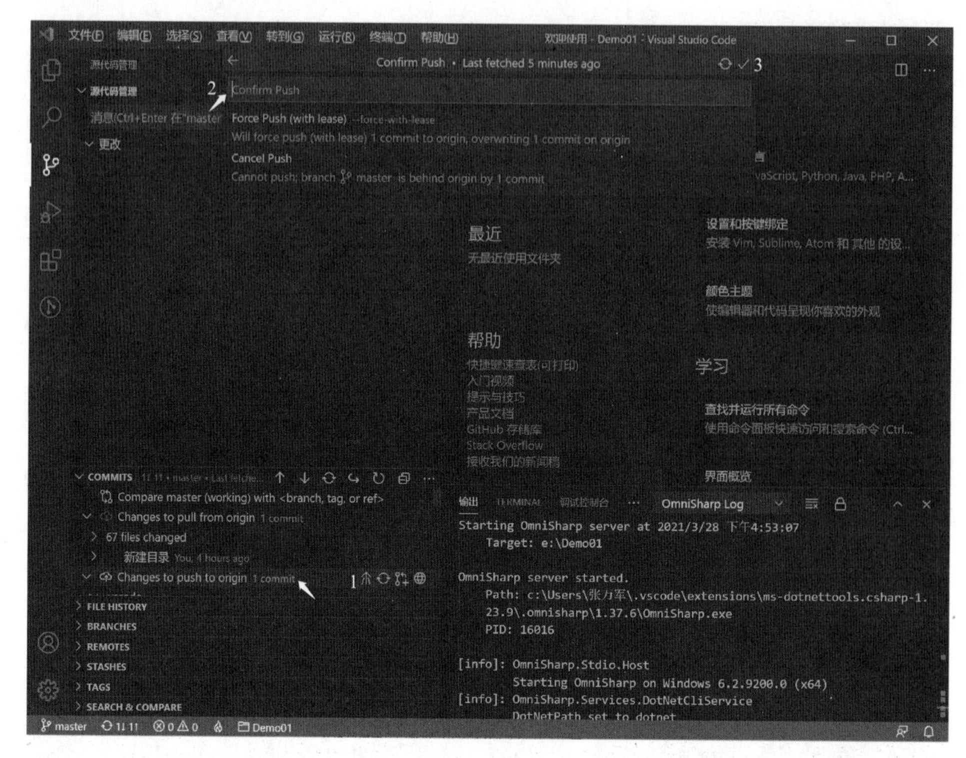

图 6-16　通过 Visual Studio Code 推送变更到远端

在完成推送之后，可以在项目门户网站的“Repos”→“文件”中看到本地提交的源代码。小组内其他组员使用同样的方式把更改拉取到本地，然后对相应的文件进行编辑即可。

6.3.3　实训指导 22：使用 Android Studio 访问源代码库

由于谷歌公司的 Android Studio、华为公司的 DevEco Studio 等都是基于 IntelliJ IDEA 的集成开发环境，所以源代码管理操作方法类似。本节以 Android Studio 为例，介绍访问 Azure DevOps Git 库的操作方法。除此之外，Xcode、Eclipse 等集成开发环境都可以与 Azure DevOps 的 Git 库集成以完成源代码的版本控制，具体操作方法可参见微软官方网站资料。

按如下步骤完成开发环境准备及相关插件安装：

① 在开发用的计算机上安装 Git for Windows。如果使用的是 macOS 或 Linux 操作系统，在本地安装相应的 Git 应用程序即可。

② 安装最新版的 Android Studio。

③ 在 Android Studio 中单击菜单项“File”→“Settings”→“Plugin”，搜索找到 Azure DevOps，然后单击“Install”安装插件，重新启动 Android Studio。

在使用实训指导 20 建的配置库基础上，先通过 Git for Windows 从远端服务器克隆 Git 库到本地，然后在本地 Git 库目录中使用 Android Studio 新建一个项目。

在 Android Studio 中单击菜单项“VCS”→“Enable Version Control Integration”激活版本控制集成功能，在出现的界面中选择版本控制系统为 Git，然后单击“OK”。如果在新建应用程序时把 Android 应用程序的源代码放在已与远端连接好的本地 Git 库中，则版本控制集成会自动激活。

此时源代码界面会有一定的变化，其中的 QuizActivity 文件的颜色为暗红色，表明是在本地 Git 库中新增加的文件。

在日常开发中，可在本地 Android Studio 上完成相关开发，比如增加 Activity、Java 类、资源文件、布局文件、修改相关代码等。

在增加 Activity 及 Java 类时，系统会提示是否添加到 Git 库，选择“Add”，建议勾选下面的“Remember，don't ask again”，此时新增加的文件会以绿色标识。可以修改现有的代码，对应的文件颜色将变成蓝色，然后再单击图 6-17 上“2”附近的“√”，在出现的界面中输入 Commit（提交）说明，选择“Commit and Push”即可将本地修改过的代码提交到远端服务器上的 Git 库。在提交时在图 6-17 的“3”处选择该提交的代码对应的工作项，可以与工作项自动建立关联。

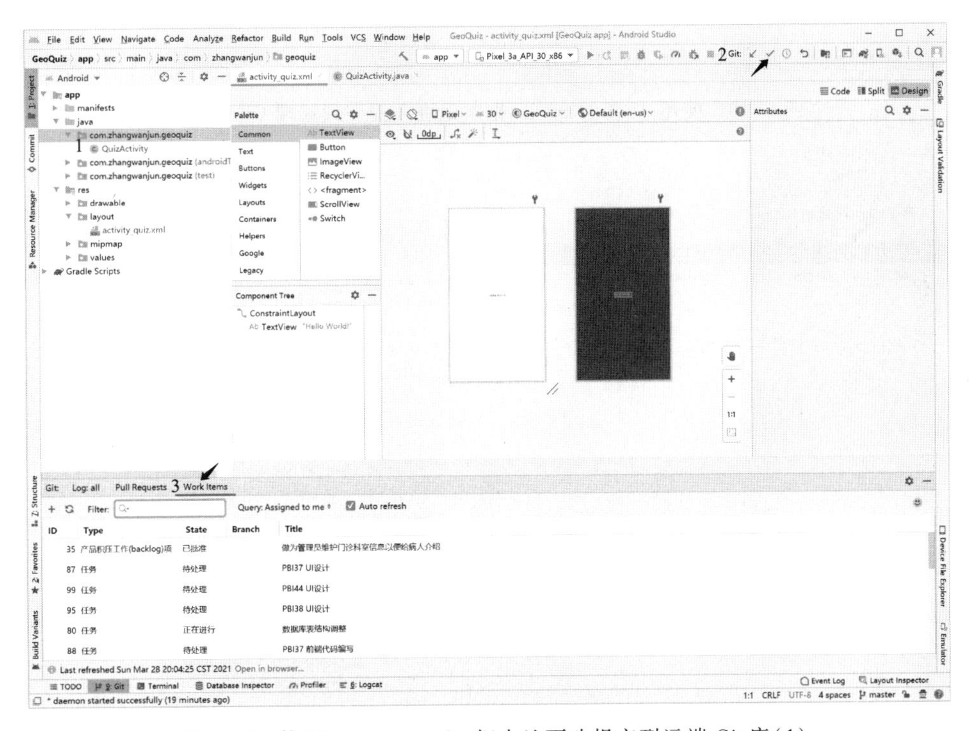

图 6-17 使用 Android Studio 把本地更改提交到远端 Git 库（1）

在代码提交过程中会对代码进行检查，并且给出建议性提示，如图 6-18 所示。代码检查后选择继续提交，则会出现如图 6-19 所示的界面，在该界面上可以看到是本地 Master 分支推送到远端的 Master 分支上，此处也可以根据开发过程中实际使用的分支做相应修改。

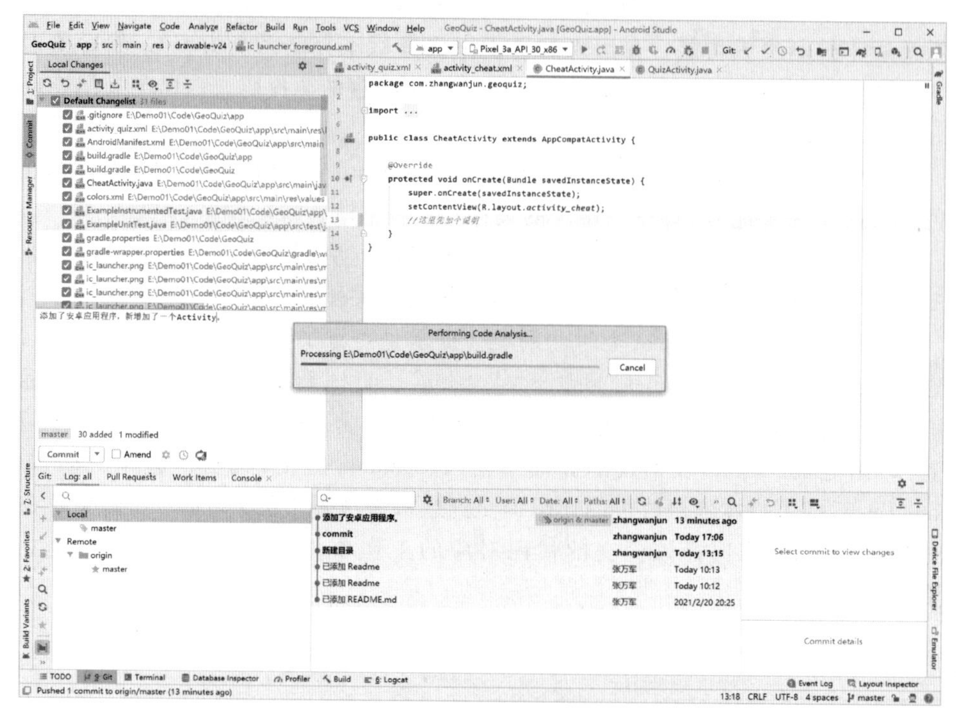

图 6-18　使用 Android Studio 把本地更改提交到远端 Git 库(2)

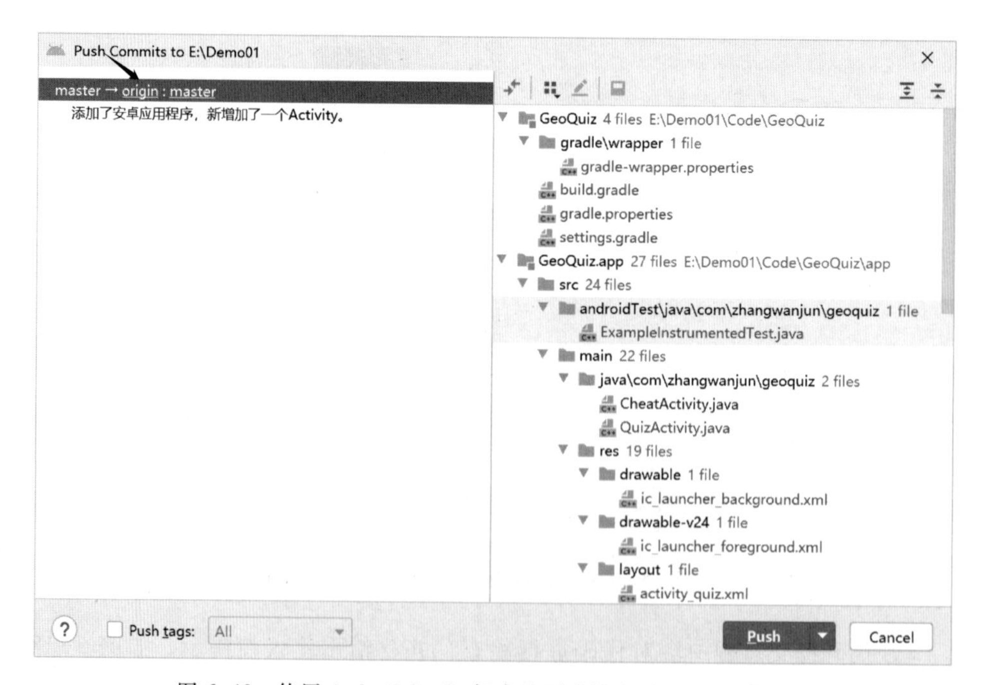

图 6-19　使用 Android Studio 把本地更改提交到远端 Git 库(3)

在项目门户网站界面选择“Repos”→“提交”，打开刚才的提交，可以看到如图 6-20 所示的界面。在图中可以看到该提交修改的文件及关联的工作项，源文件中代码行前的“-”号代表是删除的代码行，“+”号代表是本次提交添加的代码行。

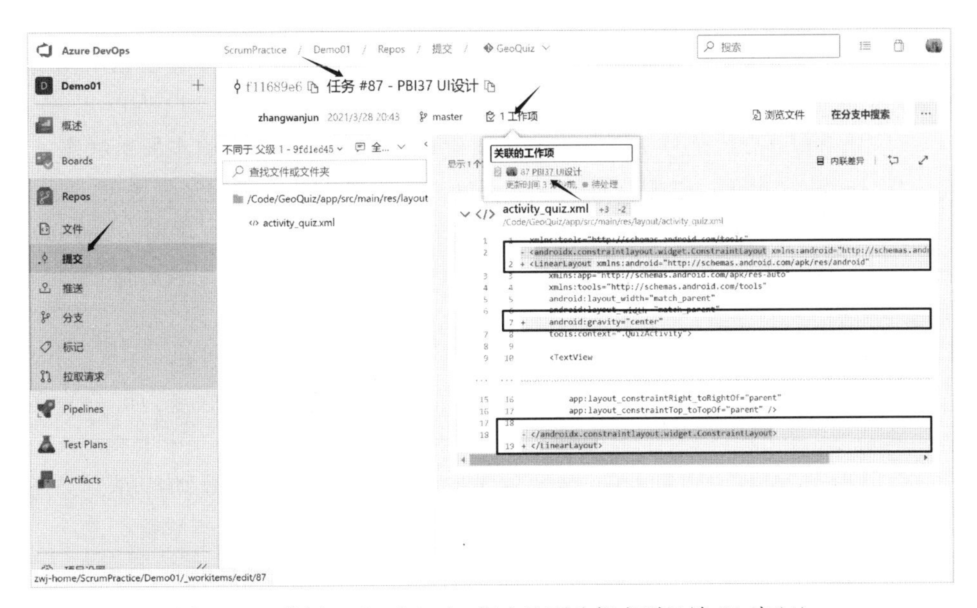

图 6-20　使用 Android Studio 把本地更改提交到远端 Git 库(4)

同一个项目组中的其他成员，打开 Android Studio，使用 Git for Windows 把 Git 库克隆到本地，然后使用 Android Studio 打开在本地 Git 库目录中的 Android 项目，在开发时，可以通过使用“VCS”→“Git”→“Pull”菜单命令把其他组员更新到服务器端的代码拉取到本地，然后参照以上的操作协同完成实训。

注意： 如果拉取的文件有冲突，即同一个文件两边的版本不同，则拉取会失败，需要手动解决该冲突，然后才能拉取成功。

6.4　Git 分支策略及代码评审简介

在开发项目中多人协作时会建很多分支，而 Git 的特色之一就是可以灵活地建立分支，这也是 Git 在开发团队中越来越流行的原因之一。通过建多个分支，项目组成员可以在各自分支完成开发工作互不干扰，但在产品发布时需要把某些分支合并到一起。在真实项目中这将涉及很多方面，比如版本迭代、版本发布、bug 修复等。在不同的场景下，为了更好地管理代码及对应文档，需要制定一个分支工作流程，也就是分支策略。目前常用的分支策略有三种，分别是 Git Flow、GitHub Flow 和 GitLab Flow。其中，Git Flow 出现得最早；GitHub Flow 在 Git Flow 的基础上做了一些优化，适用于持续版本的发布；而 GitLab Flow 出现的时间比较晚，综合了前两种分支策略的优点。

1. Git Flow

Git Flow 是 2010 年发布的分支策略，具有强流程性，使用度非常高，比较适合中等开发技术能力的团队作战。

Git Flow 的分支结构按分支的生存时间可以划分为主要分支和辅助分支。

（1）主要分支

在采用 Git Flow 分支策略的项目中，代码的中央仓库会一直存在以下两种主要（长期）分支：

① Master 分支，也称主分支。该分支上的最新代码永远是版本发布状态。

② Develop 分支，也称开发分支。该分支上的代码是最新的开发进度。

当 Develop 分支上的代码达到一个稳定的状态，可以发布版本时，Develop 分支上的这些修改会以某种特定的方式被合并到 Master 分支上，然后标记对应的版本标签。

（2）辅助分支

该类分支用来帮助功能的并行开发，简化功能开发和问题修复，可分为如下三种分支：

① Feature 分支，也称功能/特性分支。该分支用来做分模块功能开发，通常命名为 feature-xxx，模块完成之后将合并到 Develop 分支，然后删除。

② Release 分支，也称发布分支。该分支用来做版本发布的预发布分支，通常命名为 release-xxx。例如在软件 1.0.0 版本的功能全部开发完成并提交测试之后，从 Develop 分支创建 release-1.0.0 分支，测试中出现的小问题在 Release 分支进行修改提交，测试完毕准备发布时，把代码合并到 Master 分支和 Develop 分支，Master 分支合并后打上对应的版本标签 v1.0.0，合并成功后删除 release-1.0.0 分支。按此方式，可以支持在测试待发布功能时不影响下一个版本功能的并行开发。

③ Hotfix 分支，也称热修复分支。该分支用来做线上紧急 bug 的修复，通常命名为 hotfix-xxx。当线上正在运行的系统出现问题时，将从 Master 分支创建 Hotfix 分支，问题修复后将合并回 Master 分支和 Develop 分支，然后删除 Hotfix 分支。需注意合并到 Master 分支时也要打上修复后的版本标签。

2. GitHub Flow

GitHub Flow 分支策略是 GitHub 制定并使用的工作流模型，于 2011 年发布。其规则如下所述：

① 只有一个长期分支，即 Master 分支，而且 Master 分支上的代码永远是可发布状态。一般 Master 分支会设置分支保护策略，有权限的人员才能推送代码到该分支。

② 如果有新功能开发，可以从 Master 分支上创建新分支。

③ 在本地分支提交代码，并且保证按时向远程仓库推送。

④ 当需要反馈或帮助，或者想合并分支时，可以发起一个拉取请求（pull request）。

⑤ 对拉取请求评审或讨论通过，针对拉取请求提出的问题都得到了跟踪及解决后，代码会合并到目标分支。

⑥ 一旦合并到 Master 分支，系统应立即发布。

3. GitLab Flow

GitLab Flow 是 2014 年发布的分支策略，因为出现得比前面两种分支策略晚，因此它既支持 Git Flow 分支策略，又支持 GitHub Flow 的拉取请求和问题跟踪功能。

针对 GitHub 中只有一个 Master 分支的情况，GitLab Flow 分支策略从需要发布的环境角度出发，添加了 pre-Production 分支（预生产分支）和 Production 分支（生产分支）对应不同的环境，这个分支策略比较适用于服务器端应用系统，可以为测试环境、预发环境、正式环境等分别建一个分支。

在开发时要注意：代码合并的顺序要遵循“上游优先”原则，即要按环境依次推送，确保代码被充分测试过后才会从上游分支合并到下游分支。除非是很紧急的情况下才允许跳过上游分支，直接合并到下游分支（图 6-21）。

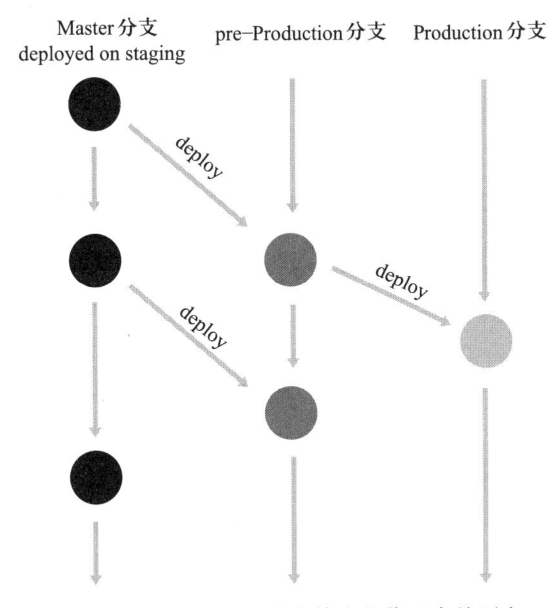

图 6-21 GitLab Flow 分支策略的代码合并顺序

GitLab Flow 建议的做法是：每一个稳定版本都要从 Master 分支拉出一个分支，比如 2-3-stable、2-4-stable 等，发现问题，就从对应版本分支创建修复分支；完成之后，先合并到 Master 分支，再合并到 Release 分支，遵循“上游优先”原则。

GitLab Flow 中的合并请求（merge request）是作为编码协作及版本控制平台的 GitLab 的基础功能。该请求可以实现：

① 对比两个分支的差异。

② 逐行评审和讨论改动内容。

③ 将合并请求指派给任何已注册用户，并且可以任意多地改变受理人。

④ 通过人机交互界面解决冲突。

GitLab Flow 建议使用的分支模型如图 6-22 所示。

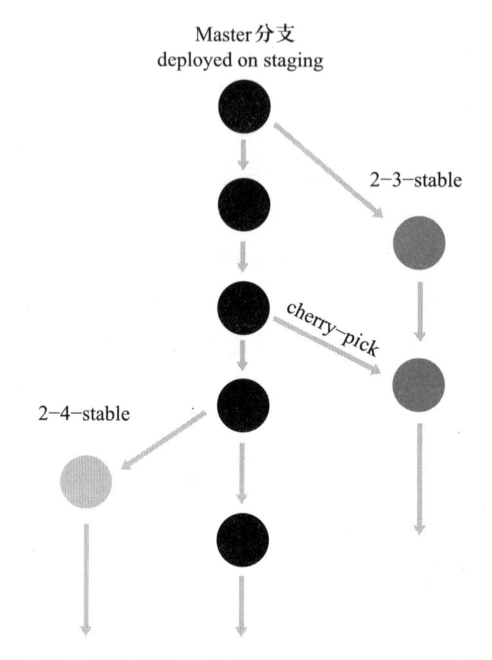

图 6-22　GitLab Flow 分支策略建议使用的分支模型

在开发过程中，代码质量是系统质量的重要影响因素，可以通过以下三种方法来提高代码质量：

① 制定统一的编码规范。

② 在代码提交编译之前使用专用插件进行静态检查，确保符合业内规则并避免常见的缺陷。

③ 对代码进行评审，或者开展代码审查。

后两种方法都与分支策略的设置有关系，通过对配置管理系统进行设置，确保在没有完成相应的工作之前不允许完成分支合并，以保证提交代码的质量。

为了提升代码质量，在开发时可以强制要求任何产品、任何项目的程序代码在未经有效的代码审查前不能提交到代码库中。所有人写的程序都要经过正式的代码审查。

代码审查的主要工作是发现代码中的 bug，并从代码的易维护性、可扩展性角度考察代码的质量，提出修改建议。代码编写者与代码审核者共同对代码的质量负责，以确保代码审查不是走过场。其中代码编写者承担主要责任，代码审核者承担次要责任。

代码审查的最大作用是纯社会性的，当确定有同事会检查自己编写的代码时，将促使开发人员更认真、努力地写出“好”的代码。此外，代码审查还能传播知识，通过代码审查，至少会有两个人熟悉程序。

在代码审查时要遵循的一个最重要的原则是：代码审查的用意是在代码提交前找到其中的问题，要确保代码是正确的。但在实际执行时，几乎每个新手都会犯的错误是：审查者根据自己的编程习惯来评判别人的代码，这就违背了代码审查的原则。

为了能高效地执行代码审查，可以按如下方式来开展工作：

① 代码审查要有良好的文化，切忌出现“指责文化”。

② 谨慎使用审查中问题的发现率作为考评标准。

③ 控制每次审查的代码数量，最多 200~400 行。

④ 从用户功能实现情况出发，带着问题去进行审查。

⑤ 所有的问题和修改，必须由原作者进行确认。

⑥ 利用代码审查激活个体的“能动性”，在轻松的环境下进行代码审查。

⑦ 提交代码前进行自我审查，添加对代码的说明。

⑧ 执行代码审查时，记录笔记可以很好地提高问题发现率。

⑨ 进行轻量级代码审查，降低代码审查工作量。

在后续章节中将详细讲解使用 Azure DevOps 支持代码评审，与分支策略结合，确保只有通过评审的代码才可以合并到待编译发布的分支。

6.5 用于持续发布的 Git 分支模型

在开发中编写代码的目的是将新功能添加到软件中。在开发过程中，如果引入过多流程的分支模型将无助于提高向客户交付新增功能的速度。

由此，需要有一个合适的分支模型，该模型可以为项目提供足够的保护，使其不会发布质量差的软件，同时不会引入过多流程来减慢开发交付的速度。在互联网上可以看到有很多 Git 分支策略，在 6.4 节中也介绍了几种比较流行的分支策略，但真正有用的分支策略应当是适用于自己团队的，每个项目组需要根据自己的需要来制定分支模型。

本节将介绍通过使用 Feature 分支和拉取请求的组合来始终具有可随时发布的 Master 分支，并且将修复问题或修复 bug 的分支同步回 Master 分支以避免回归。在开发中，推荐使用如下的分支模型。

1. Master 分支

① Master 分支是向生产环境中发布任何内容的唯一途径。

② Master 分支应始终处于随时可发布状态。

③ 使用分支策略保护 Master 分支。

④ Master 分支的任何更改必须仅通过拉取请求来完成。

⑤ 使用 Git 标记标识 Master 分支中所有发布的版本。

2. Feature 分支

① 对所有新功能和 bug 修复使用 Feature 分支。

② 使用功能标识需长时间运行的 Feature 分支。

③ 从 Feature 分支更改合并到 Master 分支仅能通过拉取请求来实现。

④ 命名 Feature 分支以反映其用途，例如：

- Features/feature-area/feature-name
- PBI/PBIname/description
- PBI/PBIname/workitem
- Bugfix/description

其中 PBI 是指产品积压工作项。为了支持开发时的持续发布，使用统一的规则非常重要，这样才能把相关操作使用程序或脚本自动化来处理。

3. 拉取请求

① 使用拉取请求来评审和合并代码。

② 自动执行作为拉取请求一部分的检查和验证内容。

③ 跟踪拉取请求完成持续时间并设定目标，以减少所需时间。

在 Git 拉取请求完成之前，必须解决与目标分支的任何冲突。在 Visual Studio 市场中有一个扩展，使用该扩展作为拉取请求合并的一部分可以在 Web 上解决冲突，而不是在本地克隆中执行合并和解决冲突。Git 拉取请求合并冲突工具可从 Visual Studio 市场中通过搜索 ms-devlabs. conflicts-tab 找到并下载安装。

图 6-23 是一种常见的功能分支-PR(同行评审)-代码门禁实践模式，使用 Azure DevOps 可以很好地支持该模式，更是实现 DevOps 的基础。

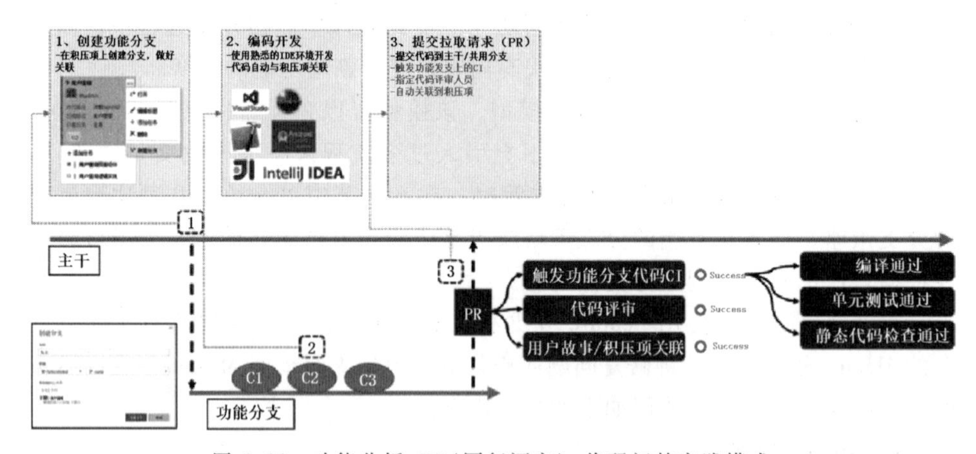

图 6-23　功能分析-PR(同行评审)-代码门禁实践模式

6.6　实训任务 7：使用 Azure DevOps 的分支策略开展源代码管理

为了保证编写代码的质量，并且能支持持续代码集成及自动分支合并，项目组需要灵活使用 Azure DevOps 提供的分支策略及源代码管理功能。

各小组结合自己编写的程序，对 Azure DevOps 上的分支策略进行设置，在开发过程中认真执行实训指导的内容，确定并执行小组的分支策略，通过相互协作，应用好 Git 库的分支、合并功能，在此过程中完成代码评审。由组长组织全体成员共同协作完成相关实训内容，确保整个小组能熟练应用 Azure DevOps 中 Git 库的分支合并及代码评审。每次实训预计用时：2 学时。

6.6.1 实训指导23：设置 Azure DevOps 的分支策略

在示例项目的团队门户网站上打开 Git 存储库的分支视图，选择 Master 分支，然后从下拉菜单中选择“分支策略”，出现如图 6-24 所示的界面，按此界面设置分支策略。在图中选中“需要最少数量的审阅者”，将审阅者的最少人数设为 2，并且选择“有新更改时重置代码审阅者投票”，然后单击“保存更改”。

图 6-24 分支策略设置(1)

在图 6-24 中也可以选择“允许请求者审批自己的更改”，对于成熟团队来说这样设置是可以的。在团队中分支策略用作个人需要执行检查的一个提醒。

将审核策略与注释解析策略结合使用，允许用户强制在接受更改之前解析代码评审注释。请求(提交代码分支合并请求)者可以从注释中获取反馈，并创建新的工作项来解决更改。相关设置如图 6-25 所示。

通常团队项目中代码的更改是由需求(产品积压工作项)、bug 或任务引起的，如果触发工作的工作项未连接到更改的代码，则随着时间的推移，开发人员将很难理解当时为什么要进行这样的更改。准确记录提交的代码与工作项之间的关联，在查看更改历史记录或纠正一些缺陷时特别有用。在支付策略中，通过配置“查看链接工作项”策略来阻止没有链接到工作项的更改。这样配置之后，对于没有关联工作项的提交，将无法通过拉取请求把代码合并到 Master 分支上(图 6-26)。

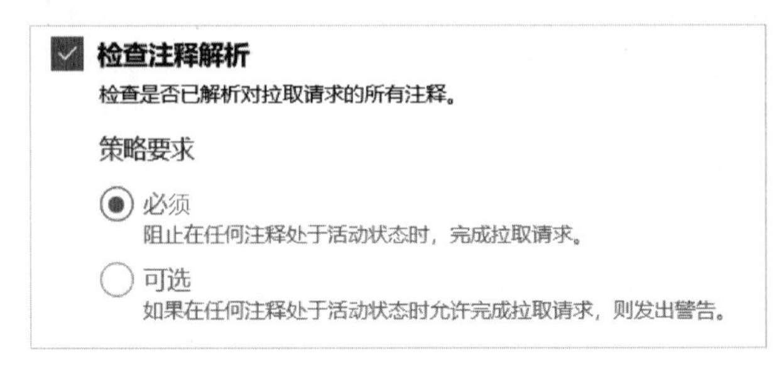

图 6-25　分支策略设置(2)

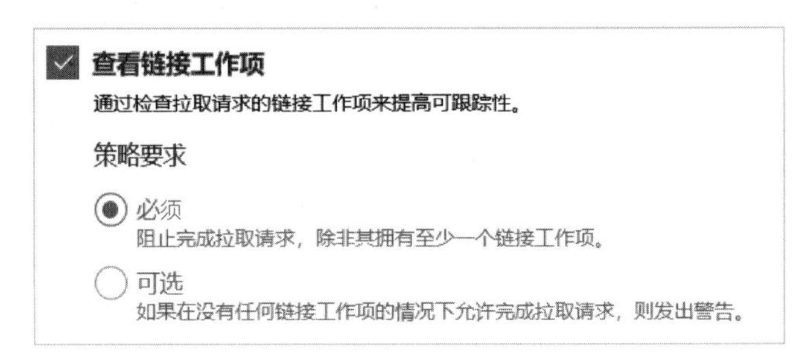

图 6-26　分支策略设置(3)

通过设置“自动包括代码审阅者”，可以在发起一个拉取请求时自动添加审阅者；也可以根据要更改的代码路径映射添加的审阅者，把某些路径下修改的代码自动发给相应的人员进行审阅(图 6-27)，这对于使用多种编程技术或有多个功能模块的项目非常有用。

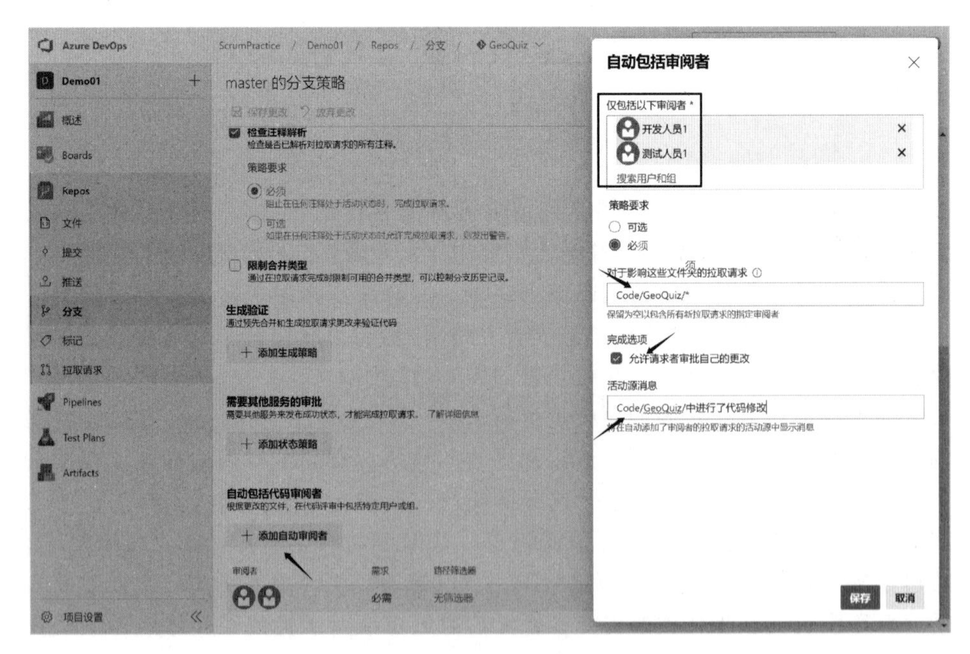

图 6-27　分支策略设置(4)

通过以上步骤完成分支策略设置后，Master 分支得到充分保证。将更改推送到 Master 分支的唯一方法是：先在另一个分支中进行更改，然后创建拉取请求，以触发更改接受工作流。

在设置好策略之后，当前分支上会有一个提示图标，表明当前分支是具有策略的(图 6-28)。

除以上的设置之外，还可针对不同人员设置不同的权限，可通过在 Azure DevOps 的菜单中选择“分支安全性”进行设置。

图 6-28　分支策略设置(5)

6.6.2　实训指导 24：使用 Azure DevOps 的代码评审策略

按实训指导 23 完成分支策略设置后，每个小组按本实训指导进行代码评审。在产品积压区中选定一个产品积压工作项，选择“新建分支”，完成与该工作项关联的分支(图 6-29)，参与该产品积压工作项开发的人员都在该分支上编写代码。

图 6-29　根据产品积压工作项创建分支

在图 6-29 中的“创建分支”输入名称时，通过分隔符“/”可以让分支按文件夹来管理。这里的示例中分支将转到“冲刺 2”文件夹中(图 6-30)，这是在复杂的环境中组织分支的一个很好的方法。

按以上方式建好分支之后，在 Android Studio 中通过“VCS”→“Git”→“Fetch”操作，就可以把新建的分支取到本地。通过“VCS”→“Git”→“Branches”，选择“Remote Branches”中对应的要编写代码的分支，然后通过

分支　　搜索所有分支

我的　全部　陈旧

分支	提交	作者	创作日期	后面 | 前面	状态	拉取请求
冲刺2						
56手机号码验证登录	b3f01e4a	zhangwanjun	23 小时前	0 | 0		
master　默认　比较	b3f01e4a	zhangwanjun	23 小时前			

图 6-30　带文件夹目录的分支结构

“Check out”得到远程的分支，并在本地 Git 库也建了这个分支。完成代码的编写，通过“VCS”→“Commit”或单击 Git 边上的“√”图标，提交并推送到远端服务器 Git 库。在开发过程中以及代码提交时，务必要注意当前所处的分支不要选错。在图 6-31 中选择与当前 Commit 关联的工作项，然后在“Commit”处选择“Commit and Push”，这样就把本地编写的代码提交到远端的“冲刺 2/38 挂号参数配置”分支上。

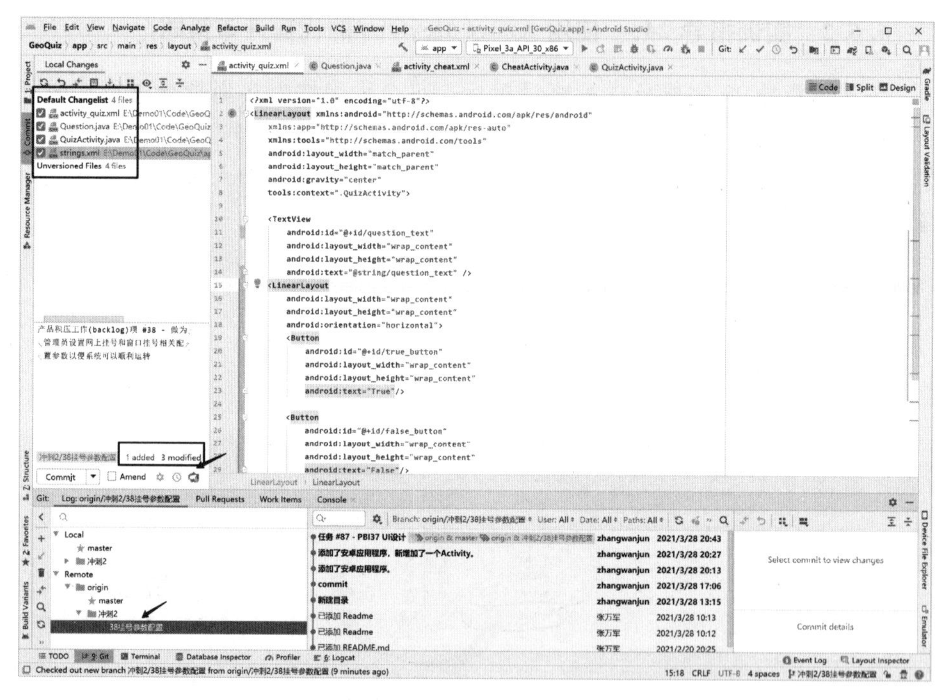

图 6-31　把当前分支上修改好的代码推送到远端 Git 库

此时，如果想把该分支上的修改与 Master 分支进行合并，则必须通过“拉取请求”完成。有两种新建拉取请求的方法：

① 在图 6-32 中单击“Pull Requests”，在出现的界面中单击“+”号，即可新建一个拉取请求。注意其中的“Target branch”(目标分支)，如果有多个分支时，可以把当前分支合并到可选择的分支中。

② 通过网站端的 Repos 库操作新建拉取请求。在项目组门户网站界面打开

“Repos”→“分支”（图 6-33），可看到“38 挂号参数配置”分支上有一个“0｜1”标记，表示在主分支后有 0 次变化，在其之前有 1 次变化。这表示与目标分支相比较，在当前分支上进行了 1 次提交，目标分支只有 0 次提交。

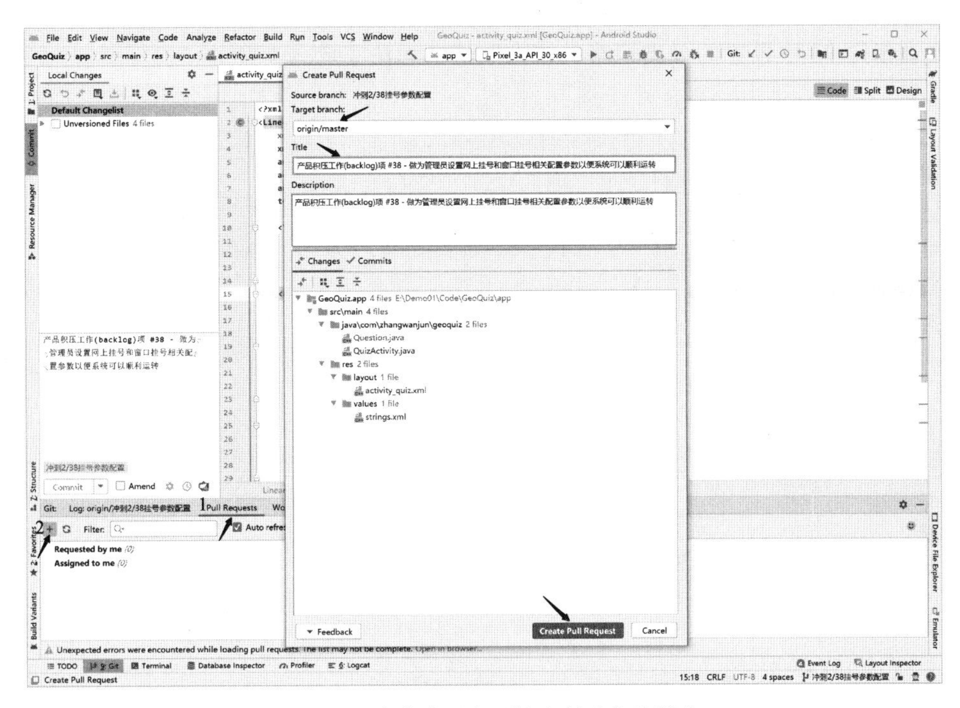

图 6-32　在集成开发环境中创建拉取请求

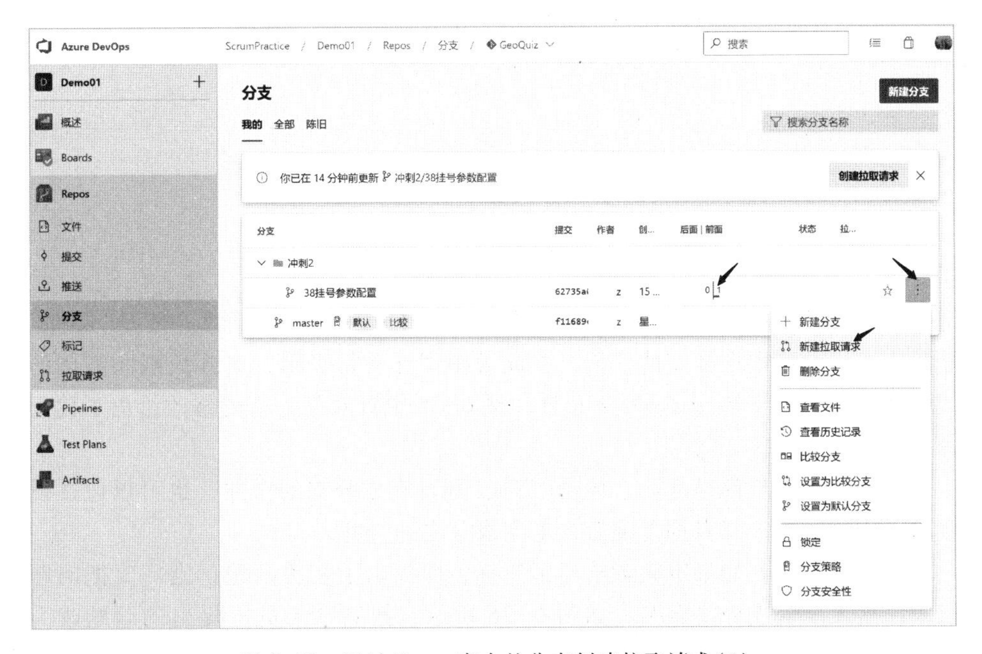

图 6-33　通过 Repos 库中的分支创建拉取请求（1）

要正确选择当前分支合并的目标分支，示例中是合并到 Master 分支，给该拉取请求输入标题，并且添加针对该合并的说明(图 6-34)。选择合并时的代码审阅人员，由于在实训指导 23 中已设置了自动审阅人员，此处不需要手工选择人员。如果在提交时没有关联到工作项，则必须在此处进行关联，否则按实训指导 23 中设置的分支策略，该拉取请求无法完成分支合并。

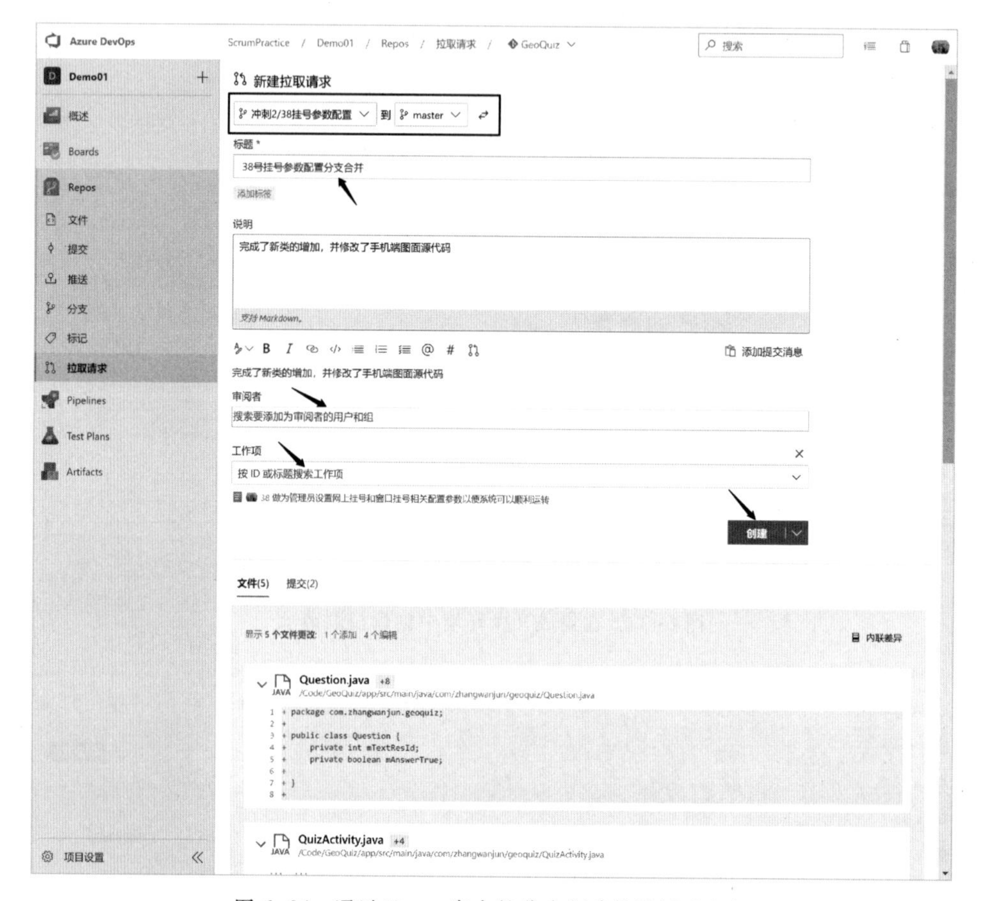

图 6-34　通过 Repos 库中的分支创建拉取请求(2)

在图 6-34 中单击“创建”后，将出现如图 6-35 所示的界面，打开“文件”选项卡可以看到本次提交的代码。在此视图中支持行级别、文件级别和整体的代码注释，文本支持 mark down 语法。图 6-35 中针对某一行的修改给出了代码评审建议。

在各个审批者都批准后，单击“完成”则可完成分支的合并，也可以通过设置自动完成，在审阅者都批准后自动完成分支的合并。

需注意的是，如果审阅者给出了注释，即提出了相关问题，则需要把问题解决之后才能完成分支合并。如图 6-36 所示，把测试人员 1 提出的问题改为“已解决”，此时就可以单击“完成”，出现如图 6-37 所示的界面。

对于团队来说，这是一种协作处理推送到 Master 分支中代码变更的良好方

图 6-35　通过注释给出代码评审建议

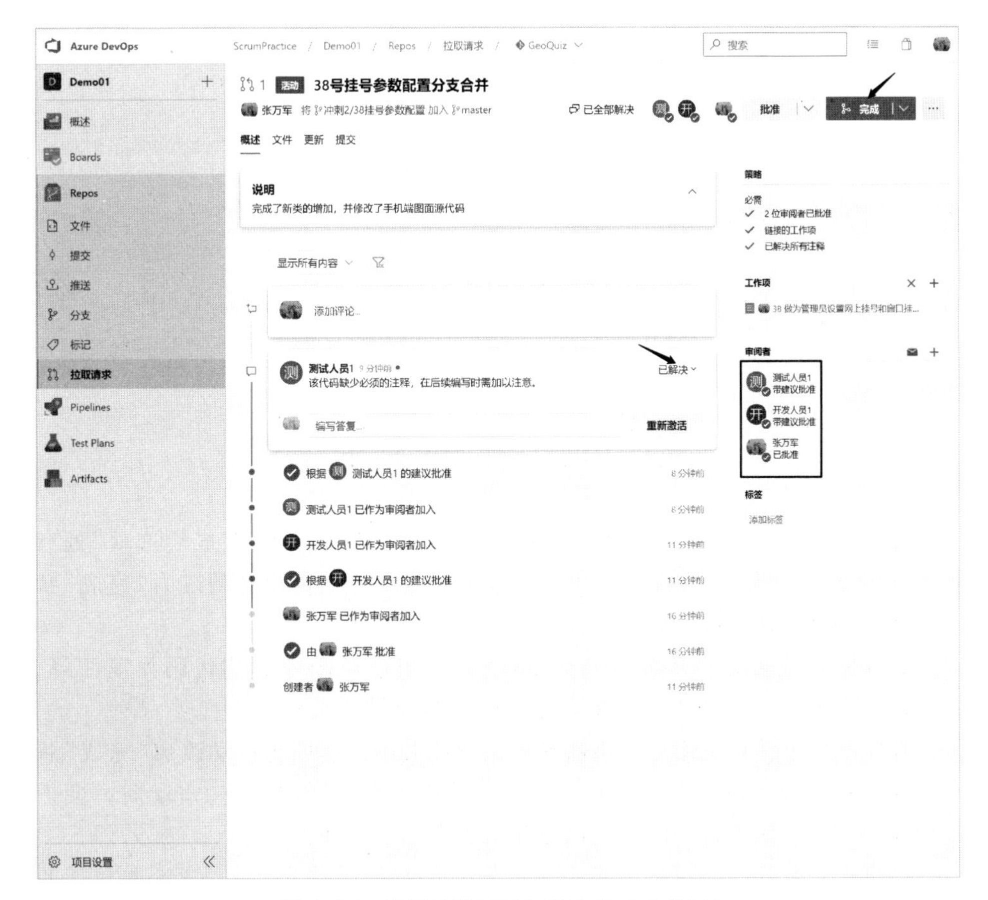

图 6-36　代码评审通过后完成分支合并(1)

法。可以在审阅后将拉取请求标记为自动完成；一旦所有策略均成功编译，将自动完成拉取请求。

图 6-37　代码评审通过后完成分支合并(2)

在图 6-37 中可以选择合并类型并填写合并的说明。在“完成后选项”处有两个选项可供选择，一个是在合并完成后，把关联的工作项自动改为“完成”状态；另外一个是在合并后删除当前的分支。

完成后的拉取请求界面如图 6-38 所示，可以清晰地看到代码评审注释、关联的工作项等，并且还可以在该处“挑拣”“还原”相关代码。

在完成以上操作之后，与本次拉取请求相关的工作项将自动改成“完成”状态。对于一个分支的多次提交关联多个产品积压工作项、任务、bug 时，会把其相关的所有工作项自动改成关闭或完成状态(图 6-39)。

注意： 拉取请求只会把与其连接的工作项改为“完成”状态，不会把该产品积压工作项下的任务都改为“完成”状态，在开发时要加以关注。

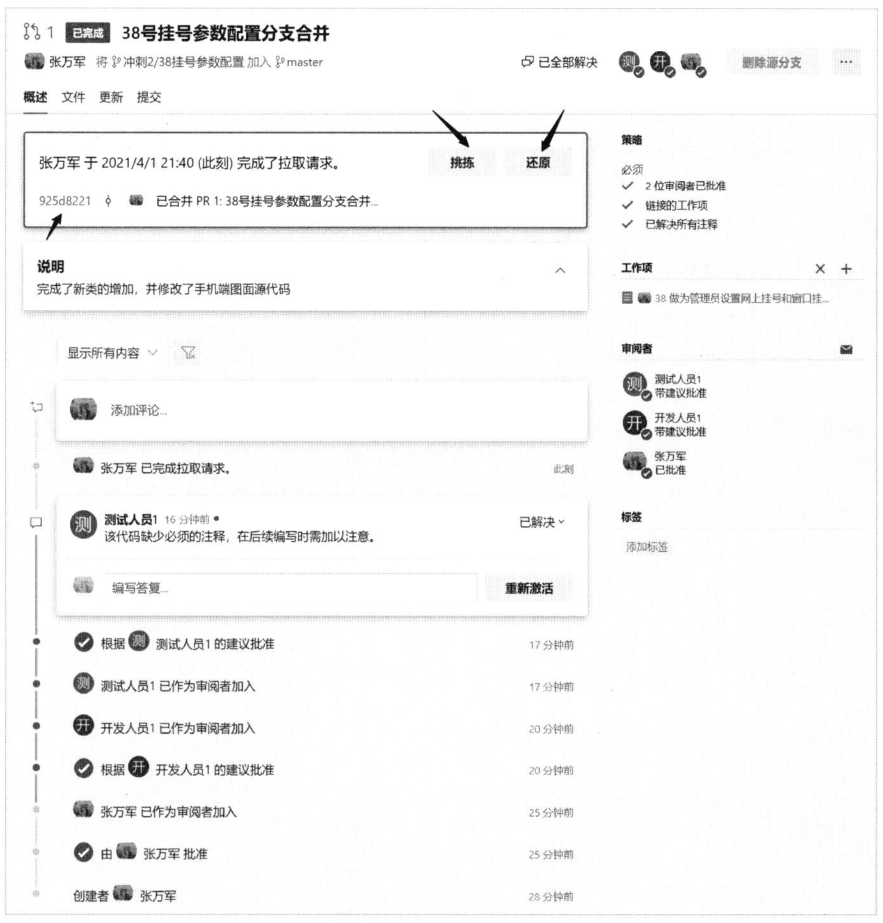

图 6-38　代码评审通过后完成分支合并(3)

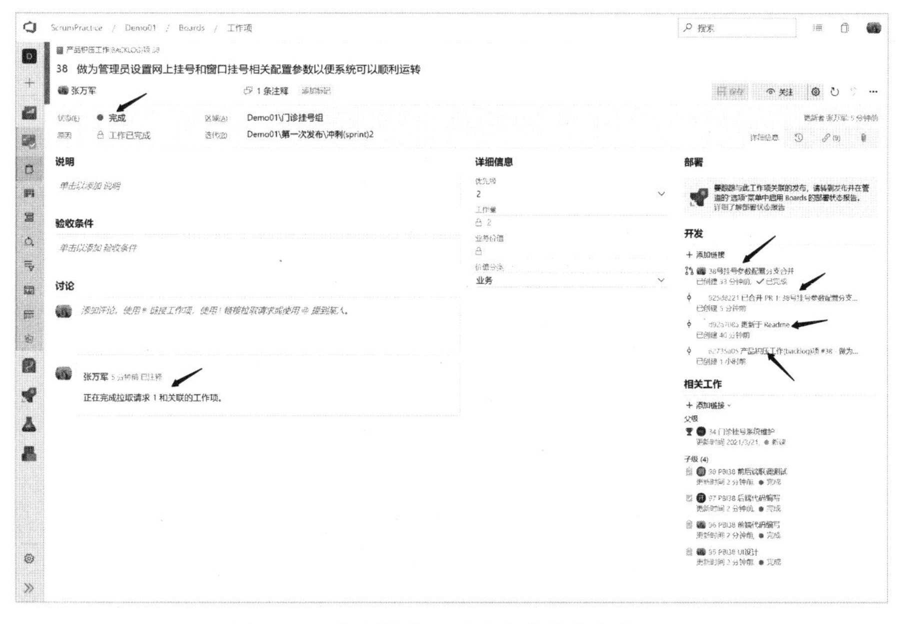

图 6-39　代码评审通过后完成分支合并(4)

6.6.3　实训指导 25：使用 Azure DevOps 支持持续发布的分支模型

本实训指导以 Android Studio 为例，演示如何使用 Azure DevOps 支持持续发布的分支模型，重点是在实际开发中完成新功能的同时进行线上 bug 修复的处理方式。各小组可以使用 Git GUI 或其他安装 Azure DevOps 插件的集成开发环境完成类似的实训。

在实训指导 24 中完成了“38 挂号参数配置”产品积压工作项代码的编写，并合并到了 Master 分支中，可以准备发布。在发布前，使用“标记”给 Master 分支打上标签“Release_PBI38”，以记录当前的版本信息(图 6-40)。

图 6-40　为 Master 分支做版本标记

在完成发布并做版本标记之后，接下来将开发 36 号产品积压工作项对应的功能，从远程 Master 分支上创建一个分支，命名为“冲刺 2/PBI-36”，然后拉取到本地 Git 库(操作方法同实训 24)。

通过更改在 PBI-38 中修改的同一行代码来修改 activity_quiz.xml，在本地完成修改并提交代码，将其推送到远程存储库。然后创建一个拉取请求，将更改从冲刺 2/PBI-36 分支合并到 Master 分支。

在本地编写 PBI-36 相关的代码并提交更改，然后将更改推送到远程存储库，修改的内容如图 6-41 所示。

在该拉取请求进行中，产品中发布的 PBI-38 报告了一个严重的 bug。为了调查这个问题，需要根据当前在生产中部署的代码版本进行调试。要研究这个问题，使用 Release_PBI38 分支标记创建一个新的 HotFix 分支(图 6-42)。将该分支拉取到本地 Git 库，针对这个 bug 在本地处理并提交更改，然后将更改推

```
23            android:text="True"/>
24
25        <Button
26            android:id="@+id/false_button"
27            android:layout_width="wrap_content"
28            android:layout_height="wrap_content"
29            android:text="@string/false_button"/>
30        <!--PBI38中，增加了上面行的内容，在PBI36中对该行代码进行了修改-->
31
32
33    </LinearLayout>
```

图 6-41　新分支中修改代码

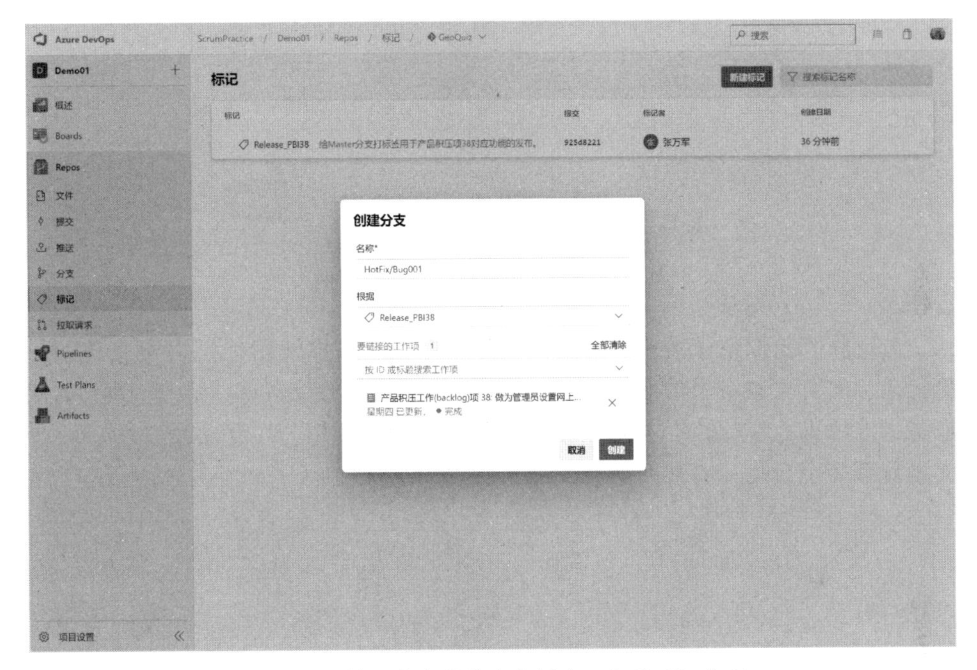

图 6-42　从已发布的分支中新建一个 HotFix 分支

送到远程存储库。处理 Bug-001 的代码如图 6-43 所示。注意，此时是从 Release_PBI38 这里分支出来的代码，所以这一行中针对 PBI-36 分支的修改是没有的。

```
24
25        <Button
26            android:id="@+id/false_button"
27            android:layout_width="wrap_content"
28            android:layout_height="wrap_content"
29            android:layout_weight="1"
30            android:text="False"/>
31        <!--PBI38发布后，处理Bug-001，对代码进行了修改-->
32
```

图 6-43　新分支中修改代码

在修复后的系统被应用到生产环境后，立即在 Release_Bug-001 上标记

HotFix 分支(图 6-44)，然后创建一个拉取请求，将 HotFix/Bug-001 的更改合并回 Master 分支。

图 6-44　修复 bug 后打上发布标记

分支作为拉取请求的一部分将被删除，但仍然可以使用标记引用完整的历史记录。随着关键错误的修复，完成了 PBI-36 代码的编写后，启动 PBI-36 拉取请求的评审。在“分支”页面清楚地表明，冲刺 2/PBI-36 分支是在 Master 分支之后有 2 个变化，在其之前有 1 个变化(图 6-45)。

分支	提交	作者	创作日期	后面 | 前面	状态	拉取请求
冲刺2						
PBI-36	89e25994	z...	31 分...	2 | 1		2
master 默认 比较	da8039b2	张..	4 分...			★

图 6-45　修复发布后新功能 Develop 分支的标识界面

在试图完成拉取请求时，将看到一条错误消息通知“合并冲突”(图 6-46)。如果安装了 Git 拉取请求合并冲突工具，则可以直接在 Web 上编辑冲突之处；否则只能线下解决两者的冲突，然后再重新提交拉取请求。

本实训已安装该工具，可以在 Web 页面上直接编辑解决合并冲突(图 6-47)。

在图 6-47 中，“1”处区域显示了合并时有冲突的文件；“2”处区域显示的是该冲突文件源分支上的代码；“3”处区域显示的是该冲突文件目标分支上的代码；“4”处区域显示的是该冲突文件建议的解决方案；“5”处区域显示的是针对该冲突选择什么样的操作，根据建议解决方案进行合并或使用源文件，或保留目标文件。

在此演示中，选择了接受两个文件不同内容合并的方案。无论做了哪种选择，该拉取请求都会重置，还需要再走一遍代码评审。合并完成之后，可以看

图 6-46　持续发布模型中修复同一源文件合并时的冲突提示界面

图 6-47　合并冲突解决界面

到如图 6-48 所示的代码。

在图 6-48 中可以看到，把 Bug-001 编写的代码与 PBI-36 中编写的代码进行了合并。当然，通过该工具浏览冲突文件内容时，如果发现不能通过简单合并就可以解决的代码，只能手工去解决冲突，确保不要因为合并产生新的 bug。

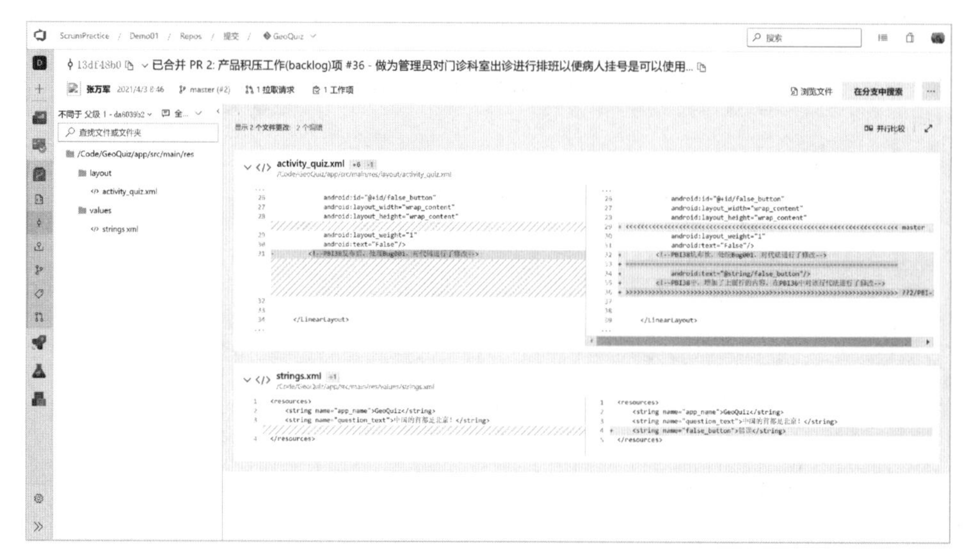

图 6-48　合并冲突解决后合并成功的代码

6.7　使用 Azure DevOps Git 管理和存储大文件

在开发过程中除了产生源代码之外，不可避免地还会产生大量的文档，需要对这些文档进行有效管理。在 6.3 节已介绍了建配置库目录的方法，可以使用浏览器、Git GUI、Android Studio、Visual Studio Code、Visual Studio 等多种方式把产生的文档上传到相应的 Git 库及分支中。

同时，配置项中还会有高质量图像和视频等。如果存储库中有这类大型文件，Git 将在每次对文件提交更改时在存储库中保留该文件的完整副本，这也会大大增加签出、分支、提取和克隆代码的时间。

此时，可以使用 Git 大文件存储（large file storage，LFS）来解决该问题。LFS 是 Git 的一个扩展，它将大型文件（如音频示例、视频、数据表、图片等）替换为 Git 内的文本指针，同时将文件的内容存储在远程服务器上。该服务器提交描述存储的大文件数据，并将二进制文件内容存储到单独的远程存储中。

当克隆和切换存储库中的分支时，Git LFS 会自动从该远程存储库下载正确的版本。使用本地开发工具可透明地处理这些文件，就像它们直接提交到存储库一样。

要想使用大文件系统，团队成员使用的每个 Git 客户端都须安装 Git LFS 客户端并完成相关配置。该工具的安装程序下载地址位于 Github 上的 git-lfs 目录下。

如果未正确安装和配置 Git LFS 客户端，则在克隆存储库时将不会看到 Git LFS 提交的二进制文件。Git 下载描述的是大文件，即 Git LFS 提交到存储库的数据，而不是实际的二进制文件（提交未安装 Git LFS 客户端的大型二进制文件，会将文件推送到存储库）。Git 无法合并来自两个不同版本的二进制文件的更改，即使两个版本都有一个共同的版本。如果两个人同时处理同一个文件，他们必须协同工作来协调其更改，以避免覆盖另一方的工作。Git LFS 提供文件锁定功能来提供帮助，在开始工作之前，用户须注意始终提取二进制文件的最新副本。

要使 Git LFS 正常工作，需设置使用 Git LFS 跟踪的文件类型。Git LFS 把这些设置存储在 .gitattributes 文件中，把此文件提交到存储库，以便团队中使用 Git 的每个人都将使用相同的 LFS 配置。

完成以上配置之后，按上传普通文件的方式上传大文件即可。由于 LFS 不支持 Kerberos 身份验证方式，在提交时可能会给出错误提示。此时需把用户名改为“Domain\User”格式，而不能使用 User@ sei. local 格式。把更改推送到远程库，Git LFS 将在检测到文件类型的配置设置时启动。详细的操作说明请参见 Github 上的官方资料。

除了使用 Git 处理大文件之外，在实际开发中还会遇到大 Git 库的情况，这时若不加以处理，则每个成员本地的 Git 库副本将会占用大量的资源。微软公司对 Git 存储库的虚拟化进行了创新，以解决 Windows 开发团队采用 Git 时发现的内部问题(该团队拥有超过数百 GB 大小的 Git 存储库)。微软通过支持 GVFS 开源项目，使得 Git 虚拟文件系统(GVFS)成为能够在企业规模上运行的开源系统。它使应用和管理大 Git 存储库成为可能。

课后思考题 6

1. 为什么说没有配置管理就没有软件开发管理？配置管理没有做好会对整个软件项目产生什么样的影响？请举例进行说明。

2. 请对三种常见的 Git 分支模型进行分析，在源代码控制方面这三种分支模型分别有什么样的优缺点？

3. 通过版本控制过程中的“提交”与工作项关联，会对配置管理带来什么样的影响？怎么来实现配置项之间的双向跟踪？

第 7 章　软件构建及持续集成管理

本章重点：

- 持续集成的基本概念。
- 基于自动构建系统的持续集成实践。
- 常用自动构建工具及应用场景。

近年来，DevOps 已成为信息技术领域的焦点话题之一，特别是当前业务敏捷、开发敏捷、运维侧自动化等技术的普及，打穿了从业务到开发再到运维之间的隔阂，实现了广义的端到端 DevOps，已有越来越多的组织应用实践 DevOps。在实施 DevOps 时，最基本的流程就是持续集成和持续发布，它可以帮助开发人员以更快、更结构化、更安全的方式构建、测试和发布编写好的代码。典型的持续集成和持续发布管道的实现包括如下几个阶段：

① 提交阶段。在此阶段把新的代码修改集成到代码库中，并执行一组单元测试，以检查代码的完整性和质量。

② 构建阶段。在此阶段将自动生成提交阶段提交的代码，然后把构建形成的项目推送归档。

③ 测试阶段。在此阶段需要把生成项目部署到预生产环境（测试环境）执行最终测试，其后转到生产部署。通过完成 Alpha 版部署和 Beta 版部署对代码进行测试。其中，在 Alpha 版部署阶段，开发人员检查其新构建的性能和不同构建版本之间的交互；在 Beta 版部署阶段，开发人员执行手动测试以检查应用程序是否正常工作。

④ 产品部署阶段。在此阶段最终应用程序成功通过所有测试后进行产品部署。

在 DevOps 中，以上阶段通常是随着代码的修改持续完成的。本章主要介绍持续集成的基本概念、团队与个人的持续集成工作流、不同分支策略下持续集成和持续部署流水线的关系，以及在工程实践中实施持续集成经常遇到的问题与应对方法；同时介绍 Azure DevOps 对持续集成的支持方案。在后续的章节中将讲解持续测试和持续部署的相关内容。

7.1　持续集成的基本概念

早在20世纪80年代，微软公司的研发团队就使用了称为"每日构建的开发实践。它是指每天定时自动执行一次软件构建工作，也就是将当前版本控制系统中的源代码检出到一个构建环境中，对其进行编译、打包的过程。通过执行每日构建，可以确保开发人员了解其是否在前一天的代码编写过程中引入了新问题；同时在构建完成之后运行自动冒烟测试代码，以便帮助团队确定新的变更是否破坏了原有的功能。其关键在于，每次构建一定要包含新的代码修改和测试。

"持续集成"是在1996年Kent Beck编写的《解析极限编程——拥抱变化》中提出的，其含义为每天多次集成和生成系统，每次都完成一个构建任务。

当前通常是使用Martin Fowler于2006年给出的解释，即持续集成是一种软件开发实践，团队成员频繁将其工作成果集成在一起(通常每人至少提交一次，这样每天就会有多次集成)；每次提交后，自动触发运行一次包含自动化验证的构建任务，以便能尽早发现集成问题。由此可见，持续集成是一种质量反馈机制，其目的是尽早发现代码中的质量问题。

自1999年起，持续集成作为一种软件开发实践，随着敏捷运动的兴起而进入软件行业的大众视野。在敏捷运动所提倡的众多原则、方法与实践中，持续集成是第一个被广泛接受和认可的工程实践。而构建自动化是把应用程序的编译、打包使用脚本或工具来实现，它是开发过程中能否做到持续集成的技术支撑和基础。

针对持续集成和自动化构建，在部分开发团队中通常会有如下两种误解：一是认为持续集成与敏捷软件开发相同，二是认为自动化构建与持续集成相同。通过后续内容的学习，希望能让读者澄清这种误解。

在持续集成中，每一次执行的工作流程都是相同的。具体步骤如下：

① 开发人员将代码提交到代码仓库。

② 自动触发持续集成服务。

③ 持续集成服务将最新代码取到已准备好的专用环境。

④ 在专用环境中运行指定的工具或命令对最新代码进行检查，通常是代码静态扫描，比如代码规范检查、代码安全扫描等。

⑤ 在代码静态扫描通过后，在专用环境中对代码编译打包，运行单元测试代码。

⑥ 通过单元测试后，把编译打包好的程序部署到指定的测试环境并运行功能测试(至少是主要功能回归的冒烟测试，确保主业务流程能顺利通过)。

⑦ 运行结束后，将验证结果反馈给开发团队。

在整个过程中有多个环节用于验证新提交的代码，任何一个环节验证不通过时都可以终止该集成过程，把结果反馈给开发团队。某些持续集成工具可以自动记录相应的验证缺陷，通过与代码提交人员做关联，把该缺陷指定给相应的开发团队成员去解决。

持续集成这一实践直接体现了快速验证的基本工作原则，即“质量内建，快速反馈”，这是精益敏捷的支撑实践之一。每当开发团队成员完成一项任务后，必须通过运行一系列自动化质量检查，验证其所写代码的质量是否达到团队能够接受的软件质量标准。

应用 Scrum 敏捷开发和持续集成实践的项目团队，多个团队成员同时在不同的代码分支上进行开发工作，严格遵守源代码管理纪律是团队高效协作的保障。在开发实践中，为了能保证持续集成，每个成员需遵循如下的步骤开展工作：

① 在最近一次发布的 Master 分支或 Develop 分支(依不同团队的分支策略而定)上，新建一个基于特性或产品积压工作项的 Develop 分支；开发人员开始工作时，把该分支拉取到本地的个人工作区中。

② 在个人工作区中对代码进行修改，包括实现产品新功能的代码，甚至编写对应功能的自动化测试代码。

③ 当开发完成并准备提交时，首先执行一个自动化验证集，对个人工作区的新代码执行一次构建，即本地构建，用于验证自己修改的代码质量是否达标。

④ 在开发过程中，很可能在该 Develop 分支上其他成员已提交了新代码，并通过了持续集成的质量验证。在将代码提交到该分支上之后，需要将分支上最新版本的代码与本地修改的代码进行合并，然后再执行一次质量验证，以确保代码与其他人的代码合并之后没有问题。

⑤ 第二次质量验证成功之后，把代码提交到共同的 Develop 分支上；这时触发持续集成服务，立即开始执行提交构建，运行自动化质量验证。如果这次验证失败，则立即着手修复。

⑥ 该 Develop 分支验证通过后，合并到最近一次发布的 Master 分支或 Develop 分支上，执行发布前的验证。

注意：此时有可能其他小组已往 Master 分支上提交了代码，在小组提交合并到 Master 分支之前，要先把 Master 分支上的代码与该 Develop 分支上的代码合并，并执行验证。

在每次构建时需要完成质量验证，这是持续集成的核心理念。建议至少包含自动化单元测试、代码静态扫描及代码规范检查、构建验证测试三部分内容。由于单元测试无法覆盖所有运行场景，也无法保证构建成功之后的版本能否运行，所以在构建验证测试时需要确保构建成功之后的版本能顺利运行。质量验证主要包含以下三部分内容：

① 构建结束后生成的二进制包(或资源包)是否包含正确的内容，比如配置文件、资源文件等。

② 构建结果是否能正确部署并正常运行。

③ 运行起来之后，最基本的功能是否可以使用，也就是能否通过冒烟测试。

只有完成以上相关验证操作，才能把代码从本地提交到远端服务器上，或合并到上一级分支上。在持续集成中的两次验证都是本地构建验证，只需要完成上面的三部分质量验证即可。但从持续集成的角度来说，在提交到远端服务器上之后，由持续集成服务完成构建及验证，则验证所包含的内容要在这三部分质量验证的基础上增加持续测试。只有通过自动化的功能测试、回归测试或手工测试等验证环节，才能把代码从 Develop 分支合并到 Master 分支上。

最后，给出持续集成的系统性定义：每当开发人员提交新代码之后，就对整个应用进行构建，并对其执行全面的自动化测试，根据构建和测试的结果来确定新代码和原有代码是否正确地集成在一起。如果失败，开发团队就须停下手中的工作对其立即进行修复。

持续集成的目的是让正在开发的软件始终处于可工作状态，同时强调代码的提交是一种沟通方式，即各分支之间的对话过程。根据前面介绍的代码提交过程也可以看出，持续集成需要经过各分支之间严格约束的对话方可得到保证。

7.2　基于自动构建系统的持续集成实践

作为持续集成过程的一部分运行的自动构建，通常称为持续集成构建。目前持续集成构建应该做什么没有明确的定义，但至少需要通过自动化的方式编译代码并运行单元测试。此外，在干净环境中运行持续集成构建，有助于识别在发布过程后期可能被忽视的依赖项。

7.2.1　持续集成实践建议

随着 IT 基础设施及其技术的发展，以及工具的不断完善，持续集成实践的门槛已经越来越低。

可以按如下步骤开始持续集成实践：

1. 实现构建自动化，搭建持续集成框架

① 选择一款持续集成工具并完成安装部署。大多数持续集成工具都与软件开发语言无关，当前国内比较流行的工具是 Jenkins，本书实训使用的持续集成工具是 Azure DevOps 中的 Azure Pipelines。对于需要使用 Azure DevOps 与 Jenkins 结合起来完成持续集成的团队，可参考网上相关资料完成配置。

② 安装部署持续集成工具后，在该工具上建一个构建任务，从团队的代码仓库拉取代码，编写脚本，自动完成软件项目的编译、构建和打包工作。

③ 修改创建的构建任务，使其可以调用写好的脚本文件。向代码仓库提交一次代码，验证该持续集成工具是否能发现有新代码提交并拉取正确的代码版

本，运行指定的构建脚本。

2. 向构建的任务中添加已有的自动化验证集合

① 向构建中加入代码规范扫描插件。市场中有很多代码规范和代码健康自动化扫描工具，如 SonarQube、Android Lite、CppCheck 等，也可以购买商业化工具。团队根据使用的编程语言及开发工具选择其中的一种，将其加入前面创建的构建任务中，执行代码的自动扫描工作。

② 向构建的任务中添加自动化测试脚本或程序。想办法将至少一个自动化测试用例放到这个构建的任务中，使其能够在构建完成后触发自动执行。

3. 选择利于持续集成的分支策略

前面两步完成之后，团队已经具备了持续集成的基础。根据项目开发的需要，结合第 6 章中介绍的分支策略，选择适合本团队的分支策略。在确定分支策略时要注意，每个分支都应该建立对应的持续集成环境，分支过多不利于团队的持续集成效果。团队应根据实际情况选择一种利于持续集成的分支策略，并为之建立相应的自动化部署流水线。

4. 建立代码提交规则

团队现在已将整个持续集成流程走通，虽然构建的任务中还只包含少量的质量验证活动，这时已经可以开始执行持续集成了。为了确保后续的持续集成自动化，需要在团队中建立代码提交规则。

5. 持续优化

随着项目的持续开展，源代码库会变得越来越大，还会增加大量的自动化测试。此时团队要对持续集成做主动优化，这样才能不断收获持续集成带来的收益。通常优化的内容如下：

① 编译打包时间。通过引入各种工具或重新组织和优化编译打包脚本、系统模块拆分与组合等，缩短编译打包时间。

② 代码分支策略。随着持续集成的深入，团队会进一步选择利于持续集成的分支策略。

③ 自动化测试用例的分层分级。随着自动化测试用例的类别及数量增多，需要对不同类型的自动化测试用例进行分层分级管理，将各种测试用例放入不同的级别中，并按线性方式顺序执行。

④ 测试验证环境的准备。通过自动化的方式准备多套测试环境，不同环境执行不同级别的测试用例。

⑤ 优化编码规范扫描。随着持续集成实践的深入，团队可以逐步增加、修改和调整编码规范，使其符合团队代码质量的要求。

⑥ 生成数据报告。让每个人随时能够方便地掌握当前的代码质量状态。

6. 开发人员改变习惯，并提升技能

持续集成是积极的团队协作实践，要求开发人员主动提前集成，而不是推迟集成。这与人们“推迟风险”的心理相违背，需要开发人员改变工作习惯，将大块任务尽可能拆分成细粒度的工作。同时，频繁运行自动化测试套件依赖于自动化测试用例的稳定性与可靠性，因此需要开发人员投入一些时间来学习相关的方法与技巧。

7.2.2 Azure DevOps 中的持续集成及自动化构建简介

Azure DevOps 中的持续集成工具 Azure Pipelines(管道)是一个开源、跨平台、可扩展和基于任务的执行系统。它具有丰富的 Web 界面，允许开发人员以自动化的方式完成开发生命周期中的构建、测试和发布阶段，很好地支持持续集成和持续发布。Azure Pipelines 适用于任何编程语言或平台，可以在 Windows、Linux、macOS 环境下构建代码。

从 TFS 2005 起，微软公司总共提供了三代构建系统，第一代是 TFS 2005 时引入的，名为 MS Build，配置文件采用 XML 格式；第二代是 TFS 2010 时引入的，名为 XAML Build，配置文件格式为 WWF；第三代是 TFS 2015 时引入的，名为 TF Build，配置文件格式为 JSON。

微软公司的构建系统允许在一个主机上安装多个代理，一个代理可以注册到一个代理池中，一个代理池可以映射到限定为项目的队列。图 7-1 描述了微软公司新一代构建系统的架构。

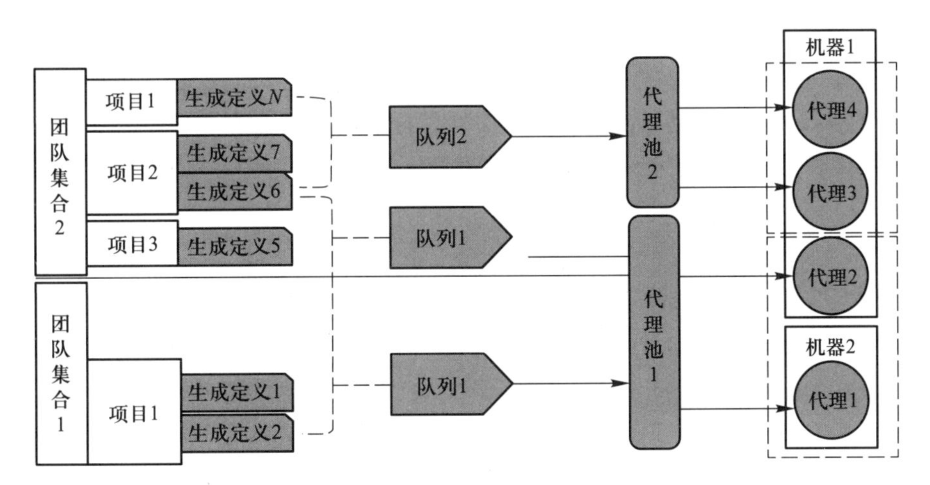

图 7-1 微软公司新一代构建系统的架构示意图

在图 7-1 中，一台机器上可以配置多个代理，跨不同机器的代理或同一个机器上的多个代理可以分组为一个代理池，每个代理池只能有一个队列，每个队列可以映射到不同的生成定义。这样可以在一台主机上宿主多于一个代理，充分利用服务器主机资源。

Azure Pipelines 的工作框架如图 7-2 所示。

当把代码提交到代码库的某个分支时，构建管道引擎就会启动，执行构建任务和测试任务。如果所有任务都成功完成，则应用程序就完成构建，并形成最终输出(项目/工件)。还可以创建一个发布管道，用来将生成的输出部署到目标环境中。

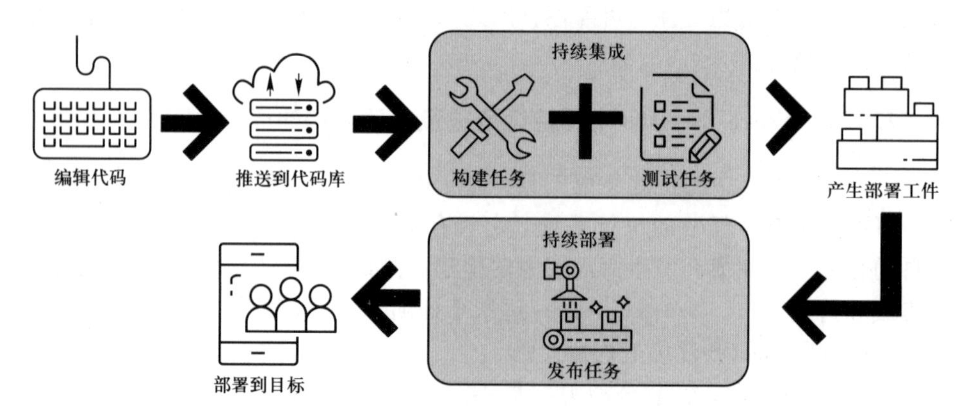

图 7-2　Azure Pipelines 工作框架示意图

在 Azure DevOps 中有两种方式来创建管道：

① 使用经典界面。团队从可能的任务列表中直观地选择某些任务，只需根据项目实际填写这些任务的参数即可。

② 使用 YAML 脚本语言。管道可以通过在源代码库内创建带有所有步骤的 YAML 文件来定义。

使用经典界面的方式比较容易上手，但其支持的功能没有 YAML 丰富。此外，由于 YAML 管道定义是通过文件的方式来完成的，可以进行版本控制，也方便在不同项目中移动使用管道定义文件，这是经典界面方式所不具备的。图 7-3 是微软官方提供的一个 Azure 管道示例。

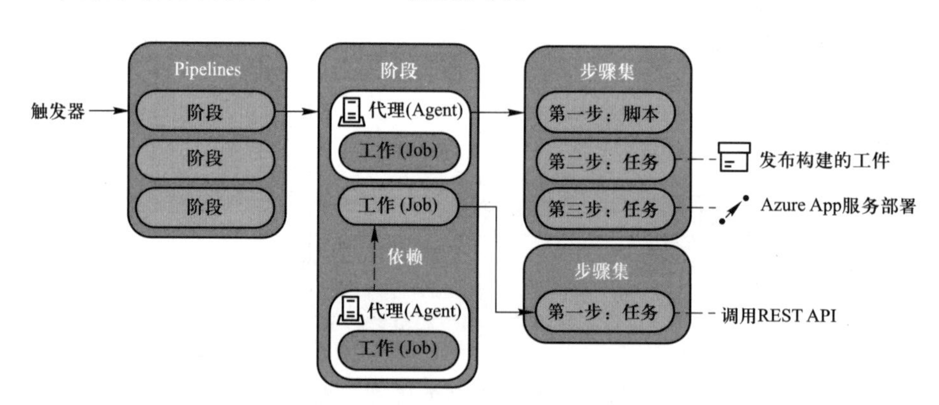

图 7-3　一个 Azure 管道示例

一个管道是从触发开始的，可以是人工手动触发或代码库内的一个推送触发、一个拉取请求触发或定时计划触发。管道通常由一个或多个阶段组成，阶段是管道中逻辑的隔离，比如构建、测试、部署等属于不同的阶段，可以顺序执行，也可以并行执行。每个阶段包括一项或多项工作，工作是包含多个可并行执行任务的集合。如果不进行特定设置，一个管道至少包含一个阶段，每项工作需要在一个代理中运行。每个步骤集由对代码执行一些活动的任务组成（这些活动可能是顺序执行的），代理的最终输出是一个项目/工件，即通过构建发布的文件或包的集合。创建管道时，需要定义一组工作和任务，以实现自动化构建或多阶段构建。Azure DevOps 对测试集成、发布门禁、自动报告等具有原生支持。

7.2.3 Azure DevOps 中的构建代理

要使用 Azure 管道构建和部署代码，至少需要一个代理。代理是执行管道中定义的工作的服务或小程序，这些工作可以直接在代理主机或容器中执行。在定义管道的代理时，有微软托管代理和自托管代理两种类型可供选择。

1. 微软托管代理

此类代理是由微软公司提供管理的代理服务，是定义管道代理的最简单的方法。Azure DevOps 默认情况下提供了名为 Azure Pipelines 的微软托管代理池（图 7-4）。通过选择此代理池，可以创建不同的虚拟机类型来执行管道。它支持如下类型的标准虚拟机：

- Windows Server 2019 with Visual Studio 2019。
- Windows Server 2016 with Visual Studio 2017。
- Ubuntu 18.04、16.04。
- macOS X Mojave 10.14、Catalina 10.15。

以上每类标准虚拟机的镜像中都有自动安装的软件集，在管道定义时可以使用预先定义的安装工具来安装额外的工具。

图 7-4 默认的微软托管代理池

当使用微软托管代理时，有以下几点注意事项：

① 不能登录到代理的机器。

② 代理运行在一个标准的 DS2v2 Azure 虚拟机上，不能扩充相关配置。

③ 代理在 Windows 平台上是以 administrator 账号来运行，在 Linux 平台上是以 passwordless sudo 用户来运行。

④ 如果不购买 Azure 的服务，免费账号运行的并行任务数及运行使用时长都有限制，详见微软官方资料。

2. 自托管代理

此类代理是自行设置和管理的代理服务，可以是在 Azure 上的自定义虚拟机，也可以是本地化基础设施内的机器。在自托管代理中，可以安装构建所需的所有软件，这在每个管道中都会持续存在。自托管代理可以在安装 Windows、Linux、macOS 的计算机或 Dockers 容器中使用。在这种情况下，需要开发者自行提供执行管理所需的所有软件和工具，并负责维护和升级代理。可以按照如下步骤完成自托管代理的创建和配置：

① 准备环境。

② 准备 Azure DevOps 所需的权限。

③ 下载并配置代理。

④ 启动代理。

7.3　实训任务 8：配置自动构建和持续集成环境

为了完成持续集成实训，各个小组需要搭建相应的支持环境。本节基于 Azure DevOps Server 完成自动构建环境的配置和持续集成环境的搭建。本实训任务为可选任务，环境不支持的小组可不开展本实训。开发过程中完成分支合并之后，可以手工执行构建打包。

组员在组长的带领下，完成持续集成环境搭建。为了使各个组员都能参与环境的搭建，可以安排每位组员建立一个代理池，然后基于该代理池配置相关环境。

组长搭建的环境供整个项目组开展后续的实训使用。在搭建过程中注意记录相关操作步骤，以免步骤出错之后难于恢复到原始状态，进而导致整个环境失败。

如果所有小组使用同一个 Azure DevOps 平台开展实训，建议由指导教师为每个小组建一个代理池，各个小组在自己的代理池下完成相应的代理及管道配置。

本实训预计用时：2 学时。

7.3.1　实训指导 26：配置 Azure DevOps 代理及管道

本小节介绍在 Windows 操作系统下配置 Azure DevOps 的自托管代理方法。该方法既可构建和部署基于 .NET 开发的应用程序，也可用于 Java 开发的 Android 类型的应用程序。在 Linux、macOS、Dockers 容器等环境下配置自托管代理的方法，可以参见微软的官方资料。

具体步骤如下：

1. 在 Azure DevOps Serer 中注册代理

操作人员需要具备的权限：须为 Azure DevOps Server 项目集合管理员组或

项目集合管理员组成员，同时还须为目标计算机管理员(在 administrators 组内)，详见微软官方资料。

目标计算机操作系统：Windows 10 及以后版本(x64)。如果操作系统为 Windows 7/Windows 8.1/Windows Server 2008 R2 SP1 ~ Windows Server 2012 R2(x64)，需另外安装 PowerShell V3.0 及以上版本。虽非必须，但建议在目标计算机中安装 Visual Studio 2015 及以上版本。

在目标计算机中，通过门户网站使用具有权限的用户账号登录到 Azure DevOps Server，重新创建一个个人访问令牌(PAT)。

如图 7-5 所示，输入令牌的名称，选择过期天数，应用的项目集合(“组

图 7-5 创建个人访问令牌(PAT)

织”处），选择具备的权限。示例中建的个人访问令牌主要是用于管理代理的应用程序，所以在“代理池”处选择了“读取和管理”权限。在默认情况下该权限是没有显示出来的，通过单击“显示所有范围”方可以看到。然后单击“创建”完成创建，在此过程中必须把产生的令牌复制并保存起来。

需注意的是，将要使用代理的用户必须是具有注册权限的用户。可以通过“集合设置”→“代理池”选择默认代理，然后单击“安全性”检查是否在该代理池的权限里，如果不在则把用户添加进去。

2. 下载代理并完成配置

从“集合设置”→“Pipelines”→“代理池”处，选择系统创建的默认代理池，从“代理”选项卡上单击“新建代理”(图 7-6)。

图 7-6　创建代理(1)

此时将会打开“获取代理”窗口(图 7-7)，选择“Windows”作为目标平台，根据实训时的目标计算机安装的 Windows 操作系统，相应地选择 x64 或 x86 作为目标代理平台，然后单击“下载”按钮。

在下载之前，通过查看“系统必备组件”检查当前系统是否符合安装代理的条件，也可以根据系统的建议完成账户的配置。在下载完成之后，把压缩包解压到某个目录下，然后运行其中的 config. cmd 文件，根据后续的提示即可完成代理的创建(图 7-8)。

说明：由于安装实训环境时没有使用 HTTPS 安全连接，所以使用个人访问令牌无法安装和配置代理。可以使用集成身份验证，即图 7-8 中的 Integrated 模式连接到服务器。如果使用个人访问令牌模式，则需要刚才保存的 token 才能连接上去。

身份验证模式包括 PAT(个人访问令牌)、Negotiate(Kerberos or NTLM)、

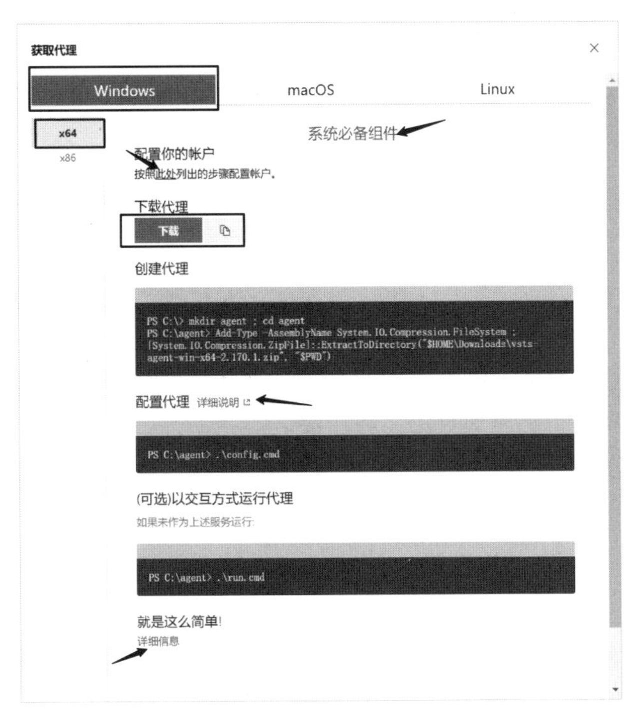

图 7-7　创建代理(2)

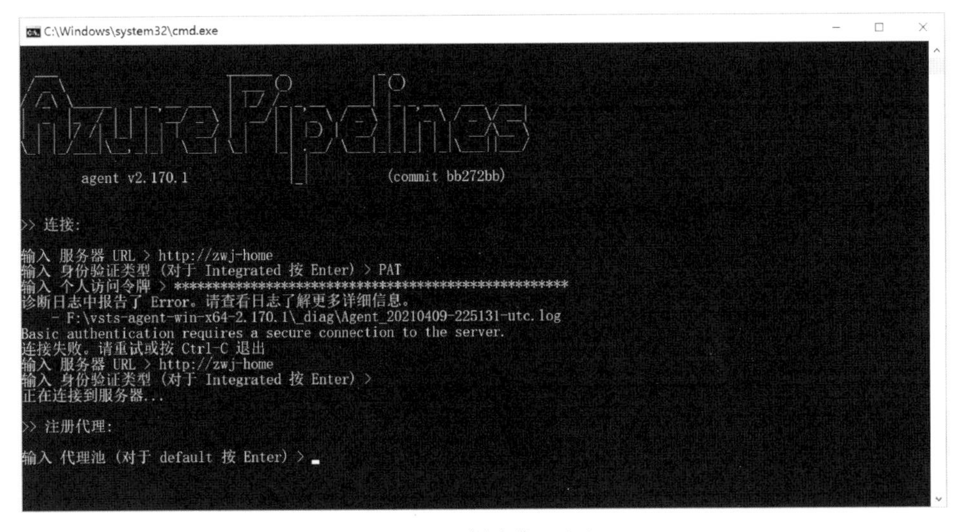

图 7-8　创建代理(3)

Alt(基础验证)、Integrated(Windows 默认的集成验证模式，如果目标计算机在 Windows 域内可以选用这种模式)。

在运行代理时支持交互式和服务两种模式，由于要配置自动生成，选择作为服务(service)来运行。在设置完成之后，应该会看到代理机上运行的服务和 Azure DevOps Server 的代理池中显示的新代理(图 7-9)。

单击图 7-9 中的“ZWJ-HOME”，可以看到该代理的功能，也可以详细查

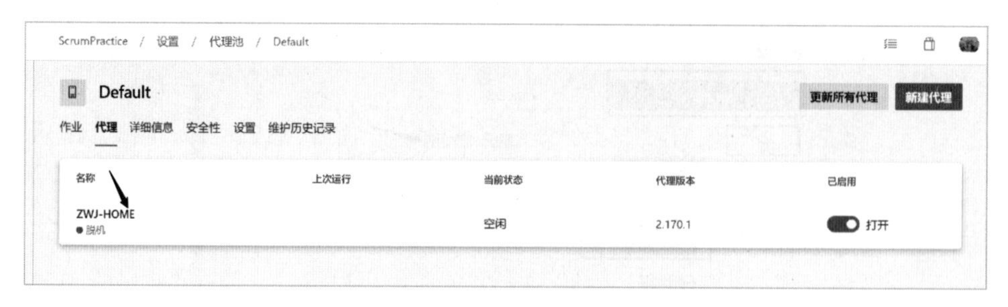

图 7-9　创建代理(4)

看该代理目标计算机的一些系统信息(图 7-10)，其中的代理功能可以通过代理软件自动发现或手工添加自定义的功能。

图 7-10　代理 ZWJ-HOME 的功能列表

根据前面讲的内容，也可以在同一台计算机上安装多个代理，但仅在代理不共享资源时才建议使用该方案。最好把代理安装在不同的目标计算机上，以免代理资源之间存在冲突。

7.3.2　实训指导 27：搭建基于 Azure DevOps 的持续集成环境

为了对编写的代码进行持续集成，首先需要配置一个构建管道，以便在每次提交代码时自动构建和测试。在本书的演示项目中，当前阶段已在源代码库中提交了两个应用程序代码：ASP.NET 的应用程序代码和 Android 的应用程序代码。

使用管道的功能先创建一个管道，单击“Pipelines”菜单后，在出现的页面中选择“使用经典编辑器”。进入经典编辑器界面后需要选择代码存储库，当前支持的存储库有 Azure Repos Git、GitHub Enterprise Server、Subversion、其他 Git 等。选择 Azure Repos Git，参照图 7-11 所示选择小组对应的 Git 库。

图 7-11　选择代码库

然后需要为待构建的应用程序选择对应类型的模板。Azure DevOps Server 提供了大量预定义的模板，也可根据需要选择空模板进行自定义。由于本书演示的程序是 ASP.NET Core 类型，所以选择 ASP.NET Core 模板，出现如图 7-12 所示的界面。

图 7-12　选择模板

在图 7-12 中，代理池选择了配置好的默认代理池，其中的名称可以根据需要来填写。建好该管道之后，选择保存并排队，此时会进入自动构建的队列，在运行成功之后，执行结果如图 7-13 所示。

图 7-13　构建执行结果

在图 7-13 中，单击“查看 15 个更改”可以看到该生成对应了哪些代码变更；单击“3 个工作项”可以查看该生成关联的产品积压工作项、任务或 bug；单击“已发布 1”可以查看通过这次构建生成的应用程序包。此时，打开这次构建变更的代码对应的产品积压工作项（图 7-14）。

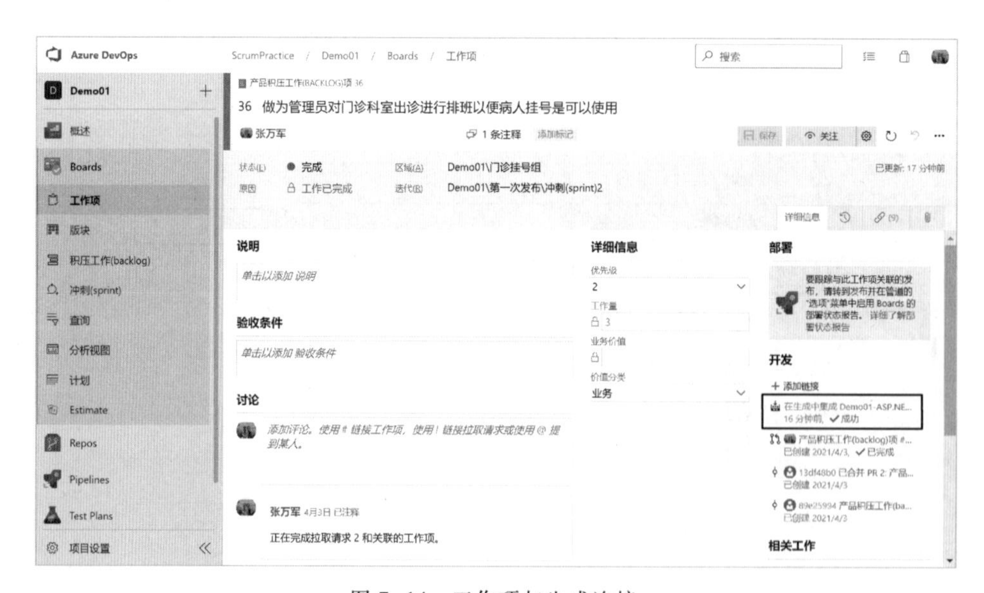

图 7-14　工作项与生成连接

在图 7-14 中，可以方便地跟踪当前产品积压工作项对应的需求在开发时经历的代码修改、分支合并，编译打包时间及生成的应用程序包，从而也可以很好地完成需求与源代码之间的双向追踪。

为了实现持续集成，在团队项目中创建如下 Git 分支：

① Master 分支：产品的主干分支。

② Develop 分支：开发分支，用于所有特性的集成。

③ Feature/Feature-1 分支：特性分支，该分支在创建时与 41 号产品积压工作项关联。

在图 7-12 的界面中，转到“触发器”选项卡，对这个生成定义“启用持续集成”触发器，如图 7-15 所示。

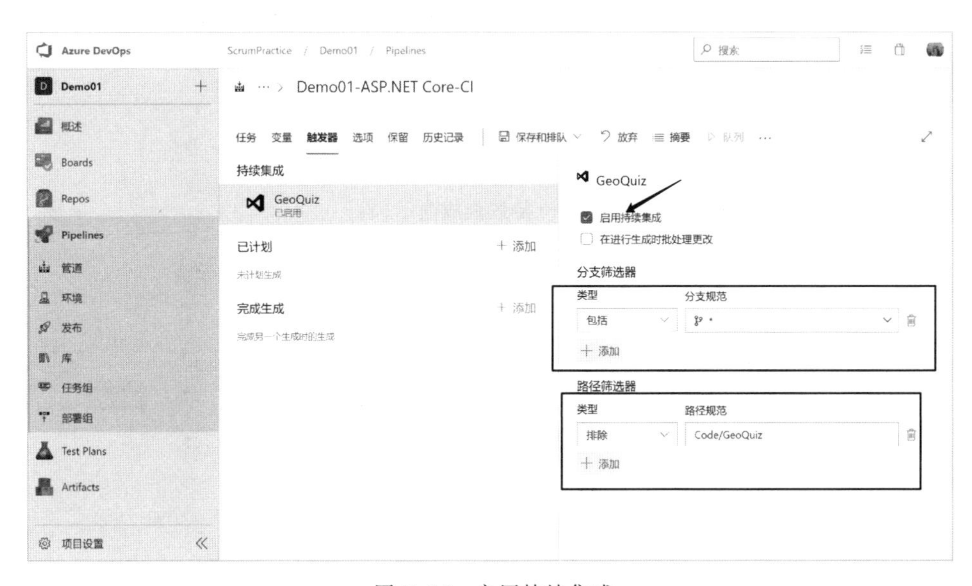

图 7-15　启用持续集成

在启用持续集成之后，可以选择配置此持续集成触发器配置的分支。在图 7-15 的“分支规范”处输入“ * ”，然后按回车键保存生成定义，表示启用所有的分支。如果没有输入“ * ”，则需要在分支选择器搜索框中键入“ * ”并立即按回车键。如果这样做不起作用，则禁用并重新启用持续集成触发器，选择“分支筛选器”下拉列表，键入“ * ”，然后按回车键。在获取源步骤中，生成定义默认为 Master 分支，它将从触发持续集成的分支获取源。如果想为多个 Git 分支(而不是所有分支)配置生成定义，则可以使用“+”添加链接来添加多个分支。

通过图 7-15 中的“路径筛选器”，可以定义启动持续集成的源代码库的目录，也可以排除持续集成时不参与构建的目录。

设置好持续集成的相关参数之后，在 Visual Studio Code 中对演示中建的 ASP. NET Core 应用程序进行修改，在修改完成之后将其提交并推送到远端的 Git 库，则会触发刚才设置的自动构建，如图 7-16 所示。

在构建通过之后，新建一个拉取请求，把 Feature/Feature-1 分支的代码合

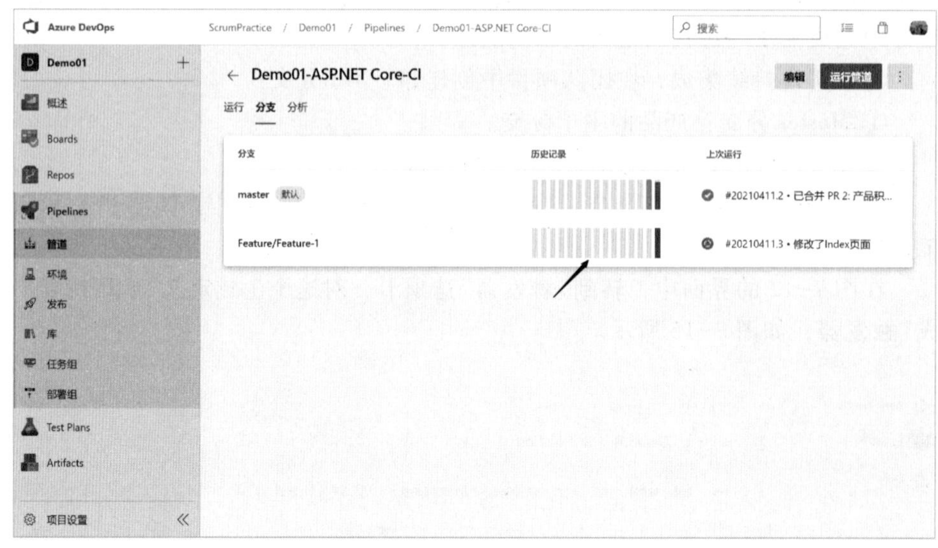

图 7-16　持续集成演示(1)

并到 Develop 分支上，则又会触发自动构建，结果如图 7-17 所示。

图 7-17　持续集成演示(2)

同样，在 Develop 分支上对修改的代码进行自动构建和测试验证，通过之后，以拉取请求的方式合并到 Master 分支上，又会触发自动构建。

7.3.3　实训指导 28：使用 Azure DevOps 进行持续集成及版本标识

大多数软件变更是在准备交付之前，且大多会经历从 Alpha 版发布演变为 Beta 版发布。这通常反映代码在 Git 分支之间的移动路径，从仍在成熟期的 Feature 分支中生成的构建大多符合 Alpha 版的质量要求；之后移动到 Develop

分支，这时会将其归为符合 Beta 版的质量要求，在征求测试同意后，再向上移动到 Master 分支。在开发实践中，可以使用分支的名称，通过将其追加到生成名称来标记生成的质量。在图 7-12 中打开“选项”选项卡，按图 7-18 设置其中的“生成号格式”。

图 7-18 设置生成号格式

为了在不同的分支上给出不同的版本质量属性的标识，需要添加一个 PowerShell 任务。在图 7-12 的“任务”选项卡中点击“+”，往任务列表中添加一个新任务。选择 PowerShell 任务，将其添加到管道中，如图 7-19 所示。

单击 PowerShell 任务配置，把“显示名称”改为“以生成名称添加支付质量”。把脚本“类型”改为“Inline”，然后输入如下的脚本，单击“保存”更新生成的定义(图 7-20)。

```
write-host $env:BUILD_SOURCEBRANCHNAME
if ($env:BUILD_SOURCEBRANCHNAME -eq "Develop"){
    Write-Output ("##vso[build.updatebuildnumber]" + $env:BUILD_BUILDNUMBER+"-beta")
    Write-host "setting version as -beta"
}
else{
    if($env:BUILD_SOURCEBRANCHNAME -ne "master"){
        Write-Output ("##vso[build.updatebuildnumber]" + $env:BUILD_BUILDNUMBER+"-alpha")
        Write-Output "setting version as -alpha"
    }
}
```

为了测试脚本，在 Develop、Master 和 Feature 分支上分别进行变更。这将会触发生成定义，因为它与所有这些分支的持续集成生成相关联。在图 7-21 中会看到分支质量标识已追加到内部版本号。

在图 7-21 中可以看到，在 Feature 分支上构建的版本都打上了 Alpha 的标

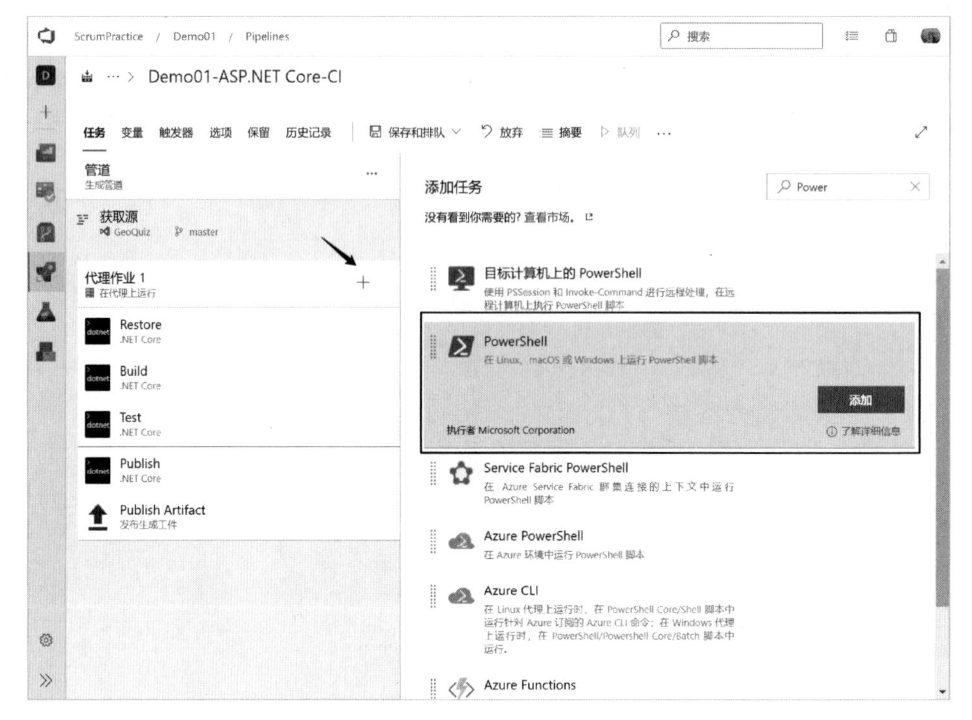

图 7-19　添加 PowerShell 任务

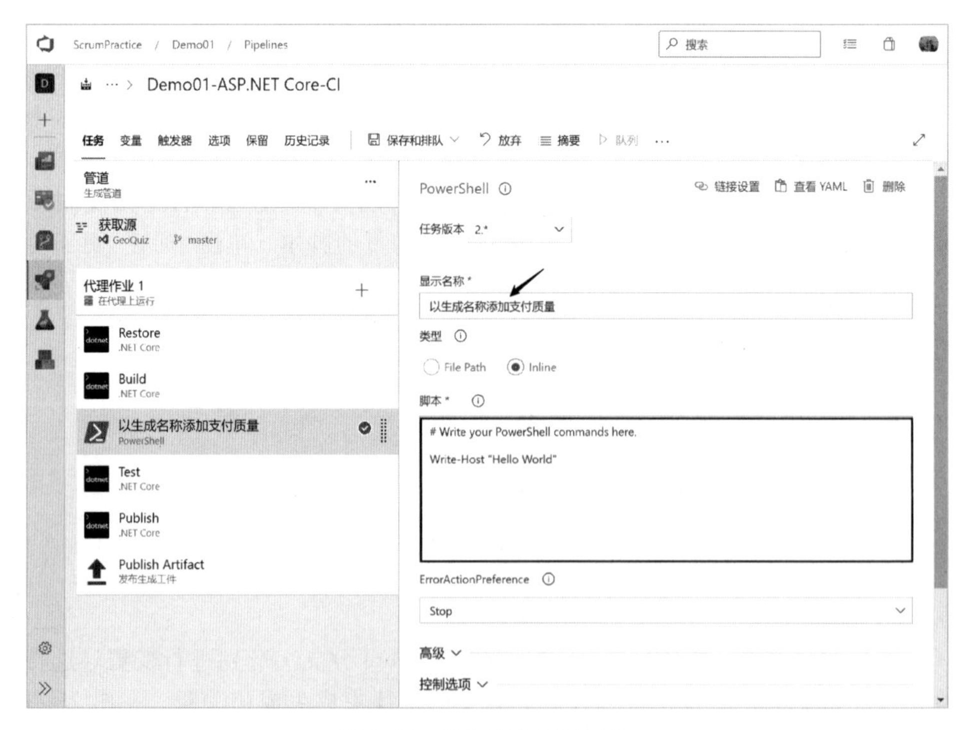

图 7-20　添加版本质量属性

识，代表用于开发组内部测试；在合并到 Develop 分支上之后，则在构建的版本自动打上了 Beta 的标识，代表该分支上构建的版本是用于用户测试或产品验证的；在从 Develop 分支合并到 Master 分支上之后，就生成了正式发布的版本。

在图 7-21 中还可以看到每个分支上自动构建、成功和失败的次数。以 Develop 分支为例，从图中可以看出总共构建了 4 次，其中失败了一次。在图 7-21 中打开“分析”功能，可以看到该构建管道运行的分析数据(图 7-22)。

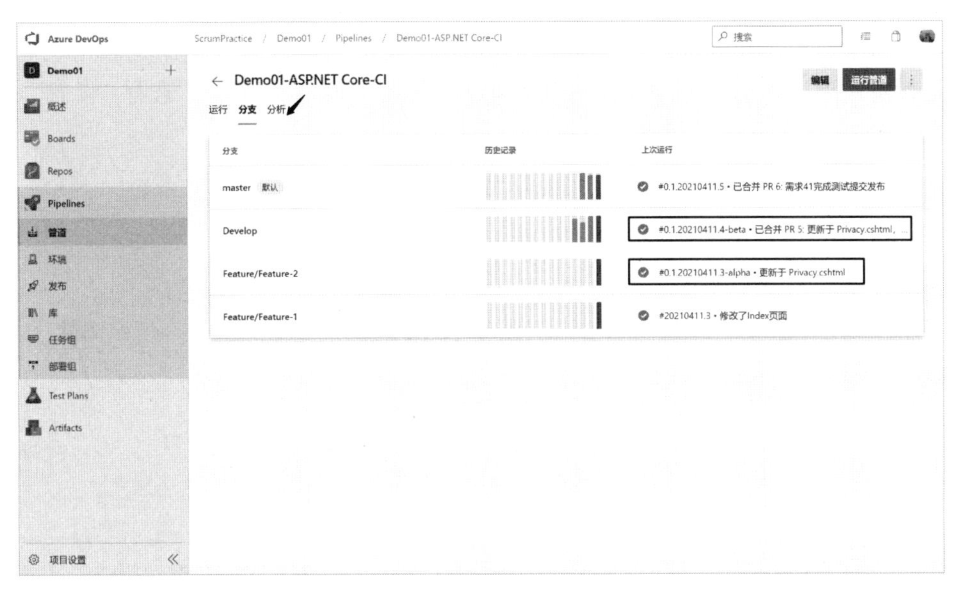

图 7-21　持续集成结果统计

图 7-22　持续集成结果分析

如果项目组开发时增加了自动化测试的内容，在图 7-22 中也会把测试的通过情况显示出来。通过图中的“查看完整报告”功能可以了解每一块的详细分析数据。

在开发过程中，每个生成和发布管道会在代理工作目录下创建一个目录，以存储源代码、工作和测试结果。随着项目开发的进展，特别是持续集成的应用，这些生成及发布会占用大量的空间，项目组需要对代理活动进行维护以清除代理工作目录。通过“代理池维护计划”功能，可以做定期的清理。

为了配置代理池维护计划，操作人员需要有项目集合管理员组的权限或者是特定代理池的管理员(可以单独设置)。在代理池的页面上，选择“设置”，参照图 7-23 所示完成设置。

图 7-23　设置代理池维护

对于每类应用程序具体如何生成并打包以完成持续集成，可以参考微软官方网站或专门的书籍；不同类型的应用程序设置参数也不同，可查阅官方资料来完成。

7.4　常用自动构建工具及应用场景

在软件开发过程中，一个项目通常会包含很多代码文件、配置文件、第三方依赖项、图片、样式文件等，并且整个项目又是由多个开发人员共同完成。把这些文件及不同人员的工作产品有效地组装起来，形成一个可以流畅使用的应用程序，是一项很有挑战性的工作。如果完全通过手工的方式来执行，将会使项目组的工作效率受到严重影响，并且经常会出错。因此，一个完善的构建系统对整个团队的开发效率会产生很大的影响。

构建系统是从源代码生成用户可以使用的目标程序的自动化工具。一个灵活的构建系统应该可以支持任意扩展和随意配置，并且支持流水线作业。

我们日常接触到的项目通常有前端和后端开发，前端框架又通常有 jQuery、Vue、React 等，后端又有 C\C++，Java、Python、C#等不同编程语言的不同框架。每种开发框架使用的构建工具会有一定的区别，但在做自动化构建的思路上有一定的相通性。当前在软件开发实践中常见的工具如下：

① make\Cmake。make 在构建 C\C++程序时经常用到。系统安装 C 环境编译器后，在下载完源代码后执行 make，程序将会自动按照 makefile 中约定的规则将 .c 或 .cpp 的文件编译成可执行的程序文件。Cmake 则不需要编写复杂的 makefile 文件，通过 Cmakelist 自动生成 makefile。

② Ant\Maven。构建 Java 类项目时，通常采用的工具有 Ant、Maven 和 Gradle。Ant 是通过编写 build. xml 构建规则进行程序的编译打包，类似于 makefile。Maven 和 Gradle 都是采用包依赖的方式进行管理。Maven 的 POM. xml 用 groupId、artifactId、version 组成的 Coordination 唯一标识一个依赖。Gradle 的思路类似，包括 build. gradle 和 settings. gradle 两个文件。Maven 和 Gradle 有仓库的概念，用于存放项目依赖的第三方库，这样在制作应用程序包时无须把所有依赖都打包到其中，而是在程序启动时根据环境的设置找对应的依赖文件；而 Ant 是提前把依赖的文件都放在应用程序包中。

③ Grunt、Gulp、Webpack。Gulp 是一个自动化构建工具，是 Grunt 的升级版，主要用来设定程序自动处理静态资源的工作，即对前端项目资源进行打包。Webpack 侧重于前端模块的打包，通过 loader 和 plugin 对资源进行处理，通过解析文件之间的引用关系进行资源的管理。

④ Jenkins。该工具是一个集构建、发布、部署为一体的综合性工具。它本身不提供构建、发布和部署的功能，可以通过在其上安装插件的方式与其他工具形成联动，因此，该工具更像是一个集成能力特别强的调度、协调工具。现在通常的做法是用户提交代码到源代码仓库，Jenkins 定期从仓库中获取最新代码并调用打包工具进行项目构建，构建成功后将程序包写入 Docker 镜像推送到镜像服务器，进而通知应用服务拉取镜像文件启动应用。

⑤ Azure DevOps 中的 Pipelines。它支持 Python、Java、JavaScript 、PHP、C#、C++、Go 等多种编程语言，可与 GitHub、GitHub Enterprise、Azure Repos Git & TFVC、Bitbucket Cloud、Subversion 等源代码管理工具集成完成构建。这类工具支持大部分应用程序类型，比如 Java、JavaScript、Node. js、Python、. NET、C++、Go、PHP、Xcode。在构建完成之后，可以自动部署到多类目标计算机上，包括容器、虚拟机、Azure 服务、所有本地或云端的目标计算机。该工具同时支持多种程序包格式，可以发布 NuGet、npm、Maven 等多种包。

Azure DevOps 通常支持如下的项目类型：

- ASP. NET Core。
- . NET 桌面应用。

- 使用 Angular 的 Node. js 项目。
- 使用 GCC 生成的 C/C++项目。
- 使用 Grunt 生成的 Node. js 项目。
- 使用 Gulp 生成的 Node. js 项目。
- 使用 React 的 Node. js 项目。
- 使用 Vue 的 Node. js 项目。
- 使用 webpack CLI 生成的 Node. js 项目。
- 使用 Visual Studio 生成的通用 Windows 平台项目。
- 使用 Gradle 生成的 Android 项目。
- 生成 Java 的项目并使用 Apache Ant 运行测试。

Azure DevOps 还可以完成如下的一些事务：

- 生成并测试 ASP. NET 项目。
- 生成 Go 项目。
- 生成 Java 项目并使用 Gradle 的 Gradle 包装器脚本运行测试。
- 存档静态 HTML 项目，将其与生成记录一同保存。
- 用 Jekyll/builder Docker 容器映像打包 Jekyll 站点。
- 生成 Java 项目并使用 Apache Maven 运行测试。
- 使用 npm 生成常规的 Node. js 项目。
- 测试并打包 PHP 项目。
- 在多个 Python 版本上创建和测试 Python 包。
- 在多个版本的 Python 上测试 Django 项目。
- 打包 Ruby 项目。
- 生成 Xamarin. Android 和 iOS 项目。
- 在 macOS 上生成、测试和存档 XCode。

由此可见，对于在开发过程中遇到的大多数项目，Azure DevOps 都可以很好地给予支持，相关的配置方法请查阅微软官方资料。

课后思考题 7

请结合前面各章节的知识点及实践，分析持续集成对敏捷开发的支撑体现在哪些方面，并分析持续集成与自动化构建的关系。

第 8 章　软件测试管理与软件质量保证

本章重点：

- 软件测试简介。
- 自动化测试及实践。
- 持续测试及其意义。
- 敏捷开发的软件质量保证理念。
- Scrum 敏捷测试实践。

当前业内对软件质量的重要性有一致的认识，在软件开发实践中通常会采用如下两种方式来保证软件质量：一是设置专门的软件测试部门和确定软件测试机制，二是改进软件开发过程和构建适当的软件开发过程。其中，软件测试有自己一套完整的、严格的理论与实践体系，测试人员的工作重点与开发人员不一样，对其技能要求及培养也不同。在某种意义上来说，测试人员除了接受软件测试相关培训之外，还应当有更广博的知识技能，对所要测试的软件结构、功能、要求及应用领域有深入的认识。同时，测试人员又要清醒地认识到，测试只能证明软件有错，而不能保证软件没错。在敏捷开发中通过测试前置、测试驱动开发、行为驱动开发等提高系统的内建质量，是被很多项目证明有效的实践，也改变了人们对软件测试内容和方法的认识。

《计算机科学与技术名词》(第 3 版)中对软件测试的定义为：对软件进行检测和评估，以确定其是否满足所需结果的过程和方法。它是帮助识别开发完成(中间版本或最终版本)的计算机软件整体或部分的正确度、完整度和质量的软件过程，是软件质量保证(software quality assurance，SQA)的重要子域。简单来说，软件测试是为了发现程序中的错误而执行的过程。

8.1　软件测试简介

软件测试是伴随软件的产生而产生的。早期软件开发过程中，测试的含义比较窄，基本上等同于调试。其目的是纠正软件中已知的故障，通常由开发人员完成这部分工作，对测试的投入极少，常常是等到代码完成将要推出产品时才开展测试工作。

20 世纪 60 年代，软件测试开始与调试区别开来，被当作一种发现软件缺陷的活动。但此时测试仍是开发之后的活动，人们对测试的理解是为表明程序正确而进行的工作。

20 世纪 80 年代，软件测试理念有了快速发展，Glenford Myers 在其《软件测试艺术》一书中对软件测试做出了当时最好的定义：测试是为发现错误而执行的一个程序或者系统的过程。在美国俄勒冈计算机会议上将软件测试正式确认为软件工程的一部分。Bill Hetzel 开始开设结构化软件测试公共课并在其著作《软件测试完全指南》一书中指出：测试是以评价一个程序或者系统属性为目标的任何一种活动，测试是对软件质量的度量。David Galperin 和 Bill Hetzel 在《Communications of the ACM》上发表“The Growth of Software Testing”一文，介绍了系统化的测试和评估流程。

20 世纪 90 年代，测试工具开始盛行，人们普遍认识到需要借助工具对软件系统进行充分的测试。

21 世纪初，Rick 和 Stefan 在《系统的软件测试》一书中对软件测试做了进一步定义：测试是为了度量和提高被测软件的质量，对测试软件进行工程设计、实施和维护的整个生命周期过程。

近 20 年来，随着计算机和软件技术的飞速发展，软件测试技术研究也取得了很大的突破。测试专家在实践中总结出了很多好的测试模型，比如著名的 V 模型、W 模型等，在测试过程改进方面提出了测试成熟度模型（testing maturity model，TMM）；在单元测试、自动化测试、负载压力测试以及测试管理等方面也涌现了大量优秀的软件测试工具。

近 10 年来，随着敏捷开发实践应用越来越广泛，持续测试作为敏捷测试的基础得到越来越多的应用。它通过与持续集成结合，强调及时反馈质量以及持续进行测试；通过各角色之间的协同工作，持续发现缺陷并快速修复。

随着信息系统应用的范围越来越广泛，软件开始应用到国计民生或生命财务安全等领域，软件的可靠性越来越重要。带有缺陷的软件部署到生产环境之后，可能造成严重的经济损失，更有甚者会导致人员伤亡。典型的软件缺陷案例有：美国迪斯尼公司的狮子王游戏因未在个人计算机上对软件做广泛测试导致软件出错、美国航天局火星登陆项目因未完成测试导致数据位被意外更改引起项目失败、美国军方“爱国者导弹防御系统”因系统时钟计时错误引起致命失误、“阿丽亚娜”5 型运载火箭因未做数值验证导致发射失败，以及我国因列控中心设备存在设计缺陷引起的甬温线铁路交通事故等。

8.1.1　软件缺陷的基本概念

所有的软件问题都可以统称为软件缺陷，又称 bug。它是计算机软件或程序中存在的某种破坏正常运行能力的问题、错误，或者隐藏的功能缺陷。缺陷的存在会导致软件产品在某种程度上不能满足用户的需要。《计算机科学技术名词》（第 3 版）给出的软件缺陷定义为：软件中存在的不能满足需求或者规约，需要修复或者替换的不足或者不完备的问题。

从产品内部看，缺陷是软件产品开发或维护过程中存在的错误、毛病等各种问题；从产品外部看，缺陷是系统所需要实现的某种功能的失效或违背。在软件缺陷管理时，越到软件开发生命周期的后期，修复检测到的软件错误的成本就越高。

为了避免开发组内对软件缺陷产生不同的认识，软件缺陷主要表现在以下5个方面：

① 软件没有实现产品规格说明书中所要求的功能模块。

② 软件出现了产品规格说明书中指出的不应该出现的错误。

③ 软件实现了产品规格说明书中没有提到的功能模块。

④ 软件没有实现产品规格说明书中没有明确提及但应该实现的目标。

⑤ 软件难以理解、不容易使用、运行缓慢，或最终用户认为不好用。

这里的产品规格说明书是指对产品需求、设计进行描述的各类资料，常见的有用户需求说明书、需求规格说明书、产品策划文档、产品积压工作项描述资料等。

这里以计算器开发为例进行说明：

① 计算器的产品规格说明书定义其应能准确无误地进行加、减、乘、除运算。如果按下加法键没什么反应，就是上述第一种类型的缺陷；若计算结果出错，也是第一种类型的缺陷。

② 产品规格说明书还可能规定计算器不会死机或者停止反应。如果随意敲键盘导致计算器停止接受输入，这是第二种类型的缺陷。

③ 如果使用计算器进行测试，发现除了加、减、乘、除之外还可以求平方根，但是产品规格说明书没有提及这一功能模块，这是第三种类型的缺陷，即软件实现了产品规格说明书中未提及的功能模块。

④ 在测试计算器时若发现电池没电会导致计算不正确，而产品规格说明书是假定电池一直都有电的，从而出现第四种类型的错误。

⑤ 软件测试人员如果发现某些地方不对，比如测试人员觉得按键太小、“=”键布置的位置不好按、在亮光下看不清显示屏等，无论什么原因，都要认定为缺陷，而这正是第五种类型的缺陷。

在软件开发中必定会产生缺陷，而且缺陷不可能被全部消除。在开发过程中对缺陷的管理可以提高缺陷修复的效率，同时也可以改进软件开发实践，从而防止缺陷的注入。

通过对缺陷的注入阶段分析，可以支持软件开发实践的改进。例如，若发现一个团队在产品策划阶段注入的缺陷比较多，这说明大家对产品需求的理解有问题，需要改进产品策划及其评审的方法。再如，若发现某个团队在编码阶段引入的缺陷比较多，这说明开发人员对所用的编程语言不够熟悉，需要加强这方面的培训。

同样，通过对缺陷产生的原因进行分析，也可以很好地支持软件开发实践的改进。例如，若发现由于对需求理解不一致产生的缺陷比例较高，这就需要改进团队的需求分析策略和方法，通过增加需求评审或用户需求确认等工作，降低这方面的缺陷；再如，若发现由于数据库表结构设计的变动产生的缺陷数较多，这就需要团队对项目开发过程中的数据库结构调整加强一致性管理。

在软件开发中，如下一些原因会引起缺陷的产生：

① 软件模型或者说业务建模不正确，即产品规格说明书本身不明确或有错误，未能很好地描述要开发的软件，或者对产品规格说明书的理解有误。这类原因导致的缺陷约占 60%以上，并且很难纠正。

② 代码编写错误。此类原因导致的缺陷约占 20%。通常这类缺陷比较容易纠正，通过调试找到出错的代码就可以完成修复。

③ 软件变更会引入新的缺陷，而不只是变更部分产生缺陷，即个别功能的修改会影响到其他部分。

④ 软件庞大、功能十分复杂，或者与软件对接的第三方软件本身存在问题，也会导致缺陷的产生。

⑤ 从软件开发管理的角度来看，项目管理失控、项目工期紧迫、人力资源配备不足、沟通不充分等，这些也会导致大量缺陷的产生，并且导致软件质量失控。

对于软件缺陷来说，一个基本的原则就是：发现得越早，其修复成本就越低。所以各种软件开发实践都致力于尽早发现缺陷，以便尽早修复，减少修复成本。

Scrum 敏捷开发模式是通过开发过程中的各种检视来减少缺陷的产生，同时通过持续集成及持续测试尽早发现代码中的缺陷并修复。

缺陷类似于农田里的虫子，如果把它放进农田之中，再想把它找出来杀死，需要花费大量的工作才能实现。所以很多软件工程实践的目的之一就是尽量避免把缺陷带入软件系统，在编码之前就消除可能的缺陷。除此之外，还有一个观点需要注意，即所有软件的缺陷都是开发项目组或开发人员自己“养大”的。为了避免这种情况的出现，需要全体成员有质量意识，通过工作中的“内建质量”来提升整个系统的质量。有可能开发人员一个小小的疏忽或者小小的偷懒，就会导致引发严重不良后果缺陷的产生。在软件历史上这样的案例多不胜数。

8.1.2　软件测试的基本准则

为了能够更好地进行软件测试，提高测试的整体效率，降低项目的整体成本，在执行软件测试过程中可以参照以下几点准则：

① 完全测试程序是不可能的。也就是说，不可能找出软件的所有缺陷。主要原因有：可能的操作场景太多，使得输入量太大；软件在开发过程中，同样的功能实现途径太多；软件规格说明书没有客观标准，从不同的角度来看，软件缺陷的标准不同。

② 软件测试是有风险的行为。如果决定不去测试所有的场景，那就意味着选择了风险。软件测试人员要学会的一项基本技能就是如何把无边无际的可能性场景减少到可以控制的范围，以及如何针对风险做出明智抉择，去粗存精。

③ 测试无法显示潜在的软件缺陷。可以报告已发现的软件缺陷，却无法报告潜在的软件缺陷，更不可能保证找到全部的缺陷。

④ 软件缺陷和生活中的寄生虫几乎完全一样，两者都是成群出现，发现一个，附近就会有一群。

⑤ 软件开发中的“杀虫剂怪事”。与杀虫剂在多次使用后药效会减弱类似，软件开发人员对测试方法及测试技术也会逐渐产生免疫力。谁都不会经常出现同样的错误，所以测试人员必须经常研发“新的杀虫剂”（测试技术或方法）去找“虫子”。

⑥ 并非所有的软件缺陷都能修复。其主要原因为：没有足够的时间，所有项目都有工期的要求，而又不可能投入足够多的开发及测试人员；有些缺陷可能是由于理解错误、测试错误或说明书变更等引起的，有时也会把缺陷当作附加功能来对待；修复的风险太大，在紧迫的产品发布进度压力下，修改软件将冒很大的风险，可能会导致更多的软件缺陷出现。不去理睬未知软件缺陷，以避免出现未知新缺陷的做法也许是安全之道；不值得修复，或有时不常出现的软件缺陷和在不常用功能中出现的软件缺陷可以放过。

软件测试人员在小组中不受欢迎，这类人员的任务是检查和批评同事的工作，挑毛病，公布发现的问题。为了保持小组成员和睦，可以采纳以下建议：早点找出软件缺陷；控制情绪，给别人编写的程序找出了很多缺陷，如果自己情绪再不能得到很好的控制，那么很容易与开发人员之间产生对抗，这样不仅对项目组不利，而且对测试出的缺陷修复也不利；不要总是给开发人员报告坏消息。

如果想成为一个优秀的测试人员，应努力提高自己的业务水平，并具备以下几方面素质和能力：

① 探索精神。测试人员不要害怕进入陌生环境、接触新的软件。

② 不懈努力。测试人员需不停尝试，想出各种方法查找缺陷，同时要努力精于测试技术、熟于待测软件的业务领域。

③ 故障排除能力。测试人员要善于发现问题的症结，找到故障产生的原因。

④ 创造性。测试人员要能想出富有创意的方法，甚至借用超常的手段来寻找软件缺陷。

⑤ 追求完美。测试人员要力求完美，但若已知某些目标无法企及时，不去苛求，而是尽力接近目标。

⑥ 判断准确。测试人员要决定测试内容、测试时间，判断看到的问题是否算作真正的缺陷。

⑦ 老练稳重。测试人员要不怯于把坏消息告诉开发人员，并要知道如何与

不够冷静的开发人员进行合作。

⑧ 良好的表达能力。测试人员要善于表达观点，表明软件缺陷为何必须修复，并通过实际演示力陈观点。

⑨ 在编程方面受过教育。有了编程基础，测试人员可以很好地理解开发人员的思维模式，并为开展自动化测试打下基础。

8.1.3　软件测试的分类

软件测试有多种分类方式。按测试特性划分，可以将其分为白盒测试、灰盒测试和黑盒测试三种。

① 白盒测试。测试人员直接在软件的源程序上进行测试、修改和复测。要求测试工程师对软件的内部结构及逻辑有深入的了解，并掌握编写该源程序的语言。白盒测试可分为语句测试、分支测试、路径测试、条件测试、目测等。

② 灰盒测试。这类测试介于白盒测试与黑盒测试两者之间，是两者的结合。要求测试人员对软件程序结构有一定了解，但了解程度又不需要达到白盒测试的深度。

③ 黑盒测试。这类测试不要求测试人员深入了解软件的内部设计，而只是从一个终端用户的角度，根据产品说明书的指标，从外部测试软件的各项功能及性能。由此，黑盒测试主要是功能测试。

按软件开发过程划分，可以把软件测试分为单元测试、集成测试、系统测试、用户验收测试及回归测试。其中，回归测试一般是在缺陷修改之后执行，保证原缺陷不再重现，并且缺陷的修改不影响其他功能。

按软件测试要求划分，可以把软件测试分为冒烟测试、全面测试和基准测试。

① 冒烟测试(smoke testing)，又叫基本功能测试。这类测试是指在正式测试之前，对简单、基础的程序失效情况进行的检测，常用于在程序版本发生变更时确认新版本程序的基本功能是否正常。冒烟测试只对软件的关键功能做测试，而不必卷入细致的测试，无须面面俱到，是回归测试的最小集合。

② 全面测试。这类测试不仅对软件的关键功能测试，还要覆盖软件的全部功能，是回归测试的主要组成部分。

③ 基准测试(benchmarking)。这类测试对指定的一个或一组程序及数据在不同的计算机上执行测试，以测定其在标准情况下及特定配置下的工作性能，并将其执行速度、完成用时等加以比较。

按软件特性划分，可以把软件测试分为功能测试和非功能测试。

① 功能测试。这类测试主要包括等价区间测试，即把输入空间划分为几个“等价区间”，在每个区间中只需要测试一个典型值即可。功能测试又分为边界值测试、随机测试、状态转换测试、流程测试等。

② 非功能测试。这类测试主要包括安装/卸载测试、使用性测试、恢复性测试、兼容性测试、安全测试、性能测试、强度/压力测试、容量测试、探索

测试等。

对于一款软件来说，与测试相对应的有各种版本，不同版本代表软件的不同质量属性。通常有如下几类软件版本的划分：

① Alpha 版：公司内部测试的版本，该版本的特征为：

- 软件的所有功能已基本实现。
- 所有的功能已通过测试，一般为集成测试，推向市场前不再增减功能。
- 已发现的缺陷中，严重级别的已修正并通过复测。
- 软件性能测试可提供基本数据。

② Beta 版：对外发布公测的版本，该版本的特征为：

- 次严重缺陷基本完成修正并通过复测。
- 完成测试计划(一般为系统测试方案)中的每一项具体测试。
- 一段时间内缺陷的发现率低于修正率。
- 所有相关文件(用户指南、软件说明、版本说明等)得到最后修正。

③ 发布版：正式发布版本，一般在 Beta3 之后软件正式发布。该版本的特征为：

- 缺陷发现率低于修正率，此距离逐渐拉开并保持稳定的一段时间。
- 测试部门对所有已修正的缺陷重新测试并通过。
- 技术支持部门对产品的提出认为可行。
- 所有用户反馈都已妥善处理。
- 所有文件都已准备就绪。
- 得到测试部门认可。

除此之外，还有 CTP 版，即社区测试预览版(community test preview)，可以将其理解为处于 Alpha 版与 Beta 版之间的一个版本，主要是供各类技术社区中的爱好者使用并提供反馈意见的一个版本；RC 版，即发行候选版(release candidate)；RTM 版，即发布给制造商的版本(release to manufacturing)，是在正式上架销售之前的版本。

8.2 自动化测试及实践

一般来说，测试领域有 4 类基本活动，分别是问题认知、分析、执行和决策。其中：

①“问题认知”是指对业务问题本身的理解和认识。在敏捷测试中，测试人员需要作为开发团队的一员，与产品负责人一起参与产品积压工作项梳理并澄清对用户故事的理解。在传统测试中测试人员还需要参与需求的评审。

②“分析”是指对测试进行分析和设计。通过对业务问题的认知，分析并设计能够验证成功解决业务问题的方式和方法，通过不断优化，在确保验证质量的前提下，使测试成本最低。

③“执行”是指执行由测试分析环节产生的测试用例，得到测试结果或

数据。

④“决策”是指根据测试结果做出下一步行动判断。

在这 4 类基本活动中，在“执行”环节存在大量的重复性劳动。通常，重复性事务由计算机来完成是最好的选择，可以让测试人员把关注点放在另外三个活动中。基于对软件测试的这些理解，一些传统软件企业在进行敏捷化转型时，建议测试人员设计两类测试用例：一类是给开发人员的，需要开发人员在开发过程中用程序来实现自动化；一类是测试人员自己执行的，需要手工做验证。这样既可以逐步提高回归测试的覆盖率，也可以支持持续集成中的快速验证和反馈，更重要的是增强了开发人员的质量意识。

根据 Brian Marick 提出的敏捷测试四象限分类，功能验收测试、单元测试、组件测试和集成测试、并发性和性能等非功能测试，可以通过自动化测试的方式来实现。

与手动测试相比，自动化测试有以下的优势：

① 一旦积累了一套自动化测试的程序，日后测试会节省大量的时间和资源。在软件的整个生命周期中，测试活动需要经常重复，以确保代码修改之后的质量。对于在软件生命周期较长且发布频率较高的情况下，时间成本的节省非常明显。

② 没有时间限制。对于需要测试时间比较长的回归测试，可以下班之后来执行，以便充分利用时间资源。

③ 保证测试执行过程的一致性及准确性。自动化测试不受人的因素影响，每次都会一致地执行。

④ 有较高的功能测试覆盖率，通过增加测试的深度和范围来帮助提高软件质量。可以在每次测试运行中轻松执行数千个不同的复杂测试用例，从而提供手动测试所不及的覆盖范围。

⑤ 通过模拟操作进行压力测试或性能测试，这是手动测试很难实现的。

⑥ 为开发人员提高代码质量反馈速度。在提交代码到特定分支前，开发人员就可以使用这些共享的自动化测试快速发现问题。无论何时提交代码更改，测试都可以自动运行，并通知团队或开发人员验证是否通过，这样会大量节省开发人员的时间，同时也会增强开发人员对所编写代码质量的信心。

当然，自动化测试也有一些无法克服的缺点，主要体现在如下几点：

① 并非所有的测试都可以用自动测试来实现，比如使用性测试、兼容性测试、用户界面体验测试等。

② 没有创造性，只能安排设计好的用例去测试，遇到新问题不会应变。

③ 受具体项目资源、时间及人力限制，自动化测试编程会花费大量的工时。

④ 对测试人员要求比较高，或者需要开发人员来完成编程。

根据自动化测试的特点，在软件开发实践中，建议针对以下场景优先考虑使用自动化测试：

① 回归测试。该类测试在每次有新版本发布前都必须执行，在整个开发过程中需要多次执行，很适合编写成自动化测试程序。回归测试对于敏捷开发尤其适用，否则无法体现敏捷开发导入的收益，至少要做到冒烟测试自动化。

② 涉及大量不同数据输入的功能测试，如各种各样的边界值测试、需要大量时间完成的网页连接测试等。

③ 用手动测试完成难度较大的测试，如性能测试、压力/负荷测试、强度测试等。比如对于一个网站，要测试 100 万个用户同时登录时服务器运行是否正常及速度是否仍然可以接受，这是手动测试很难完成的。

传统的自动化测试通常是由专门的测试自动化开发人员编写自动化测试程序或脚本(多为黑盒自动化测试)，模拟界面操作来驱动的系统集成测试；且通常是在软件开发完成之后执行，从而导致对质量的反馈滞后。这不符合敏捷开发的思路。Mike Cohn 在《Scrum 敏捷软件开发》中指出，针对被测对象范围较大的上层测试用例，数量应该减少；而对于被测对象粒度较细的下层测试用例，数量应该增加，形成稳定的正三角形(图 8-1)，其中越下层的越适合使用自动化的方式开展测试。

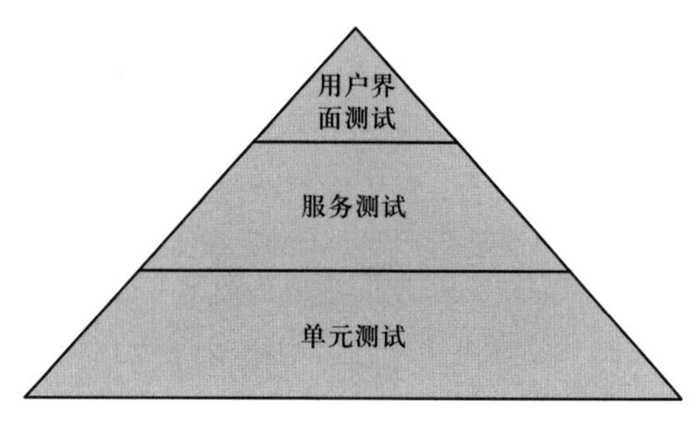

图 8-1 测试金字塔

自动化测试是一种软件开发实践，在很早之前就在应用。对于新团队，可以从单元测试入手，逐步扩展到服务测试和用户界面测试。对于有遗留系统的团队，系统原来的版本没有使用自动化测试，后续准备引入自动化测试，可以从以下 4 个方面入手逐步引入自动化测试：

① 针对代码热区补充自动化测试用例。也就是对那些改动频率相对较高的代码，以及经常出问题的功能组件先开展自动化测试。对于运行稳定的功能和不经常改动又长期运行的代码，则不需要马上为其编写自动化测试用例。

② 跟随新功能开发的进度。最好跟随开发进度编写对应的自动化测试用例，以确保自动化测试用例可以直接应用，为当前的功能开发提供及时的质量反馈。如果只是在补充原有功能的自动化测试用例，那么自动化测试的功能覆盖会一直落后于功能开发，无法及时起到质量反馈的作用。这种策略对团队要求比较高，必须做到沟通及时顺畅。通常是由开发人员写自动化测试用例，这样可以减少沟通成本，测试用例的设计可以由专业的测试人员在产品积压工作项梳理时给予明确。

③ 从测试金字塔的中间层向上、下两端扩展。如果系统不是一开始就执行自动化测试，那么建议在测试金字塔中，最好从中间层级开始入手进行测试。这样投入产出比最高。

④ 自动化测试用例的质量比数量重要。自动化测试也是代码，需要维护，相应地需要成本投入。因此，在达到质量目标的前提下，自动化测试用例越少越好。这需要开发团队认真设计测试用例，数量够用就行，绝不要写不必要的测试代码。其次，不要在不同层级的测试中针对相同的逻辑编写测试用例。比如同样的逻辑在单元测试中编写后，又在集成测试中编写。最后，要在实现成本最低的测试层级上进行相应的业务逻辑测试。比如在组件和服务层级能够覆盖的业务逻辑，就不要用 UI 的测试用例来覆盖。一些在单元测试层级上不容易构造的测试，可以在其上一层编写测试用例进行验证。

良好的自动化测试应具备以下特征：

① 用例之间必须相互独立，即前一个用例的执行结果对后一个用例的执行没有影响。

② 测试用例的运行结果必须稳定，多次执行的测试结果应该是稳定的、不变的。

③ 测试用例的运行速度必须快，当一个测试用例由多个执行步骤组成时，每个步骤都需要一定的执行时间。为了让测试更稳定，在写测试用例时通常会让每一步有充分的执行时间，这样会导致测试用例执行时间变长。可以将一个测试用例分解成多个独立的测试用例并行执行，或者将测试用例中的“等待”改为“轮询”，以很小的时间间隔不断查询是否达到下一步的状态。

④ 测试环境应该统一，以确保编写的测试用例能一致地运行，从而最大化自动测试的收益。

8.3　持续测试及其意义

传统测试以手动测试为主，对代码级别的自动化测试投入较少，整体呈倒三角模式，侧重于发现缺陷并修复。敏捷开发模式的出现增加了自动化测试的比例，以底层运行速度快、消耗小的单元测试为主，整体呈正三角模式，相比传统测试反馈更及时，修复缺陷的成本更低。持续测试在敏捷开发测试的基础上，强调测试持续进行，通过各角色的协同工作，持续发现缺陷并迅速修复。在软件工程实践中，测试模式在按如图 8-2 所示进行变迁，在不同的模式中测试的工作内容、开展的时间节点、开展的方法、达到的效果会有很大的差别。

1. 传统开发(瀑布型)模式中的测试

虽然随着软件测试实践的发展，自动化测试逐步得到应用，但在传统的(瀑布型)软件开发模式中，开发、测试和运维团队之间有明确的隔阂。开发团队负责代码编写和对应的单元测试；测试团队编写手动测试用例并执行，以业

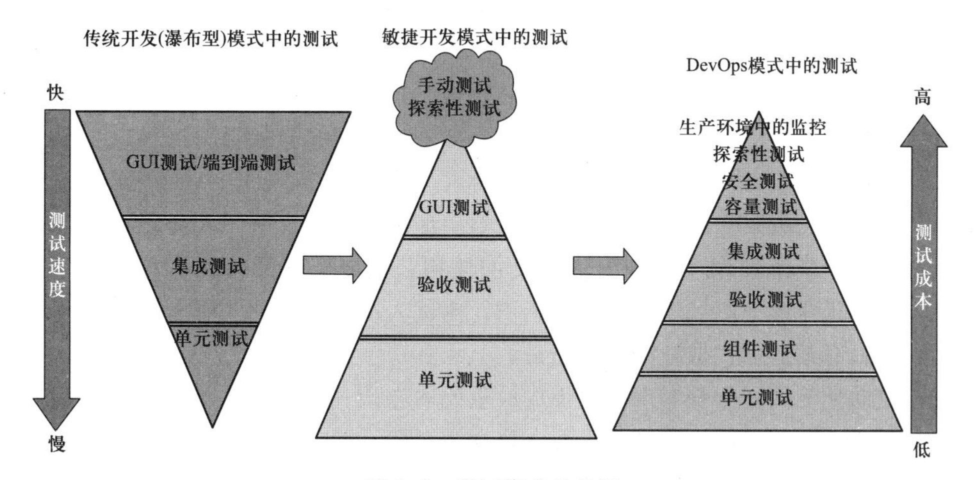

图 8-2 测试模式的变迁

务场景测试和系统集成测试为主；质量或测试团队编写自动化测试用例，通常在产品发布前才进行大规模的产品质量验证。

在这种模式下，软件测试的特点是遵循自上而下的顺序方法，产品的质量在测试阶段确定，对产品进行任何更改都非常困难。同样，自动化测试执行效率低，测试用例执行成本高。各角色之间的独立必然导致重复性测试，无法保证全面的产品质量。

2. 敏捷开发模式中的测试

在敏捷开发中，测试不再是一个单独的阶段，它属于冲刺计划的一个组成部分，测试人员始终与开发人员保持同步，共同负责产品的质量保障。敏捷提倡频繁且更快地进行测试，因此自动化测试在敏捷测试中至关重要。

这时的软件测试从开发到产品运营的整体流程来看，敏捷测试仅仅融合了开发和测试两个部分，加快了软件开发的频率。但是实际部署到生产环境仍然是由运维团队独立完成，开发和运维之间依然隔着厚厚的屏障，烦琐的发布周期使敏捷工作重新回到了瀑布模式。

3. DevOps 模式中的测试

在 DevOps 中质量保证不再是测试人员的专属责任，而是全体人员都要为之努力的方向。测试人员提前介入开发工作，与开发人员一起制订测试计划；开发人员可以参与配置部署；运维人员可以向自动化测试用例库填写测试用例；测试人员随时将自动化测试用例配置到持续交付链中，所有成员的共同目的都是交付高效、高质量的产品。

在 DevOps 中需要测试左移，即测试人员更早地参与软件项目前期的各项活动，在功能开发之前定义好相关的测试用例，提前发现质量问题。早期引入测试过程有助于防止缺陷注入，并为开发人员提供在整个开发阶段应用动态变更的灵活性。同时还需要测试右移，即直接在生产环境中监控，并且实时获取用户反馈。在这种方法中，从用户侧收集反馈，并根据用户反馈持续改进产品的用户体验满意度，提高产品质量；测试右移还有助于更好地响应意外情况。为了更好地支持 DevOps 模式中的测试，引入了持续测试概念，可以将其看作敏捷测试的进阶版，意味着持续不断的测试，贯穿整个软件交付周期，包括从需求分析到产品部署的各种测试阶段。持续测试提倡尽早测试、频繁测试和自动化测试。

持续测试要求测试人员具有一定的编码能力，测试人员不仅要掌握常用的测试工具、版本控制工具和集成工具的使用，还要能读懂代码，检查构建日志，不断优化整个测试策略和测试用例。测试人员还必须参与整个持续交付过程，以最高效的方式保证产品的质量。

自动化测试固然是实现持续集成最重要的方式，但并不是所有的测试都适合自动化，比如易用性测试和界面一致性测试等。测试人员需要集中在不断的测试策略优化上，通过调整各种测试用例的比例、增加测试覆盖度、提高测试用例的质量以及快速的反馈来提高测试效率，实现全面的质量保障。

测试与代码开发同时进行，开发人员和测试人员共同分析测试需求，共同编写和维护测试用例，每开发完一项任务就立即运行自动化测试集对交付质量进行验证，从而形成持续验证。代码一旦成功通过了自动化测试集就会立刻部署到生产环境中，进行生产阶段的持续监控。

为了迎合不断加快的交付频率，越来越多的团队的测试活动开始向左右两侧移动。一般问题修复成本较高和面向企业收费的软件，一旦生产环境中出现了问题会造成比较大的损失，通常采取测试左移的方式；而对于具有展示功能的软件产品，更容易在生产环境中发现问题，通常采取测试右移的方式。

8.4　实训任务 9：　完成测试用例设计及测试计划编制

本实训针对冲刺中在开发的产品积压工作项设计测试用例并编制测试计划。在设计测试用例时，要考虑到正常操作的场景、异常场景、输入的最大值和最小值场景等，也可以使用错误推断法设计测试用例；同时还要考虑到系统执行所需要的环境、前置条件等，并给出明确的操作结果预期。

本实训要求各小组完成集成测试用例的设计。通常集成测试用例包括如下内容：

① 用例编号、被测对象、测试场景等。其中，用例编号使用 Azure DevOps 的工作项 ID 号，被测对象使用对应的产品积压工作项或特性，测试场景是指在什么情况下要执行此测试用例。

② 输入数据。测试用例的核心是输入数据，主要包括参数、成员变量、全局变量、输入/输出媒体 4 类。这 4 类数据中，只要所测试的程序需要执行读操作，都要设定其初始值。前两类数据比较常用，后两类数据较少用。输入数据中要包括正常输入、边界输入(最大值及最小值)、非法输入等场景。

③ 与系统功能所需要的操作步骤一致的测试时操作步骤。这一点一定要注

意，以便找出运行中的真正缺陷。

④ 期望输出。在给定的输入下系统应当给出的反应，即期望输出。

在每次开始测试之前，需要根据测试的目的选择需要运行的测试用例，形成每次的测试计划。在实训中，要求至少完成2个冲刺的集成测试用例设计及测试计划的安排。

在开发完成一个产品积压工作项后，应马上安排对该产品积压工作项进行测试。切忌把完成的产品积压工作项在冲刺后期一并提交测试，这将无法确保冲刺按期完成，也会导致工作的相互等待。而且这样做也违背了Scrum敏捷开发的基本理念，又把冲刺变成一个小瀑布开发模式，从而降低了整体工作效率，无法尽快反馈系统质量。

由组长安排产品负责人或专门的测试人员，使用Azure Test Plans完成对当前项目组正在开展冲刺的黑盒测试计划编制。要求一个计划包含多个测试套件，每个测试套件包含多个测试用例。把在设计的测试用例全部安排到该计划中来，预计使用冲刺20%的工作量来完成该实训工作。

8.4.1 实训指导29：使用Azure DevOps编制测试计划

微软测试管理器(Microsoft Test Manager，MTM)已于2020年1月1日停止做支持，Visual Studio 2019是具有Web性能和负载测试功能的最后一个版本，也是用户界面自动化测试可用的最后一个版本。微软公司建议使用Selenium测试Web应用，使用WinApp Driver测试桌面应用和移动应用。

微软公司当前在测试方面的支持主要面向在管道内或发布流水线中的测试场景，特别是围绕单元测试会支持更多的测试框架，以及测试执行中丰富的分析及管理，更方便于DevOps中的测试安排及管理。其重点在于完善Azure Test Plans功能，以便很好地管理开发中的测试工作，并与持续集成相结合，完成持续测试工作。

Azure Test Plans功能是面向测试人员的一个模块，可以管理测试计划、测试套件以及测试用例。同时，微软公司还为测试的执行提供了一个名为Text Explorer的插件，可以直接安装在火狐或谷歌浏览器上，使用该插件可以直接截图并创建bug。

使用Azure DevOps完成测试工作时，主要有3部分内容：测试用例、测试套件和测试计划。三者的关系为：一个测试计划包含一个或多个测试套件，一个测试套件包含一个或多个测试用例。

① 测试用例。这是测试的最小单位，是要测试的具体内容和步骤，一般包含操作步骤、期望结果和实际结果三部分。其实任何人都是这样开展测试，根据操作步骤来运行系统，然后看执行结果是否与期望的相同。通过把该测试用例关联到产品积压工作项或特性上确定测试用例的测试对象，也可以直接在产品积压工作项或特性上建测试用例。用类似图8-3中添加测试用例的方式编写测试用例，则会自动建立测试套件及测试计划。

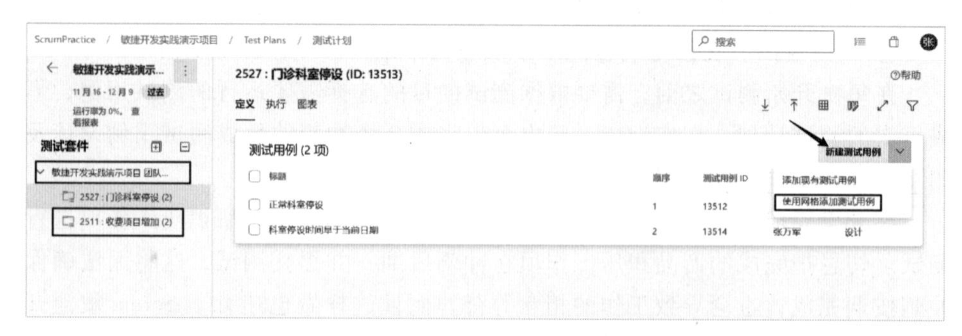

图 8-3　自动建立测试套件及测试计划示例

通过该方式设计测试用例时，会把添加的测试用例与产品积压工作项所在的冲刺结合起来，建立测试计划。在图 8-3 所示的示例中，系统自动建了一个名为“敏捷开发实践演示项目 团队情景 V1.0.1”的测试计划。在测试计划里会以产品积压工作项的名称作为测试套件名，如图中的“门诊科室停设”和“收费项目增加”。在测试套件里包含的测试用例即为添加的测试用例个数，并且与产品积压工作项的测试方进行关联。

② 测试套件。当测试用例越来越多时，可以使用测试套件进行分组。一般一个产品积压工作项会有很多个测试用例，因为测试用例包含了正向测试、逆向测试、边界测试等；根据测试管理的需要，可以把测试用例根据特性或产品积压工作项或功能模块进行分组，以便更好地安排测试和管理测试用例。

③ 测试计划。测试用例的运行时间、运行先后顺序，以及不同测试包含哪些测试用例，需要通过测试计划在项目开发过程中加以明确。比如冲刺 1.0.1 中需要运行 10 个测试套件，共包含 127 条测试用例。

单击“Test Plans”进入 Test Plans 根目录，在其下可以添加测试计划。可按当前规划的版本来新建测试计划，也可按冲刺来新建测试计划。输入测试计划名称，选择该计划所在的区域及准备执行的迭代(冲刺)，如图 8-4 所示。

例如，在发布计划中规划的发布版本(一般是指当前的版本周期)为 3.1，可直接创建一个名为 3.1 的测试计划；在此发布计划中计划了 3 个冲刺，则可按冲刺来创建测试计划：3.1 冲刺 1 测试计划、3.1 冲刺 2 测试计划、3.1 冲刺 3 测试计划。

在建好测试计划之后，可以新建相应的测试套件(图 8-5)，也可以直接在当前测试计划下添加测试用例。在“新建套件”下可以选择三种套件：

① 静态套件。建立一个套件，然后根据自己的需要往其中添加测试用例。

② 基于需求的套件。通过查询选择对应的产品积压工作项或特性，然后以选择的产品积压工作项或特性建立测试套件。

③ 基于查询的套件。通过查询选择相应的测试用例，然后建立套件。通常在某个冲刺需要做回归测试时，使用该功能把冲刺需要回归的测试用例纳入进来。

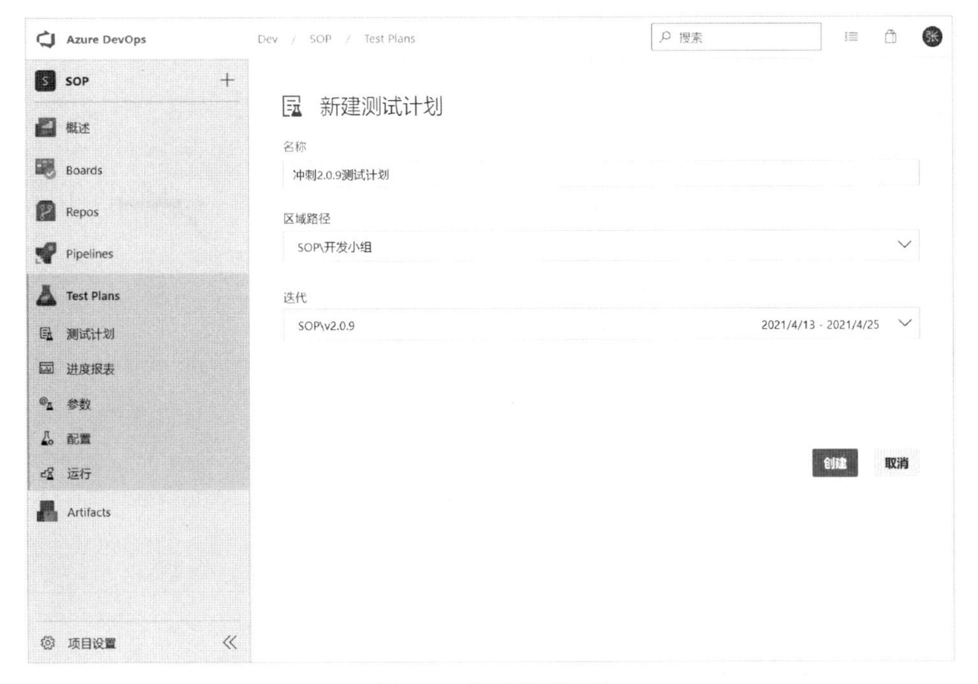

图 8-4　新建测试计划

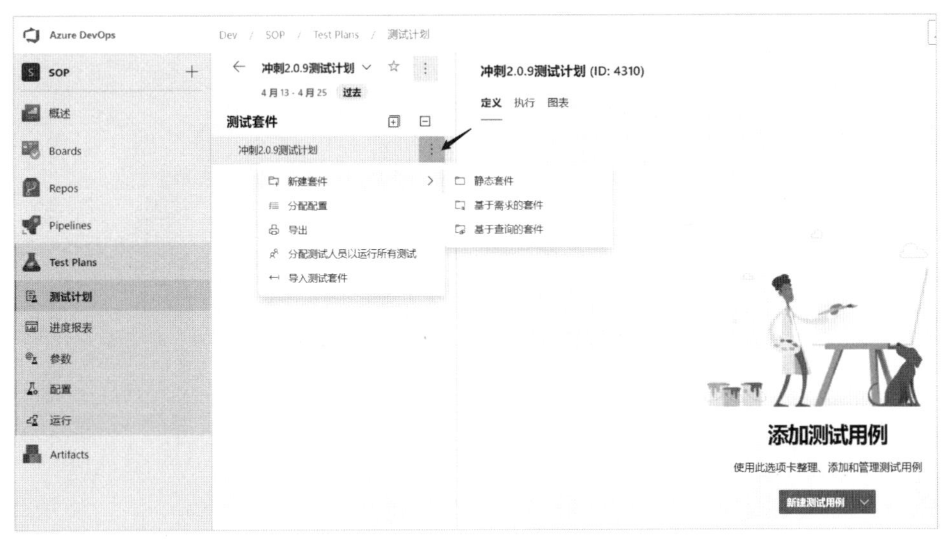

图 8-5　新建测试套件

在测试计划、静态套件、基于需求的套件下都可以新建或添加现有的测试用例，而在基于查询的套件下则不能新建或添加现有的测试用例，只能包含满足查询条件的测试用例。图 8-6 是某项目研发时针对冲刺 2.0.9 制订的一个测试计划，在该测试计划下既有来源于查询的测试套件“冲刺 2.0.9 回归测试套件”，又包含了三个与产品积压工作项有关联的测试套件“基础数据同步设置”

“业务人员维护”“组织关系维护”。

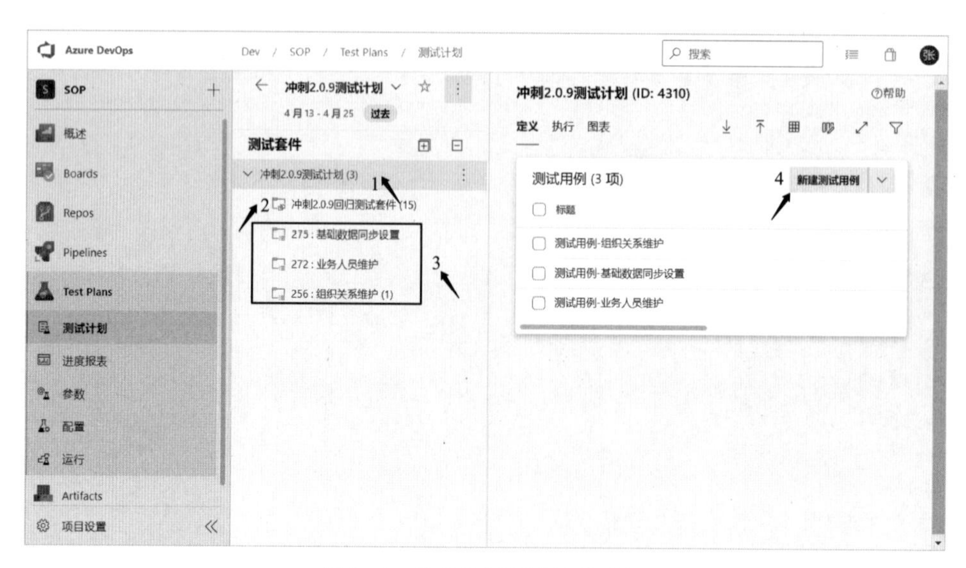

图 8-6　某项目组测试计划示例

在建好测试计划之后，可以根据工作需要通过复制测试计划用于后续的测试安排，这样可以减少测试人员的工作量。如图 8-7 所示，在复制测试计划时，对于原测试计划下的测试套件和测试用例有两种处理方式，即引用现有测试用例和复制现有测试用例。

图 8-7　复制测试计划

① 引用现有测试用例：新测试计划中的测试用例与原测试用例 ID 一致，即为同一个测试用例。在原测试计划中修改测试用例，引用的测试计划中相同的测试用例会被同步修改；同样，在新的测试计划中修改测试用例，原测试计

划下的测试用例也会被同步修改。

② 复制现有测试用例：在原测试计划的基础上创建测试用例副本，与原测试用例 ID 不一致，但是复制了它的内容。修改原测试用例对复制的测试用例无影响，而修改复制的测试用例对原测试用例也无影响，两个用例相互独立，但会建立关联关系。

在实训时，每个冲刺可以根据需要分别实践这两种处理测试用例的方式，其中“引用现有测试用例”通常用于各个冲刺测试计划的重用。图 8-7 示例中是把冲刺 2.0.9 的测试用例引用过来，然后在冲刺 2.0.10 中根据冲刺安排做相应的调整，这样就形成了冲刺 2.0.10 的测试计划。在冲刺 2.0.10 中原来冲刺的回归测试用例不需要再添加，只需要添加新的回归测试用例及新的测试用例。

除了复制测试计划，还可以根据系统的提示完成删除测试计划等相关操作。

8.4.2 实训指导 30：使用 Azure DevOps 设计并管理测试用例

除了在产品积压工作项看板上添加测试用例外，也可以在“Test Plans”→“测试计划”中，通过选择某个测试计划或测试套件来添加测试用例。在图 8-6 中单击“新建测试用例”，可以添加现有测试用例，也可以使用网格添加测试用例。选择使用网格添加测试用例后，出现如图 8-8 所示的类 Excel 表的操作界面，可在其中完成测试用例的设计及编写。

图 8-8　用网格添加测试用例

使用拖放的方式，可以将测试用例从一个测试套件移动到另一个套件。此外，还可以复制测试用例。

单击图 8-8 中的“关闭网格”，可以切换到测试用例列表界面(图 8-9)。单击图中的测试用例 ID，可以打开测试用例的详细界面(图 8-10)。

在图 8-9 中，单击其中的“1”处可以切换到网格视图。默认测试用例处于“设计”状态，表明当前在设计测试用例。在完成测试用例设计之后及开始执行测试之前，在测试用例的详细界面中把状态改为“就绪”。在图 8-9 的“定义”

选项卡页面上通过拖放的方式可进行测试用例排序，以确定测试用例执行的顺序。测试用例的顺序仅适用于手动测试用例，不适用于自动化测试。

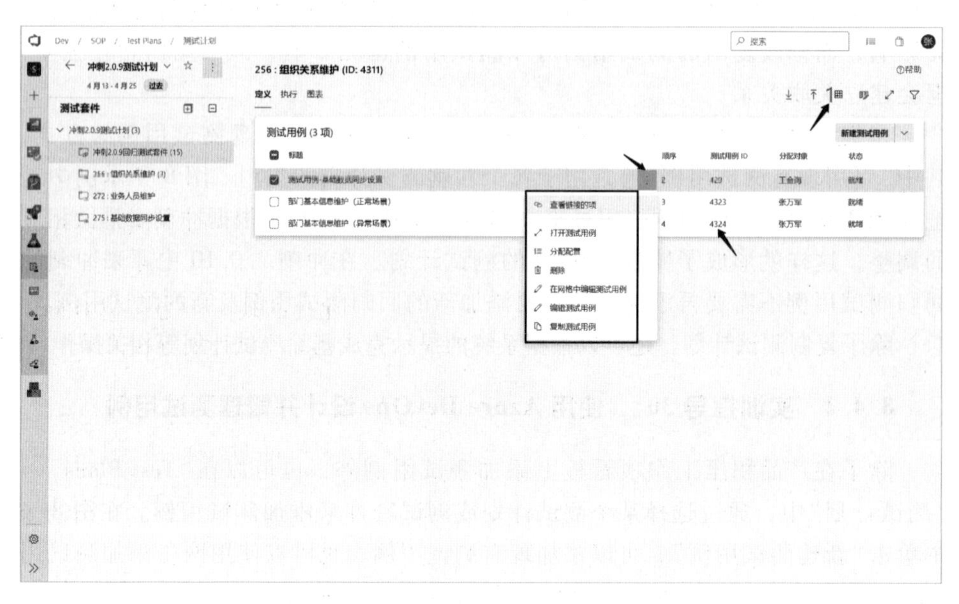

图 8-9　测试用例列表界面

在图 8-10 中“步骤”页中填写的是该测试用例的操作步骤和预期结果，与图 8-8 中的网格内容一致。在“摘要”页中填写的是该测试用例的运行场景、说明等备注类信息。在“关联的自动化”页中设置自动化测试相关的自动化脚本路径等信息。

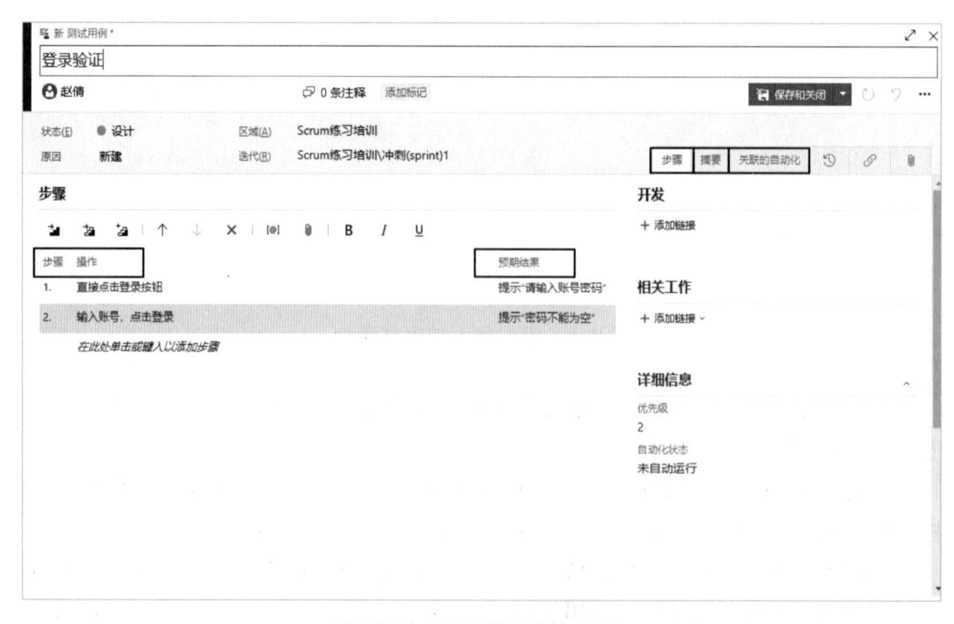

图 8-10　测试用例详细界面

对于已经存在的测试用例，需要添加到测试套件中，在图 8-5 中选择“添加测试用例”，在出现的“向套件添加测试用例”页面中，编辑查询条件后并运行查询，列出符合条件的测试用例。选择需要的用例(按 Ctrl 或 Shift 可多选)，单击“添加测试用例”，可将现有测试用例添加到测试套件下。

8.5 敏捷开发的软件质量保证理念

在敏捷开发中，软件质量保证理念主要体现在两个方面：内建质量和消除浪费。系统存在缺陷表示在开发过程中没有很好地践行内建质量，同时会形成返工，导致大量的浪费，并且增加系统的复杂性。此处的缺陷不是简单地指代码中存在的缺陷，如果存在下列任一种情况，都表示系统有缺陷，存在质量问题：

① 构建了有缺陷的产品。

② 由于对需求的误解，构建的产品不是客户需要的。

③ 构建了客户曾要求的产品，而客户在项目晚期发现所构建的产品不符合其本意，因此现在不想要该产品。

④ 构建了符合客户需求的产品，但当客户看到已构建的产品后，发现其需求是错误的。

⑤ 构建了符合客户需求的产品，该产品也符合客户的本意，但现在其需求发生了变化。

在敏捷开发中，一个最核心的理念是：测试的主要作用不是去发现缺陷，而是要防止缺陷的产生。这一理念与传统软件测试的定位有很大的区别。在敏捷开发中，测试活动提供了发现产生缺陷的原因的机会，其作用是利用发现的缺陷，从产生缺陷之处去改进过程，以便防止缺陷再次产生。

在一个循环周期结束时做测试是典型的瀑布式开发过程，但如果把测试放在冲刺循环最后则会产生浪费。一个功能的实现过程如下：

① 产品负责人、系统分析人员、开发人员讨论需要实现的需求。

② 开发人员进行开发。根据需求编写代码，考虑代码恰当地实现需求，并通过自测来确认代码的正确性，最后传递该代码给测试人员去做测试(也就是通常说的提测)。

③ 测试人员与产品负责人、系统分析人员讨论需求，并且决定什么是良好的测试用例。

④ 测试人员执行测试。

⑤ 如果发现错误。测试人员告知开发人员这是一个错误，开发人员研究测试人员的测试用例，按如下三种方法来处理：

a. 错误重现，接着去修正这个错误。

b. 错误重现，接着把这个错误放入任务队列。

c. 相信自测的结果，认为测试人员的测试是错误的，讨论如何修正这个错误。

虽然上述②和③可以并行完成，但使用这种方法时会产生很多内置的冗余，并导致产生沟通不畅的问题。当产生错误时，就会有明显的延迟产生。

在敏捷开发中，使用测试前置和内建质量来解决以上的问题。

测试前置是将测试工作移至冲刺开始之前，在陈述产品积压工作项或需求时，要确保团队知道做成什么样才是“完成”，并将针对工作完成的认识形成具体的输入和输出。这些特定的输入和输出结果可以用于测试，从而确定产品积压工作项的验收条件或测试要点。因此，测试前置就是在开始编写代码之前做测试的工作，使开发人员更能够构建出客户的意图。

内建质量是精益敏捷的核心价值观之一，是团队敏捷能力的一个重要维度。所有敏捷团队都必须创建高质量的解决方案，并定义本团队的内建质量实践，这些实践直接影响团队实现可预测的交付和履行承诺的能力。在提升内建质量能力方面，常见的实践除了测试前置（有些团队使用测试驱动开发、行为驱动开发）之外，还有如下一些实践可以带来更好的产品质量：

① 建立流动性。为了快速开发和发布高质量的工作产品，敏捷团队在一个快速的、基于价值流动的环境中运行。建立流动性，需要消除传统的“启动—停止—启动”式的项目开发过程，以及阻碍进度的阶段门禁开关。团队采用“可视化和限制在制品（WIP）数量，减少批次规模，管理队列长度”的原则来提高流动性。团队通过构建一个持续交付管道（流水线）来引导新的功能从构思到按需向最终客户发布价值。与传统项目管理不同，在敏捷项目管理中规模较小的功能可以快速地在开发的各个阶段中流动，以提供反馈并允许在流动的过程中进行修正。

② 同行评审。同行评审有助于确保团队在开发过程中的内建质量，可以为其他团队成员的工作提供反馈，利用他人的知识、观点和最佳实践来内建质量。在相互学习中，团队也提高和拓宽了整体技能。常见的代码评审就是一种同行评审实践。

③ 自动化。为了提高交付速度、准确性和一致性，敏捷开发将重复性的手动任务自动化。团队通常通过两种方式实现自动化：一是将构建、部署和发布解决方案的过程自动化；二是将持续交付流水线中的质量检查自动化，以确保团队能够遵循标准，并且开发出的组件达到公认的质量水平（比如单元和集成测试、安全性、合规、性能等）。

④ 完成定义。敏捷团队制定完成定义，用于确保开发出的组件和系统增量只有在表现出一致的质量和完整性水平时，才能被认为是完成的。

此外，为了确保系统的质量，还有其他一些团队实践可供开发中进行尝试应用：

① 敏捷架构。通过协作、浮现式设计、意图架构，以及简单设计来支持敏捷开发实践。

② 敏捷测试。每个人都要做测试，解决方案以小的增量进行开发和测试，

并且团队应用测试前置和测试自动化实践开展测试工作。

③ 重构。更新并简化了现有代码或组件的设计，而不更改其外部行为。

④ 探针。用于获得必要的知识，以减少风险、更好地理解需求，或者增加故事估算的可靠性。

8.6 Scrum 敏捷测试实践

Scrum 敏捷测试通常是指面向业务的测试，测试用例定义了业务专家期望的特性和功能，包含评判产品的测试用例和专注于发现最终产品中可能存在缺陷的测试用例。在 Scrum 敏捷开发中，不仅需要测试人员或质量保证团队为质量负责，还需要每一个人都具有测试意识，共同为质量负责。在敏捷开发中不关心团队成员所在的部门，只关心发布优秀产品所需的技能和资源，重心是在一定时间内生产高质量的软件，最大化其业务价值。相应地，敏捷测试是基于单元级别的测试，它可驱动编码，帮助团队了解程序应如何工作，并知道任务或功能何时“结束”。测试人员与开发人员、客户团队及其他专家工作在测试任务及其他与测试相关的任务上，例如构建基础设施和设计系统的可测试性等，这就可以让团队中每个人对测试负责，从而会有更好的测试效果和测试覆盖率。

在实际的 Scrum 敏捷开发项目中，团队可能会面临不知怎么开展测试工作的问题，这时就需要依据敏捷价值观和原则，参照测试人员在不同阶段所做的工作，通过为整个团队带来价值解决该问题。

1. 发布计划阶段测试人员的工作

在敏捷项目中通常会制订一个发布计划，该计划可以使开发人员和客户全面考虑所有功能及其影响、明确职责，并检查产品积压工作项之间的相互依赖。此时测试人员可以从更高的角度看待测试，考虑测试是否需要更多的资源，比如测试环境、相关软件等。测试人员在此阶段的工作如下：

① 参与产品积压工作项评估，以帮助团队得到更精准的结果。在发布计划阶段需要对产品积压工作项进行初步评估，在评估时需要把测试工作考虑在内。测试人员在参与评估时一般会有与其他成员不同的观点，因为专业的测试人员视野更宽广，他们关注全局，能快速指出某个产品积压工作项可能引起的系统其他部分的反应。测试人员也更倾向于考虑与开发不直接相关的任务。

② 参与设定产品积压工作项的优先级，从测试的角度观察所有的产品积压工作项可以为客户带来的价值增量。团队需要先开发出具备基本功能、可测试的模块，基于此来决定冲刺中具体包含的产品积压工作项。注意这里的可测试并不意味着一定需要图形界面。一个单独的业务算法也会需要大量的测试，虽然没有图形界面，也可以将其优先放到前面的冲刺中，然后再与用户界面和系统整合。测试人员还需要考虑如何设定优先级可以有助于搭建自动化测试框架，并随着功能的开发进展随时更新。如果有的功能测试起来很有难度，就需

要尽早着手准备。根据这些情况，测试人员会就冲刺中实现的功能对团队提出建议。

③ 参与确定开发范围。测试人员的职责之一就是形成对整个系统或产品的完整认识，思考每个产品积压工作项将如何影响整个系统或产品使用的其他相关系统，以及与第三方系统相关的事宜等。从测试人员的角度来看待这些事情，有助于团队确定开发范围。

④ 在团队制订发布计划阶段，测试人员通过制订测试计划来帮助团队考虑全局工作。在敏捷开发过程中，通过做测试计划可以让测试人员充分考虑测试的需求，比如测试数据、测试设备、测试环境，以及测试结果的报告形式等，同时还对可能存在的测试风险加以预估。

注意此处编写的测试计划通常是文档格式，而不是使用 Azure DevOps 编写的测试计划。测试计划中明确的测试基础设施、测试环境、测试数据和测试结果的管理方式，有助于配合团队的需要，提高交付客户价值的速度。

在高效的团队中都会遵循一个简单的规则，即任何产品积压工作项在没有经过测试之前都不能算完成。也就是说，一个产品积压工作项的完成，不仅需要经过代码提交、测试，还需要经过持续构建过程中的自动化测试，有文档记录，或符合团队认可的“验收条件”标准。

在整个开发过程中，任何时候都要能清楚且快速地知道每个产品积压工作项还有多少测试用例要做、哪些产品积压工作项已完成。在发布计划阶段，团队需要明确跟踪测试工作的方法，并且还要能把测试结果很好地传达给团队的所有成员，对于测试中发现的缺陷也要明确管理的准则，使用 Azure DevOps 的相关功能可以很好地给予支撑。

2. 冲刺前测试人员的准备工作

敏捷开发快速且持续的冲刺很容易让测试人员沉浸到当前冲刺的产品积压工作项中，很难同时思考别的工作任务。在下一个冲刺开始前，如果将要使用一些新的技术或开始一项复杂的新功能，这时如果做到提前计划和研究会提高生产率。因此，测试人员在对下个冲刺的产品积压工作项进行梳理时，可以做如下准备工作：

① 通过提问和获得测试用例，使团队对每个产品积压工作项的期望达成一致意见。

② 在冲刺前积极主动地了解复杂的产品积压工作项，并确保对它们的规模估算是正确的。

③ 在下个冲刺前对新的或不常见的功能形成测试要点。

④ 甄别并确定存在的缺陷的优先级，决定是否有缺陷要安排在下一个冲刺中修复。

⑤ 确定测试资源的到位情况，并提前做好准备。

3. 冲刺计划阶段测试人员的工作

测试人员在冲刺计划阶段充当了关键的角色，帮助团队为测试和开发任务做计划。随着冲刺的进行，测试人员积极地与客户(或产品负责人)和开发人员交流协作，编写高层次测试用例引导开发，通过示例阐述产品积压工作项的功能，并确保产品积压工作项是可测的。

在做冲刺计划时，项目团队需要为每个产品积压工作项编写用户验收条件。团队成员与产品负责人或利益相关者一起工作，写出高层次测试用例。如果产品积压工作项能通过这些测试，就可以认为是完成了，即明确验收标准或测试要点。这项工作也可以在冲刺计划会议之前的产品积压工作项梳理时完成，作为冲刺准备工作的一部分。验收标准用来测试产品积压工作项对产品的影响。可以使用验收标准来定义产品负责人批准产品积压工作项所需满足的条件。

必须确保每个产品积压工作项都能在1~3天之内完成。这样会使团队每隔1~3天就能拿到一个可测试的“小的”产品积压工作项，从而不会累积到冲刺后期才去测试。也就是说，要确保冲刺中的价值流动性，避免出现使冲刺成为“小瀑布”开发模式的情况。要达到该目的，一是对产品负责人的要求比较高，即要非常熟悉需求，具备良好的产品积压工作项拆分能力，并明确产品积压工作项之间的依赖；二是需要整个团队协作，协助产品负责人完成产品积压工作项的拆分，确定开发实现时各个产品积压工作项之间的依赖。

在此过程中，测试人员与其他团队成员都应当警惕“范围扩张”的趋势。如果发现一个产品积压工作项好像越做越复杂时，应尽快亮出红牌警告，提示这类功能要尽量做拆分，或放在后续阶段再做。同时，测试人员需要从整体的角度出发考虑每个产品积压工作项对系统其他部分可能的潜在影响。站在不同角色的立场考虑问题时，需要考虑得更详细，这样有助于明确产品积压工作项的主旨，使团队的工作更有成效。除此之外，还有如下工作需要测试人员在冲刺计划时完成：

① 将测试任务与开发任务一起分解并准确评估。也可以直接在开发人员的任务上分解测试任务。

② 团队应确保完成所有测试任务。分解任务时，测试任务不能有遗漏，因为产品积压工作项只有经过完全测试才算完成。

③ 做好冲刺计划。冲刺计划是确保产品积压工作项可测试并提供充足测试数据的最后机会。

④ 测试人员和客户或产品负责人协作，详细研究产品积压工作项并编写高层次测试用例，让开发人员基于此开始编写代码。

⑤ 测试人员和开发人员一起审查高层次测试用例和产品积压工作项，并确保有良好的沟通。

⑥ 为了确保测试用例易于维护，必须编写测试用例。可以把测试用例作为产品积压工作项的组成部分，或与产品积压工作项关联并不断进行更新；可以借助良好的工具更好地管理测试用例。

4. 冲刺阶段测试人员的工作

冲刺开始之后，开发人员根据选择的任务开始编写代码。在一个可测试的产品积压工作项完成之前，测试人员可抓紧时间编写完善测试用例，描述产品积压工作项的细节，以确保开发顺利进行并帮助测试跟上开发的节奏。此时主要是编写将被自动化的测试用例，同时也要考虑在代码完成时所需的探索性测试。在编写好自动化测试用例后交给开发人员去实现，以便开发人员在写好相关代码之后尽早反馈其中的错误，这就是通常所说的“测试驱动开发”。

这一过程通常是先做简单的测试驱动开发，当简单测试通过后，再编写更复杂的测试用例指导开发。通过每日站会活动对风险进行评估，确保编码和测试同时进行；及时识别产品积压工作项的变更，根据变更调整测试的内容。

在冲刺过程中，通过完成测试任务，并根据团队确定的缺陷管理策略来执行测试。测试人员需要判断发现的问题是缺陷还是功能不符，并判断哪些缺陷应该记录；通过与团队沟通确定何时修补缺陷，并参与探讨缺陷处理的替代方案和建议。

在敏捷开发中经常会在冲刺结束时遇到测试困境，也就是待测试的产品积压工作项通常会累积到冲刺的最后，这对敏捷团队来说是很危险的，可能会导致整个冲刺的失败。大部分开发人员在真正具备敏捷思想之前还是习惯于瀑布过程，测试人员会觉得在产品积压工作项 100%完成之前无事可做，这往往导致了以上困境的产生。解决这个问题的办法是引导整个团队参与测试。在每日站会中评估团队是否能跟上产品积压工作项的完成进度，当发现多个产品积压工作项存在无法完成的风险时，选择放弃一个产品积压工作项或者减少产品积压工作项的范围。作为冲刺结束的方法，开发人员必须停止实现新功能转而执行测试任务，丢弃某些功能比扰乱整个冲刺要好得多。此外，团队中的每个人必须要乐于承担手动测试任务。通常在团队刚刚启动时还不能实现自动化测试，整个团队要安排时间进行手动回归测试。

在冲刺过程中还要关注软件测试的质量，可以使用一些好的度量标准来确保团队进行高质量的测试。以下是一些可以用作软件测试关键绩效指标的度量标准：

① 每种状态的 bug 数。此度量标准表明有多少个 bug 是活动的、已解决的，或已关闭的；活动的 bug 的数量是否在增加，已解决和已关闭的 bug 的数量是否恒定。如果这些数字保持不变，那么团队需要研究如何执行测试。

② 重新激活的 bug 数。大量重新激活的 bug 可能表明开发人员和测试人员之间的沟通必须改进。

③ 代码覆盖率。此度量标准显示自动化单元测试覆盖了多少代码，这个值是指占整个代码基数的百分比。

④ 测试运行结果。此度量标准表示测试的执行情况，以及是否有许多失败的测试。如果这样做了，可以分析怎么来改进测试。

⑤ 测试用例覆盖的需求百分比。此度量标准表示测试用例所涵盖的需求(产品积压工作项)百分比。

⑥ 测试覆盖的需求百分比。是否实际使用拥有的测试用例来验证了需求，

如果这个百分比很低，而测试用例覆盖的需求百分比很高，则表明大量的测试用例没有用来验证需求(产品积压工作项)，可能需要处理该问题。

5. 冲刺结束阶段测试人员的工作

在一个冲刺完成后，根据敏捷开发思想，团队要在总结这个冲刺的同时为下一个冲刺做准备。在这个过程中，测试人员可以起到很重要的作用。由于测试的工作性质，需要测试人员对所有的产品积压工作项都有较深入的理解，并且明白客户最需要了解新版本的哪些方面。建议由测试人员负责冲刺评审和回顾工作，但产品演示环节可以由测试人员、产品负责人、敏捷教练、开发人员轮流来做。

在实际开发中，做冲刺评审时针对测试工作要重点关注：开发人员完成的编码任务是否彻底；是否完成了单元测试时发现的错误修改；有些团队如果明确要编码单元测试自动化代码，则还要检查是否完成了该任务。只有确保与测试相关的工作项都完成了，才能把开发任务标识结束。对于一个刚引入Scrum敏捷开发的团队来说，通常遇到的问题之一是很难在一个冲刺中完成所有的产品积压工作项并进行测试，此时可以通过冲刺回顾来明确团队使用的一些规则，以更好地支持整体目标的达成。以下是某个团队给出的改进方法：

① 在冲刺开始的第三天之前，必须完成与本冲刺相关的所有产品积压工作项的集成测试用例编写。

② 在冲刺开始的第三天，必须交付一个产品积压工作项给测试人员。

③ 每次大家集中精力完成一个产品积压工作项。

④ 所有的功能最迟要在冲刺结束的前一天提交。

因为所有的产品积压工作项在没有通过测试之前不能交付给客户使用，所以需要整个团队针对测试中遇到的问题共同想办法克服，而冲刺结束时的活动正是提出测试相关问题的好机会。共同解决这些问题可以确保团队更成熟，从而交付出更高质量的产品，提高整体工作效率。

8.7　实训任务10：使用Azure DevOps开展测试

项目实训开展到当前阶段，应当已经完成了至少一个冲刺，且在完成的冲刺中使用手动测试的方式完成了测试。但是项目再继续下去，整个团队面临的压力会越来越大，因为需要更快地交付更多产品，而随着多个冲刺的完成，功能会越来越多，手动开展回归测试比较难以完成，发布速度也会不可避免地慢下来。这是任何一个Scrum敏捷开发团队必须想办法解决的问题，否则通过几个冲刺之后，会发现团队交付产品积压工作项的能力越来越低，同时整个系统的质量也会越来越差。因为无法开展完全的回归测试就进行发布，必然会在生产系统中引入大量的缺陷。对于最终用户或者市场来说，软件能正常工作、简捷地工作是最重要的，低质量软件是不可接受的。为了加快软件交付循环，需要将软件测试纳入持续集成管道。为此，软件测试需要在开发过程中向前移动。测试驱动开发使开发人员能够编写可维护、灵活且易于扩展的代码；同时，有单元测试支持的代码有助于识别变更影响，并使开发人员能够自信地进行更改。除此之外，功能测试还需要自动化，这使得软件测试人员能够专注于高价值的探索性测试，而不仅仅是测试矩阵的覆盖范围。

在本次实训中，将完成如下内容：使用 Azure 管道运行 NUnit 测试，并使用功能标识在生产中进行测试；手动开展探索测试等。首先需要组长与组员完成相关测试环境的搭建及测试框架的验证，然后在新的冲刺中加以应用。

8.7.1　实训指导 31：使用 Azure DevOps 开展自动化测试

XUnit 是一个非常流行的开源测试框架，深受跨平台的开发人员喜爱。本实训将学习在 Azure DevOps 中怎样为基于 NUnit 的测试创建一个管道，并把测试执行结果发布出去。如果项目组使用 Java 开发，则可以使用 JUnit 来完成单元测试，并与管道结合起来，从而实现在持续集成过程中的自动化单元测试。为了降低实训的复杂性，我们采用一个新建的解决方案和类库来完成演示，各个小组可以根据选用的开发工具及平台实践与当前已在编写的代码做集成，完成测试的自动化。

在做单元测试时，代码覆盖率常被用来作为衡量测试好坏的指标。测试覆盖的代码越多，团队就会对代码越有信心。通过审核代码覆盖测试的结果，团队可以明确测试没有包含哪些代码，并采取一定的措施来减少测试债务。

首先使用 .NET CLI 创建一个新解决方案和一个新的类库项目，用于演示自动化单元测试，然后再安装 NUnit 测试模板。本书使用的是 .NET Core 2.1 SDK，在 C 盘上建一个名为 ContinuousTesting 的目录。打开命令行，然后转到该目录下，运行 dotnet new sln -n prime，完成一个新解决方案的建立。

在 ContinuousTesting 目录下新建一个名为 PrimeService 的子目录，在命令行中转到该目录下运行 dotnet new classlib，然后将该项目下的 Class1.cs 重命名为 PrimeService.cs，使用 Visual Studio Code 或其他文本编辑器，输入如下代码：

```
using System;
namespace PrimeService
{
    public class PrimeService
    {
        public bool IsPrime(int candidate){
            throw new NotImplementedException("请先创建一个测试!");
        }
    }
}
```

将目录改回到 ContinuousTesting，运行如下命令将类库项目的引用添加到解决方案：

dotnet sln add PrimeService/PrimeService. csproj

然后运行如下命令安装 NUnit:

dotnet new -I NUnit. DotNetNew. Template

接下来,在 ContinuousTesting 目录下为测试创建一个名为 PrimeService. Tests 的目录,使用如下命令创建新的 NUnit 测试项目,并将此测试项目的引用添加到解决方案中,测试项目还需要对类库进行引用。

① 在命令行的 PrimeService. Tests 目录下运行:

dotnet new nunit

② 在命令行中转到 ContinuousTesting 目录下运行:

dotnet sln add ./PrimeService. Tests/PrimeService. Tests. csproj

③ 在命令行中转到 PrimeService. Tests 目录下运行:

dotnet add reference ../PrimeService/PrimeService. csproj

依据测试驱动开发的方法,首先编写一个失败的测试,然后通过为其编写实现代码来通过测试。在 PrimeService. Tests 目录中,重命名 UnitTest1. cs 文件为 PrimeService_ IsPrimeShould. cs,并且使用如下代码替换文件中的所有内容:

```
using NUnit. Framework;
using PrimeService;
namespace PrimeService. Tests
{
[TestFixture]
public class PrimeService_IsPrimeShould
{
    private readonly PrimeService_primeService;
    public PrimeService_IsPrimeShould() {
        _primeService = new PrimeService();
    }
    [Test]
    public void ReturnFalseGivenValueof1() {
        var result = _primeService. IsPrime(1);
        Assert. IsFalse(result, "1 不应当是质数!");
    }
}
}
```

代码中[TestFixture]属性表示包含单元测试的类,[Test]属性表示方法为测试方法,保存此文件。从命令行中执行 dotnet test,编译测试和类库,然后执行测试。NUnit 测试运行程序包含运行测试的程序入口点。dotnet test 使用刚才创建的单元测试项目开始测试的运行。这时测试运行失败了,因为还没有创建执行的函数。通过在 PrimeService 类中写简单的代码让该测试通过:

```
namespace PrimeService
{
    public class PrimeService
    {
        public bool IsPrime(int candidate){
            if(candidate == 1){
                return false;
            }
            throw new NotImplementedException("请先创建一个测试!");
        }
    }
}
```

在 ContinuousTesting 目录中，重新运行 dotnet test。该命令先运行 PrimeService 在此的一个生成，然后运行 PrimeService. Tests 项目的生成。在生成这两个项目之后，它只运行单个测试，这次通过了。

现在有一个可以工作的 . NET Core 服务和基于 NUnit 的单元测试，把这些代码提交给一个 Git 存储库(请务必使用 gitignore 文件，以避免暂存不需要的文件)。在示例团队项目中，创建一个名为 continuoustesting. demo 的远程储存库，把代码推送到远程的 Master 分支。

接下来，在项目门户网站上新建一个管道。在新建管道时切换到经典模式，然后选择 ASP. NET Core 模板，存储库选择 continuoustesting. repo，分支选择 Master；单击管道中的“Test”步骤，确保“项目路径”使用通配字符串 **/*[Tt]ests/*. csproj 检索值，并且勾选“发布测试结果和代码覆盖率”选择项(图 8-11)。

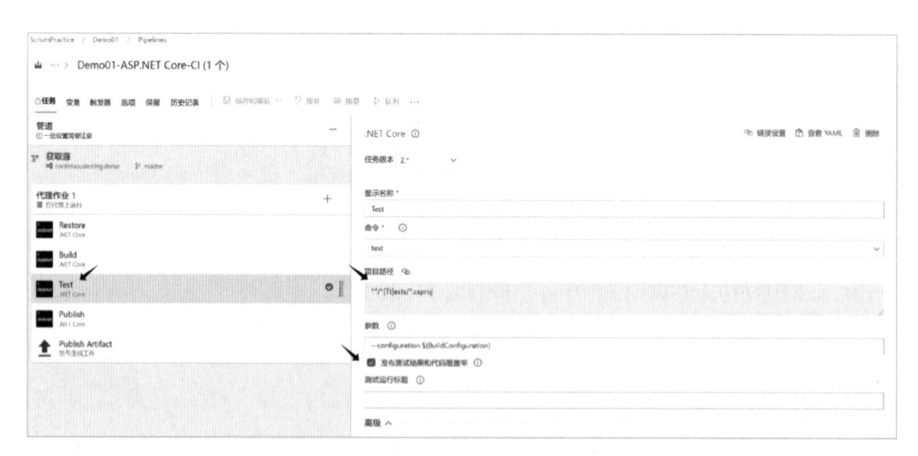

图 8-11　自动化单元测试设置界面

在图 8-11 中单击“Publish”任务，同时不要选择“发布 Web 项目”，因为示例解决方案是一个类库不是一个 Web 项目。保存并排队，生成将会运行。等待管道执行完成，就可以查看测试执行的结果(图 8-12)。

图 8-12　自动化单元测试运行结果

8.7.2　实训指导32:　在持续测试中使用功能标识

在持续交付的时代，项目团队都希望快速交付功能完善且性能稳定的软件。不少开发团队会采用一套持续集成/持续部署工具，以支持自动化测试并提升发布产品的质量，同时提高部署速度。项目团队需要使用高效的测试方法和质量保证措施，在发布到生产环境之前识别所有问题。在测试环境中测试功能时，会遇到如下两个挑战：

① 如果测试方案依赖于生产数据，则在测试环境中进行测试可能会出现问题。但如果在测试环境中创建生产数据可能需要付出大量的工作，而且还可能无法完全模拟生产环境。

② 要根据使用情况获得的数据执行用户测试，检查和调整产品的功能。通过获得用户反馈的数据来确定是否面向所有用户发布功能。

一旦发布到生产环境中，系统基本上就处于不可控制的状态了。如果没有适当的控制策略，那么回滚到以前的版本就变成了代码部署“地狱”，需要专业的工程师并增加了停机的可能性。降低该风险的一种方法是在持续交付过程中引入功能(切换)标识，这些标识允许为特定用户打开或关闭功能(或任何代码段)。这是一种很好的实践技术，允许团队在不更改代码的情况下修改系统行为。采用持续实验，可以通过快速创建这种手段，使用最小可行产品来测试功能，并发布给生产中的一部分客户进行测试。然后团队根据这一部分客户使用情况的反馈，做出系统优化改进决策，并快速朝着最佳解决方案方向发展。

在实训时，可以利用功能标识方法让小组真正体会持续测试，各个小组可以结合自己的项目进展将其应用到开发中。具体示例如下所述。

在 Visual Studio 中使用 ASP. NET Web 应用程序模板创建一个新的 Web 应用程序，选择 MVC 模式的 Web 应用程序，命名为 MyWebApp，然后通过 NuGet 包管理器找到 FeatureToggle 进行安装(图 8-13)。

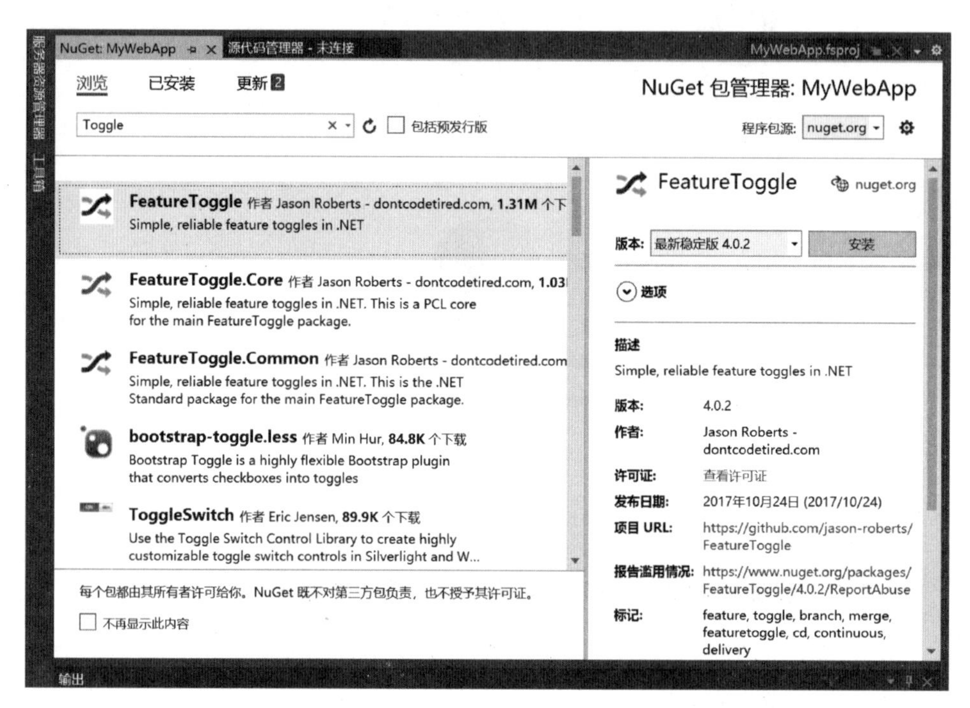

图 8-13　安装 FeatureToggle 界面

运行刚才新建的 ASP. NET 应用程序，出现如图 8-14 所示的界面。将该界面进行修改，以了解如何使用功能标识将更改部署到 Contact 窗体，而不是向所有人发布更新。

新建一个名为 Toggle 的文件夹，添加一个名为 NewContactForm. cs 的类，把如下代码复制到该类中：

```
using FeatureToggle;
namespace MyMVCWebApp. Toggle
{
    public class NewContactForm
    {
    }
}
```

在 web. config 文件中添加一个新的 app key，名为 FeatureToggle. NewContact-Form，将其值设为 false。这个键将用来控制功能标识。

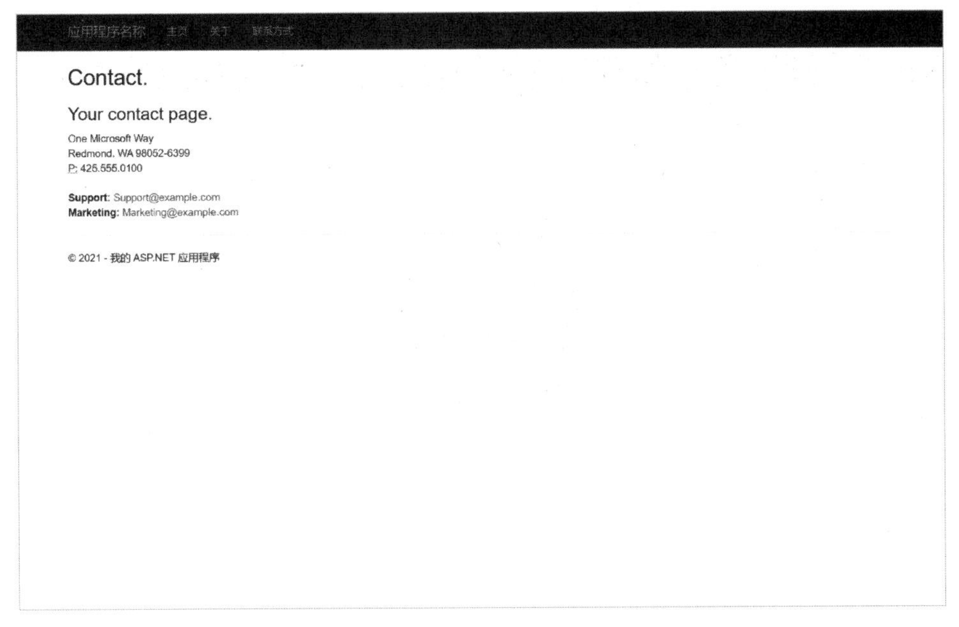

图 8-14　调整前的界面

```
<configuration>
  <appSettings>
    <add key="webpages:Version" value="3.0.0.0" />
    <add key="webpages:Enabled" value="false" />
    <add key="ClientValidationEnabled" value="true" />
    <add key="UnobtrusiveJavaScriptEnabled" value="true" />
    <add key="FeatureToggle.NewContactForm" value="false"/>
  </appSettings>
```

接下来修改 Contact.cshtml 页面，包含如下代码：

```
@{
        ViewBag.Title = "Contact";
        var toggle = new MyMVCWebApp.Toggle.NewContactForm();
        if(toggle.FeatureEnabled)
    {
        <img
        src="https://xxx/uploaded_ files/image/970x450/getty_
        459885938_144096.jpg"/>
    }
}
```

代码中的 xxx 是一个名为 incimages 的演示网站，每个小组可在实训时换成任意可访问的图片超链接资源。

生成并运行这个项目，然后导航到 Contact 窗体页面，会看到其没有修改。然后把 web.config 里的 FeatureToggle.NewContactForm 值从 false 改为 true，再刷新页面，会看到当前页面更新了图片(图 8-15)。

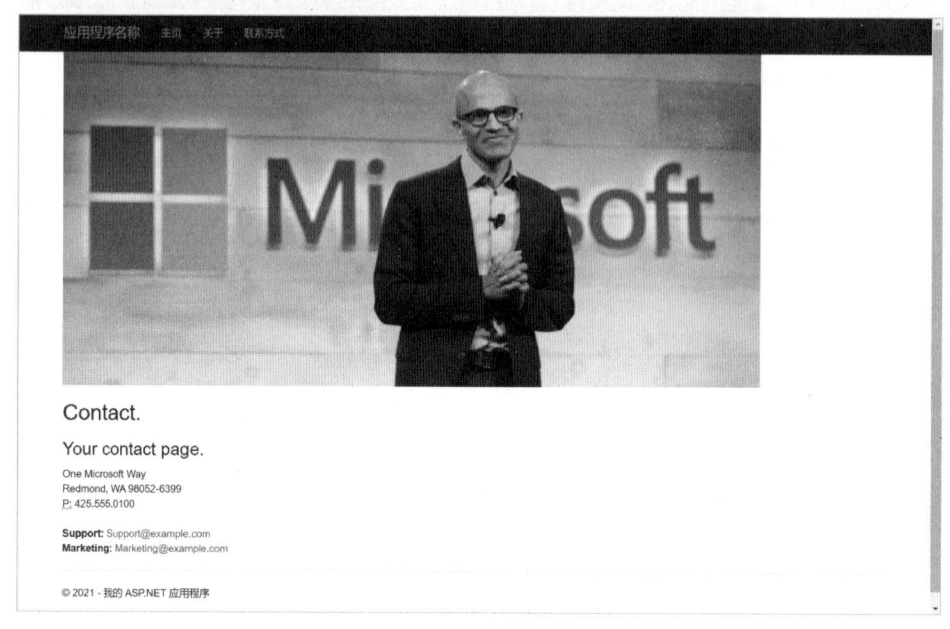

图 8-15　调整后的界面

功能切换包括一系列提供程序，可用于控制对象的值，这些提供程序又可用于确定该功能是否可以访问。功能标识可以将代码部署与功能版本分离，这简化了生产中的测试代码更改，而不会影响最终用户。通过使用功能标识，可以控制谁可以查看功能，也可以将用户逐步切换到新功能，而不是同时供所有用户使用。

8.7.3　实训指导 33：使用 Azure DevOps 开展手动探索测试

完成实训任务 9 之后，项目组已经编制了测试计划，设计了测试套件和测试用例，对于非自动化测试的用例，可以使用手动执行相应的测试来实现探索测试。单击打开准备开展手动探索测试的测试套件，通过“执行”选项卡来分配测试点并执行(图 8-16)。

在“执行”选项卡上，对于单个测试用例，可以完成查看执行历史记录、标记结果、运行、重置为活动的测试、编辑测试用例、指派测试人员、查询测试结果等操作。在批量选择测试用例之后，可以批量标记结果、运行、重置为活动的测试和指派测试人员。

在图 8-16 中，通过使用“为 web 应用程序运行”功能手动运行测试用例。选择要运行的测试用例，然后单击该功能，则出现如图 8-17 所示的测试用例执行结果界面。测试用例运行通过的将在相应步骤后打勾，未通过的打叉。对于未通过的步骤可填写注释加以说明，可直接在未通过的步骤上创建 bug，也可在执行完整个用例后创建 bug，可以为该 bug 截取屏幕出错信息，录制操作

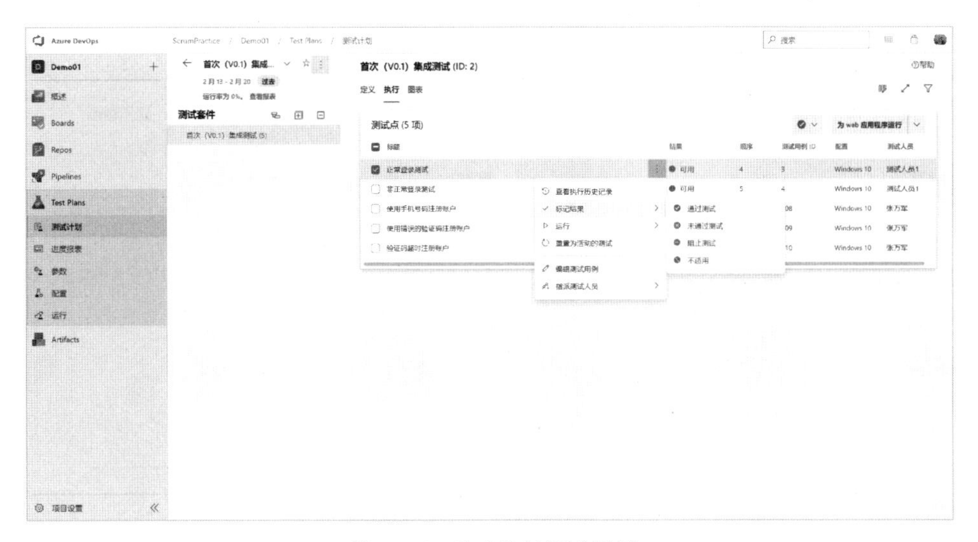

图 8-16 手动执行测试用例

步骤等。

图 8-17 单个执行测试用例的结果界面

若要批量运行测试用例，则需先在测试点列表上勾选需要批量运行的用例，然后单击“为 web 应用程序运行”，即可在运行页面上看到相应的测试，通过“下一个”“上一个”按钮来切换测试用例。存在运行未通过步骤的用例执行完成后在列表上显示为“失败”。“失败”和“通过”的测试用例均可通过“重置为活动测试”功能重置为“活动”。

对于测试未通过的用例，可以通过“查看执行历史记录”功能来查看测试执行的具体情况，并可以根据执行记录创建 bug。建议在执行测试时创建 bug，创建 bug 的操作界面如图 8-18 所示。可以把运行测试用例时的执行步骤放到 bug 的“重现步骤”中。如果为测试用例配置了系统信息，则可以把运行时的系统信息自动填充进来。图 8-19 所示为带系统信息的 bug 创建界面示例。

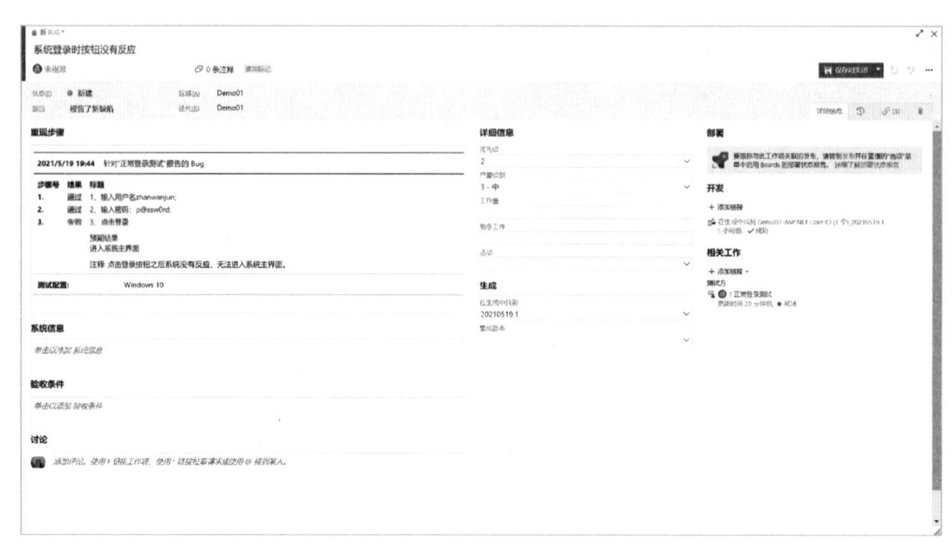

图 8-18　测试未通过创建 bug 操作界面

在图 8-18 中还有一处需要注意，即该 bug 可以关联到哪个“生成”。若需要自动与生成关联，则要在测试计划中加以配置，选择对应的生成(图 8-20)。

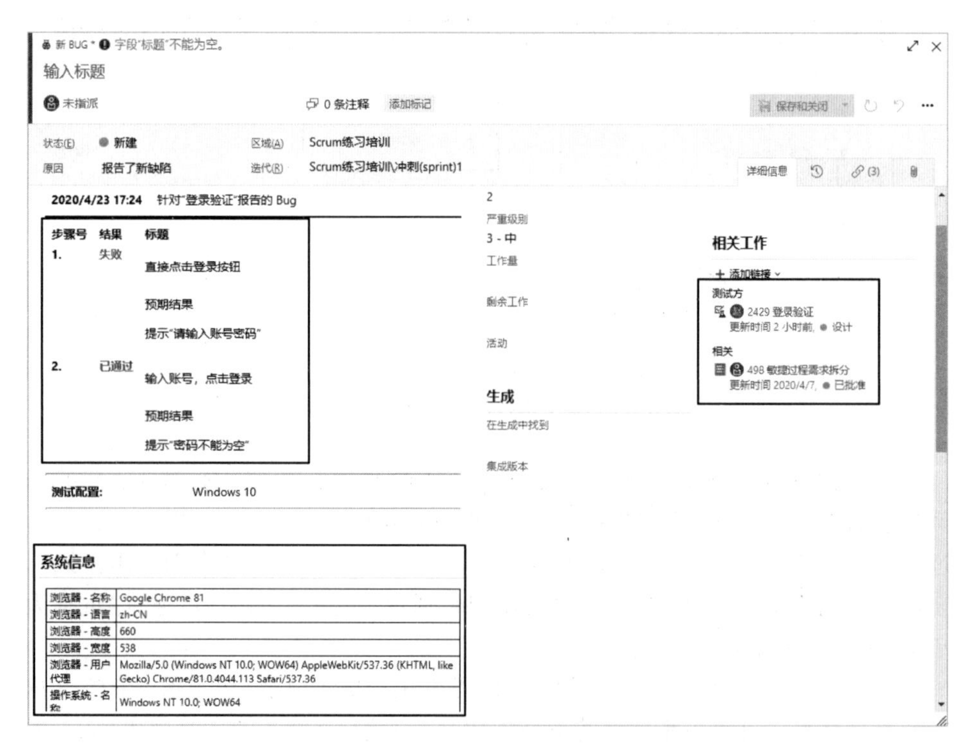

图 8-19　带系统信息的 bug 创建界面

图 8-20 测试计划设置界面

因为运行测试用例肯定是基于生成的某个版本的系统，通过测试计划的设置可以记录测试用例是在哪个版本中运行的，从而可以很好地区分 bug，这对测试及 bug 的管理非常有帮助。如果使用了持续部署，通过配置发布管道也可以选择运行自动测试的发布管道及对应的发布阶段。

8.7.4 实训指导34: 使用 Azure DevOps 查看测试报告

在 Azure DevOps 中有多处可以查看测试报告及相应的图表。在测试计划的各个套件处有一个专门的“图表”选项卡，在其中可以新建与该测试计划相关的图表，包括该测试计划中测试用例的各种图表以及测试运行结果的各种图表等。例如，在测试套件的集成测试页面，单击“新建”→“新建测试结果图表”命令，在出现的界面(图 8-21)选择“添加到仪表板”功能，单击“查看报表”，可以看到如图 8-22 所示的测试进度报告。

通过进度报表，可以跟踪项目中一个或多个测试计划的执行进展和状态，也可筛选查看某一测试计划的执行结果等情况。该报告主要包含以下三部分内容：

① 摘要：显示所选测试计划的合并视图。

② 结果趋势：每天渲染一次快照，以提供执行和状态趋势线。它可以显示 14 天(默认)、30 天或自定义范围的数据。

③ 详细信息：按每个测试计划进行深入分析，并为每个测试套件提供重要的分析信息。

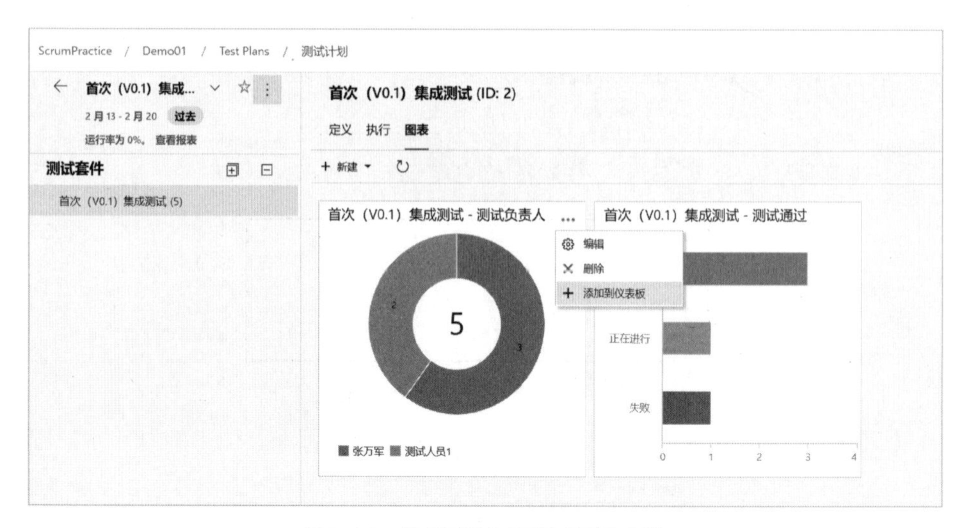

图 8-21　选择“添加到仪表板”功能

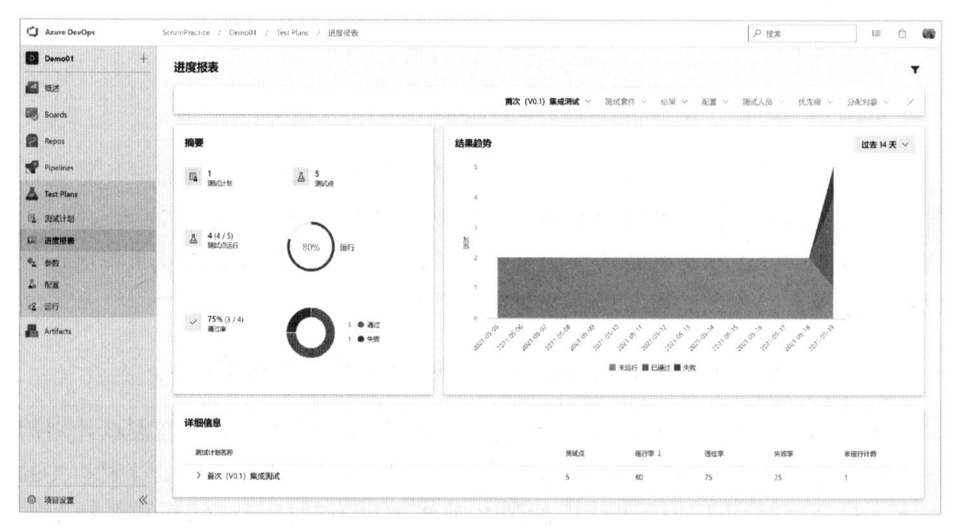

图 8-22　测试进度报告界面

单击“运行”菜单，可以查看测试计划每次运行的报表，如图 8-23 所示。

在测试中产生的 bug 可以纳入冲刺管理，根据项目组的设置不同，bug 的管理级别不同。如果设置为“任务”，则显示到 bug 所在冲刺的“任务面板”中；如果设置为“积压项”，则显示在团队的积压工作区。

在开发过程中做好缺陷的跟踪及管理对项目的成功至关重要。项目团队要建立“缺陷优先”的原则，即对测试中发现的缺陷修复优先于新功能的实现。同时，通过使用 Azure DevOps 的查询等功能做好缺陷的修复进展跟踪，确保缺陷得到及时修复或反馈。

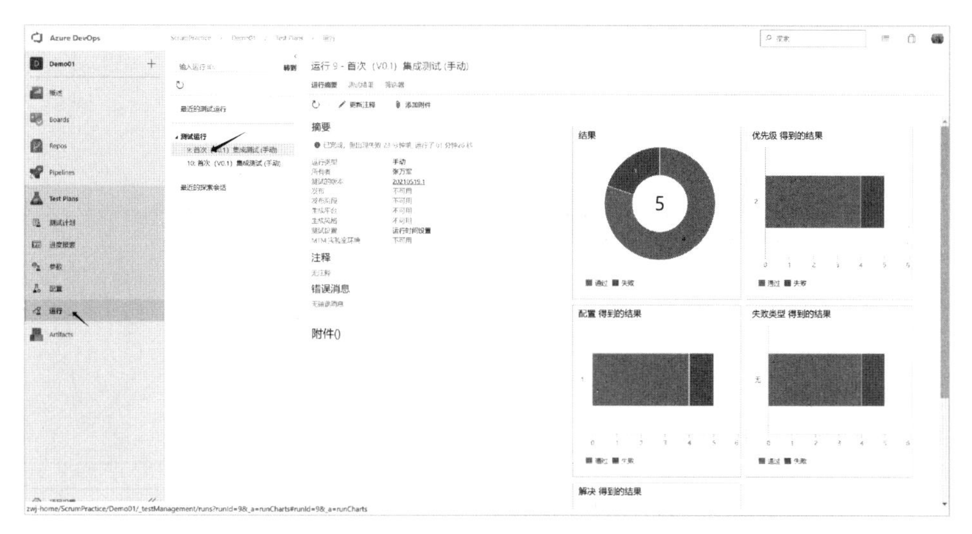

图 8-23　查看测试计划每次运行的报表界面

课后思考题 8

1. 在开发过程中，代码提交后反馈存在的缺陷与代码提交几天后再反馈存在的缺陷存在什么样的差别？请使用本章的相关内容做分析，其对开发效率、开发质量的影响是什么样的？

2. 什么是质量？在开发过程中如何保证系统的内建质量？传统的软件质量保证理念与敏捷开发的软件质量保证理念的区别是什么？

第9章　软件发布及持续部署

本章重点：

- 持续部署的基本概念。
- 敏捷开发中软件的按需发布。
- 持续部署的 Azure DevOps 实践。
- 持续部署流水线构建原则。

在软件生命周期中，如果混淆了部署和发布，就很难界定谁对结果负责。这恰恰是传统的运维人员不愿意频繁发布的原因，因为一旦发布，其既要对技术的部署负责，又要对业务的发布负责。通过解耦部署和发布，可以提升开发人员和运维人员快速部署的能力。在实际应用中通常是按需部署，即按技术的需要进行部署，通过部署流水线将不同的环境进行串联，设置不同的检查与反馈。同时，要按需发布，让具体发布哪些功能或特性成为业务和市场决策，而不是由技术决策。在实际工程实践中，持续部署更适用于交付线上的服务，而持续发布则适用于对质量、交付速度和结果的可预测性有要求的低风险部署和发布场景，包括嵌入式系统、商用的本地化部署产品和移动应用。

本章将深入探索持续部署、持续交付、持续集成相互之间的关系，以及在软件工程实践中的应用，同时通过相关实训介绍如何使用 Azure DevOps 来支持持续部署。

9.1　持续部署的基本概念

随着 DevOps 理念及各种实践的落地，在软件行业内出现了各种支撑工具，其目的就是提高企业针对某个领域或产品的持续运营能力。在此过程中也相应提出了各种持续的概念，比如持续规划（continuous planning）、持续集成（continuous integration）、持续测试（continuous testing）、持续部署（continuous deployment）、持续发布（continuous release）、持续交付（continuous delivery）、持续反馈（continuous feedback）等，从而构建了 DevOps 的整体框架，目的就是在研发、发布和交付产品时，以最优的方式给客户交付最有价值的产品，兼顾市场反应的敏捷性、灵活性和业务的持续性，增强组织的竞争力。

关于持续集成和持续测试在前面的章节中已有介绍，本节重点介绍持续规划、持续交付和持续部署的基本概念。

1. 持续规划

就一个产品或项目来说，在开始持续规划之前，需要使用目标与关键结果(objective and key result，OKR)法来明确方向、重点和敏捷性，持续有效地进行规划。OKR 法是一个目标设定框架，旨在将领导层设定的战略目标与执行团队的日常活动联系起来，使用该方法需要管理者改变其管理风格，从权威式管理或专制式管理转变为团队自组织管理。OKR 法是一种快速而高效的方法。用于持续规划的 OKR 法与 Scrum 敏捷开发之间的关系如图 9-1 所示。

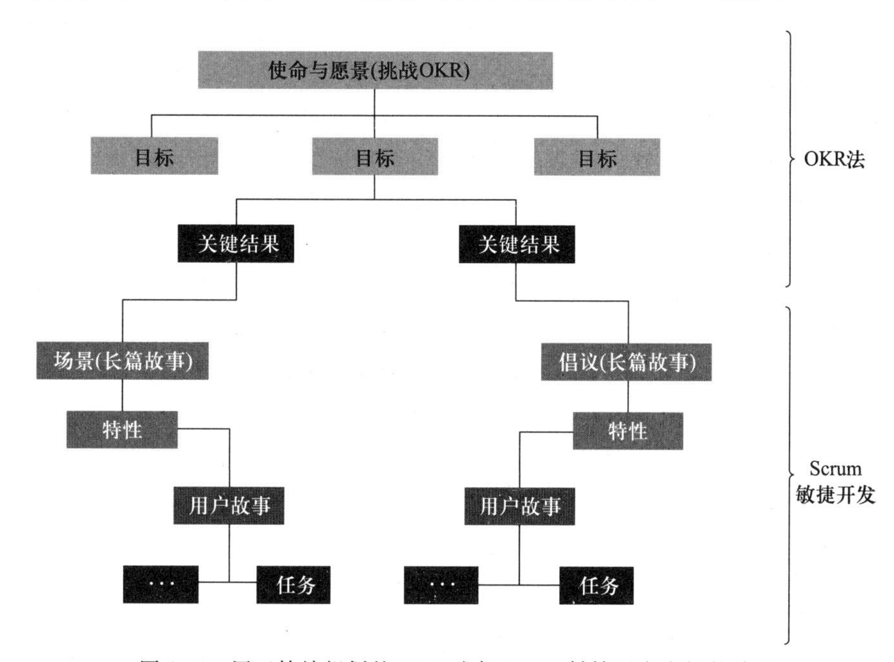

图 9-1 用于持续规划的 OKR 法与 Scrum 敏捷开发之间的关系

在敏捷开发中，OKR 法通常以季度为基础设置，以获得专注力和灵活性；目标是方向，关键结果必须是可衡量的。

持续规划是一种实践，需要业务规划师、技术架构师和敏捷团队持续整合整个项目的计划。在持续规划中，基于 Scrum 的规划方法和新兴设计允许团队将规划细化到执行级别；重要的是要有一个高级别的计划，并且计划是具有弹性的，给出清晰的愿景和目标作为指导。

持续规划有以下原则：

① 重视简易性，用简单的语言解释和描述，以便更好地理解。

② 遵循敏捷宣言。

③ 践行设计思维，即以人为中心进行创新。

④ 执行迭代开发和增量开发。迭代开发通过将需求和优先级置于冲刺反馈循环中的利益相关者手中来解决这个问题，每个冲刺都是完整的、可使用的，对用户有用。

⑤ 遵从精益管理理念。价值是从最终客户的角度定义的，在此过程中识别

价值流。不能向客户交付价值的步骤将被识别为浪费并删除。

⑥ 准确估计。持续规划的目标是保持估计、目标和承诺的一致性，否则将无法满足组织内外的期望。由此，准确估计是持续规划时要把握的一个原则。

2. 持续交付

持续交付是指所有开发人员都在 Master 分支上进行小批量工作，或在短时间存在的 Feature 分支上工作，并且定期向 Master 分支合并；同时始终让 Master 分支保持可发布状态，并能做到在正常工作时按需进行一键式发布。开发人员在引入任务回归错误时(包括缺陷、性能问题、安全问题、可用性问题等)，能快速得到反馈。一旦发现这类问题立即可以解决，从而保持 Master 分支始终处于可部署状态。持续交付在持续集成的基础上，将集成后的代码部署到更贴近真实运行环境的"类生产环境"中。比如完成单元测试后，可以把代码部署到连接数据库的模拟环境中执行更多的测试。如果代码没有问题，可以继续手动部署到生产环境中。由此可见，持续集成是持续交付的前提条件。

3. 持续部署

持续部署是指在持续交付的基础上，由开发人员或运维人员自助式定期向生产环境部署优质的已构建版本。这意味着每天每人至少做一次生产环境部署，甚至每当开发人员提交代码变更时，就触发一次自动化部署。持续交付是持续部署的前提，在持续交付实现之后，由产品的特性决定是否自动化地部署到生产环境中。对于互联网应用，从持续交付到持续部署只是一个按键决策，是否将其实现为自动化的过程也是由具体应用确定的。

持续部署的另一个关键技术是部署步骤的一致性，这意味着在所有部署环境中都遵循相同的部署步骤。其优点是可重复和可靠，从而改进系统的整体交付，使团队能够更快、一致地将软件发布到生产环境中。

持续集成、持续交付、持续部署之间的关系，按照微软的理解如图 9-2 所示。

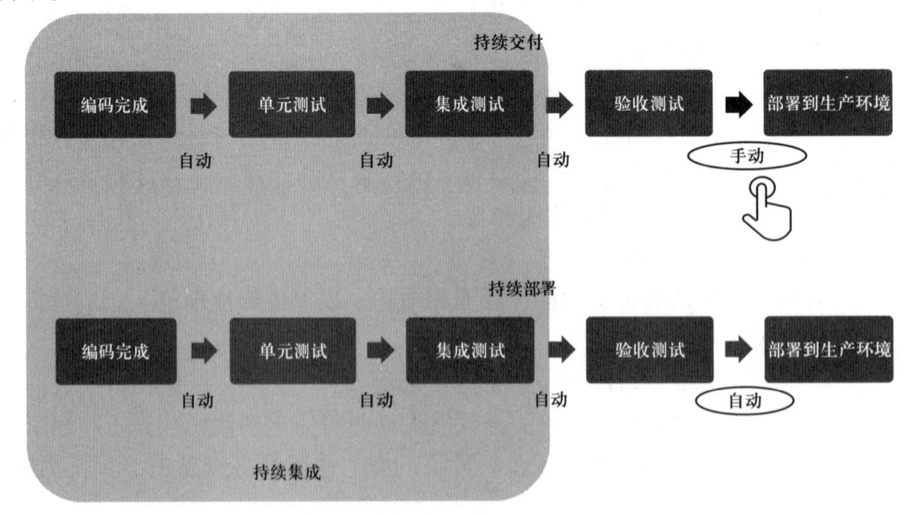

图 9-2　持续集成、持续交付、持续部署之间的关系

9.2 敏捷开发中软件的按需发布

在敏捷开发过程中是按冲刺这一固定的节奏增量式地开发，并提供系统功能。采用这种方法会对整个项目带来如下好处；

① 将不可预测的事件转变为可预测的事件，并降低项目成本。

② 让新工作的等待时间可预测。如果一个产品积压工作项无法被放进当前冲刺，但其优先级比较高，则可以计划在下一个冲刺中交付。

③ 保证小批量交付。短冲刺有助于控制每次交付的产品积压工作项的数量，通过频繁地发布提高系统的可预测性和交付吞吐量。

④ 更好地支持定期计划和跨职能协调。

⑤ 控制新工作的注入，并提供预定的集成点。

虽然从敏捷开发和持续部署的角度来看，开发的系统增量可以随时发布到生产环境，但选择什么样的时机发布，则是由市场和客户的需要以及系统交付带来的经济效益决定的。一些产品可能会频繁发布（持续发布、每小时发布、每天发布、每周发布），而另一些产品可能会受合规要求或其他市场的限制，导致其发布频率降低。对于一个团队，需要具备支持此类发布场景的能力，称其为“按需发布”。按需发布之前是开发的持续探索及新功能实现、持续集成、持续部署，有助于确保新功能持续准备就绪并得到验证。

此处的发布是指一次性或增量地向最终用户交付产品或解决方案，从功能和非功能角度确保系统正常运行，并且可以量化地衡量新发布的功能是否提供了预期的价值。通过对发布后的信息进行收集和处理，用持续部署流水线为下一个发布循环做准备。

经济因素是决定什么时间以及怎样发布的关键，在决策时要认真考虑。对于大多数人来说，持续交付是理想的最终状态，允许新功能在开发完成后立即发布。但更常见的情况是：发布是一种非耦合的、按需的活动，针对特定用户，在其需要时或者在对企业最具经济意义时进行发布。

敏捷产品交付能力是要求敏捷产品交付依照节奏开发，然后通过按需发布培养以最佳频率向最终用户提供越来越有价值的解决方案的能力。在产品和解决方案管理方面，它引出了以下三个问题（这三个问题也是确定发布方案时考虑的重点）：

① 什么时间应该发布？

② 发布系统的哪些元素/功能？

③ 哪些终端用户应该收到这次发布？

在敏捷开发中，项目团队要建立以客户为中心的思维模式，指导发布负责人（通常是产品负责人或解决方案管理者）来回答上述问题，并且要确保如下两点：

① 确定市场活动或明确市场规律后应通知发布，并与客户时间框架保持一致。

② 发布元素(如新功能或整个系统)应针对特定的客户群体。

发布负责人与其他利益相关者合作，制定管理发布过程的政策，从自动允许将合格代码发布给客户，到建立一个带有手动门禁的更正式的审查过程。系统越复杂，就越有可能需要一个手动门禁来确定前面提出的关键问题的答案。通常以下 4 种做法有助于提高发布能力：

① 暗启动。提供在不向最终用户发布功能的情况下部署到生产环境的能力。

② 功能切换。一种通过在代码中切换来促进暗启动的技术，可以在新旧功能之间切换(实训指导 32 就是实现这种做法的技术之一)。

③ 金丝雀发布。提供一种机制，在向更多客户扩展和发布解决方案之前，向特定客户群发布解决方案并测量结果。

④ 解耦发布元素。识别特定的发布元素，每个元素都可以独立发布。即使是简单的解决方案也会有多个发布元素，每个元素都使用不同的发布策略。

此外，团队还要注意从发布中进行学习和得到反馈。发布中收集的信息用于持续交付管道中的循环，产品负责人将使用这些数据对产品积压工作项做出选择，确定产品积压工作项开发时的假设是否被证明是正确的并做相应的调整。这也是 PDCA 循环开始生效的地方，收集到关于价值流动的信息用于改进持续交付流水线。而 DevOps 的实践和工具实现了交付的“最后一公里”，从而可以更好地支持按需发布。

9.3　实训任务 11：　使用 Azure DevOps 开展持续部署

持续部署是团队持续将测试和可工作软件部署到相应环境中的做法，Azure DevOps 的发布管道是在环境中执行活动的编排器，以便部署和运行软件。本章通过几个例子演示使用持续部署策略部署各种类型资源的方法，以便最终实现软件重复和可靠的部署。

各个小组可以根据项目实训的要求练习如何自动化部署开发的软件，并探讨本小组的自动化部署方案。

9.3.1　实训指导 35：　在 Azure DevOps 中配置部署池

一个应用程序环境是由诸如 Web、应用、数据库等承担不同角色的多个服务器组成。这些环境的扩展版本可能是由负载均衡器和前端可用性组构成的多服务器，虽然代理池中的代理提供了部署应用程序的方法，但项目组要负责将代理池中的代理集中到一起部署到相应的环境中。

部署池是表示应用程序环境(如开发、用户验收测试、预生产或生产)代理的集合。部署池中的每台计算机都有一个代理，元数据可以通过添加标记与代理关联，可以查询部署组以返回与标记匹配的代理列表。这使得部署到多服务器上的 Web 应用变得非常简单。由于整个部署框架知道所有具有 Web 服务标识的代理，因此可以制定部署规则，先在小部分 Web 服务器上展开部署，并在发生任何故障时停止，当确定没有错误时，再开展批量部署。

根据 Azure DevOps 的设计，目标主机上可以安装一个或多个代理，同时每个代理都可以与不同的部署池关联，这使团队能够通过自己的部署池独占使用共享环境。

此处要注意，部署池对构建生成管道不可见，仅用于发布管道。要创建部署池，需要是生成管理员和发布管理员组的成员，项目集合管理员组的成员身份允许对集合中的多个团队项目执行此操作。

先新建一个部署池，单击“集合设置”→“Pipelines”→“部署池”，选择“新建”，则可以新建一个部署池。在此过程中可以选择该部署池引用的具体项目，然后选择“要注册的目标类型”并运行给出的注册脚本，可以通过联机查看“系统必备组件”来完成部署组的相关设置。编写本书时，注册的目标类型支持 Windows 操作系统和 Linux 操作系统(图 9-3)。

图 9-3　新建部署池及目标计算机注册脚本

复制 PowerShell 脚本，然后登录到要添加到此部署池的目标计算机，在管理员权限模式下运行 PowerShell 并执行该脚本，脚本下载成功后将代理配置为部署，在将要加入此部署池的其他计算机上也运行此脚本。在运行成功之后，则可以在部署池的“目标”处看到已经准备好的计算机。在执行时要注意，可阅读脚本的语句，并对其在 notepad 中重新做编辑，否则有时可能会提示错误。脚本正确执行后的结果如图 9-4 所示。

图 9-4　目标计算机注册脚本运行成功界面

注册好之后的目标计算机列表如图 9-5 所示，在此图中可以看到当前有一个部署目标是联机状态，点击进入之后可以看到联机的是哪台目标计算机，并可以查看目标计算机都有哪些功能。

图 9-5　配置好的部署池及注册好的目标计算机列表

9.3.2 实训指导 36：创建 Azure DevOps 的发布管道

Azure DevOps 通过发布管道支持软件生命周期中的持续交付阶段。使用发布管道可以完成自动化测试过程，并将解决方案交付到最终生产环境或直接交付给客户，即完成持续交付和持续部署。在决定要部署时，可以手动触发发布管道，也可以根据源代码分支上提交代码、阶段完成或根据时间安排等事件触发运行发布管道。

发布管道通常连接到项目库(工件库)，项目库用于应用和生成输出可部署组件。项目库包含一组用于构建的不同版本的项目，项目是应用程序的可部署组件，通常通过持续集成或构建管理生成。Azure DevOps 发布管理可部署多种来源的工件，比如 Azure 构建管道、Jenkins、Team City 等。

一个发布管道由不同的阶段组成。阶段是指可独立运行的管道中的一部分，每个阶段是由多项工作和任务组成的，其框架如图 9-6 所示。

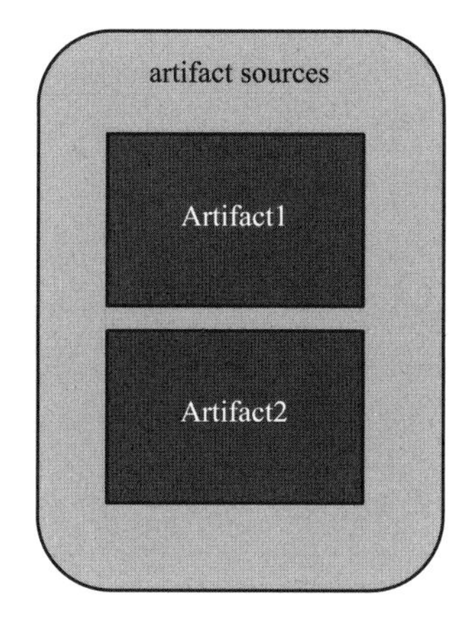

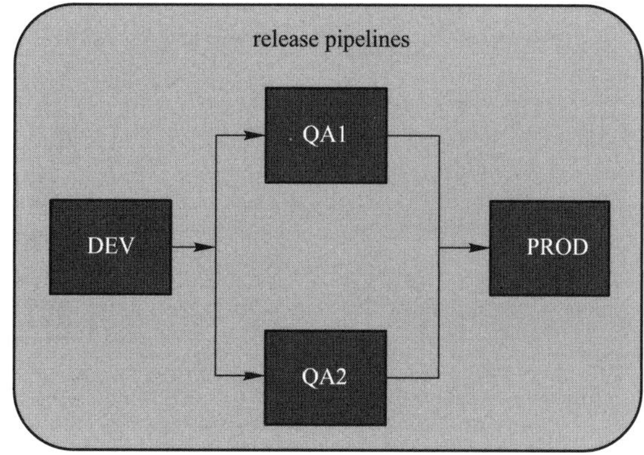

图 9-6 发布管道框架图

从图 9-6 中可以看出，发布管道是从构建成功之后生成的工件(artifact)开始的，然后在阶段间移动，执行工作和任务。在 Azure DevOps 中，发布管道按如下步骤执行：

① 当触发部署请求时，Azure 管道会检查是否需要“部署前批准”阶段，并向团队中的相关人员发送批准信息。

② 在部署请求批准后，部署工作将排队等待代理来运行。

③ 能够运行此部署作业的代理会接收该作业。

④ 代理下载发布管理定义中指定的工件。

⑤ 代理运行部署工作中定义的任务，并为每个步骤建立日志。

⑥ 在部署的一个阶段完成后，如果存在，Azure 管道需要执行部署后批准。

⑦ 部署进入下一阶段。

在发布管道中，工件会部署到一个应用程序将要运行的环境。环境可是以下类型：

① 在相关网络中的一个物理机器。

② 云端的虚拟机。

③ 容器化的环境，如 Docker 或 Kubernetes。

④ 托管服务，如 Azure 应用服务。

⑤ 无服务器环境，如 Azure Functions。

可以使用 YAML 文件来定义 Azure 管道环境，其中可以包括指定 Azure 管道的环境部分，以便部署相应的项目；或者使用基于 UI 的经典编辑器来定义管理环境。本书介绍如何使用 Azure DevOps UI 定义一个发布管道。

使用前面创建的 ASP.NET Core 应用程序介绍，如果要部署 Java、Python、JavaScript 等其他语言的应用程序，请参见微软公司官方指导文档。

① 按图 9-7 所示，创建一个发布管道。

图 9-7　新建一个发布管道

② 单击图 9-7 中的“新建管道”，在出现界面(图 9-8)右侧“选择模板”列

图 9-8　选择发布模板

表中，可以看到用于创建不同类型应用程序和平台的发布模板。选择“IIS 网站和 SQL 数据库部署”，双击该模板可查看说明，它是将 ASP.NET 或 ASP.NET Core 应用程序部署到物理机或虚拟机上的 IIS 或 SQL 数据库。然后单击“应用”按钮，在出现的界面中给这个阶段命名为“部署到物理机”，如图 9-9 所示。

图 9-9　部署阶段命名

③ 在“阶段”这里单击“2 任务，3 作业”处的超链接，进入配置的界面。在该界面中，需要把 IIS 及 SQL 部署的相关配置设置好，并且选择前面建好的“部署组”，如图 9-10 所示。

图 9-10　部署任务配置

通过以上操作完成了发布管道阶段的定义（当前为单阶段），在图 9-9 中单击“添加项目”完成待部署工件的添加。在“添加项目”面板中，将“源类型”选为“Build”，这意味着该发布管道是用来部署生成管道的输出，然后选择前面定义好的生成管道，如图 9-11 所示。

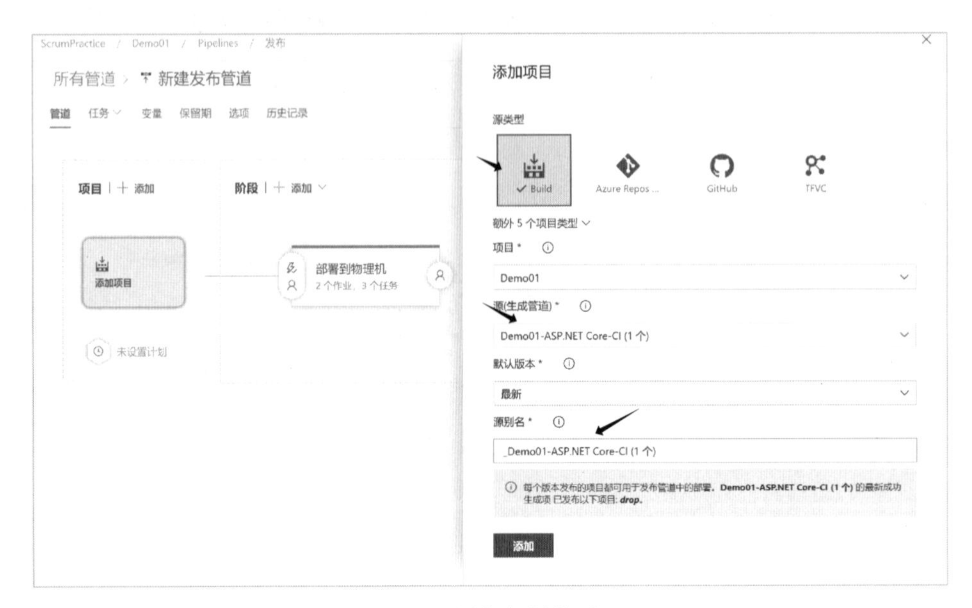

图 9-11　添加部署的项目

在添加工件之后，单击“保存”以保存该项目，命名为 VMReleasePipeline。

9.3.3　实训指导 37：使用 Azure DevOps 发布管道实现持续部署

完成发布管道的定义和设置后，还需要创建一个“发布”运行刚才创建的发布管道。完成发布管道创建后，返回到如图 9-9 所示的界面，在其右上角单击“发布”，在出现的下拉菜单中选择“创建发布”。在出现的界面中使用默认配置，然后单击“创建”，创建成功之后，出现如图 9-12 所示的界面。

在图 9-12 上单击发布名称，此处为 Release-1，可以打开发布过程的详细界面。如果部署组里的目标计算机符合部署所需要的条件，则发布成功；否则会导致发布失败，此时需要通过日志文件来查找相关错误，确保发布成功。可以看到如图 9-13 所示的界面。

在图 9-13 中显示 SQL Deployment 失败，这是因为演示程序为一个 ASP. NET Core 网站，没有数据库，在生成完成之后没有数据库的部署工件，所以部署过程的两个步骤中第一步是成功的，第二步是失败的。

在发布管道中，还可以使用变量和变量组来指定用于管道任务的可变参数。要指定发布管道的变量，在图 9-12 所示的界面中，通过“变量”选项卡来指定变量的名称和值。在这里定义变量之后，可以使用 $ (变量名) 符号在管理任务中用该变量。

接下来配置用于持续部署的发布管道触发器，具体设置步骤如下：

图 9-12　创建发布完成

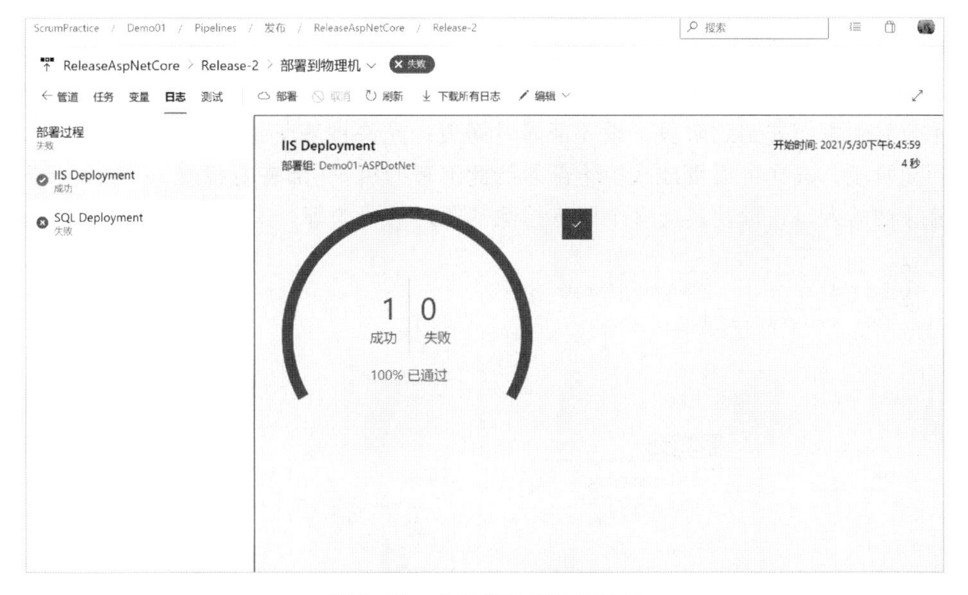

图 9-13　发布管道运行的结果

① 在图 9-14 所示的发布管理的项目区的“持续部署触发器”处单击，进入持续部署触发器的设置。

② 启用持续部署触发器，然后通过其中的版本分支筛选器来选择什么版本分支会触发自动部署，在该演示中选择的是“生成管道的默认分支”。

③ 在图 9-14 中的“阶段”区，选择“预先部署条件”图标，进入预先部署条件面板，检查确保本阶段的触发设置为“发布后”，如图 9-15 所示。该选项的

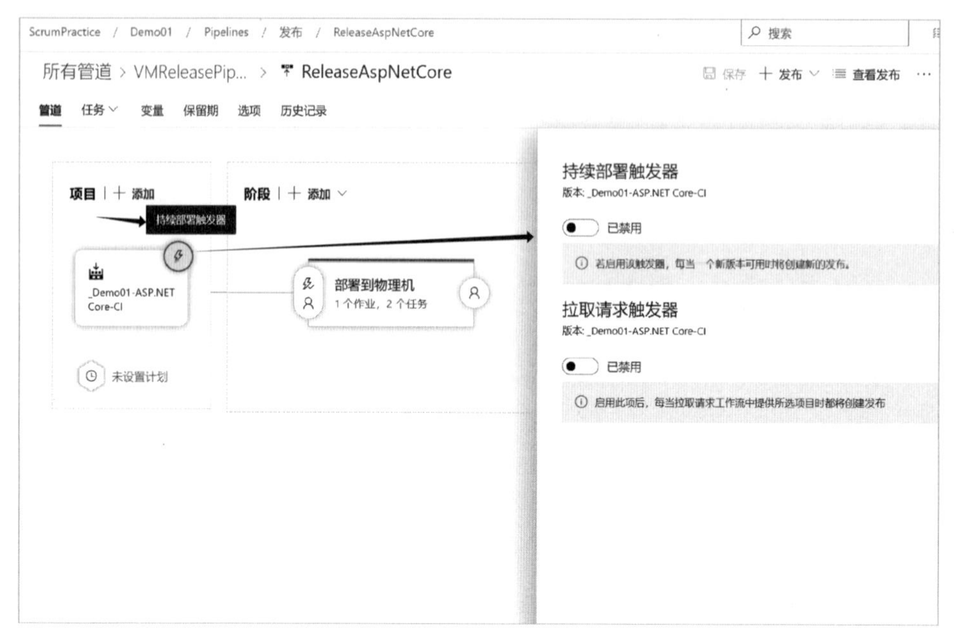

图 9-14　发布管道持续部署设置

意思是，部署阶段将从此管道创建新版本时自动开始。在此面板中还可以定义其他参数，比如选择项目条件以触发新部署，即只有在项目条件匹配的情况下才会将版本部署到此阶段；设置部署时间表；允许将基于拉取请求的版本部署到此阶段；选择可以批准或拒绝部署到此部署的用户(部署前批准)；定义部署前评估的入口，以及定义多个版本排除部署时的行为等。

图 9-15　发布管道预先部署条件设置

完成以上设置之后，在 Git 库中修改 ASP.NET Core 应用程序中的相关代码并提交，就可以看到自动触发了生成，然后再由生成自动触发了发布管道，自动完成系统的部署。

9.3.4　实训指导 38：创建 Azure DevOps 的多阶段发布管道

在项目中需要通过多个步骤发布应用程序时，多阶段发布管道是一个很好的解决方案，通常分为开发阶段、暂存阶段(模拟测试)、生产阶段等。

在开发实践中，一个很常见的情况是，最初将应用程序部署到测试环境中；在测试完成之后，应用程序将移动到质量验收阶段(比如由客户代表或产品负责人在模拟测试环境下进行验收)，如果客户代表或产品负责人接受该发布的版本，则应用程序将移动到生产环境。

本实训中实现从之前创建的单阶段发布管道开始，创建一个新的发布管道，分为 Dev、QA 和 Production 三个阶段，分别代表开发人员使用的开发测试阶段部署，测试人员使用的模拟测试阶段(或验证环境阶段)部署、客户使用的生产环境阶段部署。

① 在前面定义的发布管道中，把阶段名改为“Production”，这将是发布管道的最后一个阶段，然后使用图 9-16 中的克隆功能克隆出一个新阶段，命名为 QA。

图 9-16　克隆发布管道中的阶段

② 由于 QA 阶段必须在 Production 阶段之前完成，需要重新组织阶段。选择 QA 阶段，打开其“预先部署条件”，把触发器选为“发布后”，则出现如图 9-17 所示的界面。

③ 打开 Production 阶段的“预先部署条件”，把触发器改为“在阶段后”，在阶段处选择“QA”，这样就把 Production 阶段编排到 QA 阶段之后，如图 9-18 所示。

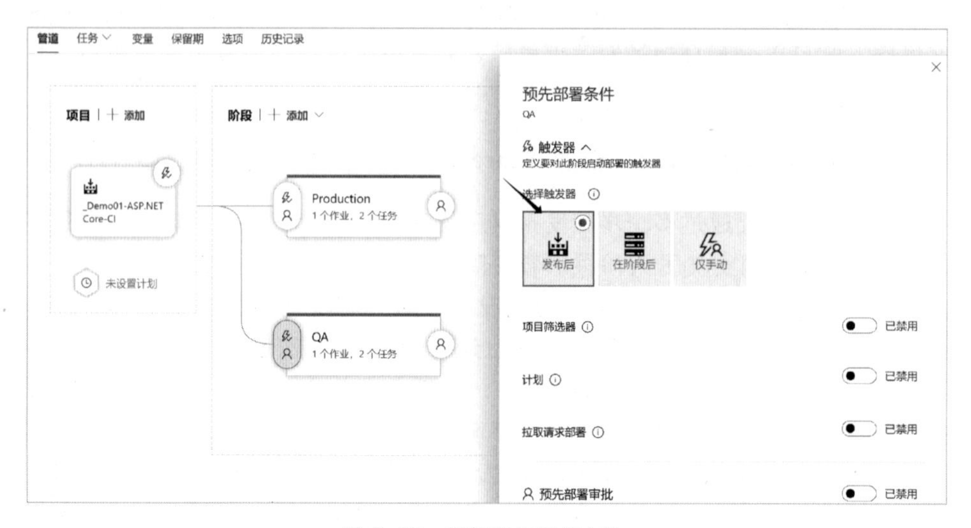

图 9-17　重新组织阶段(1)

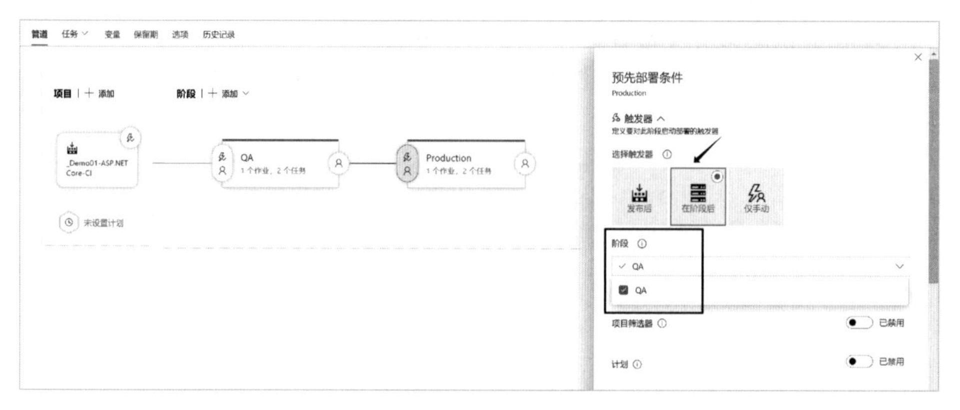

图 9-18　重新组织阶段(2)

④ 因为 QA 阶段是从 Production 阶段克隆过来的，所以当前有两个部署到同一环境下的两个阶段。在任务下拉列表中选择 QA 阶段，改变其部署组。

注意：此处有个前提，需要按实训指导 35 完成多个部署组的设置。比如，一个用于生产环境的部署组、一个用于产品验证环境的部署组、一个用于开发环境的部署组。同样，需要至少三台虚拟机方可完成该练习。作者使用 Hyper-V，搭建了一台 AD 服务器、一台 Azure DevOps Server 服务器(含数据层和应用层)、三台 Windows 10 虚拟机，完成了该实验。使用本书建议搭建的适合各小组实训的环境完成该实践，关于该节的相关截图只有部署组名称，由于实际部署的机器没有配置，也就没有完成多阶段部署的结果展示。

⑤ 使用同样的方法再增加一个 Dev 阶段，放在 QA 阶段之前。设置完成之后的多阶段发布管道如图 9-19 所示。

图 9-20 是作者在学校实训平台上搭建的一个多阶段发布管道的运行结果

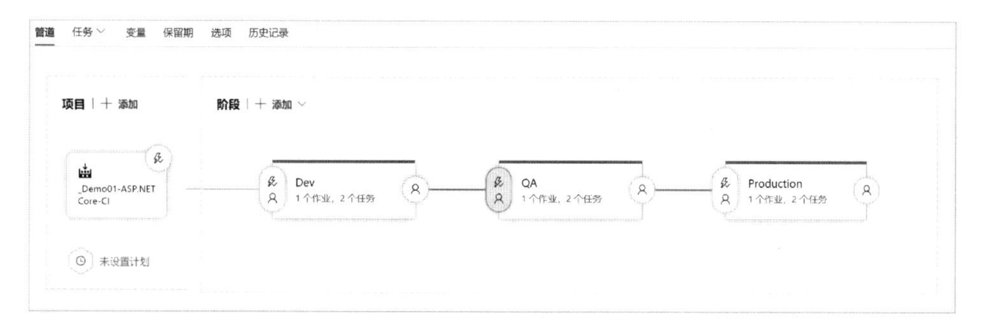

图 9-19 设置好的多阶段发布管道

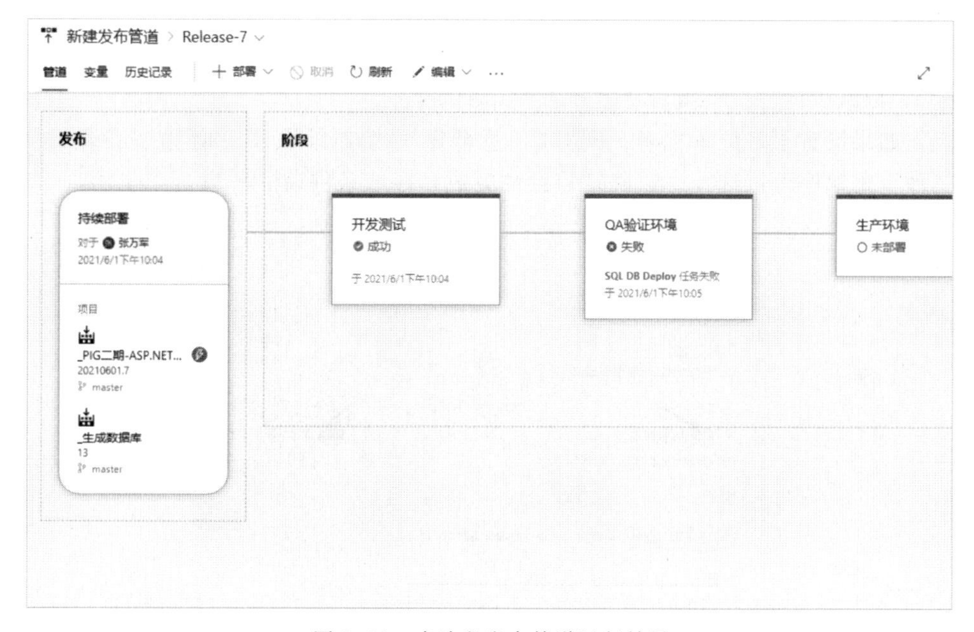

图 9-20 多阶段发布管道运行结果

图。从该图中可以看到，该发布在开发测试阶段是通过的，部署成功且通过了自动化测试，但在 QA 验证环境阶段出现了错误，提示 SQL DB Deploy 任务失败。当然会有各种原因导致失败，比如部署失败、自动化测试没有通过等。单击其中的任何一个阶段，可以看到详细的信息。在搭建图 9-20 所示的演示环境时，有意把开发测试阶段的环境与 QA 验证环境阶段的环境配置得不一致，使用了不同的目标计算机放置在不同的部署组中。

从图 9-20 可以看出，生成数据库部署项目(部署包)与生成网站的部署包是分别放到两个生成管道中的。发布阶段生成的部署包在后续阶段中可以用于部署，通过灵活设置阶段中的筛选条件等可以确保不同的生成部署到不同的环境或服务器中。

9.3.5　实训指导 39：使用 Azure DevOps 的批准和门禁管理发布

发布管道只有在前一阶段成功完成之后才会进行到下一阶段，如从 Dev 阶段移到 QA 阶段是可以的，QA 是模拟测试环境。在实际开发中，通常是由 QA（测试人员）控制从客户验收测试到生产的过渡，在应用程序部署到生产环境中时，需要通过批准才会执行。本节介绍使用 Azure DevOps 的批准和门禁管理发布功能支持该应用场景。

可以在 Production 阶段中选择“预先部署条件”，在出现的界面上启用“预先部署审批”，然后可以设置审批者。在此处可以设置一位审批者，也可以设置多位审批者，同时可以设置审批超时的天数。此外还有两个选项：一个是“请求发布或部署的用户不得批准请求”，以防出现自己发起发布申请、自己审批的现象；另外一个选项是“如果同一个审批者批准了前一阶段，则跳过审批”，以减少同一位审批者重复审批发布的阶段。

如果设置了多位审批者，则有“任意顺序”“按连续顺序”“任意一位用户”三种审批顺序可供选择，以确定审批的完成顺序或条件（图 9-21）。

图 9-21　设置发布阶段批准

完成以上设置之后，在发布管道开始执行时，到 Production 阶段会跳出一个“待批准”的界面，如图 9-22 所示。

从图 9-22 可以看到，在 QA 验证环境通过之后，发布管道正等待批准，通过单击“等待审批”，在打开的对话框中填写审批“注释”，并给出是“审批”通过还是“拒绝”的意见。如果当前人员不方便完成审批，可以通过图中的“替代”让其他人员进行审批。如果发现该次发布需要与其他待开发的功能协调一

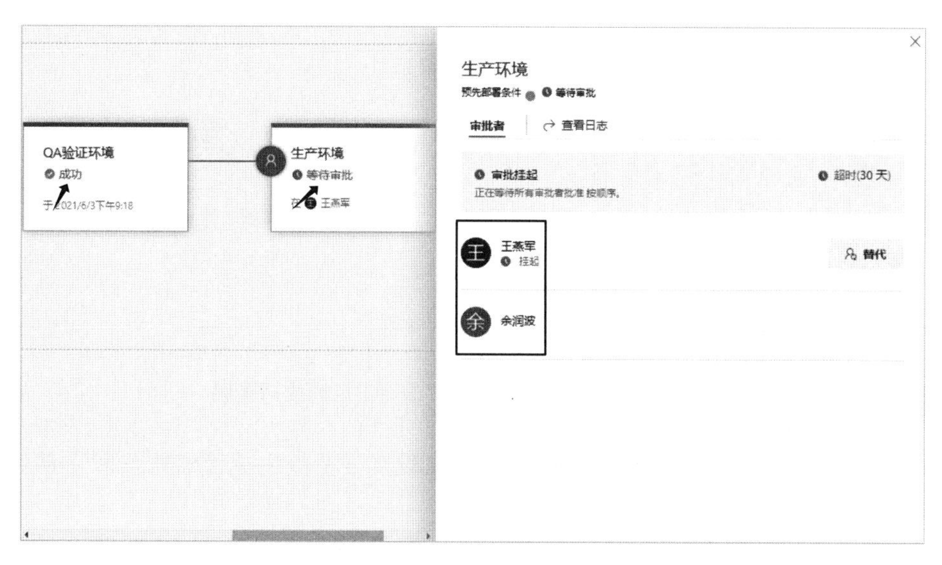

图 9-22 发布阶段批准界面(1)

致，可以选择“延迟部署以便后续”，并设置延迟部署的日期和时间，如图 9-23 所示。

图 9-23 发布阶段批准界面(2)

在通过审批之后，就开始了生产环境阶段的部署。在部署成功之后将出现如图 9-24 所示的结果。

此时，可以在这三个环境看到部署好的 Web 应用程序。要注意当前部署的

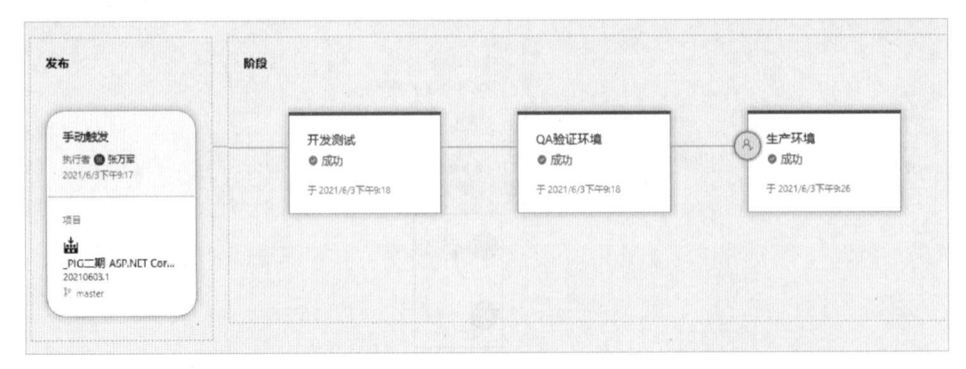

图 9-24　多阶段发布管道在批准通过后的成功界面

应用程序的构建版本号为“20210603.1”，该版本号是由生成管道构建时自动生成的。

在刚才的操作中演示了如何为发布管道配置手动审批流程。有时会遇到避免手动干预发布的情况，Azure DevOps 允许团队在发布管道中执行某些检查，当这些检查通过时，自动执行后续的发布部署活动，这就是发布门禁功能。

在 Azure 发布管道中，门禁允许从外部服务检查 Azure DevOps 的特定条件，然后仅在符合条件时启动发布过程。可以使用门禁检查工作项和项目问题的状态，并且只有在没有处于活动状态的 bug 的情况下才能启用版本的发布；还可以通过查询测试结果，检查发布前是否对待发布的项目进行了安全扫描，在发布前监控信息技术基础设施健康状况等。

下面通过一个示例讲解该功能。

为以前创建的发布管道配置一个门禁，检查 Azure 看板上处于活动状态的 bug。

① 定义一个工作项的查询，检索当前处于未关闭的 bug，把该查询名保存为“活动 bug”，放在查询目录下。

② 在发布管道的 Production（生产环境）阶段，单击“预选部署条件”，然后在出现的界面中启用“入口”，如图 9-25 所示。

在图 9-25 中可以单击“添加”增加门禁的相关条件，此处添加刚才定义的“活动的 BUG”查询。除此之外，还可以添加 Azure 函数调用、Rest API 的调用等。添加了该查询之后把阈值上限设置为 1，也就是说最多只允许有一个活动的 bug，超过该上限则不能发布应用程序。

此处设置的门禁是定期评估，如果设置的门禁条件符合了，将持续进行后续部署，否则后续的部署将被拒绝。图 9-25 中的阈值上限如果设置为 0，就会在团队持续修复 bug 时，当活动的 bug 都被修复并验证通过之后，发布管道会把最新版本的程序部署到生产环境。

图 9-25 启用发布管道中的门禁功能

9.4 持续部署流水线构建原则

部署流水线是持续交付的核心模式，是对软件交付过程的一种可视化呈现方式，展现了从代码提交、构建、部署、测试到发布的整个过程，可以为团队提供状态可视化和即时反馈。由于受软件架构、分支策略、团队结构及产品形态的影响，每个产品的部署流水线有所不同。在实际项目中，很多工具都支持部署流水线的设计，可以遵循以下的原则构建部署流水线：

① 一次构建，多次使用。某个部署流水线的一次运行实例构建出的工件，应直接用于该流水线后续阶段的构建过程，而不是在后续阶段中重复构建。如果该部署流水线触发了下游流水线，并且下游流水线也使用该工件，那么部署流水线应确保它来自上游部署流水线的同一个实例。因为只有这样，对该待部署的工件质量的信心才能随着部署流水线的前进而增加。

② 与业务逻辑松耦合。部署流水线工具应与具体的部署构建业务相分离，通过提高单独的部署脚本并将其放入源代码仓库，来对这些脚本进行修改和版本管理。

③ 并行化。在部署流水线设计时，应尽可能考虑并行化。比如提交构建阶段有 5 个自动化测试任务，它们各自包含不同的测试用例，在不同的计算节点上运行，如果这 5 个自动化测试是串行的，则可能会导致每一次变更触发的测试运行时间过长，从而导致整体反馈时间比较长。使用并行化来部署可以大大缩短质量反馈的时间，从而极大地加快开发进程。

④ 快速反馈优先。在资源不足的情况下部署流水线，应该让那些提供快速反馈的任务尽早执行。比如，可以将单元测试放在端到端功能自动化测试和性能自动化测试的前面。这通常是反馈速度与反馈质量之间的一种权衡，为了确保能够更快地得到反馈，可能需要冒一些风险，优先执行那些运行速度快的自动化验证集合，而将那些运行较慢、消耗资源较多的自动化验证集合放在后面执行。

⑤ 重要反馈优先。对于反馈机制，不能只因其执行速度慢就把它放在后面执行，这一条执行与前面看似矛盾，但在某些情况下却是必要的质量手段。比如软件的安装测试虽然运行速度比单元测试慢，但其反馈更加真实有价值，应该放到流水线的前面阶段来执行，以防所有的单元测试都通过后才发现软件根本无法部署和启动。

为了确保部署流水线的顺利执行，提高开发团队的效率及代码质量，在团队围绕着流水线开展工作时需要注意以下两条协作纪律或原则：

① 立即暂停。当部署流水线运行时，某个环节一旦出了问题导致执行失败，团队应立即停下正在执行的任务，安排人员着手进行修复，而不是放任不管。在问题被修复前，除因修复这个问题而提交代码外，禁止其他人再向代码仓库提交新的代码变更。这是质量内建理念的具体体现，借鉴了丰田生产系统中 stop the line 原则。在软件开发中可以约定：团队成员提交的代码，若构建阶段失败，提交者在 10 分钟内无法修复问题的话，则应回滚代码。

② 安全审计。角色协作时，传递的代码或软件包必须来自受控环境。受控环境是指对该环境的一切操作均被审计，并且在该环境中的任何组件（如源代码、二进制代码或已安装的程序）均已通过审计。在 Azure DevOps 中可以使用拉取请求确保开发人员提交的与其他人共用分支上的内容是通过评审的。比如测试人员不应私自拉取代码，自己手工构建软件包进行测试，也不应接受开发人员通过其他方式传递的软件包进行测试。每个角色对交付物进行验证时，都应确保该交付物来自公共受信源，即统一的版本控管仓库或工件库。

在实践中，团队要尽可能早地对部署流水线产物进行安全审计，包括在构建过程中所使用的第三方软件包，以及企业内其他团队提供的类库或软件服务。图 9-26 是某公司使用的带有部署流水线的软件研发过程管理全景图，供读者参考。

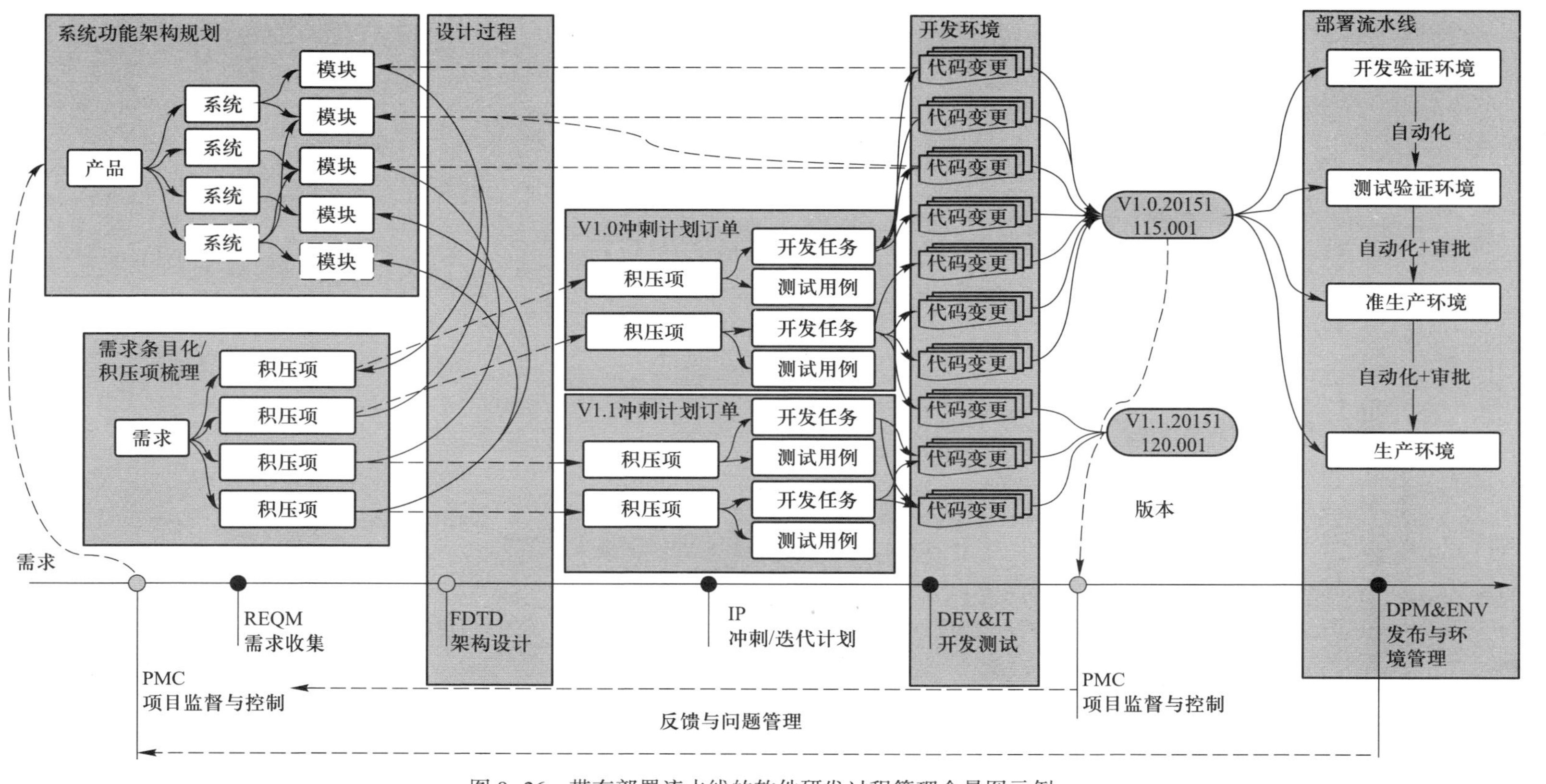

图 9-26 带有部署流水线的软件研发过程管理全景图示例

课后思考题 9

1. 讨论并分析按需发布的意义，以及按需发布与 DevOps 之间的关系。论述敏捷开发中的按节奏开发是怎么支持按需发布的。

2. 为什么要约定“团队成员提交的代码，若构建阶段失败，提交者在 10 分钟内无法修复问题的话，则应回滚代码”? Azure DevOps Git 库怎么来实现回滚?

第 10 章　适用于大规模团队的敏捷开发模式

本章重点：

- Scrum of Scrum。
- 规模化敏捷框架。
- 大规模 Scrum。
- Azure DevOps 中大规模团队配置。

敏捷开发是因为互联网的发展而大行其道的。互联网行业的特点是小团队作战，对于大型的互联网公司，也可以拆分成许多小团队并行工作。但敏捷开发并不仅属于互联网行业，只是互联网行业中不少公司一成立就按敏捷方法进行开发，不用经历敏捷转型的痛苦。在传统软件行业中，管理成熟的企业都有一套成型的组织结构和管理体系，越是大企业，层级越复杂，跨部门协作越多，想开展敏捷转型就越困难。虽然如此，由于原来的开发模式、交付模式带来了交付危机，传统领域的 IT 企业积极探索敏捷开发转型，已有大量转型成功的案例。美国财富 100 强公司中绝大多数公司对敏捷进行了有效的实践。国内也有很多传统领域的软件公司实施了 Scrum 敏捷开发转型，并取得了不错的成绩。在开发实践时，把敏捷开发应用到几百人甚至数千人的团队是一个具有一定挑战性的课题。

针对上规模的软件团队应用敏捷开发，行业内提出了多种模式，比较常见的有 Scrum of Scrum、规模化敏捷框架（SAFe）、大规模 Scrum（LeSS）、Nexus-SPS 等。本章重点介绍前三种框架的相关知识，并就 SAFe 在 Azure DevOps 中的具体实践给出指导建议。

10.1　Scrum of Scrum

当一个团队达到几十人时，可以采用 Scrum of Scrum（SoS）的开发过程。使用此过程时，SoS 会议是将 Scrum 扩展到大团队所必需的。SoS 会议使各个小组讨论工作，避免工作中的重复和确保项目的协调一致。

如图 10-1 所示，每个 Scrum 团队都要召开自己的 Scrum 会议，然后选出一人或两人参加 SoS 会议，与其他团队的代表一起开会。每个团队具体安排开发人员参加，还是敏捷教练参加，由各个团队自行决定。

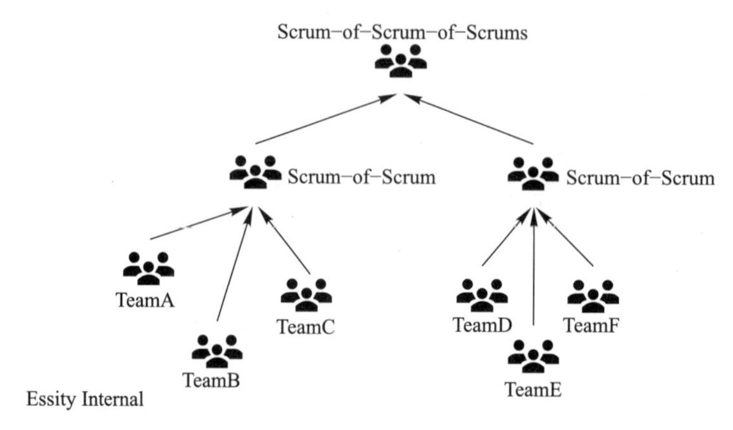

图 10-1　SoS 会议

SoS 会议就像其他任何日常的 Scrum 会议一样，与会代表讨论其团队自上次会议以来所做的工作、在下次会议之前将做的工作，以及是否有可能影响进展的障碍。按照如图 10-1 所示的模式，理论上团队规模可以无限扩大，但在实践中建议团队规模控制在 50 人以内，并且还需要设立专门的项目管理办公室来协调相关事宜。对于团队规模更大的项目，建议使用 SAFe 等框架来支持大规模团队敏捷开发管理。

SoS 会议与 Scrum 每日站会的区别如下：

① SoS 会议不必每天举行。

② SoS 会议不必限定为 15 分钟。

③ SoS 会议可以讨论并解决问题。

对于多数项目来说，每周举行两次 SoS 会议就足够了。虽然 SoS 会议通常 15 分钟就能结束，但建议在日历上预定 30 分钟或 60 分钟时间。因为它不同于每日站会，在会议上可能会讨论并解决问题，此时会议时间就会比较长。如果有小组提到了一个问题，在会上就需要有明确的解决方案及负责人。所有带到会议上的问题要尽可能快地得到解决，不能把余下的问题留到下一次会议再讨论解决。通常会上的问题是需要组间协调的，如果不能得到解决将会阻碍其他小组的工作进展。

当然，有时出现的问题无法马上得到解决，此时通过 SoS 会议讨论将此问题放入小组的“问题积压工作项”中。这是 SoS 小组的重要问题清单，其中的问题或者是计划解决，或者是进行追踪以保证其他团队能够解决它们。

在 SoS 会议上每个参与者都要回答如下三个问题：

① 从上次会议后，我的团队做了哪些会影响到其他团队的工作。

② 在下次会议前，我的团队计划做哪些会影响到其他团队的工作。

③ 我的团队遇到哪些问题可以寻求其他团队的帮助。

然后再花一定的时间讨论确定需要解决的问题，并讨论“问题积压工作项”

列表中的事项。在讨论中出现的问题仍要加入小组的“问题积压工作项”中，这部分会议内容要既快又短。

此外，在组织 SoS 会议时，为了避免会议时间过长，建议与会者也要站着开会。

在实践 SoS 时，对于一个不超过五六十人的产品线研发团队，某公司划分了 6 个 Scrum 敏捷小组，提出如下建议解决方案，供读者参考。

1. 产品需求管理

① 所有团队共享一个产品积压工作项列表。

② 产品负责人团队由于规模扩大，进行分层管理，采用“产品线总监（产品经理）—产品负责人”的方案，在产品线总监下设置多个产品负责人，每个产品负责人参与一个 Scrum 敏捷小组。

③ 需求按长篇故事—特性—产品积压工作项三层结构划分。产品线总监负责长篇故事和特性的划分及管理，同时承担产品线整体解决方案（产品规划）的输出，产品负责人负责特性的细化和产品积压工作项的划分及梳理。

2. 团队配置

① 每个 Scrum 敏捷开发团队共 5~8 人（含 1~2 位专职测试人员），其中有 1 位敏捷教练（兼任或专职）。根据需要从公司质量部抽调人员作为测试人员加入各个 Scrum 敏捷开发团队。

② 每个产品负责人专职对应 1 个 Scrum 敏捷开发团队，产品线总监负责统筹规划、协调各个产品负责人的需求分配。

③ 在各个 Scrum 敏捷小组之上设置了 SoS 会议，并建立定期沟通机制，每周召开两次 SoS 会议。

④ 为了协调管理，设置一位专职的产品线负责人参加公司级的项目管理办公室会议，负责与公司其他产品线之间的协调及与其他部门之间资源的协调。

3. 沟通机制与团队协作

① 产品线总监每周召集该产品线的所有产品负责人开一次需求讨论会议。

② 每周召开两次 SoS 会议，由产品线负责人召集，时间为周一和周五的各个小组站会结束之后。

4. 技术实践

① 每个团队均采用 GitLab Flow 分支策略，修改的代码做分支合并前强调进行非发起人执行的代码评审，并且必须与对应的产品积压工作项关联。

② 由技术架构师对总架构负责，设计整体架构并对各个团队进行技术架构方面的支持。

③ 自动化测试体系主要应用了单元测试与集成测试。

④ 专职测试人员设计集成测试及用户验收测试的测试用例，其中的集成测试由开发人员通过自动化实现。系统测试和用户验收测试由专职人员执行，并在发布前由公司的技术服务部代表客户根据用户验收测试用例完成验收测试。

该产品线在近一年的敏捷实践中遇到的最大挑战有如下三点，这也是规模化敏捷实践中要重点关注之处：

① 各个 Scrum 敏捷小组之间的发布计划协调，确保能在固定的时间点交付可用的解决方案。需求变更、需求划分会导致一系列问题，这一部分对产品线总监的要求非常高，要能做好适度的特性划分，并通过每周的产品协调会来统一各个 Scrum 敏捷小组的冲刺计划内容。

② 自动化测试方案的规划、各个小组的冲刺订单完成之后集成在一起的可测性。测试方案的协调一致才能保证测试的有效性。

③ 与公司其他产品线之间的协调。产品线负责人在公司级项目管理办公室会议上精确反馈本产品线的进展并了解其他产品线的进展，并从中识别出可能存在的问题或风险，对整个产品每次能否顺利交付非常重要，否则会出现公司内部各个产品线之间发布的版本不兼容的情况。

10.2　规模化敏捷框架

规模化敏捷框架(SAFe)的核心理念如下：

① 更好的软件和系统让世界变得更美好。

② 使企业在数字时代能够具备竞争力和蓬勃发展所需的商业敏捷性。

③ 要求参与提供基于技术的解决方案的组织中的每一部分都接受精益和敏捷的原则和实践，包括开发、运营、生产制造、法律行政、市场营销、财务合规、销售和售后服务等。

SAFe 围绕精益组织的七大核心竞争力构建，这些能力对于组织在日益数字化的时代实现和保持竞争优势至关重要：

① 精益敏捷领导力。通过增强个人和团队的潜力，提升和应用精益敏捷领导技能，推动和维持组织变革。

② 团队和技术敏捷性。驱动团队敏捷行为以及良好的技术实践，包括内建质量、行为驱动开发、敏捷测试、测试驱动开发等。

③ 敏捷产品交付。建立高绩效团队，使用设计思维和以客户为中心，应用 DevOps、持续交付管道和按需发布来提供持续的产品价值流。

④ 企业解决方案交付。构建和维护大规模的软件应用程序、网络和物理设施解决方案。

⑤ 精益投资组合管理。执行投资组合愿景和战略制定、特许投资组合、创建愿景、精益预算和防护，以及投资组合优先级和路线图。

⑥ 组织敏捷性。通过将精益和系统思维方法应用于战略和投资融资、敏捷投资组合运营和治理，使战略和执行一致。

⑦ 持续学习文化。通过成为致力于不断改进和创新的学习组织，不断提高知识、能力和绩效。

图 10-2 是精益企业 SAFe 5.0 的整体概览。在此基础上，SAFe 给出了 4 种应用模式：基本 SAFe、大规模解决方案 SAFe、投资组合 SAFe 和完整 SAFe。

要根据组织需求及组织架构、敏捷推进能力进行选择。

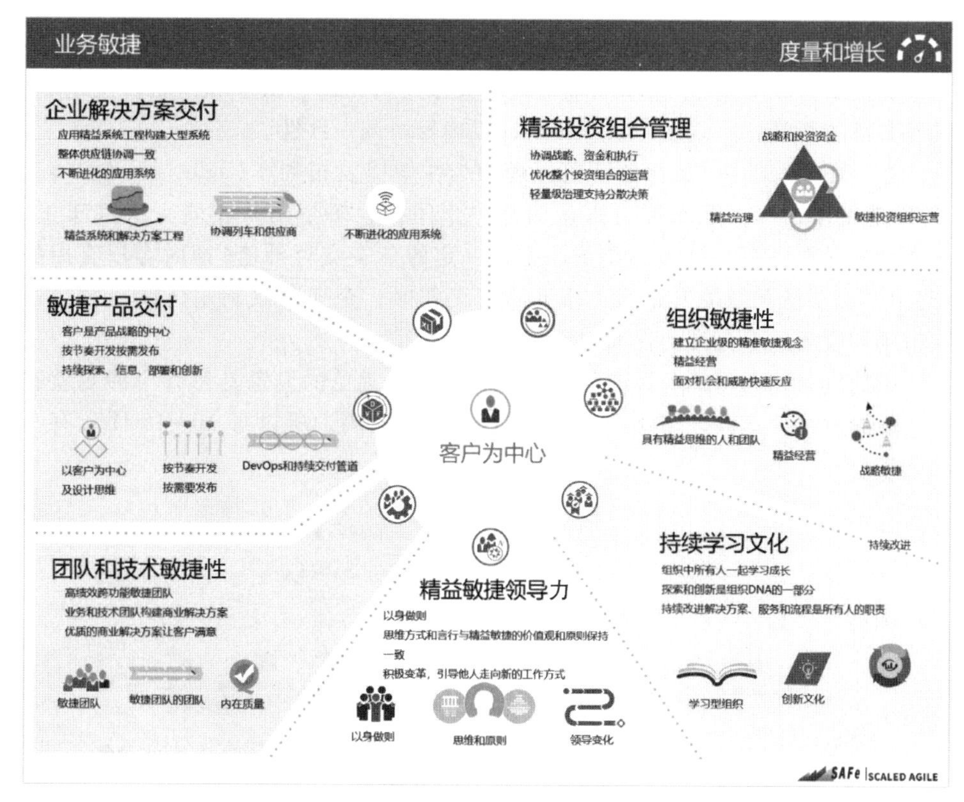

图 10-2 精益企业 SAFe 5.0 整体概览

此外，在开发过程中每个项目都有技术类的需求，用来促成和支持业务需求，在 SAFe 中称为使能(enabler)，主要包括需求探索、架构开发、基础设施搭建和合规性工作。使能保存在各种产品积压工作项列表中，可在 SAFe 的所有层级出现。它使得支持高效开发和交付未来业务所需的所有工作可见，并反映了真实的工作(有时甚至是大量的工作)，所以不应被业务需求所掩盖。因此，使能与其他创造价值的开发活动一样，可适用于估算、可见、可跟踪、在制品限制、反馈，以及展示成果等活动。

使能通常分为如下几类：

① 探索使能：用以挖掘及理解客户需要、探索解决方案、评估替代方案所需的研究及设计等活动。

② 架构使能：用以构建架构跑道，使得开发更加顺畅和快速。

③ 基础设施使能：用以构建、增强和自动化开发、测试和部署的环境，从而达成更快的开发、更高质量的测试和更快的持续交付管道。

④ 合规使能：用以促进管理特定的合规性活动，包括验证和确认、文档及签署，以及政府监管要求的信息提交和审批。

10.2.1　基本解决方案 SAFe

建议所有采用 SAFe 的组织从基本解决方案 SAFe(图 10-3)开始导入。该框架提供了为成功实施 SAFe 所需的最小元素集合，由团队层和项目群层组成，具有共享的愿景、路线图、系统团队，以确保协调一致性。

在 SAFe 框架中，敏捷团队可以理解为在敏捷发布列车(agile release train，ART)上工作，每一节车厢可以认为是一个团队，多个团队在同一次列车上。一次列车通常由 125~150 人组成，并以一定的节奏交付价值(即对客户有用的产品)。当团队和敏捷发布列车按此节奏工作时，企业可以利用持续交付管道在市场和政策条件允许的任何时间发布交付价值。

敏捷发布列车每隔一段时间就会离开车站，常见的设置是每 5 个冲刺就有一次敏捷发布列车离开车站。冲刺的时间是 2~3 周，所以每 10~15 周就有一次列车离开。

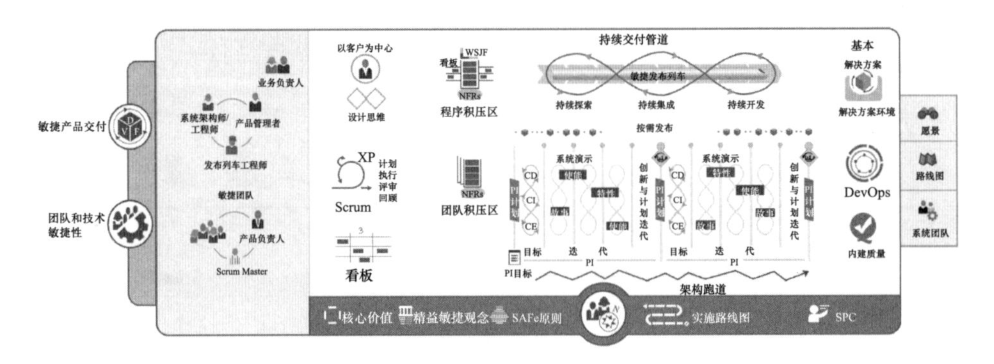

图 10-3　基本解决方案 SAFe 示意图

一次列车以 2 天的会议开始，称为程序增量规划会议。它发生在上一次敏捷发布列车的最后一次冲刺中。这是一个大的规划会议，敏捷发布列车上所有团队中的所有成员都要在场，包含敏捷团队、业务负责人、产品管理者和系统架构师/工程师等。该会议是 SAFe 的核心，是运行 SAFe 的必要条件。

程序增量规划会议在业务方面提供了如下几方面的收益：

① 在所有团队成员和利益相关者之间建立面对面的沟通机会。

② 建立敏捷发布列车所依赖的社交网络。

③ 使开发与业务目标、背景、愿景，团队及程序增量目标相一致。

④ 识别依赖关系并促进跨团队和跨敏捷发布列车协作。

⑤ 提供适当数量的技术架构改进和精益用户体验指导的机会。

⑥ 将需求与容量相匹配，消除多余的在制品。

⑦ 使快速决策成为可能。

一个成功的程序增量规划会议将产生以下两个主要的输出：

① 承诺的程序增量目标。该目标是由每个团队创建的一组目标，其业务价值由业务负责人分配。

② 程序增量计划面板。该面板突出显示新功能交付日期、团队之间和与其他敏捷发布列车负责的特性之间的依赖性，以及相关里程碑(图 10-4)。

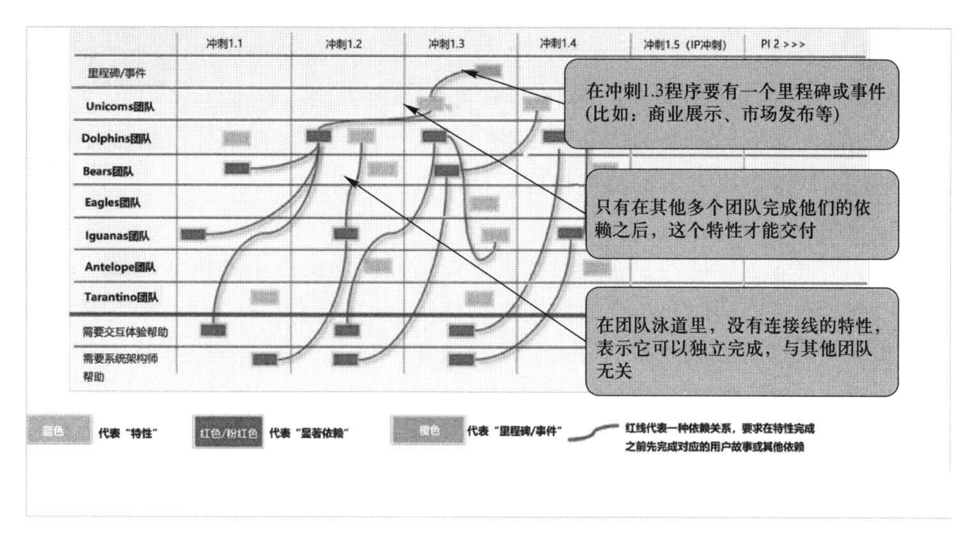

图 10-4　程序增量计划面板示例

当敏捷发布列车离开车站时，第一次冲刺就开始了。每个团队按照 Scrum 模式工作，且具有相同的冲刺长度；每个团队都有一个产品负责人、一个敏捷教练和 3~9 个开发人员。

最后一个冲刺称为创新与计划冲刺，作为满足程序增量目标估算的缓冲区，并为创新、持续学习、程序增量规划会议以及检查和适应事件提供专门的时间。该冲刺的目标是分配一些时间用于创新和改进，而不是简单地仅专注于交付。在此冲刺中，整个敏捷发布列车还要演示组合的解决方案并获得反馈。

创新与计划冲刺在每一个程序增量开发过程中为团队提供例行的时间，使团队有机会开展在持续增量价值发布环境中难以进行的活动。这些活动可能涵盖以下内容：

① 在专注于交付的冲刺之外，预留创新和探索的时间。

② 处理技术架构、工具和其他阻碍交付的工作。

③ 支持持续学习和改进的教育活动。

④ 程序增量系统演示、检查和调整工作、程序增量规划会议和产品积压工作项列表梳理(包括使用加权最短作业优先模型对特性的最终优先级进行排序)。

⑤ 最终的解决方案集成，包括集成后的验证和确认。

⑥ 最终的用户接收测试，以及不适合在每个冲刺中进行的其他准备活动。

敏捷发布列车工程师是运行列车的人，可以把该角色看作一个敏捷产品线的负责人，与系统工程师/架构师和产品管理团队密切合作。

在此工作模式下，整个团队共享一个积压工作区，称为程序积压工作区，为整个敏捷发布列车的积压工作区，由产品经理管理团队负责管理。程序积压工作区是即将实现的特性保持区域，其目的是解决用户需求的管理并为单次敏捷发布列车提供业务价值。在该积压区中除了功能项之外，还包含为系统提供技术基础设施等所需的增强功能项。

在基本 SAFe 中保证了两个核心竞争力：敏捷产品交付、团队和技术敏捷性。其中：敏捷产品交付是一种以客户为中心的方法，旨在为客户和用户定义、构建和发布源源不断的产品和服务；团队和技术敏捷性描述了敏捷团队为客户创建高质量解决方案的关键技能及精益敏捷原则和实践。

1. 敏捷产品交付

为了实现业务敏捷性，企业必须迅速提高提供创新产品和服务的能力。为了确保企业在正确的时间为合适的客户创建正确的解决方案，必须平衡其执行重点和客户焦点。敏捷产品交付通过与其他能力相互支持，为持续的领导市场和服务创造机会。敏捷产品交付有三个维度：

① 以客户为中心和设计思维。将客户置于每个决策的中心，并使用设计思维确保解决方案是可取的、可行的和可持续的。以客户为中心是一种经营心态和经营方式，在客户体验企业提供的产品和服务时专注于创造积极的参与度。使用设计思维可确保解决方案是客户和用户所期望的，同时确保解决方案在其整个生命周期内是可行的、经济的和可持续的。设计思维是以客户为中心不可或缺的一部分，它通过了解问题来深入了解解决方案的要求和价值，然后设计出正确的解决方案，以确保解决方案在技术上是可行的；同时理解和管理解决方案的经济可行性，以确保解决方案在经济上是可行的和可持续的。

② 以节奏开发，按需发布。以客户为中心的企业寻求为客户创造持续的价值流，这些发布时间取决于市场和客户需求，以及企业自身提供价值的动机。有些企业可能会非常频繁地发布，而另一些企业可能会受到合规或其他市场要求的限制而降低发布频率，这就是按需发布。项目团队在开发时，需要按一定的节奏来执行，因此可使用敏捷发布列车来创造和交付价值。

③ DevOps 和持续交付管道。关于 DevOps 和持续交付前面的章节内容已有介绍，在 SAFe 中需要创建一个日益自动化的持续交付管道。

2. 团队和技术敏捷性

组织在数字化时代取得大发展的能力，取决于其团队提供可靠的满足客户需求的解决方案的能力。在此过程中，团队和技术敏捷性是商业敏捷性的真正基石。它由如下三个维度组成：

① 敏捷团队。高绩效、跨职能团队通过应用有效的敏捷原则和实践来锚定能力。

② 敏捷团队组。敏捷团队在 SAFe 的敏捷发布列车环境中运作，这是一个长期的团队。敏捷团队组提供了共同的愿景和方向，并最终负责交付解决方案的输出成果。

③ 内建质量。所有敏捷团队都应用定义的敏捷实践来创建高质量、精心设计的解决方案，以支持当前和未来的业务需求。

10.2.2 大规模解决方案 SAFe

大规模解决方案 SAFe 针对构建大型复杂解决方案的企业或组织，该企业或组织的规模还没有达到需要投资组合的级别。大规模解决方案 SAFe(图 10-5)包含构建大型复杂解决方案所需的角色、部件和过程。使用大规模解决方案 SAFe 模型可以协调多次敏捷发布列车甚至供应商，并且还需要确保遵守法规和标准。该框架在基本解决方案 SAFe 的基础上增加了价值流层，为了保证多次敏捷发布列车之间的协调一致，增加了解决方案管理者、解决方案架构师/工程师、解决方案列车工程师、供应商、客户(企业或政府)等角色支持，以更好地支持各次敏捷发布列车之间协同工作。

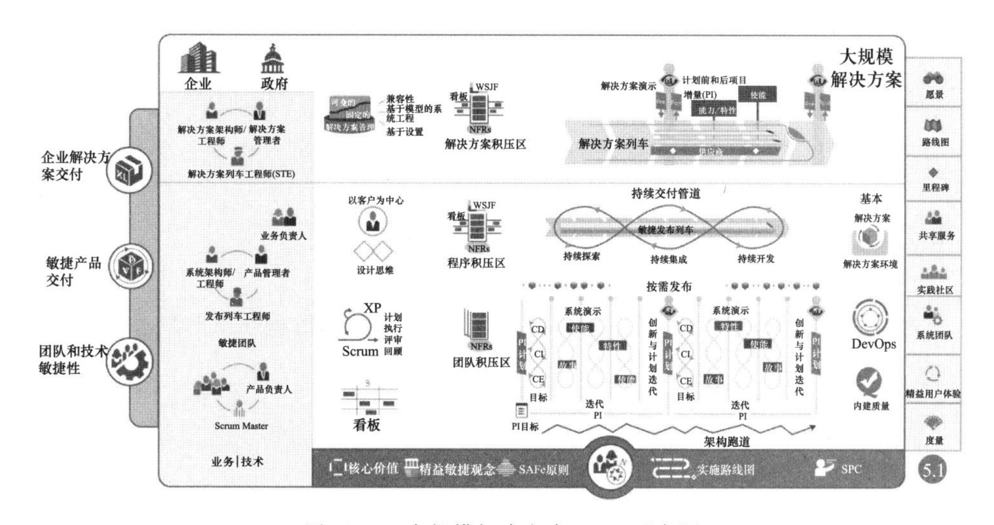

图 10-5 大规模解决方案 SAFe 示意图

因此，大规模解决方案 SAFe 也是一次规模更大的敏捷发布列车，称为解决方案列车，它本身运行多次敏捷发布列车。在该框架中，可以运行多少次列车基本没有上限。每个单独的敏捷发布列车都是在基本解决方案 SAFe 中运行，不同之处在于解决方案的配置、管理及发布是由解决方案管理者、解决方案架构师/工程师、解决方案列车工程师(通常是由三者共同组成的解决方案管理团队)来管理并确保解决方案的协调一致。解决方案管理团队处理解决方案积压工作区，就像产品管理团队处理程序积压工作区一样。

在大规模解决方案 SAFe 中，除了保证基本解决方案 SAFe 中的两个核心能力之外，还需要保证“企业解决方案交付”这一核心能力。该能力描述了如何将精益敏捷原则和实践应用于最大、最复杂的软件应用程序以及网络和物理基础设施系统的规范、开发、部署、操作和演变。构建和开发大型企业解决方案是一项挑战巨大的工程，这样的系统需要成百上千的工程师来构建，并且必须整合不同组织提供的组件和系统(大多数都受到监管和合规约束)。为了达到该能力，需要关注如下三个维度：

1. 精益系统和解决方案工程

采用精益敏捷实践，通过调整和协调所有必要的活动，以分析、构建、设计、实施、测试、部署、演变并最终使这些系统退役。此维度包括如下几点：

① 不断完善固定/可变解决方案意图。

② 应用多个规划范围。

③ 采用规模化、模块化、可再发行性和可服务性的架构。

④ 不断解决合规问题。

2. 协调发布列车和供应商

通过协调和调整扩展复杂的价值流集合，以实现共享的业务和技术。它使用共同程序增量和步调来协调愿景、积压工作区和路线图。此维度包括如下几点：

① 使用敏捷发布列车和解决方案列车构建和集成解决方案组件和功能。

② 应用持续集成。持续集成是持续交付的根基，要想做到这一点，敏捷团队要在自动化和基础设施方面进行投资。这些基础设施可以构建、集成和测试每一个开发人员的变更，并提供几乎实时的错误反馈。

③ 使用系统思维来管理供应链。

3. 不断进化的继续存活系统

确保大型系统及其开发管道支持持续交付，此维度包括如下两点：

① 构建持续交付管道。

② 改进部署系统。

10.2.3　投资组合 SAFe

投资组合 SAFe 提供投资组合战略和投资融资、敏捷投资组合运营和精益管理。基本解决方案 SAFe 和大规模解决方案 SAFe 适合于企业或组织中只有一个价值流的情况，而在企业实际运营中会存在包含多个价值流的情况。比如有些企业既提供面向银行的解决方案，又提供面向教育的解决方案，这时就需要用到投资组合 SAFe(图 10-6)。这些价值流中的每一个价值流都可以包含一个或多个解决方案，帮助企业实现其战略目标。这些价值流为外部客户开发产品或解决方案，或为内部运营价值流创建解决方案。

在这个层次上，要通过围绕价值流来组织精益敏捷企业，使组织的战略与投资组合执行相一致；提供基本的预算编制和必要的治理机制，以确保对解决方案的投资为本组织实现其战略目标提供所需的投资回报率。对于一个大型企业，可能有多个 SAFe 投资组合，这时就需要运行完整的 SAFe。

与基本解决方案 SAFe 相比较，在投资组合 SAFe 中增加了三个核心能力，即持续学习文化、组织敏捷性和精益投资组合管理。

1. 持续学习文化

持续学习文化鼓励个人乃至整个企业不断增强知识、能力、绩效和创新的价值观及实践。这是通过成为一个学习型组织、致力于不懈的改进以及促进创

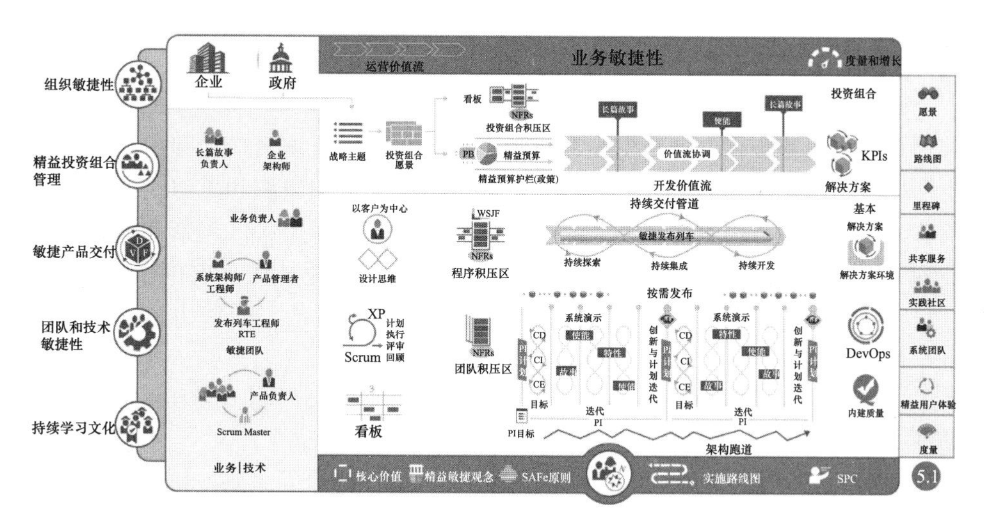

图 10-6 投资组合 SAFe 示意图

新文化来实现的。数字化时代的组织必须能够快速、持续地适应成长壮大，若无法持续创新和改进则将面临衰退并最终消失。

为此，组织必须发展适应性变革的引擎，这种动力来自各级快速有效的学习文化。学习型组织会充分利用员工、客户、供应商和更广泛的生态系统的集体知识、经验和创造力，利用变革的力量为自己谋利。在学习型组织中，好奇心、探索、发明、创业精神和知情下的冒险精神取代了对现状的承诺，同时提供了稳定性和可预知性；僵硬、孤立的自上而下的结构让位于流动的组织结构，这些结构可以根据需要进行转换，以优化价值流；分散化决策成为一种常态，因为领导者关注的重点是愿景和战略，并使组织成员能够充分发挥其潜力。持续学习文化能力包含了三个维度：

① 学习型组织。各级员工都在学习和成长，以便组织能够转型并适应不断变化的世界。

② 创新文化。鼓励和授权员工探索和实施能够实现未来价值的创意。

③ 持续改进。组织的每一个部分都专注于不断改进其解决方案、产品和流程。

2. 组织敏捷性

组织敏捷性描述了精益思维型员工和敏捷团队如何优化其业务流程，以明确和果断地承诺制定战略，并根据需要快速调整组织以利用新机会。在当今的数字化经济中，唯一真正可持续的竞争优势是组织感知和响应客户需求的速度，其优势在于能够在最短的可持续时间内实现价值，迅速制定和实施新的战略并重组，以更好地应对新出现的机会。

组织敏捷性对于应对挑战至关重要。不幸的是，大多数企业的组织结构、流程和文化是在一个多世纪前发展起来的，是为了控制和稳定而建造的，而不是为创新、速度和敏捷性而建造的。企业管理、战略和执行方式的微小渐进式变化不足以保持竞争力。这需要更精简、更敏捷的方法，而这反过来又需要彻底的变革，对整个企业产生积极、持久的影响。

SAFe 应对数字化转型挑战的方法是“双重操作系统”。“第一操作系统”是利用现有组织等级体系的稳定性和资源，同时实施价值流网络，利用每个组织仍然存在的创业动力。“第二操作系统”是网络化，通过组织和重组企业围绕价值流动而不是传统的组织孤岛，它使组织能够专注于新想法的创新和增长，以及现有解决方案的执行、交付、运营和支持。组织敏捷性能力有助于增强“第二操作系统”的力量，支持应对数字化时代的机遇和挑战。此能力是通过如下三个维度体现的：

① 精益思维型员工和敏捷团队。参与解决方案交付的每个人都接受精益和敏捷方法的培训，并接受精益和敏捷价值观、原则和实践。

② 精益业务运营。团队应用精益原则来理解、映射和不断改进交付和支持业务解决方案的流程；要求企业了解为客户提供业务解决方案的运营价值流，以及开发这些解决方案主要的开发价值流。

③ 战略敏捷性。企业足够敏捷，能够持续感知市场，并在必要时快速改变战略。在此过程中要注意使用创新会计核算方式进行评估，忽略沉没成本，并围绕价值来组织或重组人员和资源。

这里重点强调一下将精益敏捷思维方式和原则扩展到整个企业的理念，这是整个企业新管理方法的基石，并导致增强的企业文化认同，使企业具有灵活性。它为整个企业的领导和员工提供了推动 SAFe 成功转型所需的思想工具和行为，帮助个人和整个企业实现其目标。它不只是技术团队的敏捷，还要非常注重构建敏捷业务团队。企业要创建跨产品线及部门的敏捷业务团队，这些团队可能参与支持开发和交付业务解决方案所需的任何职能。敏捷业务团队主要包括以下职能团队：

① 销售、产品营销推广和企业营销团队。

② 采购和供应链管理团队。

③ 运营、法律、合同、财务和合规团队。

④ 人员招聘、培训（敏捷人力资源）团队。

⑤ 采购收货、生产、合同履行和物流团队。

⑥ 客户服务、支持和维护团队。

3. 精益投资组合管理

精益投资组合管理是通过将精益和系统思维应用于战略和投资融资、敏捷投资组合运营和治理来调整战略和执行。传统的投资组合管理方法并不是为全球经济或受数字化深度影响的业务而设计的，这些给企业带来了经营压力，要求企业在更高程度的不确定性下工作，更快地提供创新解决方案。投资组合管理方法必须跟上该变化，以支持精益敏捷的工作方式。幸运的是，许多企业已经走上了这条道路，而且变化模式是显而易见的。精益投资组合管理职能部门对 SAFe 投资组合中的解决方案和价值流具有最高级别的决策和财务责任，以应对定义、沟通和调整战略的挑战。

履行精益投资组合管理职能的人员有不同的职位和角色，通常分布在整个组织不同的层级结构中。由于精益投资组合管理对精益企业至关重要，因此这些职责通常由了解企业财务、技术和业务环境的业务经理和高层管理人员承担，他们对整体业务成果负责，类似于有些公司成立的产品决策委员会，由不同角色的人员参与，以实现在限制因素的范围内做到效益最大、收入最多，并规划出一条最佳的业务路线。通常考虑 4 个核心要素：客户(市场需求，明确细分市场)、竞争对手(信息要新)、企业自身(现状、经营或产品规划执行情况及分析)、时间。

10.2.4 完整 SAFe

完整 SAFe(图 10-7)是可用的最大规模的 SAFe 实践。在大型企业中，可能需要各种 SAFe 配置的不同实例，并且可能需要完整 SAFe。完整 SAFe 支持构建和维护需要数百人或更多人的大型综合解决方案的组织，并需要具备精益企业所具备的所有核心能力。

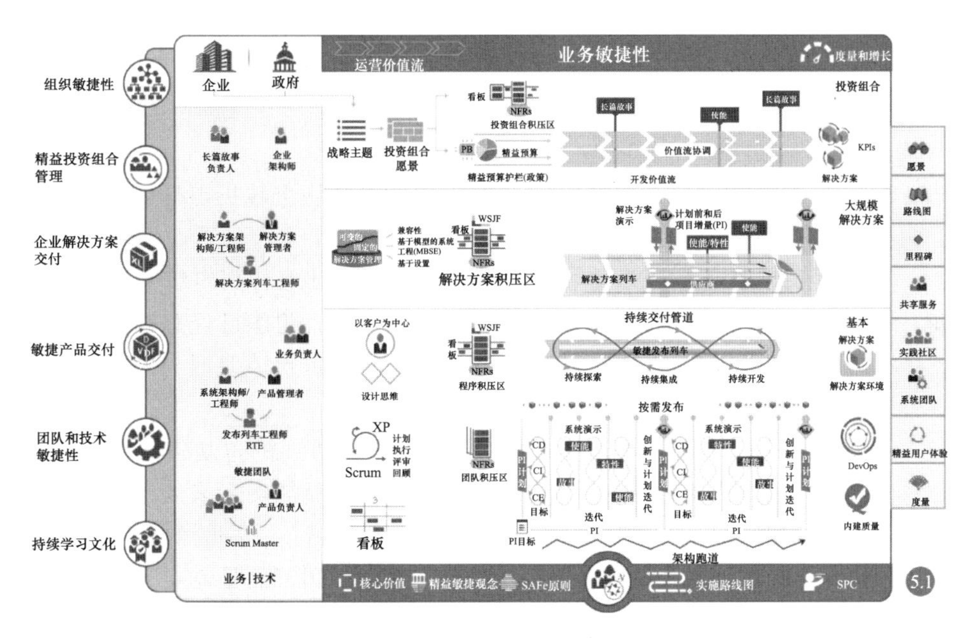

图 10-7 完整 SAFe 示意图

要使用投资组合 SAFe 和完整 SAFe，需要对企业进行一些重大变革。比如很可能需要改变预算编制方式，因为这两个框架中强调的是为价值流而不是项目提供资金。实际上，实现业务敏捷性和获得精益敏捷开发带来的好处是一项很具有挑战的工作，SAFe 也是一个复杂的框架。在开展导入 SAFe 之前，组织必须接受精益敏捷的思想，理解并应用精益敏捷原则。企业必须识别价值流和敏捷发布列车，实施精益敏捷产品投资组合，提高内建质量并建立持续价值交付和 DevOps 机制。当然，还需要发展敏捷文化。

在图 10-8 中给出一个标准的 SAFe 实施路线图，供读者参照。

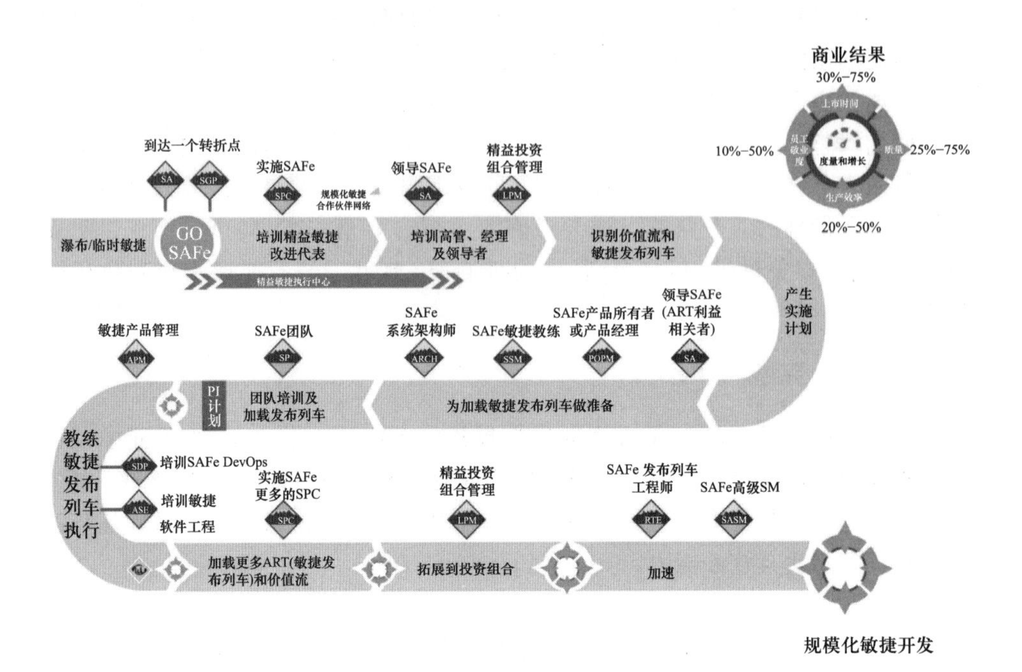

图 10-8　标准的 SAFe 实施路线图

SAFe 的导入(图 10-8 中的“Go SAFe”)通常是从一个转折点开始，来自以下两种情况之一：

① 做出明显改变是必要的。此时，可以显而易见地看到组织需要做出改变。可能是公司有一个很重要的迫切需要解决的问题，组织已经意识到现在的工作方式已经不再适合了。例如公司在向客户交付业务价值时遇到问题，需要进行更改。

② 为了将来的改善需要改变。即使没有一个很重要的迫切需要解决的问题，有时积极主动的领导者也会推动变革，这样公司就能在未来处于一个有利的竞争位置。精益敏捷的领导者须表现出“持续危机感”，以此推动持续改进。在这种情况下，对公司来说可能不存在显著的推动原因，而是需要有前瞻性和有魄力的领导者推动改革，以打破现状。

不管变革的起因是哪一点，通过 SAFe 实施路线图可以分步实施指导推动变革，从而构建精益敏捷的企业，在多变的外部市场及数字化时代立于不败之地。

为了在组织中有效实施 SAFe，需要增强并遵循如下价值观：

① 协调一致。确保许多人作为一个单元或团队一起行动，向同一个方向发力。当投资组合中的每个人及每次敏捷发布列车中的每个团队成员都能理解组织战略，同时理解自己在战略执行中的角色时，SAFe 中的协调一致就达成了。SAFe 通过策划战略主题、愿景、路线图和程序增量规划会议来达到协调一致。

通过多种不同的看板系统和积压工作项列表提供可视化和透明性，从而确保经济优先级和可视化的工作流。

② 内建质量。低质量对成本的影响在大型系统中非常突出。问题是积累产生的，子系统中存在的小问题也会对整个系统产生巨大影响。内建质量的实践能够帮助确保每个解决方案元素在每个增量中通过开发达到适当的质量标准，从而带来快速、持续流动的价值，减少返工造成的延期，并提高生产力以及员工和客户的满意度。

③ 透明。大规模解决方案的开发非常困难，事情进展并不能总与计划保持一致。透明对所有层级开放，分享过程和进展情况是建立信任和提高绩效的主要方法。这样可以带来快速、去中心化的决策，以及进行更高层级的员工授权和承诺。SAFe 通过可视化投资组合、价值流、项目群和团队层级的工作帮助组织实现透明。检视和调整事件对已实现的业务价值提供了可视化，对基于可工作系统进行目标度量的程序增量状态报告提供了回顾。

④ 项目群执行。为了快速提供在市场上有竞争力的解决方案，需要多个团队共同来完成，建立合适的项目群执行机制对取得成功非常重要。在项目群执行时，并不仅仅基于开发团队自下而上，也需要具有敏捷思维的领导积极支持，因为只有高级领导者才能有效整合内部资源，使之面向客户。

无论如何，成功的执行都需要精益敏捷领导者的积极支持，需要领导力和面向系统的思考、客观度量和客户成果等方面的内容来推动引入 SAFe 的变革。

10.3 大规模 Scrum

在对 Scrum 标准团队理解的基础上，可以对 Scrum 团队规模进行缩放。大规模 Scrum(LeSS)框架是一个轻量级的敏捷框架，用于将 Scrum 扩展到多个团队，在不受 Scrum 约束的情况下成功开发大型项目。

LeSS 建立在经验主义、跨职能自我管理团队等 Scrum 原则之上，并提供了一种大规模应用 LeSS 框架的模式。它提供了有关如何在大规模产品开发环境中采用 Scrum 的简单结构规则、指南和实验。LeSS 有两种框架，即小型 LeSS 框架和大型 LeSS 框架。其中，小型 LeSS 适用于 2～8 个 Scrum 团队，每个 Scrum 团队 8 人。大型 LeSS 适用于 8 个以上的 Scrum 团队，一个产品可以多达几千人。

两种框架的共同点如下：

① 一个产品负责人和一个产品积压工作项列表。

② 一个跨所有团队的共同冲刺。

③ 一个可交付的产品增量。

大规模 Scrum 是把 Scrum 应用于许多团队，共同开发一个产品。类似于一个 Scrum 团队，对于大型团队 LeSS 试图在定义的具体元素和经验过程控制之间达到最佳平衡。LeSS 实践的很大一部分是关于诸如系统思维、实验、精益思维等原理的，这是 LeSS 的基础，并且需要理解和使用这些原理才能成功实现 LeSS。LeSS 有以下原则：

① 大规模 Scrum 仍是 Scrum。它不是新的被改进的 Scrum，确切地说，LeSS 研究的是如何在大规模环境中尽可能简单地应用 Scrum 的原则、规则、要素和目的。

② 经验过程控制。检查和调整产品、流程、组织设计和实践，根据 Scrum 而不是遵循一个固定的公式来制定应用于组织的过程；经验过程控制需要并创造透明度。

③ 透明。基于有形的“完成”项目、短周期、协同工作、共同定义以及在工作场所中驱散恐惧。

④ 以少为多。在经验控制过程中用不太明确的过程进行更多的学习；在精益思维中更多的价值与更少的浪费和开销；在规模扩展中更多的拥有率、目的和快乐，更少的角色、工作和特殊组。

⑤ 关注整个产品。不管是 3 个还是 30 个团队，都是一个产品积压工作区，一个产品所有者，一个潜在可发布的产品增量；客户想要的是一个产品，而不是它的一部分。

⑥ 以客户为中心。从客户角度识别价值和浪费，并减少周期时间；增加与真实客户的反馈循环；每个人都知道他们今天的工作是如何直接与客户相关的。

⑦ 向完善持续改进。随时创建和交付产品，没有缺陷，取悦客户，改善环境；每个冲刺朝这个方向努力。

⑧ 系统思维。查看、理解和优化整个系统，并探索系统动态；客户关心的是整体概念到实现的时间和流程，而不是单个步骤。

⑨ 精益思维。创建一个组织系统，其基础是管理者作为应用和传授系统思维及精益思想的教练管理改进，追求完美。

⑩ 排队理论。了解具有队列的系统在研发领域的行为，并将这些见解应用于管理队列大小、在制品限制、多任务、工作包和可变性。

10.4　Azure DevOps 中大规模团队配置

由于组织越来越多地采用敏捷工作方式，许多组织都在探索如何才能使敏捷性在大规模的组织中实践应用。在 Azure DevOps 中没有支持 SAFe 开箱即用的过程模板，因此除非要创建自定义流程，否则需要使用现有的流程支持在开发实践中的应用。

在完整 SAFe 中，共有投资组合、大规模解决方案、程序和基本解决方案 SAFe 这 4 种类型，涵盖了大多数组织需求。而在 Azure DevOps 中也有 4 种工作项类型支持相应的设置：长篇故事、特性、用户故事和任务。这些工作项类型有如图 10-9 所示的层次结构。该层次结构源于敏捷过程，在 Scrum 过程和

CMMI 过程中也同样适用。因此，如果要将 SAFe 用于团队管理，可以配置使用敏捷过程模板创建项目来跟踪使用 SAFe。

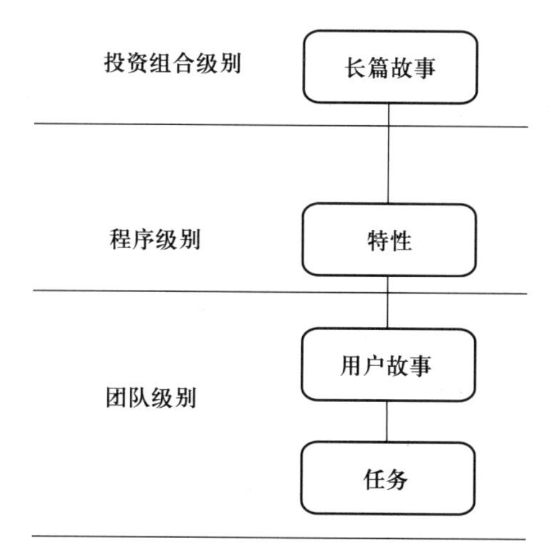

图 10-9　Azure DevOps 中 SAFe 级别与工作项的关系

图 10-9 显示了这些工作项类型对应的 SAFe 级别，其中长篇故事支持投资组合级别，特性支持程序级别，用户故事和任务支持团队级别。为了进一步在 Azure DevOps 中支持 SAFe，还需要在项目中设置合适的区域和迭代，图 10-10

图 10-10　在 Azure DevOps 中配置支持 SAFe 框架的迭代

显示了在迭代视图中实现 SAFe 的一种方法。可以看到，整体的投资组合级别为 ZYDemo，其中有一个价值流 01(名称可根据实际项目命名)，由敏捷发布列车(ART)01 和敏捷发布列车(ART)02 组成，ART01 又进一步由三个程序增量(PI)01、(PI)02 和(PI)03 组成，然后是为每个程序增量配置多个冲刺。

因为长篇故事可以跨越多次敏捷发布列车，所以项目投资组合团队可能不会与任何特定的迭代相关联。另一方面，程序级别的团队会跟踪他们的特性，这些特性带有一个程序增量；功能团队在冲刺中完成为程序增量选择的用户故事，每个团队依次选择相应迭代以支持他们跟踪可交付成果。

因为我们可以任意配置迭代，所以这个示例只是使用了迭代配置的一种方法。在 Azure DevOps 中实现配置之前，应明确团队设置方法。简化迭代设置的一种方法是对价值流使用标记，将标记添加到工作项后。可以执行以下操作：

① 过滤任何积压工作项或看板。

② 基于标记创建查询，然后按标记筛选查询结果。

③ 根据标签创建进度和趋势图表或报告。

当完成符合项目要求的初始迭代设置后，就可以选择不同团队应该拥有的区域了。如图 10-11 所示，投资组合团队拥有“价值流”区域。另一方面，通过使用区域，还可以确定团队在其积压工作区和面板上看到的项。

图 10-11　不同团队拥有不同区域的设置

在图 10-11 中的“常规”选项卡下设置投资组合团队的积压导航级别为“长篇故事”，以便让投资组合团队跟踪每个价值流中的长篇故事。使用看板跟踪时的界面如图 10-12 所示。

使用同样的设置和方法，由敏捷发布列车管理团队跟踪敏捷发布列车对应的特性。这些团队还可以在敏捷发布列车、程序增量和团队级别跟踪每个程序

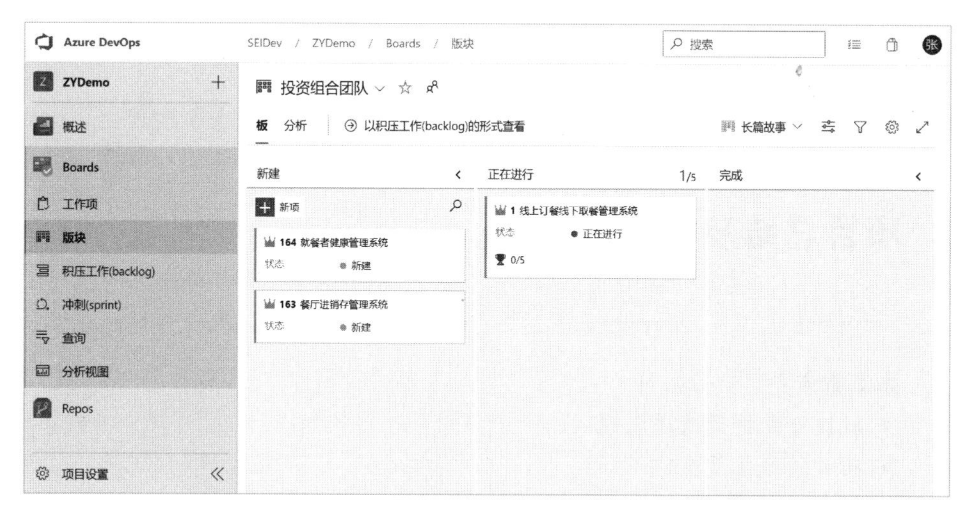

图 10-12 使用区域可以使不同的团队看到各自的看板

增量中发生的所有事情。各个敏捷团队将处理自己积压的工作(程序积压工作区的子集，细化到产品积压工作项)，以便专注自己的工作。

这只是使用 Azure DevOps 支持 SAFe 的一种方法，可以根据不同组织的需要，通过设置 Azure DevOps 的迭代区域来支持多个团队共同完成一个大规模产品的研发管理。

课后思考题 10

结合本章的内容，请思考作为一个产品线的整体负责人(该产品线的开发团队成员最多时有 120 人，最少时有 80 人)，应如何组织该团队以更好地支持规模化敏捷。请给出采用的大规模团队应用的组织构架，以及相关角色划分、日常工作的开展方法。

第 11 章　项目总结及持续改进

本章重点：

- 敏捷开发持续改进之道。
- 项目总结及复盘。
- 代码复用总结。
- 项目结项及团队激励。

敏捷开发非常强调持续学习文化，通过该理念及一系列的实践，鼓励个人以及整个组织不断提高知识水平、能力和绩效，并引发创新。其中很重要的一点就是持续改进。敏捷开发提倡的持续改进贯穿于整个开发过程中，使用PDCA 循环的系统方法展开。

虽然在敏捷开发模式中每个冲刺都会有回顾会议，但冲刺回顾会议与整个项目的总结定位是不同的。冲刺回顾是侧重于当前冲刺，而项目总结则是对整个项目周期工作的回顾和复盘。

对于个性化定制类开发项目而言更需要项目总结这一活动，其通常是合同结项验收的一个重要组成部分。个性化定制类项目的收尾总结就是为了根据合同结清账目，理想的情况下既要使客户和用户对产品满意，又要使公司顺利收到项目资金，造就一个双赢的局面。但在实际操作中想达到这个效果比较困难，有很多问题需要双方共同让步才能最终结项。

通常进入项目总结这个阶段的标志如下：

① 个性化定制类项目：合同中约定的内容都通过验证，有与用户正式确认的验收报告或使用报告；对于合同约定的某些内容，由于外部环境或需求变更等原因不再履行，也与客户达成一致，并取得书面认可。

② 产品研发类项目或产品升级类项目：通过若干冲刺之后，达到了立项约定的相关目标，通常是采用目标与关键结果法约定并进行内部验收。

③ 无论任何类型的项目，通过阶段性评估最终确定失败或取消的，也需要进入项目总结阶段。

11.1　敏捷开发持续改进之道

敏捷开发通过坚持不懈的改进来促进团队学习，建立有效的学习文化。这也是精益思想的重要支柱之一。在此过程中，团队可以用更少的资源创造出更多、更好的产品，使客户更加满意，为组织带来更高的收入和更大的利润。

改进需要学习，在实践中团队所面临问题的根本原因是很难轻松地找到合适的解决方案。敏捷开发的持续改进之道是基于一系列小的冲刺和增量改进、问题解决工具和实验，使团队能够学习到如何找到最适合的答案。敏捷团队通过 PDCA(计划、执行、检查、调整)循环来改进工作、改进产品，该循环可应用于任何工作，可以从单个团队扩展到整个组织，从开发团队试图优化开发过程或软件产品到整个组织经营过程中的持续改进(图 11-1)。

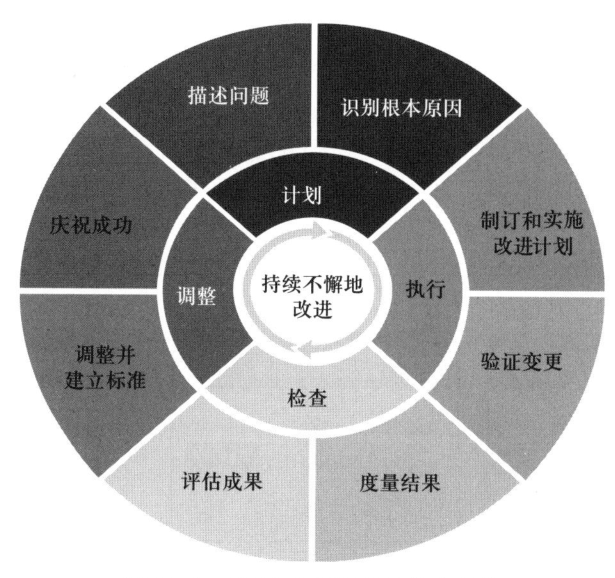

图 11-1 PDCA 循环应用于整个组织

作为 PDCA 循环的一部分，敏捷团队在每次冲刺结束时都会进行回顾。在回顾时可以从众多可用的回顾技术中选择其中的一种，如“开始—停止—继续”方法。该方法对团队来说是一种简单而有效的方法，可以反思并确定如表 11-1 所示的内容。

表 11-1 “开始—停止—继续”法及其反思和确定的内容

开始	停止	继续
我们应该开始做什么？ 列出想法： • 哪些事情是团队没有做而应该开始做的？ • 团队可以开始做哪些事情来改进工作？ • 团队应该尝试哪些实验，以获得更好的结果？	我们应该停止做什么？ 列出想法： • 团队正在做的哪些事情没有起作用，应该停止？ • 哪些事情阻碍了团队？ • 哪些事情阻碍了预期的结果？	我们应该继续做什么？ 列出想法： • 哪些事情是团队做得好的，并且应该继续做？ • 我们要继续开展哪些团队活动或实践？ • 我们应该继续尝试哪些事情？

在项目的每一个产品发布计划执行结束或者大的里程碑结束时，从精益敏捷的角度需要开展检查和调整活动，也可以认为是项目总结活动。敏捷宣言通过以下原则强调了持续改进的重要性：团队定期反思如何变得更有效，然后相应地调节和调整其行为。该活动需要敏捷团队所有成员及利益相关者参加，输出的结果是一组改进的产品积压工作项，这些工作项会进入下一个产品发布计划中。此处改进的产品积压工作项是基于事实来确定的，而不是由意见和猜测引导出来的。改进的结果是被客观度量的，且注重经验证据。这样有助于组织将更多的精力放在问题解决所需的工作上，而不是进行相互指责。这里的事实来源于阶段的系统演示、定量和定性的度量及阶段回顾。在大型产品开发工作中，这种基于节奏的里程碑活动为坚持不懈的改进过程提供了可预测性、一致性和严谨性。

为了解决系统性问题，团队通常是在阶段里程碑结束时，举办一个结构化的根本原因分析问题解决研讨会或总结分析会。根本原因分析提供了一套解决问题的工具，用于确定问题的实际原因，而不仅仅是解决症状。图 11-2 展示了根本原因分析问题解决研讨会的工作步骤。具体如下：

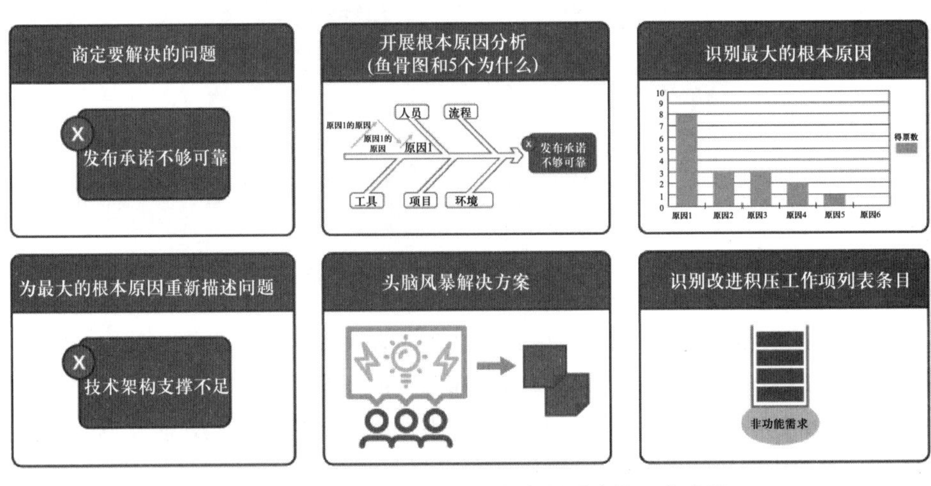

图 11-2　根本原因分析问题解决研讨会的工作步骤

1. 商定要解决的问题

如果能把问题表述清楚，那么就意味着已经解决了问题的一半。基于这一点，团队需要选择出自己愿意投入精力去解决的问题。但是团队成员真的就问题本身达成一致了吗，或者他们是否还都持有不同的观点？为此，团队应花一些时间陈述问题，尽量简明扼要地思考问题是什么、在哪里发生、什么时间发生，以及问题带来的影响。

2. 开展根本原因分析

有效的问题解决分析工具包括鱼骨图和“5 个为什么”(5why)。鱼骨图又称石川图，是一种可视化工具，用于探索过程中特定事件或变化根源的原因，在鱼头处写有问题陈述的摘要。对于问题解决研讨会，在鱼骨框架中预先放入人员、流程、工具、项目和环境 5 个问题类型，可以根据实际情况对其进行调整。然后，团队成员集体讨论他们认为有助于解决问题的原因，并将其分到以上几类中。一旦一个原因被确定，它的根本原因分析使用 5why 法来探索。只需多问几次“为什么”，就可以发现前一个原因，并将其添加到图中。一旦有合适的根本原因，流程就会停止，然后将相同的流程应用于下一个原因。

3. 识别最大的根本原因

帕累托(Pareto)分析(也称为 80/20 原则)是一种用于缩小产生最显著总体效果的行动数量的技术。它使用的原则是 20%的原因导致产生 80%的问题，当许多可能的行动方案都在争夺注意力时，这一点尤其有用，而复杂的系统性问题几乎总是如此。

一旦确定了所有可能的原因，团队成员就会对他们认为是导致原始问题的最重要因素的项目进行投票。可以通过点数投票法(每个人有 5 张选票，可以在一个或多个项目中分配，视情况而定)对团队认为最有问题的原因进行投票。然后，团队在帕累托图中总结投票结果，形成团队在最重要的根本原因上的集体共识。

4. 为最大的根本原因重新描述问题

在这一步选择得票最多的原因，并重申这是一个问题。这应该只需要几分钟时间，因为团队现在已经很好地理解了这个根本原因。

5. 头脑风暴解决方案

此时，重述的问题将开始暗示一些潜在的解决方案。团队成员可以通过头脑风暴，在固定的时间(15~30 分钟)内集体讨论尽可能多的可能的纠正措施。头脑风暴的规则如下：

① 尽可能多地产生想法。

② 不要进行批评和争论。

③ 让想象力尽情飞扬。

④ 探索和合并想法。

6. 识别改进积压工作项列表条目

团队投票选出得票最多的三种最有可能的解决方案，这些解决方案将作为改进产品积压工作项和特性直接反馈到接下来的发布计划事件中。在发布计划期间，团队要确保对交付确定的改进所需的相关工作进行计划。

通过这种方式，问题解决变得常规化和系统化，敏捷团队成员和利益相关者可以确信整个组织正在稳步地进行不懈的改进。

11.2 项目总结及复盘

项目总结及复盘可以归纳为精益敏捷开发持续改进之道中的一类活动。无论是开发类的项目还是其他类型的项目，团队都会组织项目总结及复盘活动，这与精益敏捷中的基于里程碑的节奏进行持续改进思路完全一致。可以采用精益敏捷的方法来开展阶段性总结分析，也可以采用本节的方法来开展总结分析，只是活动的内容及目的略有区别，在实际开发中可以把两者结合起来加以应用。

在实际工作中，失败不是成功之母，而总结复盘才是成功之母。这就是为什么要强调所有的项目在达到一定阶段之后必须进行总结及复盘的原因。只有从行动后的反思中才能发现不足和优点，进而在接下来的项目中获得改善，确保成功。在总结分析讨论会上通常讨论如下 4 个问题：

①“我们打算做什么?”，即本次任务的目标是什么。

②“实际发生了什么情况?”，即我们是怎么来做的。

③“为什么会发生这些情况?”，对其中的问题做原因分析。

④“下次我们将怎么做?”。

根据总结复盘应用的经验，大约有 25%的时间用于讨论前两个问题，有 25%的时间用于讨论第 3 个问题以找到发生这些情况的根本原因，而有 50%的时间则用于讨论“下次我们应怎么做?”。通过这种事后总结复盘的方式，可以从经历中得到教训，并且能够马上应用到下一次任务中。在敏捷开发中尤其重视短周期工作的回顾和检视，同样，在项目经历了一定时间后，也需要通过回顾和检视看大版本规划中明确的目标与关键结果是否达到，确定整个产品线或项目组存在哪些问题，以及后续需要做什么样的优化调整。

事后总结及复盘(也称为事后回顾)在很多公司获得了成功。比如华为公司的员工之所以比一般企业的员工工作效率高，就在于他们非常重视每一次成功和失败的经历，从中总结经验、教训，使其成为企业知识管理实践中运用最广泛的工具。事后总结和复盘能够让团队从过去的成功和失败中得到经验教训，以改进未来的表现，为团队提供反思一个项目、活动、事件或任务的机会，而且在项目或活动的生命周期中获取相关的隐性知识，将之显性化，避免知识因为项目团队解散而流失。

团队开展项目总结及复盘活动的主要目的如下：

① 对项目的有形资产和无形资产进行清算。

② 对项目进行综合评估。

③ 总结经验教训等。

④ 积累公司的过程资产。

⑤ 确定后续项目开展的改进点及改进计划。

在项目结束阶段开展的总结及复盘有别于在项目过程中的阶段回顾，其执行的主要活动如下：

① 通过项目分析、总结和会审，对项目工作进行评价，使项目组的经验成为机构资产，并促进软件开发过程的不断改进。

② 通过技术归档，协助公司其他部门完成知识产权的申请，为公司加强知识产权保护提供了依据，不断增加公司的技术积累；对于持续运营类的产品，此活动在持续发布过程中完成。

③ 通过技术交接，为产品进入市场后的产品维护和客户服务做好准备；对于持续运营类产品，每个版本发布之后，都需要与技术服务部门进行技术交接，这是一个持续的过程。

④ 通过产品会签和发布，确保公司向用户提供符合市场需求的软件产品；对于持续运营类的产品，根据运营的需要或市场策略发布相应的功能，可以采用功能开关等方法逐步向用户开放。

虽然项目总结很少对项目本身的成败产生重大影响，并且在此阶段项目相关各方(用户、项目组、管理层等)对项目的评价以及对项目成败原因的认识可能很不一致，但也只有通过总结并形成共识，才能妥善解决项目结束后必须面对的诸多问题。例如：

① 避免公司资产流失，丰富公司资产库。

② 使产品投入正常使用，减小公司应承担的售后服务压力。

③ 建立与用户的长期合作关系。

④ 项目团队及每一个相关人员的绩效评价。

⑤ 项目管理的成功经验和失败教训作为无形资产长期积累。

⑥ 项目成果的进一步产品化，已有产品的进一步商品化。

针对项目总结及复盘活动中的第一项，具体可以按如下步骤执行：

① 目标回顾。主要是检查在项目周期或限定时间段内完成的工作与立项时或时间段开始时设定的预期目标是否一致。这里主要是评估现状与预期目标之间的差距，它的前提条件是目标要清晰。若没有预期目标或目标不清晰，则现状和预期之间也没办法评估。

② 执行过程总结。主要是为了还原执行过程，还原得越真实、越细致，就越容易从中找到真实的原因。主要有两种方法：情境重现和关键要素分析。

a. 情境重现主要是基于时间的前后顺序还原事情发生的经过，如当时发生了什么，在这个过程中自己和别人是怎么思考的，自己的情绪变化是怎样的等。

b. 关键要素分析是进行关键点分析，在关键的时间节点或关键的事件上发生了什么，是否和预期相符，影响这个事件的关键要素有哪些，我们是怎么做的，有没有紧紧抓住这些关键要素等。

③ 原因分析。主要是通过目标对比、过程叙述，找到导致现在结果发生的原因，包括主观原因和客观原因。成功时多找找客观原因，也就是多往外看，避免错误归因；失败时则多找找主观原因，也就是多往内看，避免把过错都推给别人。此外还有假定按照现在的信息、认知，重新做这件事的话，有什么可以优化的，如何能够做到更好。

④ 后续计划。主要是针对这件事情的后续打算，有哪些是需要开始做的，有哪些是做得不好需要改进的，有哪些是做得不错需要继续保持的等。

⑤ 经验总结。主要是从特殊到一般的推演，通过这样一个项目或阶段工作能学到什么，能否应用到更多的场景、更广阔的范围。比如系统上线时踩了很多“坑”，没有复盘时可能一直丢三落四，通过复盘可以总结出一份上线的标准

工作程序，然后按照标准工作程序完成系统上线工作。

11.3　代码复用总结

在项目总结阶段，软件开发类项目通常还会开展代码复用的总结，以丰富公司资产库。代码复用就是把已有的代码、算法、思想、技术等，拿到当前项目中加以利用。一般是直接使用或调用，不做修改。代码复用可以是同一项目内的复用，也可以是不同项目间的复用。代码复用可以说是任何一个软件企业都不能漠视的课题，因为复用可能对软件的开发效能产生非常大的影响，而开发效能直接影响利润，甚至生存。但复用本身将增加当前项目的成本，是一种以当前投入来换取远期收益的行为。团队需要在开发过程中完成代码复用的相关工作，然后在项目总结时系统性地完成代码复用总结。

代码复用也分为前端代码复用和后端代码复用，两者思想上是完全一样的，只是实现的方法或用到的技术不同。此外，还有技术框架的复用，在项目中使用其他项目已经成熟的技术框架。

软件设计和代码复用的精髓是抽象和封装，比较成熟或应用比较多的是后端代码的复用。实际上，对于前端开发，很多开发人员在使用 Vue、React 等框架时，如果一个前端文件中有各种各样的方法，不封装组件，也不封装服务，还不进行必要的抽象，这样会导致后面的维护越来越难，系统的技术债务也就会越来越重，最终严重影响交付价值的速度。前端代码也可以通过抽取和封装形成组件库及方法集，达到与后端代码复用一样的效果。

写出可以复用的代码对开发人员的要求比较高。在编写代码时，提高代码复用率可遵守如下原则：

① 代码复用要先从在当前项目中实现代码复用开始。

② 应该从小模块开发。

③ 可复用的代码一定与业务无关，与业务相关的代码无法复用。到了代码阶段只有算法和逻辑，不要将业务引入代码复用。

④ 对接口编程。

⑤ 优先使用对象组合，而不是类继承。

⑥ 将可变的部分和不可变的部分分离。

⑦ 减少方法的长度，减少分支语句，减少参数个数。

⑧ 类层次的最高层应该是抽象类。

⑨ 尽量减少对变量的直接访问。

⑩ 子类应该特性化，完成特殊功能。

⑪ 拆分过大的类，并拆分作用截然不同的类。

⑫ 尽量减少对参数的隐含传递。

此外，为了很好地实现软件复用，除了开发人员需注意遵守一些编码原则、编码规范之外，对整个项目组的管理也有一定的要求。需要有专人对复用库进行维护，及时更新能通知全体项目组成员，对复用库的引用信息能做好记录，以更好地控制可复用库的变更，确保代码的一致性。

一般代码复用实施会经历两个阶段。第一阶段为复用以前的代码，一方面，每个项目组的开发人员在开发过程中从公司或个人的代码库中提取可以直接复用的代码；另一方面，参考代码库中的代码和思想加以修改和复用，写出适用于当前项目的代码。第二阶段为提取代码以备复用，每个项目成员总结自己开发过程中用到的算法、类、方法、函数等可以被其他项目借鉴或复用的代码段，按用途、功能等分门别类地提交到复用库中。

在进行代码复用时，可以按如下过程操作：

① 了解代码库。每个项目成员在了解项目设计之后与开始代码编写之前，快速浏览公司级的代码库，可以看分类目录，主要目的是了解有哪些方面的代码库，为以后开发过程中能回忆起公司的代码库是否有类似的代码做准备。

② 了解编码规范。熟读公司的编码规范，在开发过程中严格按代码规范来编码，改变自己的编码习惯。

③ 了解代码复用原则。在开发过程中，通过学习了解代码复用的原则，并尽可能以此为准则来编写代码。

④ 参考代码库来编写代码。在代码编写过程中，可以借鉴公司或个人的代码库来编写代码，通过自己了解的方法活用这些以前编写好的代码。

⑤ 开发过程中的交流。在开发过程中与同事交流，参考同事编写的相同功能的代码来编程。

⑥ 开发结束后的总结。在每个冲刺、阶段性开发、项目开发结束后，总结自己的代码，提取可以复用的部分，作为公司或个人的代码库。项目成员可以用讨论的方式来总结代码的提取，这样有利于代码的提炼。提取的代码要有完备的代码说明、有举例等。

⑦ 评估复用代码。项目成员在总结出自己的可复用代码之后，项目负责人应组织人员对可复用的代码进行评估，去其糟粕，取其精华，得到真正的可以复用的代码，并提交给公司代码库的相应管理人员。

⑧ 管理公司级的代码复用库。公司可以设置专门人员对公司级代码复用库进行管理，增加、备份和提取管理；项目组内可以指定某位同事负责完成项目组的代码复用库。

代码复用总结可以在以下三个时间点开展：

① 每个冲刺结束之后的冲刺回顾时。

② 阶段性的开发完成后，团队进行阶段总结或复盘时。

③ 整个项目完成后，进行项目总结时。

无论什么时间开展代码复用的总结活动，都需要对提交到复用库的代码进行评审，并完成复用库的说明更新。只是对于在项目结束之后开展的代码复用总结，通常会对公司的资产库进行更新；另外两个时间点通常是只面向小组内或项目组内的代码复用总结。

11.4　项目结项及团队激励

在一个项目完成后或客户验收通过后，企业大都有项目结项这一环节，其与前面的项目立项或客户合同签订是相对应的。当然，不同公司完成项目结项的流程不一样，根本目的是保证项目总结及复盘和代码复用总结中的活动有效执行。有些公司还根据项目完成情况给团队进行激励，通常也是在项目结项后根据约定给予兑现。由此可见，一个项目的最后总结或阶段性总结不仅是项目管理层面的活动，还是团队建设的必要活动。

从团队激励的角度，需要牢记：得到奖励的事情人们都喜欢去做。所以在设置项目激励方案时，要注意哪些条目有积极影响，哪些条目可能带来消极影响，并修改那些不合理的部分，通过奖励正确的行为来获得想要的结果。同时，设置的目标要有一定的可达感，让团队知道通过努力是可以实现的，否则激励方案就会让团队认为是“水中月、镜中花”，甚至可能会起到反作用。

结合管理领域的拉伯福法则，在团队激励时要注意避免以下错误：

① 需要有好成果，但却去奖励那些看起来最忙、工作最久的人。

② 要求工作的品质，但却设下不合理的完工期限。

③ 希望对问题有“治本”的答案，但却奖励“治标”的方法。

④ 只谈对公司的忠诚感，但却不提供工作保障，而是付最高的薪水给最新进的员工或威胁要离职的员工。

⑤ 需要事情简化，但却奖励使事情复杂化和制造烦琐流程的人。

⑥ 要求和谐的工作环境，但却奖励那些经常抱怨且言大于行的人。

⑦ 需要有创意的人，但却责罚那些敢于特立独行的人。

⑧ 说要节俭，但却以最大的预算增幅来奖励那些无效消耗资源的职员。

⑨ 要求团队合作，但却奖励团队中某一成员而忽视其他人的贡献。

⑩ 需要创新，但却处罚未能成功的创意，而奖励墨守成规的行为。

在实操时，更需要反思在团队激励中是否存在如下现象：

① 口头上宣讲讲究实绩、注重实效，但却往往奖励了那些专会做表面文章、投机取巧之人。

② 口头上宣讲员工考核以业绩为主，但却往往凭主观印象评价和奖励员工。

③ 口头上宣讲鼓励创新，但却往往处罚了敢于创新之人。

④ 口头上宣讲鼓励提出不同意见，但却往往处罚了敢于发表不同意见之人。

⑤ 口头上宣讲按章办事，但却往往处罚了坚持原则的员工。

⑥ 口头上鼓励员工勤奋工作、努力奉献，但却往往奖励了不干实事、善于钻营之人。

以下是某公司制定的项目结项管理规范，供读者参考。

1. 结项准备

项目经理与项目组成员共同收集并汇总项目执行过程中产生的数据，完成下列事项：项目经理撰写“结项报告”；项目组成员撰写“个人项目总结报告”，并指定专人负责组织团队开展代码复用总结。

编写相关结项资料时要注意做如下验证：“结项报告”中相关数据要具有有效性、正确性、一致性，项目组的配置管理员对“结项报告”与该项目的配置库、度量数据库的数据做有效性、正确性、一致性检查。验证完成后，如果发现问题，项目经理要组织项目组成员进行分析解决，修改报告，并转向下一步。

2. 结项评审

在完成以上准备工作之后，项目经理把“结项报告”等结项资料提交给研发部经理，然后申请结项，由研发部经理发起评审会议。结项时的评审可以按如下步骤进行：

① 确定参加结项评审会议的人员。评审人员通常包括总工程师(超过100万投入的项目)、研发部经理、项目经理、项目组成员、公司工程过程组成员，以及市场部门、技术服务部门、财务部门和知识产权申请部门的代表等。

② 项目资产检查与处理。评审人员在结项评审会上检查该项目的有形资产和无形资产，并和项目经理共同商讨如何有效地利用这些资产，明确知识产权申请等相关事宜。

③ 项目综合评估。在过程改进时用项目度量数据库中的量化指标作为评判项目的依据，主要包括项目性能指标、过程质量、产品质量、项目需求、项目风险、生产率、资产积累等。

④ 总结经验教训。项目组成员在结项评审会上共同总结经验教训并添加在“结项报告”中，将其充实进机构级的过程资产库共享。

⑤ 评审人员在“结项报告”附录中签署意见并签字，交付给研发部经理。

⑥ 研发部经理或总工程师(100万投入以上的项目)审阅资料，批准项目正式结项，否则项目组修改资料并重新申请。

3. 收尾

在结项评审通过之后，根据评审会上的相关约定，项目组将项目资产移交给公司工程过程组指定人员，将技术服务相关资料移交给技术服务部门相关人员，将申请知识产权所需资料移交给知识产权申请部门指定人员，并将市场推广活动所需的技术资料移交给市场部门指定人员。项目组成员清除本地的存储资料，除保留部分用于后续技术知识转移的人员外，其他项目组成员可以分配到其他项目组中，并由项目经理为各个组员做综合评价，用作后续绩效奖励发放时的依据。

11.5　实训任务12：借助 Azure DevOps 完成项目总结

各小组在完成两个冲刺之后，开始执行阶段性总结实训任务，此任务的目的是发现问题、总结经验、提高学习的效果，同时对在实训过程中各个小组成员的工作价值进行总结、给出评价。

“结项报告”模板

本实训需要完成的内容：项目组长代表整个实训组编制“结项报告”，除了对项目中的相关数据汇总分析外，还需要写清每位组员承担的任务或工作情况、完成的工作产品(需求分析及系统设计资料、源代码、测试用例、缺陷等)情况等。

组长编写 PPT 文档讲解项目的整体情况，结项报告及 PPT 中的相关数据要使用 Azure DevOp 中的统计数据。

“个人项目总结报告”模板

除组长外的其他组员，每人编写“个人项目总结报告”并交给组长评价，然后由组长统一提交到实训平台。每类角色指定一位组员编写 PPT 文档，讲解本角色中每位组员的任务完成情况、任务分配情况、完成的作品介绍，并对系统进行演示。

本实训任务分为两部分：

实训内容 1：组长及各组员按要求完成项目总结。预计用时：2 学时；

“期末考查评分表”模板

实训内容 2：以实训指导教师为主，根据需要邀请其他小组成员参与项目的完成情况演示及项目总结的分析讨论。预计用时：每组 30 分钟。

实训指导教师可以参照“期末考查评分表”模板完成对每个小组及角色的评价。

课后思考题 11

1. 把 PDCA 循环应用到项目总结活动中可以带来哪些收益？通过敏捷开发持续改进之道，结合本书讲解的其他知识，思考在实际开发中如何使用 PDCA 循环来改进团队开发产品的质量，以及如何使用 PDCA 循环来改进团队的管理能力，并提高实现开发目标的能力及团队协调一致的能力。

2. 尝试使用 PDCA 循环来解决自己在学习中遇到的问题。给出一个具体的问题，明确问题根本原因分析过程及最终的解决方案(待办事项列表及描述)。

参考文献

[1] RICHARDSON J R，GWALTNEY W A. 软件项目成功之道[M]. 苏金国，王少轩，等，译. 北京：人民邮电出版社，2011.

[2] 姚冬，许舟平，王立杰. 敏捷无敌之 DevOps 时代[M]. 北京：清华大学出版社，2019.

[3] ROSSBERG J. Agile project management with Azure DevOps：concepts，templates，and metrics[M]. Apress，2019.

[4] CHANDRASEKARA C，YAPA S. Effective team management with VSTS and TFS[M]. Apress，2018.

[5] SHALLOWAY A，BEAVER G，TROTT J R. 精益—敏捷项目管理：实现企业级敏捷[M]. 王雪露，译. 北京：电子工业出版社，2012.

[6] CRISPIN L，GREGORY J. 敏捷软件测试：测试人员与敏捷团队的实践指南[M]. 孙伟峰，崔康，译. 北京：清华大学出版社，2010.

[7] GREGORY J，CRISPIN L. 深入敏捷测试：整个敏捷团队的学习之旅[M]. 徐毅，夏雪，译. 北京：清华大学出版社，2017.

[8] BASS L，WEBER I，ZHU L M. DevOps 软件架构师行动指南[M]. 胥峰，任发科，译. 北京：机械工业出版社，2017.

[9] KNASTER R，LEFFINGWELL D. SAFe 4.0 精粹：运用规模化敏捷框架实现精益软件与系统工程[M]. 李建昊，等，译. 北京：电子工业出版社，2018.

[10] 乔梁. 持续交付 2.0：业务引领的 DevOps 精要[M]. 北京：人民邮电出版社，2019.

[11] KIM G，HUMBLE J，DEBOIS P，et al. DevOps 实践指南[M]. 刘征，王磊，马博文，等，译. 北京：人民邮电出版社，2018.

[12] COHN M. 敏捷软件开发实践：估算与计划[M]. 金明，译. 北京：清华大学出版社，2016.

[13] LARMAN C，VODDE B. 大规模 Scrum：大规模敏捷组织的设计[M]. 肖冰，译. 北京：机械工业出版社，2018.

[14] COHN M. Scrum 敏捷软件开发[M]. 廖靖斌，吕梁岳，陈争云，等，译. 北京：清华大学出版社，2010.

[15] RUBIN K S. Scrum 精髓：敏捷转型指南[M]. 姜信宝，米全喜，左洪斌，译. 北京：清华大学出版社，2014.

[16] KIM G，BEHR K，SPAFFORD G. 凤凰项目：一个 IT 运维的传奇故事[M]. 修订版. 成小留，刘征，等，译. 北京：人民邮电出版社，2019.

[17] 赵卫，王立杰. 京东敏捷实践指南[M]. 北京：中国工信出版集团 电子工业出版社，2020.

[18] 杜炎. 无人不是项目经理：互联网项目管理实践精粹[M]. 北京：中国工信出版集团 电子工业出版社，2018.

[19] 王伟立. 华为的项目管理[M]. 深圳：海天出版社，2016.

[20] SHALLOWAY A，BEAVER G，TROTT J R. 精益—敏捷项目管理：实现企业级敏捷[M]. 钻石版. 王雪露，译. 北京：中国工信出版集团 电子工业出版社，2020.

[21] Project Management Institute. 敏捷实践指南[M]. 北京：中国工信出版集团 电子工业出版社，2018.

[22] 张万军，储善忠，袁宝兰，等. 基于 CMMI 的软件工程教程[M]. 北京：清华大学出版社 北京交通大学出版社，2008.

[23] KNASTER R，LEFFINGWELL D. SAFe 5.0 精粹：面向业务的规模化敏捷框架[M]. 李建昊，陆媛，译. 北京：中国工信出版集团 电子工业出版社，2021.

[24] LEFFINGWELL D. SAFe 4.5 参考指南：面向精益企业的规模化敏捷框架[M]. 李建昊，陆媛，译. 北京：机械工业出版社，2019.